标准规则权威解读

建设工程人工材料设备机械数据分类标准及编码规则使用指南

Guidelines For Construction Project Data Classification
And Coding Rules Of Labour，Materials，Equipments And Machines

北京市建筑业联合会　编写

U0198510

中国建筑工业出版社

图书在版编目（CIP）数据

建设工程人工材料设备机械数据分类标准及编码规
则使用指南/北京市建筑业联合会编写. —北京：中国
建筑工业出版社，2019.3
ISBN 978-7-112-23439-4

Ⅰ．①建… Ⅱ．①北… Ⅲ．①建筑工程-数据处
理-标准②建筑工程-编码标准　Ⅳ．①TU-65

中国版本图书馆 CIP 数据核字（2019）第 044307 号

本书适合全国各省市（地区）造价管理部门、行业内建设单位和施工企业、
材料价格信息发布的相关组织、材料设备供应商的物资管理人员、采购人员、信
息化研究人员、信息化相关的软件开发人员使用，尤其适用于建设项目全生命周
期中对工料机信息数据的交互和管理，同时对从事或即将从事建设领域材料应用
的相关工作者和学生也同样适用。

责任编辑：张智芊
责任校对：张　颖

建设工程人工材料设备机械数据
分类标准及编码规则使用指南
Guidelines For Construction Project Data Classification
And Coding Rules Of Labour，Materials，Equipments And Machines
北京市建筑业联合会　编写
*
中国建筑工业出版社出版、发行（北京海淀三里河路 9 号）
各地新华书店、建筑书店经销
霸州市顺浩图文科技发展有限公司制版
北京建筑工业印刷厂印刷
*
开本：787×1092 毫米　1/16　印张：24½　字数：590 千字
2019 年 5 月第一版　2019 年 9 月第二次印刷
定价：**55.00** 元
ISBN 978-7-112-23439-4
（33740）

本书编委会

主　　　编：栾德成　冯　义

副　主　编：林　萌　郭怀君　刘国柱

主要起草人：刘国柱　张奎波　任　娜

审　查　人　员：商丽梅

前　言

为了更好地指导《建设工程人工材料设备机械数据分类标准及编码规则》T/BCAT 0001-2018（简称《标准》）使用，特结合工料机分类标准及编码的落地应用编写了《标准》使用指南，供企事业单位或个人有选择地使用。

《标准》涉及业务范围：工业与民用建筑为主；其他行业可按照《标准》的框架扩充类别，调整选择属性参数即可。

本指南涉及的内容均为 2018 年的 v1.0 版本。后期存在修正。届时，以版本号为基础，只修正变动内容。

工料机编码规则，详见 T/BCAT 0001 4.3 条文。工料机特征属性编码解释与使用，见本使用指南内容。

在使用过程中，《建设工程人工材料设备机械数据分类标准及编码规则》T/BCAT 0001—2018 缺少的内容，如果涉及材料设备类别、属性项，可提交《标准》管理单位予以增加。如果缺少属性值，企业可按照属性值约定规则自行增加，增加的属性值，望反馈给《标准》主编单位，以便日后统一修正。

信息反馈联系方式：

《标准》主编单位：北京市建筑业联合会

联系地址：北京市西城区南礼士路头条 3 号南楼 411 室

联系电话（010）88070404

邮政编码：100045

目　　录

1 编写指南的目的

1.1 推广使用《标准》

本指南是《建设工程人工材料设备机械数据分类及编码规则》T/BCAT0001—2018（简称《标准》）的应用指南，也可以说是推广、使用《标准》的培训教材。

1.2 揭示《标准》的实质内涵

《标准》的实质内涵是什么？如果用一句话概括，《标准》要解决的是信息的基础语言问题。

以信息技术为基础的第三次技术革命浪潮，使信息技术成为经济增长的源动力。

近年来，在建设行业推广使用信息技术的过程中，存在一个普遍现象，许多企业出于自身发展的需要，纷纷建立企业工料机的信息库（平台）。从社会效果看，这些信息库（平台）自成体系，服务各自企业。由于企业各自涉及的工程领域的宽度和专业深度，以及地域的局限，信息库都在"全（面）"与"专（深）"的问题上受到阻碍。这些信息库互不兼容，信息无法交换，犹如一座座信息孤岛。

信息无法共享，耗费大量人力物力，存在严重浪费现象，有悖于资源节约型发展的基本国策。

"孤岛效应"的问题根源之一，是信息的基础语言五花八门，没有统一的标准。简而言之，就是没有基于工料机科学分类基础上的统一的编码规则。

制定统一、实用的编码规则，已成为建设行业信息化建设的当务之急，更是广大企业的呼声和诉求。《标准》则是应运而生。

1.3 介绍《标准》的基本内容

《标准》主要包括三部分。

1.3.1 工料机的分类标准。运用科学的分类方法，制定工料机的分类标准。《标准》中收集、分类的材料设备，均是标准、常用的材料设备。

1.3.2 工料机的编码规则。在分类标准的基础上，制定工料机的编码规则，也就是编制工料机信息管理的"基础语言"。

1.3.3 《标准》的适用范围，如何理解和应用编码规则。

2 关于工料机分类

2.1 分类的方法依据

《标准》在工料机分类上，采用了线形分类法、面分类法和混合分类法。

2.1.1 线形分类法，又称为层次分类法、体系分类法等。它是按照总结出的研究对象之共有属性和特征项，以不同的属性或特征项（或它们的组合）为分类依据，按先后顺序建立一个层次分明、下一层级严格唯一对应上一层级的分类体系。把研究的所有对象个体按照属性和特征逐层找出归类途径，最终归到最低分类层级类目。

线形分类法的优点：层次好，类目之间逻辑关系清晰；使用方便，便于计算机对信息的处理。

2.1.2 面分类法，也称平行分类法。它是把拟分类的商品集合总体，根据其本身固有的属性或特征，分成相互之间没有隶属关系的面，每个面都包含一组类目。将某个面中的一种类目与另一个面的一种类目组合在一起，成为一个复合类目。

面分类法，将整形码分为若干码段，一个码段定义事物的一重意义，需要定义多重意义就采用多个码段。

现实生活中，面分类法应用广泛，用面分类法梳理的类目可以较大量地扩充，结构弹性好，不必预先确定好最后的分组，适用于计算机管理。

2.1.3 混合分类法，由线性分类法和面分类法组合的分类方法，称之为混合分类方法。混合分类方法可以先进行线性分类再进行面分类，亦可以先进行面分类，再进行线性分类。

2.2 分类遵循的原则

《标准》对工料机的分类，遵循了 6 条原则。

2.2.1 继承性

在继承原有《建设工程人工材料设备机械数据标准》GB/T 50851 的分类和编码基础上，对其进行了修正、补充、完善，细化了分类标准，制定了编码规则。

2.2.2 科学性

1 分类结构体系上

《标准》将工料机的分类划分为三级或四级结构体系。

对材料设备进行线性分类及面分类时，每一个层级的节点及其特征属性，都是在平衡中不断形成的。《标准》对每个大类下的二级子类、三级子类的数量控制，对应的特征属性的数量控制都做了原则规定，既保证了网络检索查询的便捷性，又保证了描述的简单性。这种线面结合的分类体系，把人工处理与计算机处理有机结合起来，达到了协调统一。

2 分类方法上

采用了《信息分类和编码的基本原则与方法》GB/T 7027—2002 中的混合分类法，既考虑了分类的明确性，又考虑了适用性。

3 材料与设备划分上

严格按照原建设部 2000 年发布的《关于工程建设设备与材料划分》中相关规定与说明，进行分类。

2.2.3 实用性

实用性是来自大众长期并认可的体验习惯。尊重大众的使用习惯，体现在《标准》的编制中。如：将材料设备按照"先通用、后专业"的顺序排布；满足建设项目各个阶段中，对工料机信息的不同应用。

坚持实用性，还体现下述两点。

一是，《标准》认可，GB/T 50851 一级大类、二级子类的结构模式，是经过科学分析和用户长期使用验证得来的。两级分类结构，考虑了用户对数据信息的查询路径。

结构分类，在统计类别的数量控制上，依据用户长期体验，基本控制在 15～20 个之间。

二是，《标准》对分类结构的贡献是：补充、完善了原二级子类；在二级子类项下细化出三级子类；在三级子类项下细化出四级子类。四级子类实际是为三级子类配置的特征属性（含属性项和属性值），属性项控制在 4～8 个之间，也是考虑了用户体验。

2.2.4 扩充性

《标准》考虑到伴随技术的进步，会不断有新的材料设备问世并投入使用，材料设备分类架构虽然稳定，但也可以吸纳、扩充，将其排列进相应的类别。《标准》设计的类别码基本上取的是奇数，偶数为预留的位码，以便新增类别扩充使用。

《标准》设计的材料设备特征属性编码也是可以扩充的。同一个三级子类或四级子类下，特征属性之间是相互独立的。这种独立性，适应了材料设备随应用主体在不同阶段的需求。如在项目的设计阶段，工程造价编制阶段，工程物资采购阶段，设计人员，预算人员，采购人员关注的材料设备属性是截然不同的。他们即便选择同一种材料设备，因选择的属性项和属性值不同，其编码也会不同。

2.2.5 标准化

材料设备信息数据的交互与共享，离不开科学严谨的把控。《标准》对材料设备分类及特征属性命名，严格执行现行国家有关法规、政策和标准。

《标准》规定：工料机分类及特征属性命名，要有标准依据。即有国家标准的，遵循国家标准命名；国家标准没有的，依据行业标准；行业标准没有的，依据地方标准。以此类推。在没有标准依据的情况下，分类名的命名以互联网上名称频次最高的方式来确定。

《标准》还规定：建设工程人工材料设备机械数据分类、特征描述及信息数据交换等，除应符合本标准外，还应符合国家现行相关标准。

2.2.6 清晰性

1) 材料设备分类，实行纬度一致；分类类别名称的命名需简单、易懂。

2) 材料设备信息的基本特征与应用特征的分离，使原本复杂的应用变得简单、清晰。材料设备的基础数据与应用数据分离，使采集、管理、应用都方便。

2.3 分类的结构体系

《标准》依据线形分类法，将人工、材料、设备、机械等类别划分为一级大类。

在一级大类下，划分出二级子类；二级子类下，划分出三级子类。运用线、面混合分类法，在三级子类下划分出四级子类。

2.3.1 《标准》对工料机的分类，实行三级和四级框架体系。

1 三级框架体系，含有一级大类、二级子类、三级子类。三级子类表示的是特征属性。如图1所示。

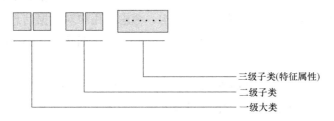

图1 三级框架体系示意图

2 四级框架体系，含有一级大类、二级子类、三级子类和四级子类。四级子类表示的是特征属性。如图2所示。

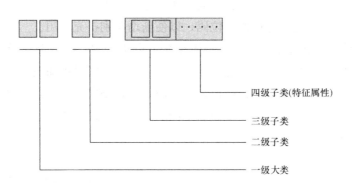

图2 四级框架体系示意图

2.3.2 工料机的特征属性，在三级子类或四级子类下描述。

1 三级子类：在材料分类时，有相当一部分材料只能分到三级子类。这种三级子类，表示特征属性。

例如，一级大类黑色及有色金属项下的二级子类：0103钢丝、0105钢丝绳、0107钢绞线、钢丝束、0109圆钢、0111方钢等，其三级子类为特征属性。如表1所示。

黑色及有色金属属性项 表1

类别编码	类别名称	属性项	说明
01	黑色金属		按照材料的物理属性进行划分,包括金属和以金属为基础的合金材料
0103	钢丝	A(01)品种 B(02)规格 C(03)抗拉强度(MPa) D(04)牌号 E(05)表面形式	包含碳素钢丝、合金钢丝、冷拔低碳钢丝等
0105	钢丝绳	A(01)品种 B(02)表面处理 C(03)截面形式 D(04)抗拉强度(MPa) E(05)规格 F(06)直径(mm) G(07)牌号	包含光面钢丝绳、镀锌钢丝绳、不锈钢钢丝绳等
0107	钢绞线、钢丝束	A(01)品种 B(02)表面处理 C(03)抗拉强度(MPa) D(04)规格 E(05)直径(mm)	包含预应力钢绞线、镀锌钢绞线以及用于架空电力线路的地线和导线及电气化线路承力索用铝包钢绞线
0109	圆钢	A(01)品种 B(02)牌号	包含热轧圆钢、锻制圆钢、冷拉圆钢
0111	方钢	C(03)规格	包含热轧方钢、冷拔方钢

又如,混凝土、砂浆及其他配合比材料,属于二级子类,其项下的三级子类,表示属性特征。如表2所示。

混凝土、砂浆及其他配合比材料属性项 表2

类别编码	类别名称	属性项	说明
80	混凝土、砂浆及其他配合比材料		包含由胶凝材料、骨料材料、外加剂、水硬化或气硬化而成混凝土、砂浆及垫层用材料
8001	水泥砂浆	A(01)品种 B(02)强度等级 C(03)用途 D(04)供应状态 E(05)砂种类 F(06)配合比	包含砌筑水泥砂浆、抹灰水泥砂浆、地面水泥砂浆等
8003	石灰砂浆		包含砌筑水泥砂浆、抹灰水泥砂浆、地面水泥砂浆等
8005	混合砂浆		包含水泥石灰砂浆、砂混合砂浆、聚合物水泥砂浆、麻刀混合砂浆、水泥石英砂混合砂浆等

续表

类别编码	类别名称	属性项	说明
8007	特种砂浆	A(01)品种 B(02)配合比 C(03)供应状态 D(04)用途	包含有耐酸、耐碱、耐热、防辐射等功能的砂浆
8009	其他砂浆		包含其他胶凝材料的各种砂浆
8011	灰浆、水泥浆	A(01)品种 B(02)配合比	包含石膏浆、水泥浆等
8013	石子浆		包含白水泥石子浆、水泥自石子浆、彩色石子浆等
8015	胶泥、脂、油	A(01)品种 B(02)配合比 C(03)用途	包含水玻璃胶泥、环氧树脂胶泥、双酚A型不饱和聚酯胶泥等
8021	普通混凝土	A(01)品种 B(02)强度等级 C(03)粗集料最大粒径 D(04)砂子级配 E(05)抗渗等级 F(06)抗冻等级 G(07)水泥强度 H(08)坍落度(mm) I(09)供应方式	包含一般、抗渗、水下、微膨胀、自密实、抗冻等水泥混凝土

再如，二级子类的"砖瓦灰砂石"，其项下三级子类也为属性特征。如表3所示。

水泥、砖瓦灰砂石及混凝土制品属性项　　　　　　　　　　　　　　　　表3

类别编码	类别名称	属性项	说明
04	水泥、砖瓦灰、砂、石子		含水泥、砂、石子、砖、瓦等地方材料
0403	砂	A(01)品种 B(02)产源 C(03)规格	含粗砂、中砂、细砂、特细砂、石英砂、金刚砂、重晶砂、硅砂、锰砂
0405	石子	A(01)规格 B(02)粒径范围	含碎石、卵石、豆石、片石、砾石、米石、石灰石、雨花石

2 四级子类：全部是表示材料设备的特征属性。

例如，热轧光圆钢筋、普通热轧带肋钢筋、热轧细晶粒带肋钢筋、冷轧带肋钢筋、冷轧扭钢筋等，其四级子类为特征属性项。如表4所示。

五种钢筋属性项 表 4

类别编码	类别名称	属性项	说明
010101	热轧光圆钢筋	A(01)牌号 B(02)公称直径(mm) C(03)轧机方式	不同牌号光圆钢筋
010103	普通热轧带肋钢筋	A(01)牌号 B(02)公称直径(mm) C(03)定尺长度(m) D(04)轧机方式	
010105	热轧细晶粒带肋钢筋		
010109	冷轧带肋钢筋	A(01)牌号 B(02)公称直径(mm)	包含不同牌号的冷轧带肋钢筋
010111	冷轧扭钢筋	A(01)强度级别 B(02)型号 C(03)标称直径(mm) D(04)牌号	包含冷轧Ⅰ型扭钢筋、冷轧Ⅱ型扭钢筋、冷轧Ⅲ型扭钢筋

又如，乘客电梯项下，三级子类的曳引驱动有机房乘客电梯、曳引驱动无机房乘客电梯、液压驱动乘客电梯项下的四级子类，为属性特征。如表5所示。

乘客电梯属性项 表 5

类别编码	类别名称	属性项	说明
5601	乘客电梯		包含液压电梯、交流电梯、直流电梯等
560101	曳引驱动有机房乘客电梯	A(01)额定速度(m/s) B(02)额定载重量(kg) C(03)乘客人数(人) D(04)层站数 E(05)最大提升高度(m) F(06)轿厢高度(mm) G(07)层门高度(mm) H(08)开门形式 I(09)开门宽度(mm) J(10)轿厢门形式 K(11)供电电源 L(12)顶层高度(mm) M(13)底坑深度(mm) N(14)控制方式	

7

类别编码	类别名称	属性项	说明
560103	曳引驱动无机房乘客电梯	A(01)额定速度(m/s) B(02)额定载重量(kg) C(03)乘客人数(人) D(04)层站数 E(05)最大提升高度(m) F(06)轿厢高度(mm) G(07)层门高度(mm) H(08)开门形式 I(09)开门宽度(mm) J(10)轿厢门形式 K(11)供电电源 L(12)顶层高度(mm) M(13)底坑深度(mm) N(14)控制方式	
560105	液压驱动乘客电梯	A(01)额定速度(m/s) B(02)额定载重量(kg) C(03)乘客人数(人) D(04)层站数 E(05)最大提升高度(m) F(06)轿厢高度(mm) G(07)层门高度(mm) H(08)开门形式 I(09)开门宽度(mm) J(10)轿厢门形式 K(11)供电电源 L(12)顶层高度(mm) M(13)底坑深度(mm) N(14)控制方式 O(15)顶升形式	

2.3.3 工料机特征，按照重要优先级顺序列项。

特征属性的顺序，按重要优先级排列，有两层含义：一是材料设备问世提供市场前，经政府部门授权的检测报告、用户使用报告，对特征属性的说明排列；二是依据用户使用习惯，形成的排列顺序。在建设项目全生命周期中，同一种材料设备，处在不同使用阶段，其特征属性的排列是不一样的。

2.4 分类的具体成果

2.4.1 现在一级大类有 51 项。

2.4.2 优化、完善后的二级子类有 816 项。

2.4.3 在二级子类项下，新设立三级子类 554 项。

2.4.4 在三级子类项下，新设立四级子类 29583 项。

3 关于编码的规则

3.1 工料机编码的基础

工料机的编码，建立在科学、实用分类的基础上。

3.2 工料机编码体系

所谓工料机编码，是指按一定的规则，又易于被计算机和人识别，而授予建设工程人工材料设备机械的代码。

工料机编码体系由"类别码＋特征属性码"构成。

该体系包含三级框架和四级框架两部分。

3.2.1 三级框架的编码

三级框架编码＝一级大类码＋二级子类码＋三级子类（特征属性）码

3.2.2 四级框架的编码

四级框架编码＝ 一级大类码＋二级子类码＋三级子类码＋四级子类（特征属性）码

3.2.3 编码体系是"开放的"和"可扩充的体系"

改革和创新，促使建设技术不断进步。新材料、新设备、新机械，即"全新型新产品"和"换代型新产品"会不断问世并投入使用。同时，落后的、不适用的材料、设备、机械相继被禁用或淘汰。

作为工料机信息管理基础工作的分类及编码，必须适应行业发展进步的需要，实行动态管理，所以工料机分类结构和编码结构的开放性、可延续性和可扩展性是必然的。

3.3 工料机类别码的设计

3.3.1《标准》制定的类别码，分别用两位数字表示

3.3.2 类别码的区间分配

1 一级大类编码，采用两位固定数字表示，码位区间为00～99。码位分配如下：

1）人工 00；

2）材料 01～49；

3）（工程设备）设备 50～79；

4）配合比 80；

5）仪器仪表设备 87；

6）机械设备 99。

2 二级子类，采用两位固定数字表示，码位区间为01～99。

3 三级子类，采用两位固定数字表示，码位区间为 01～99。

该三级子类，不是特征属性类。

3.3.3 奇数码位与偶数码位

1 工料机编码有奇数码位与偶数码位之分。

奇数码位：1、3、5、7……；

偶数码位：2、4、6、8……。

2 类别码，在其码位区间，优先用奇数排列，如有增加时，用偶数排列补充。

实践证明，在工料机的类别中，一级大类相对稳定。相对变动较大的是二级子类和三级子类。

二级子类或三级子类的编码，在其码位区间按奇数优先分配排列。当二级子类或三级子类增加时，仍按奇数优先分配排列。如奇数不足时，根据相近性的原则，用偶数补充分配的方式进行编码。简而言之，奇数码位优先用于编码，偶数码位为"后补编码"。

3.4 工料机特征属性码的设计

工料机的属性编码，是对基准名确定的某一材料（设备）的本质特征的代码化表示。

3.4.1 工料机特征属性参与编码

《标准》对工料机特征属性码位的设计，是一项重要的贡献。换句话说，对工料机属性项及属性值授予码位，且参与编码，是工料机编码的重要规则。

3.4.2 工料机特征属性编码表示

工料机的特征属性由属性项和属性值组成。

特征属性用字母＋数字表示。字母表示属性项，数字表示属性值。

1 属性项：用大写英文字母（A、B、C、D、E 等）表示。

材料设备的属性项，少的有一种，多的有十多种。如此多的选项，选择哪一种或哪几种，完全由用户根据自身的需要和使用习惯来决定。

2 属性值：用 1～3 位数字表示。

这个规则，是在总结实际经验的基础上设计的。属性值用几位数字表示，取决于每个属性项后边属性值的数量和实际需要。如果是一位数，就是 1～9；两位数就是 01～99；三位数就是 001～999。

属性值无论用一位、二位，还是三位数字表示，均是顺序排列。如 1、2、3；01、02、03；001、002、003。

3.4.3 属性值编码的选择

在实际使用中，用户往往纠结："属性值到底用几位数字表示为好？"上面我们讲到它"取决于每个属性项后边属性值的数量和实际需要来决定"。

如：公称直径（mm）是钢筋的一个属性项。其属性值，即推荐采用的直径为 8mm、10mm、12mm、16mm、18mm、20mm、22mm、25mm、28mm、32mm、36mm、40mm。属性值的数量为 12 个。所以，钢筋公称直径的属性值用二位数 01～99 表示。

热轧 U 形钢板桩，属性值"规格"（直径 mm）用 2 位数（01～99）即可满足编码要求。

普通热轧钢筋，属性项中的"轧机方式"，其属性值只有"热轧"和"冷轧"两种。其属性值用一位数（1~9）表示或用2位整数（01~99）表示均可。

3.4.4 同一种产品，编码会不相同

对同一种产品，用户选择不同的属性项和属性值，其编码也不相同。

以三级子类的普通热轧带肋钢筋为例。其有四个属性项，分别为A牌号，B公称直径，C定尺长度，D轧机方式。四个属性项又各有不同的属性值。如表1、表2所示。

普通热轧带肋钢筋编码案例　　　　　　　　　　　　　　　　　　表1

类别编码及名称	属性项	属性值	常用单位
010103 普通热轧带肋钢筋	A(01)牌号	HPB300(01)	t
	B(02)公称直径(mm)	6（01）、8（02）、10（03）、12（04）、14（05）、16（06）、18（07）、20（08）、22（09）	
	C(03)定尺长度(m)	6（01）、9（02）、10（03）、12（04）	
	D(04)轧机方式	普通线材（01）、高速线材（02）	

普通钢筋强度标准值（N/mm²）　　　　　　　　　　　　　　　　　表2

牌号	公称直径	屈服强度标准值	极限强度标准值
HPB300	6～22	300	420
HRB335 HRBF335	6～50	335	455
HRB400 HRBF400 RRB400	6～50	400	540
HRB500 HRBF500	6～50	500	630

例如，用户甲选择属性项A，属性值选择HPB300。表中对HPB300授予的编码是01，所以普通热轧带肋钢筋的编码为010103A01。如图1所示。

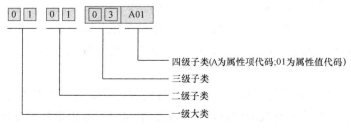

图1　用户甲的编码普通热轧带肋钢筋的编码

用户乙选择属性项C，属性值选择 6m。表中已将 6m 列为第一个属性值，授予的编码是 01。这时普通热轧带肋钢筋的编码为 010103C01。如图 2 所示。

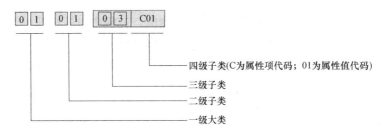

图 2　用户乙的普通热轧带肋钢筋的编码

讲了这些，可能还有用户纠结于属性值的编码几位为好，其实大可不必。一个简单的方法，就是取属性值 1～3 个数字的"最大边界"——3 位数（001～999）来编码、排列。

对于编码，我们要做的工作是制定"业务规程"，划出"游戏规则"。编码是给计算机使用的，也是由计算机来完成的。

3.5　字母＋数字表示属性的意义

3.5.1　便于识别，提高检索和查询效率。

3.5.2　省去了"补零位"的烦恼，有利于节省计算机容量。

3.5.3　用字母＋数字表示工料机的属性，形成编码码位长短不一，区别于"整齐划一"，体现了编码最小化的理念，节省时间成本。

3.5.4　便于跨专业数据信息流通，推进行业信息化的统一。

3.6　工料机编码的唯一性

3.6.1　编码的唯一性包含两层意思。

　1　用于编码中的一级大类、二级子类、三级子类的编码是唯一的，不会有重复的。

　2　用户按《标准》的编码规则，编制的工料机的编码，是唯一的。大家知道，工程项目的建设是由若干阶段组成的。用户在项目的不同阶段，依据不同的需要，给工料机的编码也是唯一的。在项目设计阶段，设计师在确认所需材料设备的规格、型号、等级等属性后，形成的编码是唯一的。而在采购阶段，采购人员在尊重和满足设计师的指标的前提下，同一种材料设备会有诸多品牌、厂家可供选择。采购人员在综合考虑众多因素后，选定其中某个品牌的产品。因增加了品牌、厂家、计量单位、采购单价等新的属性值，材料管理人员需按《标准》制定的编码规则，对上述新的属性值分别给定数字代码，由此形成的该材料设备的编码也是唯一的。

3.6.2　编码的唯一性，可实现建设项目所用工料机信息数据的"可追溯性"。例如建设工程质量安全事故中，涉及工料机的信息，工料机数据编码可以提供技术支持。特别是建设项目交付使用后，工料机数据编码可为物业管理提供技术支持。

3.7 工料机授码的原则

3.7.1 一旦授码，不再变更

《标准》规定，对工料机一旦授码，不得再变更，确保唯一性。

3.7.2 禁用的料机，码位空置

《标准》规定，对明令禁止和淘汰使用的材料设备，在工料机数据库中做淘汰标注。但其码位保留，不再授予其他材料设备。如用户需要查询，可按数据库管理办法相关规定，进行查询。

4 编码应用导引

4.1 编码应用实例说明

为了帮助大家进一步理解和掌握工料机编码的应用，我们节选了《建设工程工料机属性特征列表》的片段。从中选取了一级大类黑色及有色金属项下的两种二级子类材料：钢筋和钢丝（表1）。

《建设工程工料机属性特征列表》（节选）　表1

类别编码及名称	属性项	常用属性值	常用单位
0101　钢筋			
类别编码及名称	属性项	常用属性值	常用单位
010101　热轧光圆钢筋	A(01)牌号	HPB300(01)	t
	B(02)公称直径(mm)	6（01）；8（02）；10（03）；12（04）；14（05）；16（06）；18（07）；20(08)；22(09)	
	C(03)轧机方式	普通线材(01)；高速线材(02)	
类别编码及名称	属性项	常用属性值	常用单位
010103　普通热轧带肋钢筋	A(01)牌号	HPB235(01)；HPB300(02)	t
	B(02)公称直径(mm)	6（01）；8（02）；10（03）；12（04）；14（05）；16（06）；18（07）；20(07)；22(08)	
	C(03)定尺长度(m)	6(01)；9(02)；10(03)；12(04)	
	D(04)轧机方式	普通线材(01)；高速线材(02)	
类别编码及名称	属性项	常用属性值	常用单位
010105　热轧细晶粒带肋钢筋	A(01)牌号	HRBF335（01）；HRBF400(02)；HRBF500(03)	t
	B(02)公称直径(mm)	6（01）；8（02）；10（03）；12（04）；16（05）；20（06）；25（07）；32(08)；40(09)；50(10)	
	C(03)定尺长度(m)	6(01)；9(02)；10(03)；12(04)	
	D(04)轧机方式	普通线材(01)；高速线材(02)	

类别编码及名称	属性项	常用属性值	常用单位
010109　冷轧带肋钢筋	A(01)牌号	CRB550（01）；CRB650（02）；CRB600H（03）；CRB680H（04）；CRB800（05）	t
	B(02)公称直径(mm)	4（01）；5（02）；6（03）；7（04）；9（05）；11（06）	

类别编码及名称	属性项	常用属性值	常用单位
010111　冷轧扭钢筋	A(01)强度级别	CTB550（01）；CTB650（02）	t
	B(02)型号	Ⅰ型（01）；Ⅱ型（02）；Ⅲ型（03）；预应力Ⅲ型（04）	
	C(03)标志直径(mm)	6.5（01）；8（02）；10（03）；12（04）	
	D(04)牌号		

类别编码及名称	属性项	常用属性值	常用单位
0103　钢丝	A(01)品种	碳素钢丝（01）；镀锌低碳钢丝（02）；不锈钢丝（03）；合金钢丝（04）；冷拔低碳钢丝（05）；冷拉光圆钢丝(06)	t
	B(02)规格(mm)	＜0.1（01）；0.1-0.5（02）；0.5-1.5（03）；1.5-3（04）；3-6（05）；6-8（06）；＞8（07）；0.3（08）；0.4（09）；0.5（10）；0.6（11）；0.8（12）；1(13)；1.2(14)；1.4(15)；1.6(16)；1.8(17)；2(18)；2.3(19)；2.6(20)；3(21)；3.5(22)；4(23)；4.5(24)；5(25)；6(26)；8(27)	
	C(03)抗拉强度(MPa)	500（01）；800（02）；1000（03）；1200（04）；1470（05）；1570（06）；1670（07）	
	D(04)牌号	SUS304（01）；50CrVA（02）	
	E(05)表面形式	圆形钢丝（01）；方形钢丝（02）；矩形钢丝（03）；扁形钢丝（04）；六角形钢丝（05）；异形钢丝（06）；光面钢丝（07）；刻痕钢丝（08）；螺旋肋钢丝（09）	

4.1.1　图表中排列了 5 种常用的钢筋：010101 热轧光圆钢筋；010103 普通热轧带肋钢筋；010105 热轧细晶粒带肋钢筋；010109 冷轧带肋钢筋；010111 冷轧扭钢筋。均属于四

15

级框架体系。

五种钢筋的编码都是六位。六位编码的前两位，是一级大类黑色及有色金属的编码；三、四位是二级子类钢筋的编码；五、六位是三级子类的编码。热轧光圆钢筋等五种钢筋的编码各不相同，体现了唯一性。

五种钢筋的四级子类是属性项。除了 010101 热轧光圆钢筋有 3 项属性值（A 牌号、B 公称直径、C 轧机方式），010109 冷轧带肋钢筋有两项属性值（A 牌号、B 公称直径）外，其他 3 种钢筋的属性项均是 4 项，但是属性项的内容各不相同。不仅如此，大家仔细看节选图表，对应每个属性项后面的属性值，不仅各不相同，数量还有多有少。同一种钢筋，选用不同的属性项和属性值，就有 N 多的组合结果。

以 010105 热轧细晶粒带肋钢筋为例，其属性项 B 公称直径的属性值，有 ϕ6～ϕ50 总计 10 个规格。如果选择 ϕ6 的，表中给的编号是 01，该种钢筋的编码为 010105B01。如果选择 ϕ20 的，表中给的编号是 06，该种钢筋的编码为 010105B06。如果选择 ϕ50 的，表中给的编号是 10，该种钢筋的编码为 010105B10。而如果选择属性项 A，它有 3 个属性值 HRBF335、HRBF400、HRBF500，表中给的编号分别是 01、02、03。要是 3 个属性值都选择的话，3 种规格的热轧细晶粒带肋钢筋编码则分别为：010105A01、010105A02、010105A03。

4.1.2 图表中的 0103 钢丝，属于三级框架体系。现在的 4 位编码，前两位是一级大类黑色及有色金属的编码，后两位是二级子类钢丝的编码。从表中可以看出，钢丝的三级子类（属性项和属性值）有众多的参数可供选择。属性项 A 品种后面的属性值有 6 种不同材质的钢丝，其编号分别是 01、02、03、04、05、06。要是 6 种不同材质的钢丝都选用，钢丝的编码分别为：0103A01；0103A02；0103A03；0103A04；0103A05；0103A06。

再看 0103 钢丝的属性项 B 规格，它后边的属性值有 27 个规格选项。如果选择了规格 1.8mm 的，表中给的编号是 17，那么规格 1.8mm 的钢丝的编码就是 0103B17。

总之，工料机的编码以用户的需要为前提，以《标准》的编码规则为依据，以《标准》的附录、《指南》的附录为参考，编制即可。

4.2 用户的需要为第一位

4.2.1 《标准》强调和尊重用户的需要。从编码的角度讲，我们提出"以《标准》的编码规则为依据，以《标准》的附录、《指南》的附录为参考"。

在《建设工程工料机属性特征列表》中，我们根据长久以来用户的使用习惯，将材料设备的属性项、属性值作了排列。属性项列出了 A、B、C、D，属性值排出了 1、2、3、4 或 01、02、03、04。在实际使用中，有的用户根据自己的需要和习惯，不同意 A、B、C、D 的排列，认为 C 应排第一，D 排第二，是可以的。

的确如此，用户的需求多种多样。材料设备的属性项如何排列，属性值如何排列，应当"用户说了算"。因为它符合编码规则的"价值观"——"工料机特征，按照重要优先级顺序列项""尊重大众的使用习惯"。但是，为了保证《标准》的严肃性和信息传递的一致性，我们认为变动后的属性项的英文代码不应更改。如上述讲到的原属性项排序是 A、B、C、D，用户将 C 应排第一，D 排第二，那么调整后的排列顺序应为 C、D、A、B。

4.2.2 工料机的应用属性是大量的、活跃的。

工料机的属性有基本属性和应用属性之分。上述讲到的工料机的属性项、属性值，均是工料机的基本属性（或叫自然属性）。

工料机的应用属性，是因用户使用而产生的属性。这些属性具有显著的实用特点，决定工料机的使用去向。工料机的应用属性是大量的、最活跃的。所以，工料机的应用属性应列入编码。

本指南对工料机属性编码的深度，是完成了对工料机基本属性的编码。我们对每一个属性项、属性值均授予了编码（见使用指南附录）。

关于工料机应用属性的编码，可参照工料机基本属性的编码规则与做法。因工机料的用户不同，用户的使用目不同，其编码只能由用户自己完成。

为了以示区别，工料机应用属性的编码，宜采用小写英文字母＋数字表示。

例如，某一材料有三个品牌，将品牌作为属性项，排列 a、b、c；三个品牌的材料又有多个生产厂家，厂家作为属性值。假设品牌 a 有三家，厂家（属性值）编码分别为 01、02、03；品牌 b 有四家，编码分别为 01、02、03、04；品牌 c 有五家，编码分别为 01、02、03、04、05。

用户经过综合考虑，选择了品牌 a 的第二个（02）厂家，其编码＝该材料类别码＋选择的基本属性码＋使用属性码（a02）。

5 关于《标准》的应用范围

5.1 适用于不同建设专业

《标准》适用于不同建设专业对工料机信息数据的交互和管理。

5.2 适用于项目全生命周期

《标准》适用于建设项目全生命周期中对工料机信息数据的交互和管理。

5.2.1 有利于 BIM 的推广使用

《标准》作为工料机的统一的"信息语言",对 BIM 在项目全生命周期中的推广使用具有重要的价值。在建筑项目设计阶段、造价定额编制阶段、招标投标阶段、采购加工阶段、施工库存管理阶段、竣工验收阶段、运营维护阶段等,《标准》确立的编码规则,对上述阶段工料机信息数据的收集、整理、分析、发布与交换,就有了基本的保证。

5.2.2 有利于项目的精准管理

《标准》在编码规则中倡导的"编码的唯一性",为推进工程项目的"精准管理",提升项目管理水平,提供技术支持(表1)。

建设工程工料机属性特征列表

表 1

类别编码及名称	属性项	常用属性值
0001　综合用工	A(01)工种	一类工(01);二类工(02);三类工(03)
类别编码及名称	属性项	常用属性值
0003　建筑、装饰工程用工	A(01)工种	木工(模板工)(01);钢筋工(02);混凝土工(03);架子工(04);砌筑工(砖瓦工)(05);抹灰工(一般抹灰)(06);抹灰(07);镶贴工(08);装饰木工(09);防水工(10);油漆工(11);管工(12);电工(13);通风工(14);电焊工(15);起重工(16);玻璃工(17);金属制品安装工(18)
	B(02)技术等级	初级工(01);中级工(02);高级工(03);技师(04)
0005　安装工程用工	A(01)工种	安装工(01);调试工(02);钳工(03);电工(04);铆工(05);仪表工(06);电焊工(07);气焊工(08);车工(09);探伤工(10);热处理工(11);油工(12);起重工(13);通风工(14);普工(15)
	B(02)技术等级	初级工(01);中级工(02);高级工(03);技师(04)

类别编码及名称	属性项	常用属性值
0007　市政工程用工	A（01）工种	筑路工（01）；沥青工（02）；沥青混凝土摊铺机操作工（03）；道路养护工（04）；下水道工（05）；下水道养护工（06）；污水化验检测工（07）；污水处理工（08）；泥污处理工（09）；泵站操作工（10）；架子工（11）；测量放线工（12）；钢筋工（13）；防水工（14）；管涵顶进工（15）；道路巡视工（16）；桥梁养护工（17）；桥基钻空工（18）；平地机操作工（19）；水泥混凝土搅拌设备操作工（20）
	B（02）技术等级	初级工（01）；中级工（02）；高级工（03）；技师（04）
类别编码及名称	属性项	常用属性值
0009　园林绿化用工	A（01）工种	绿化工（01）；假山工（02）；盆景花卉工（03）；园林工（04）；草坪工（05）；苗圃工（06）
	B（02）技术等级	初级工（01）；中级工（02）；高级工（03）；技师（04）
类别编码及名称	属性项	常用属性值
0011　古建筑用工	A（01）工种	古建筑木工（01）；古建筑瓦工（02）；古建筑石工（03）；古建筑油漆工（04）；古建筑彩绘工（05）；裱糊工（06）；建筑雕塑工（07）
	B（02）技术等级	初级工（01）；中级工（02）；高级工（03）；技师（04）
类别编码及名称	属性项	常用属性值
0101　钢筋		
类别编码及名称	属性项	常用属性值
010101　热轧光圆钢筋	A（01）牌号	HPB300（01）
	B（02）公称直径（mm）	6（01）；6.5（02）；8（03）；10（04）；12（05）；14（06）；16（07）；18（08）；20（09）；22（10）；25（11）；28（12）
	C（03）轧机方式	普通线材（01）；高速线材（02）
类别编码及名称	属性项	常用属性值
010103　普通热轧带肋钢筋	A（01）牌号	HPB300（01）；HRB400（02）；HRB400E（03）；HRB500（04）；HRB500E（05）

类别编码及名称	属性项	常用属性值
010103　普通热轧带肋钢筋	B(02)公称直径(mm)	6(01);8(02);10(03);12(04);14(05);16(06);18(07);20(08);22(09);25(10);28(11);32(12);36(13);40(14)
	C(03)定尺长度(m)	6(01);9(02);10(03);12(04)
	D(04)轧机方式	普通线材(01);高速线材(02)

类别编码及名称	属性项	常用属性值
010105　热轧细晶粒带肋钢筋	A(01)牌号	HRBF335(01);HRBF400(02);HRBF500(03)
	B(02)公称直径(mm)	6(01);8(02);10(03);12(04);16(05);20(06);25(07);32(08);40(09);50(10)
	C(03)定尺长度(m)	6(01);9(02);10(03);12(04)
	D(04)轧机方式	普通线材(01);高速线材(02)

类别编码及名称	属性项	常用属性值
010109　冷轧带肋钢筋	A(01)牌号	CRB550(01);CRB650(02);CRB600H(03);CRB680H(04);CRB800(05)
	B(02)公称直径(mm)	4(01);5(02);6(03);7(04);9(05);11(06)

类别编码及名称	属性项	常用属性值
010111　冷轧扭钢筋	A(01)强度级别	CTB550(01);CTB650(02)
	B(02)型号	Ⅰ型(01);Ⅱ型(02);Ⅲ型(03);预应力Ⅲ型(04)
	C(03)标称直径(mm)	6.5(01);8(02);10(03);12(04)
	D(04)牌号	

类别编码及名称	属性项	常用属性值
0103　钢丝	A(01)品种	碳素钢丝(01);镀锌低碳钢丝(02);不锈钢丝(03);合金钢丝(04);冷拔低碳钢丝(05);冷拉光圆钢丝(06)
	B(02)规格(mm)	0.3(01);0.4(02);0.5(03);0.6(04);0.8(05);1(06);1.2(07);1.4(08);1.6(09);1.8(10);2(11);2.3(12);2.6(13);3(14);3.5(15);4(16);4.5(17);5(18);6(19);8(20)
	C(03)抗拉强度(MPa)	500(01);800(02);1000(03);1200(04);1470(05);1570(06);1670(07)
	D(04)牌号	SUS304(01);50CrVA(02)

类别编码及名称	属性项	常用属性值
0103　钢丝	E(05)表面形式	圆形钢丝(01);方形钢丝(02);矩形钢丝(03);扁形钢丝(04);六角形钢丝(05);异形钢丝(06);光面钢丝(07);刻痕钢丝(08);螺旋肋钢丝(09)

类别编码及名称	属性项	常用属性值
0105　钢丝绳	A(01)品种	光面钢丝绳(01);镀锌钢丝绳(02);不锈钢丝绳(03);锌合金钢丝绳(04)
	B(02)表面处理	镀锌(01);涂塑(02);磷化涂层(03)
	C(03)截面形式	圆形(01);扁形(02);异形(03)
	D(04)抗拉强度(MPa)	1300(01);1400(02);1550(03);1700(04);1850(05);2000(06)
	E(05)规格(mm)	
	F(06)直径(mm)	4.5(01);9.3(02);10(03);11(04);13(05);14(06);16(07);18.5(08);19.5(09);21.5(10);24(11)
	G(07)牌号	Q195(01);Q215(02);Q235A(03);Q235B(04);Q255(05);Q275(06);Q295(07);Q345(08);Q390(09);Q420(10);Q460(11);10♯(12);20♯(13);35♯(14);45♯(15);16Mn(16);27SiMn(17);12Cr1MoV(18);40Cr(19);10CrMo910(20);15CrMo(21);35CrMo(22);A335P22(23)

类别编码及名称	属性项	常用属性值
0107　钢绞线、钢丝束	A(01)品种	预应力钢绞线(01);镀锌钢绞线(02);不锈钢绞线(03);铝包钢绞线(04);碳素钢丝束(05);无粘结预应力钢丝束(06)
	B(02)表面处理	镀锌(01);涂塑(02);磷化涂层(03)
	C(03)抗拉强度(MPa)	1180(01);1320(02);1420(03);1470(04);1520(05);1570(06);1670(07);1720(08);1770(09);1820(10);1860(11);1960(12)
	D(04)规格(mm)	1*2(01);1*3(02);1*7(03);1*19(04);1*37(05)
	E(05)直径(mm)	5(01);5.8(02);6.2(03);6.5(04);8(05);8.6(06);8.74(07);9.5(08);10(09);10.8(10);11.1(11);12(12);12.7(13);12.9(14);15.2(15);15.24(16);15.7(17);17.8(18);18.9(19);19.3(20);20.3(21);21.6(22);21.8(23);28.6(24)

续表

类别编码及名称	属性项	常用属性值
0109 圆钢	A(01)品种	镀锌圆钢(01);不锈钢圆钢(02);冷拉圆钢(03)
	B(02)牌号	Q195(01);Q215(02);Q235(03);Q235B(04);304(05)
	C(03)规格(mm)	5.5(01);6(02);6.5(03);8(04);10(05);12(06);14(07);16(08);18(09);20(10);22(11);25(12);30(13);32(14);34(15);36(16);38(17);40(18);42(19)

类别编码及名称	属性项	常用属性值
0111 方钢	A(01)品种	热轧方钢(01);冷拉方钢(02);镀锌方钢(03);不锈钢方钢(04)
	B(02)牌号	Q195(01);Q215(02);Q235(03);Q275(04);Q345(05);Q390(06);Q420(07);Q460(08);Q500(09);Q550(10);Q620(11);Q690(12)
	C(03)表面处理	热镀锌(01);电镀锌(02);铬酸钝化(03);涂油(04);铬酸钝化加涂油(05);喷漆(06);除锈防腐(07)
	D(04)规格(mm)	5(01);8(02);10(03);12(04);14(05);16(06);18(07);20(08);22(09);25(10);28(11)

类别编码及名称	属性项	常用属性值
0113 扁钢	A(01)品种	热轧扁钢(01);热轧镀锌扁钢(02);不锈钢扁钢(03);冷拉扁钢(04)
	B(02)牌号	Q195(01);Q215(02);Q235(03);Q275(04);Q345(05);Q390(06);Q420(07);Q460(08);Q500(09);Q550(10);Q620(11);Q690(12);201(13);304(14)
	C(03)表面处理	热镀锌(01);电镀锌(02);铬酸钝化(03);涂油(04);铬酸钝化加涂油(05);喷漆(06);除锈防腐(07)
	D(04)规格(宽度*厚度 mm)	20*5(01);20*6(02);20*7(03);20*8(04);20*9(05);20*10(06);20*11(07);20*12(08);22*5(09);22*6(10);22*7(11);22*8(12);22*9(13);22*10(14);22*11(15);22*12(16);40*4(17)

续表

类别编码及名称	属性项	常用属性值
0115 六角钢	A(01)品种	热轧六角钢(01);热轧镀锌六角钢(02);热轧空心六角钢(03);冷拉六角钢(04);不锈钢六角钢(05)
	B(02)牌号	Q195(01);Q215(02);Q235(03);304(04)
	C(03)规格(对边距离 s)	8(01);9(02);10(03);11(04);12(05);13(06);14(07);15(08);16(09);17(10);18(11);19(12);20(13);21(14);22(15);23(16);24(17);25(18);26(19);27(20);28(21);30(22);32(23);34(24);36(25);38(26);40 等(27)

类别编码及名称	属性项	常用属性值
0116 八角钢	A(01)品种	热轧八角钢(01);热轧镀锌八角钢(02);热轧空心八角钢(03);冷拉八角钢(04)
	B(02)牌号	Q195(01);Q215(02);Q235(03)
	C(03)规格(对边距离 s)	8(01);9(02);10(03);11(04);12(05);13(06);14(07);15(08);16(09);17(10);18(11);19(12);20(13);21(14);22(15);23(16);24(17);25(18);26(19);27(20);28(21);30(22);32(23);34(24);36(25);38(26);40(27)等

类别编码及名称	属性项	常用属性值
0117 工字钢	A(01)品种	热轧普通工字钢(01);热轧轻型工字钢(02)
	B(02)牌号	Q195(01);Q215(02);Q235A(03);Q235B(04);Q255(05);Q275(06);Q295(07);Q345(08);Q335(09);Q370(10);Q390(11);Q420(12);Q460(13);Q500(14);Q550(15);Q620(16);Q690(17)
	C(03)规格	10#(01);12#(02);14#(03);16#(04);18#(05);20#a(06);20#b(07);22#a(08);22#b(09);25#a(10);25#b(11);28#a(12);28#b(13);32#a(14);32#b(15);32#c(16);36#a(17);36#b(18);40#a(19);40#b(20);56#(21);63#(22)
	D(04)表面处理	热镀锌(01);电镀锌(02);铬酸钝化(03);涂油(04)
	E(05)性能	耐腐蚀(01);高耐候(02);抗震(03)
	F(06)质量等级	
	ZG(07)用途	桥梁(01);海洋(02)

23

续表

类别编码及名称	属性项	常用属性值
0119 槽钢	A(01)品种	热轧普通槽钢(01);热轧轻型槽钢(02);冷弯内卷边槽钢(03);冷弯外卷边槽钢(04);不锈钢槽钢(05)
	B(02)规格	5♯(01);6.3♯(02);8♯(03);10♯(04);12.6♯(05);14♯a(06);14♯b(07);16♯a(08);16♯b(09);18♯a(10);18♯b(11);20♯a(12);20♯b(13);22♯a(14);22♯b(15);25♯a(16);30♯a(17);30♯b(18);36♯a(19);36♯b(20);40♯a(21);40♯b(22);40♯c(23)
	C(03)牌号	Q195(01);Q215(02);Q215a(03);Q215b(04);Q215c(05);Q235(06);Q235a(07);Q235b(08);Q235c(09);Q255(10);Q255a(11);Q255b(12);Q275(13)
	D(04)表面处理	热镀锌(01);冷镀锌(02);电镀锌(03);铬酸钝化(04);涂油(05);铬酸钝化加涂油(06);喷漆(07);除锈防腐(08)
	E(05)性能	耐腐蚀(01);高耐候(02);抗震(03)
	F(06)质量等级	Q215:A(01);Q235(02);Q275:A(03);Q235NS:A(04);Q345NS(05);Q390NS(06);Q420NS:A(07);B(08);C(09);D(10);E(11);Q460NS:C(12)
	G(07)用途	
类别编码及名称	属性项	常用属性值
0121 角钢	A(01)品种	热轧等边角钢(01);热轧不等边角钢(02);冷拉等边角钢(03);热轧镀锌等边角钢(04);热轧镀锌不等边角钢(05);冷弯镀锌不等边角钢(06)
	B(02)牌号	Q195(01);Q215(02);Q215a(03);Q215b(04);Q215c(05);Q235(06);Q235a(07);Q235b(08);Q235c(09);Q255(10);Q255a(11);Q255b(12);Q275(13)

类别编码及名称	属性项	常用属性值
0121　角钢	C(03)规格	∠20×3(01);∠20×4(02);∠25×3(03);∠25×4(04);∠30×3(05);∠30×4(06);∠36×3(07);∠36×4(08);∠36×5(09);∠40×3(10);∠40×4(11);∠40×5(12);∠45×3(13);∠45×4(14);∠45×5(15);∠45×6(16);∠50×5(17);∠60×5(18);∠60×6(19);∠60×7(20);∠60×8(21);∠63×4(22);∠63×5(23);∠63×6(24);∠63×7(25);∠63×8(26);∠63×9(27);∠63×10(28);∠70×6(29);∠70×7(30);∠70×8(31);∠80×6(32);∠80×7(33);∠80×8(34);∠80×10(35);∠90×8(36);∠90×10(37);∠100×6(38);∠100×7(39);∠100×8(40);∠100×10(41)
	D(04)表面处理	热镀锌(01);冷镀锌(02);电镀锌(03);铬酸钝化(04);涂油(05);铬酸钝化加涂油(06);喷漆(07);除锈防腐(08)
	E(05)性能	耐腐蚀(01);高耐候(02);抗震(03)
	F(06)用途	桥梁(01)
类别编码及名称	属性项	常用属性值
0123　H型钢	A(01)品种	宽翼缘H型钢(HW)(01);中翼缘H型钢(HM)(02);窄翼缘H型钢(HN)(03);普通高频焊接薄壁H型钢(04);卷边高频焊接薄壁H型钢(05);热轧薄壁H型钢(06)
	B(02)牌号	Q195(01);Q215(02);Q215a(03);Q215b(04);Q215c(05);Q235(06);Q235a(07);Q235b(08);Q235c(09);Q255(10);Q255a(11);Q255b(12);Q275(13)

续表

类别编码及名称	属性项	常用属性值
0123　H型钢	C(03)规格(高度×宽度)	HW:100×100(01);HW:125×125(02);HW:150×150(03);HW:175×175(04);HW:200×200(05);HW:250×250(06);HW:300×300(07);HW:350×350(08);HW:400×400(09);HW:500×500(10);HM:150×100(11);HM:200×150(12);HM:250×175(13);HM:300×200(14);HM:350×250(15);HM:400×300(16);HM:450×300(17);HM:500×300(18);HM:550×300(19);HM:600×300(20);HN:150×75(21);HN:175×90(22);HN:200×100(23);HN:250×125(24);HN:300×150(25);HN:350×175(26);HN:400×150(27);HN:400×200(28);HN:450×150(29);HN:450×200(30);HN:475×150(31);HN:500×150(32);HN:500×200(33);HN:550×200(34);HN:600×200(35)
	D(04)表面处理	热镀锌(01);冷镀锌(02);电镀锌(03);铬酸钝化(04);涂油(05);铬酸钝化加涂油(06);喷漆(07);除锈防腐(08)
类别编码及名称	属性项	常用属性值
0125　Z型钢	A(01)品种	冷弯Z型钢(01);热轧Z型钢(02);冷轧Z型钢(03)
	B(02)牌号	Q195(01);Q215(02);Q215a(03);Q215b(04);Q215c(05);null(06);Q235(07);Q235a(08);Q235b(09);Q235c(10);null(11);Q255(12);Q255a(13);Q255b(14);Q275(15)
	C(03)规格(h×b×a)mm	80*40*2.5(01);80*40*3(02);100*50*2.5(03);100*50*3(04)
	D(04)表面处理	热镀锌(01);冷镀锌(02);电镀锌(03);铬酸钝化(04);涂油(05);铬酸钝化加涂油(06);喷漆(07);除锈防腐(08)
类别编码及名称	属性项	常用属性值
0127　钢板桩		

26

类别编码及名称	属性项	常用属性值
012701　热轧 U 型钢板桩	A(01)牌号	Q295P（01）；Q345P（02）；Q390P（03）；Q420P（04）；Q460P（05）
	B(02)规格	PU400＊100（01）；PU400＊125（02）；PU400＊170（03）；PU500＊210（04）；PU500＊225（05）；PU600＊130（06）；PU600＊180（07）；PU600＊210（08）；PU600＊217.5（09）；PU600＊228（10）；PU600＊226（11）；PU700＊200（12）；PU700＊220（13）
类别编码及名称	属性项	常用属性值
012703　热轧 Z 型钢板桩	A(01)牌号	Q295P（01）；Q345P（02）；Q390P（03）；Q420P（04）；Q460P（05）
	B(02)规格	PZ575＊260（01）；PZ575＊350（02）
类别编码及名称	属性项	常用属性值
012705　热轧 H 型钢桩	A(01)牌号	235MPa（01）；345MPa（02）；390MPa（03）；420MPa（04）；460MPa（05）
	B(02)规格	200＊200（01）；220＊220（02）；240＊240（03）；250＊250（04）；260＊260（05）；280＊280（06）；300＊300（07）；350＊350（08）；400＊400（09）；500＊500（10）
类别编码及名称	属性项	常用属性值
012707　热轧直线型钢板桩	A(01)牌号	Q295P（01）；Q345P（02）；Q390P（03）；Q420P（04）；Q460P（05）
	B(02)规格	PI500＊88（01）
类别编码及名称	属性项	常用属性值
0129　钢板	A(01)品种	热轧钢板（01）；冷轧钢板（02）；冷弯波形钢板（03）；花纹钢板（04）；不锈钢板（05）；低合金板（06）；镀锌钢板（07）；镀铬钢板（08）
	B(02)牌号	20♯（01）；35♯（02）；45♯（03）；Q345R（04）；Q245R（05）
	C(03)厚度 δ	0.14（01）；0.15（02）；0.16（03）；0.17（04）；0.18（05）；0.19（06）；0.2（07）；0.25（08）；0.3（09）；0.35（10）；0.4（11）；0.5（12）；0.6（13）；0.7（14）；0.75（15）；0.8（16）；1（17）；1.2（18）；1.5（19）；2（20）；2.5（21）；3（22）；3.5（23）；3.9（24）；4（25）；5（26）；6（27）；7（28）；8（29）；9（30）；10（31）；20（32）；30（33）；40（34）；60×110×1.5（35）

续表

类别编码及名称	属性项	常用属性值
0129　钢板	D(04)宽度 B	2100（01）；2200（02）；2300（03）；2400（04）；2500（05）；2600（06）；2700（07）；2800（08）；2900（09）；3000（10）
	E(05)表面处理	热镀锌(01)；电镀锌(02)；镀锡(03)；彩色涂层(04)；镀铬(05)
	F(06)用途	耐候(01)；船舶及海洋(02)；耐火(03)；桥梁(04)；锅炉和压力容器(05)

类别编码及名称	属性项	常用属性值
0131　钢带	A(01)品种	碳素结构钢热轧钢带(01)；低合金钢热轧钢带(02)；不锈钢热轧钢带(03)；冷轧钢带(04)
	B(02)牌号	Q195(01)；Q215(02)；Q215a(03)；Q215b(04)；Q215c(05)；Null(06)；Q235(07)；Q235a(08)；Q235b(09)；Q235c(10)；Null(11)；Q255(12)；Q255a(13)；Q255b(14)；Q275(15)
	C(03)厚度(mm)	0.5(01)；1(02)；2(03)；2.5(04)；2.75(05)；3(06)；3.5(07)；3.75(08)；4(09)；5(10)；6(11)；7(12)等
	D(04)宽度 B(mm)	20(01)；600(02)；700(03)；800(04)；850(05)；900(06)；1000(07)；1050(08)；1100(09)；1200(10)；1300(11)
	E(05)用途	建筑屋面(01)；幕墙(02)

类别编码及名称	属性项	常用属性值
0135　铜板	A(01)品种	紫铜板(01)；黄铜板(02)；锡青铜板(03)；白铜板(04)；铜箔板(05)
	B(02)牌号	H62(01)；H68(02)；H85(03)；H59(04)；T2(05)
	C(03)规格（厚度)mm	0.2(01)；0.3(02)；0.4(03)；0.5(04)；0.6(05)；0.8(06)；1(07)；1.2(08)；1.5(09)；2(10)；3(11)；4(12)；5(13)；6(14)；8(15)；9(16)；450×2(17)

类别编码及名称	属性项	常用属性值
0137　铜带材	A(01)品种	黄铜带(01)；锡铜带(02)；铝白铜带(03)；铅黄铜带(04)；纯铜棒(05)；黄铜棒(06)
	B(02)牌号	H62(01)；H68(02)；H85(03)；H59(04)；T2(05)

类别编码及名称	属性项	常用属性值
0137 铜带材	C(03)厚度(mm)	0.1(01);0.3(02);0.4(03);0.5(04);0.8(05);1.0(06);1.2(07);1.4(08)
	D(04)宽度 B(mm)	

类别编码及名称	属性项	常用属性值
0139 铜棒材	A(01)品种	纯铜棒(01);黄铜棒(02);铅黄铜棒(03);铜条(04);紫铜棒(05)
	B(02)牌号	H62(01);H68(02);H96(03);H59(04);T2(05);T4(06)
	C(03)直径(mm)	5(01);6(02);8(03);10(04);12(05);14(06);15(07);16(08);18(09);19(10);20(11);22(12);25(13);28(14);29(15);30(16);32(17);40(18);50(19);60(20);70(21);80(22);90(23);100(24);120(25)等

类别编码及名称	属性项	常用属性值
0141 铜线材	A(01)品种	纯铜线(01);黄铜线(02);锡黄铜线(03);白铜线(04);纯(紫)铜丝(05)
	B(02)牌号	H62(01);H65(02);H68(03);T2(04);T3(05);T4(06)
	C(03)直径(mm)	0.02(01);0.025(02);0.05(03);0.1(04);0.2(05);0.25(06);0.5(07);1(08);2(09);3(10);4(11);5(12);6(13)

类别编码及名称	属性项	常用属性值
0143 铝板(带)材	A(01)品种	PS 铝板(01);镜面铝板(02);氧化铝板(03);压花铝板(04);纯铝板(05);铝花纹板(06)
	B(02)牌号	L1(01);L2(02);L3(03);L4(04);L5(05);L5-1(06);LF2(07);LF21(08)
	C(03)规格	0.1(01);0.2(02);0.3(03);0.4(04);0.5(05);0.7(06);0.8(07);0.9(08);1(09);1.2(10);2(11);2.5(12);3(13);3.5(14);4(15);5(16);6.5(17);8(18);9(19);10(20);20(21);25(22);40(23)等
	D(04)图案类型	方格型(01);扁豆型(02);五条型(03);三条型(04);指针型(05);菱形(06);四条型(07)

类别编码及名称	属性项	常用属性值
0145 铝棒材	A(01)品种	挤压圆棒(01);挤压正方形棒(02);挤压正六边形棒(03);挤压长方形棒(扁棒)(04)
	B(02)牌号	L1(01);L2(02);L3(03);LF2(04);LF3(05);LF21(06);LY11(07);LY12(08);LY13(09);LY2(10);LY16(11)
	C(03)直径(mm)	5(01);6(02);7(03);8(04);9(05);10(06);12(07);15(08);18(09);20(10);59(11);70(12);80(13);90(14);100(15);150(16);180(17);200(18);250(19);300(20)
类别编码及名称	属性项	常用属性值
0147 铝线材	A(01)品种	铝绑线(01);导电用铝线材(02);铆钉用铝及铝线材(03);焊条用铝及铝线材(04)
	B(02)牌号	LY1(01);LY4(02);LY8(03);LY9(04);LY10(05)
	C(03)直径(mm)	0.8(01);1(02);1.2(03);1.5(04);2(05);2.5(06);3(07);3.5(08);4(09);4.5(10);5(11);5.5(12);6(13);7(14);8(15);9(16);10(17)
类别编码及名称	属性项	常用属性值
0149 铝型材	A(01)品种	等边角铝型材(01);不等边角铝(02);丁字铝型材(03);槽形铝型材(04)
	B(02)牌号	LY11(01);LY12(02);LY9(03);LC4(04)
	C(03)规格	∠10×10×2(01);∠12×12×1(02);∠12×12×2(03);∠15×15×1(04);∠15×15×1.2(05);∠15×15×1.5(06)等
类别编码及名称	属性项	常用属性值
0151 铝合金建筑型材	A(01)品种	普通门窗铝合金型材(01);普通幕墙铝合金型材(02);断桥式铝合金型材(03);等角铝合金型材(04);槽形铝合金型材(05)
	B(02)型号	60系列(01);80系列(02)
	C(03)规格	
	D(04)颜色	白色(01);银白(02);磨砂银白(03);象牙白(04);古铜(05);黑色(06);钛金(07);香槟(08)等
	E(05)表面处理	阳极氧化(01);电泳涂装(02);粉末喷涂(03);氟碳喷涂(04);木纹转印(05)等
	F(06)牌号	6061(01);6063(02);6063A(03);1024(04);2011(05)

类别编码及名称	属性项	常用属性值
0153 铅材	A(01)品种	1#铅(01);青铅(02);铅板(03);白铅粉(04);黑铅粉(05);铅丝(06);封铅(07)
	B(02)牌号	Pb1(01);Pb2(02);Pb3(03)
	C(03)规格	含铅65% 锡35%(01)
类别编码及名称	属性项	常用属性值
0155 钛材	A(01)品种	钛白粉(01);钛棒(02);钛合金板(03);钛锌板(04);钛合板(05);钛钢复合板(06)
	B(02)牌号	TA9-1(01);A11(02);TA15(03);TA17(04);TA18(05);TB5(06)
	C(03)规格	
类别编码及名称	属性项	常用属性值
0157 镍材	A(01)品种	镍丝(01);镍棒(02);镍管(03);镍板(04)
	B(02)牌号	N6(01);N7(02);NSi9(03)
	C(03)规格	
类别编码及名称	属性项	常用属性值
0159 锌材	A(01)品种	0#锌(01);1#锌(02);锌板(03);锌丝(04);镀铝锌板(05);锌箔(06)
	B(02)牌号	ZAMAK2(01);ZAMAK3(02);ZAMAK5(03);ZAMAK7(04)
	C(03)规格	宽×厚:100×15mm(01);120×15mm(02);762×0.18mm(03);厚:0.01(04);0.012(05);0.015(06);0.02(07);0.03(08);0.04(09);0.05(10)
类别编码及名称	属性项	常用属性值
0161 其他金属材料	A(01)品种	锡锭(01);锡板(02);1#白银(03);2#白银(04);3#白银(05);金(06)
	B(02)牌号	Ag99.9(01);Au(T5)(02);Au(TD)(03);Au100g(04);Au50g(05);Au99.95(06)
	C(03)规格	
类别编码及名称	属性项	常用属性值
0163 金属原材料	A(01)品种	铸钢(01);工具钢(02);弹簧钢(03);废钢(04);钢屑(铁屑)(05);铸铁(06);碳钢(07);硅铁(08);磷铁等(09)
	B(02)规格	6(01);8(02)

类别编码及名称	属性项	常用属性值
0201 橡胶板	A(01)品种	普通橡胶板(01);石棉橡胶板(02);海绵橡胶板(03);氯丁橡胶板(04);聚硫橡胶板(05);三元乙丙橡胶板(06);丁苯橡胶板(07);丁腈橡胶板(08);夹布橡胶板(09)
	B(02)性能	阻燃(01);耐油(02);耐热(03);电绝缘(04);防滑(05);防静电(06);耐酸(07);耐酸碱(08);耐腐蚀(09)
	C(03)厚度(mm)	0.5(01);1(02);1.5(03);2(04);2.5(05);3(06);4(07);5(08);6(09);8(10);10(11)
	D(04)压力(MPa)	2(01);2.5(02);4(03);5(04);6(05);10(06)

类别编码及名称	属性项	常用属性值
0203 橡胶条、带	A(01)品种	氯丁橡胶条(01);丁腈海绵胶条(02);三元乙烯 EPDM 橡胶条(03);乙丙烯橡胶带(04);遇水膨胀橡胶条(05);三元乙丙橡胶条(06);硅橡胶条(07);橡胶密封条(08)
	B(02)性能	阻燃(01);耐油(02);耐热(03);电绝缘(04);防滑(05);防静电(06);耐酸(07);耐酸碱(08);耐腐蚀(09);保温自黏性(10)
	C(03)截面形状	扁形(01);方形(02);圆形(03);槽形(04);丁字形(05);单(06)
	D(04)规格	90(01);110(02);125(03);140(04);160(05);200(06);225(07);250(08);315(09);400(10);3*25(11);5*30(12)

类别编码及名称	属性项	常用属性值
0205 橡胶圈	A(01)品种	硅胶密封圈(01);氟胶密封圈(02);丁腈耐油密封圈(03);玻璃钢胶圈(04);丁基橡胶橡胶圈(05);三元乙丙橡胶圈(06)
	B(02)性能	阻燃(01);耐高温(02);防静电(03);耐高压(04);耐腐蚀(05);耐磨(06);耐老化(07)
	C(03)用途	给水(01);排水(02);防水(03);止水(04);煤气(05);密封(06)
	D(04)截面形状	O 形(01);圆形(02);梯形(03);Q 形(04);A 形(05);楔形(06)
	E(05)接口形式	承插口(01);机械接口(02)
	F(06)公称直径	15(01);20(02);25(03);32(04);40(05);50(06);65(07);80(08);100(09);125(10);150(11);200(12);250(13);300(14);350(15);400(16);450(17);500(18);600(19);800(20)

续表

类别编码及名称	属性项	常用属性值
0207　其他橡胶材料	A(01)品种	橡胶塞(01)；橡皮筋(02)；橡胶棒(03)；橡胶片(04)；橡皮垫(05)；橡胶垫(06)；橡胶包套(07)；橡胶垫层(08)
	B(02)材质	天然橡胶(01)；丁腈橡胶(02)；乙丙橡胶(03)；聚四氟乙烯橡胶(04)
	C(03)性能	阻燃(01)；耐高温(02)；防静电(03)；耐高压(04)；耐腐蚀(05)；耐磨(06)；耐老化(07)；减震(08)
	D(04)规格	

类别编码及名称	属性项	常用属性值
0209　塑料薄膜、布		

类别编码及名称	属性项	常用属性值
020901　PVC覆膜	A(01)规格(厚度 * 幅宽)	
	B(02)性能	防水(01)；防火(02)；防霉(03)
	C(03)用途	棚膜(01)；食品包装(02)；工业(03)；电工(04)
	D(04)生产工艺	挤出吹塑(01)
	E(05)透光率	90%以上(01)；81%～90%(02)；71%～80%(03)；61%～70%(04)；51%～60%(05)；41%～50%(06)；40%(07)以下

类别编码及名称	属性项	常用属性值
020903　防爆隔热膜(PU)	A(01)规格(厚度)	2mil(01)；4mil(02)；6mil(03)；7mil(04)；8mil(05)；10mil(06)；11mil(07)；12mil(08)；14mil(09)；20mil(10)
	B(02)隔热率	30%～40%(01)；41%～50%(02)；51%～60%(03)；61%～70%(04)；71～80%(05)；80%以上(06)
	C(03)透光率	90%以上(01)；81%～90%(02)；71%～80%(03)；61%～70%(04)；51%～60%(05)；41%～50%(06)；40%(07)以下
	D(04)紫外线过滤率	80%以上(01)；71%～80%(02)；61%～70%(03)；51%～60%(04)；41%～50%(05)；31%～40%(06)；21%～30%(07)；10%～20%(08)；10%以下(09)

续表

类别编码及名称	属性项	常用属性值
020905　PVDC覆膜	A(01)规格(厚度＊幅宽)	0.012＊1250(01)
	B(02)性能	防水(01);防火(02);防霉(03)
	C(03)用途	棚膜(01);食品包装(02);工业(03);电工(04)
	D(04)生产工艺	挤出吹塑(01)
	E(05)透光率	90％以上(01);81％～90％(02);71％～80％(03);61％～70％(04);51％～60％(05);41％～50％(06);40％(07)以下

类别编码及名称	属性项	常用属性值
020907　PE覆膜	A(01)规格(厚度＊幅宽)	0.05(01)
	B(02)性能	防水(01);防火(02);防霉(03)
	C(03)用途	棚膜(01);食品包装(02);工业(03);电工(04)
	D(04)生产工艺	挤出吹塑(01)
	E(05)透光率	90％以上(01);81％～90％(02);71％～80％(03);61％～70％(04);51％～60％(05);41％～50％(06);40％(07)以下

类别编码及名称	属性项	常用属性值
020909　EPE覆膜珍珠棉	A(01)规格(厚度＊幅宽)	
	B(02)防火等级	A(01);A1(02);A2(03);B1(04);B2(05);B3(06)

类别编码及名称	属性项	常用属性值
020911　EVA薄膜	A(01)规格(厚度＊幅宽)	0.012＊1250(01)
	B(02)性能	防水(01);防火(02);防霉(03)
	C(03)用途	棚膜(01);食品包装(02);工业(03);电工(04)
	D(04)生产工艺	挤出吹塑(01)
	E(05)透光率	90％以上(01);81％～90％(02);71％～80％(03);61％～70％(04);51％～60％(05);41％～50％(06);40％(07)以下

类别编码及名称	属性项	常用属性值
020913　PVC软膜天花	A(01)规格(厚度＊幅宽)	
	B(02)颜色	光面(01);透光面(02);缎光面(03);鲸皮面(04);金属面(05);基本膜(06);镜面膜(07);彩绘膜(08)
	C(03)防火等级	A(01);A1(02);A2(03);B1(04);B2(05);B3(06)

类别编码及名称	属性项	常用属性值
0211 塑料板	A(01)品种	聚氯乙烯硬 PVC 板(01);聚氯乙烯软 PVC 板(02);聚碳酸酯 PC 塑料板(03);聚丙烯 PP 塑料板(04);聚乙烯 PE 塑料板(05);ABS 塑料板(06);聚四氟乙烯板(07);EPS 聚苯板(08);塑料排水板(09);塑料防水板(10)
	B(02)表面形状	波浪(01);平板(02)
	C(03)规格(厚度)	1(01);2(02);3(03);4(04);5(05);6(06);8(07);10(08);12(09);14(10)
类别编码及名称	属性项	常用属性值
0213 塑料带	A(01)材质	聚四氟乙烯 F-4(01);聚丙烯 RR(02);聚乙烯 PVC(03);聚氯乙烯(04);聚酰胺(尼龙)(05)
	B(02)规格	
类别编码及名称	属性项	常用属性值
0215 塑料棒	A(01)材质	PVC(01);PP(02);PE(03);PA(04)
	B(02)直径	6(01);8(02);12(03)
类别编码及名称	属性项	常用属性值
0217 有机玻璃	A(01)品种	有机玻璃板(01);有机玻璃管(02);有机玻璃棒(03)
	B(02)截面形状	平板(01);弧板(02);圆形(03);椭圆形状(04)
	C(03)规格(板:长×宽×厚;管、棒:直径×长度)	
	D(04)透光度	透明板(01);半透明板(颜色板)(02)
	E(05)成型方式	浇铸成型(01);注塑成型(02);挤出成型(03);热成型(04)
类别编码及名称	属性项	常用属性值
0219 其他塑料制品	A(01)品种	塑料绳(01);塑料圈(02);塑料袋(03);塑料卡子(04);鱼线(05);海绵(06);塑料带(07);塑料棒(08);塑料垫(09)
	B(02)材质	聚丙烯 PP(01);聚乙烯 PE(02);聚氯乙烯 PVC(03);尼龙(04);聚四氟乙烯(05);PA(06);硬聚氯乙烯(07);聚酰胺(08)
	C(03)形状	矩形(01);扁形(02);圆形(03);方形(04);异形(05)

类别编码及名称	属性项	常用属性值
0219　其他塑料制品	D(04)规格	5(01);6(02);8(03);12(04);15(05);20(06);40(07);50(08);60(09);80(10);100(11);120(12)
类别编码及名称	属性项	常用属性值
0221　橡塑复合材料	A(01)品种	橡塑板(01);橡塑海绵(02);橡塑密封垫(03)
	B(02)材质	硅胶(01)
	C(03)规格	
类别编码及名称	属性项	常用属性值
0223　石墨碳素制品	A(01)品种	石墨粉(01);石墨条(02);石墨板(03);石墨复合板(04);石墨绳(05);石墨线(06);碳棒(07);碳块(08);石墨乳(09)
	B(02)规格	
	C(03)截面形状	D形(01);O形(02)
类别编码及名称	属性项	常用属性值
0225　玻璃钢及其制品	A(01)品种	无机玻璃钢板(01);玻璃钢带(02)
	B(02)规格	2440*1220(01)
	C(03)截面形状	平板(01);弧板(02)
类别编码及名称	属性项	常用属性值
0227　棉毛及其制品	A(01)品种	细绒棉(01);细绒棉(02);棉绳(03);麻绳(04);棉布(05);棉纱(06);棉带(07)
	B(02)规格	2(01);3(02);4(03);5(04);6(05);7(06);8(07);φ5mm(08);φ6mm(09);φ8mm(10);φ10mm(11);φ12mm(12)
	C(03)性能	耐酸(01);耐腐蚀(02)
类别编码及名称	属性项	常用属性值
0229　丝麻及其制品	A(01)品种	麻布(01);麻袋(02);麻绳(03);麻筋(04);线麻(05)
	B(02)规格	φ5mm(01);φ6mm(02);φ8mm(03);φ10mm(04);φ12mm(05)
类别编码及名称	属性项	常用属性值
0231　化纤及其制品	A(01)品种	纺腈纶(01);腈纶(02);涤纶(03);聚丙烯纤维(04);聚酯纤维(05);土工布(06)
	B(02)规格	19×20m 长 32mm(01);20×20m 长 32mm(02);100g/m^2(03)

类别编码及名称	属性项	常用属性值
0233 草及其制品	A(01)品种	草绳(01)；草垫(02)；草席(03)；草袋(04)；草帽(05)；草盖(06)；草鞋(07)；草帘(08)
	B(02)规格	φ3mm(01)；φ6mm(02)；φ8mm(03)；φ10mm(04)

类别编码及名称	属性项	常用属性值
0235 其他非金属材料	A(01)品种	真皮(01)；人造革(02)；牛草(03)；地板革(04)；帆布(05)
	B(02)材质	聚丙烯(01)；聚氯乙烯(02)；牛皮(03)
	C(03)规格	

类别编码及名称	属性项	常用属性值
0301 紧固件		

类别编码及名称	属性项	常用属性值
030101 铆钉	A(01)品种	拉铆钉(01)；平头铆钉(02)；沉头铆钉(03)；抽芯铆钉(04)；扁平头铆钉(05)；半圆头铆钉(06)；平锥头铆钉(07)；半沉头铆钉(08)；空心铆钉(09)
	B(02)规格 d×l(mm)	5＊13(01)；4＊20(02)；4＊18(03)；4＊16(04)；4＊13(05)；3.2＊16(06)；6＊15(07)；6＊11(08)；6＊6(09)；5＊28(10)；5＊20(11)；3.2＊14(12)；4＊15(13)；3＊5(14)；5＊18(15)；5＊11(16)；5＊10(17)；4.8＊25(18)；8＊100(19)；8＊12(20)；10＊16(21)；10＊20(22)；12＊18(23)；12＊20(24)；12＊30(25)；16＊24(26)；M4(27)
	C(03)材质	塑料(01)；钢(02)；铝(03)；紫铜(04)；铁(05)；黄铜(06)；不锈钢(07)；铝合金(08)；碳钢(09)
	D(04)表面处理	钝化(01)；镀锡(02)；镀银(03)；粉末渗锌(04)；热浸镀锌(05)；镀镉钝化(06)；光面(07)；镀锌钝化(08)；氧化(09)

类别编码及名称	属性项	常用属性值
030103 螺钉	A(01)品种	定位螺钉(01)；瓦楞螺钉(02)；吊环螺钉(03)；自攻螺钉(04)；半圆头螺钉(05)；沉头螺钉(06)

类别编码及名称	属性项	常用属性值
030103　螺钉	B(02)结构形式	十字槽半沉头(01)；一字槽沉头(02)；一字槽圆柱头(03)；内六角槽盘头(04)；内六角槽平端(05)；一字槽圆柱端(06)；十字槽圆柱头(07)；十字槽盘头(08)；十字槽沉头(09)；内六角槽圆柱端(10)；内六角槽圆柱头(11)；一字槽半沉头(12)；U型(13)；一字槽盘头(14)；内六角槽凹端(15)；一字槽锥端(16)；一字槽凹端(17)；内六角槽沉头(18)；内六角槽圆头(19)；一字槽平端(20)；内六角槽锥端(21)
	C(03)规格 d＊l(mm)	M1.6＊2(01)；M1.6＊2.5(02)；M1.6＊3(03)；M1.6＊4(04)；M1.6＊5(05)；M1.6＊6(06)；M1.6＊8(07)；M1.6＊10(08)；M1.6＊12(09)；M1.6＊14(10)；M1.6＊16(11)；M2＊2(12)；M2＊2.5(13)；M2＊3(14)；M2＊4(15)；M2＊6(16)；M2＊8(17)；M2＊10(18)；M2＊12(19)；M2＊14(20)；M4＊6(21)；M4＊10(22)；M6＊20(23)；M10＊100(24)；ST4＊12(25)；ST5＊16(26)
	D(04)材质	塑料(01)；钢(02)；铝(03)；紫铜(04)；铁(05)；黄铜(06)；不锈钢(07)；铝合金(08)；木(09)；尼龙(10)
	E(05)表面处理	钝化(01)；镀锡(02)；镀银(03)；粉末渗锌(04)；热浸镀锌(05)；镀镉钝化(06)；光面(07)；镀锌钝化(08)；氧化(09)
类别编码及名称	属性项	常用属性值
030105　螺栓	A(01)品种	平头螺栓(01)；沉头螺栓(02)；地脚螺栓(03)；半圆头方颈螺栓(04)；六角螺栓(05)；方头螺栓(06)；穿墙螺栓(07)；蝶型螺栓(08)；双头螺栓(09)；钩头螺栓(10)；连接螺栓(11)；花篮螺栓(12)；开尾螺栓(13)；U型螺栓(14)；鱼尾螺栓(15)；高强螺栓(16)；半圆头螺栓(17)

类别编码及名称	属性项	常用属性值
030105 螺栓	B(02)规格	M5＊15(01)；M5＊40(02)；M6＊30(03)；M6＊75(04)；M8＊75(05)；M10＊50(06)；M10＊60(07)；M10＊75(08)；M10＊100(09)；M12＊55(10)；M12＊70(11)；M12＊75(12)；M12＊200(13)；M14＊90(14)；M16＊80(15)；M16＊340(16)；M20＊60(17)；M24＊80(18)；M24＊120(19)；M24＊170(20)；M24＊190(21)；M30＊120(22)；M48＊200(23)；M48＊220(24)；M48＊240(25)；M48＊260(26)；M6＊50以下(27)；M6＊75以下(28)；M8＊50以下(29)；M8＊75以下(30)；M10＊75以下(31)；M14＊75以下(32)；M30＊60以下(33)
	C(03)性能等级	钢：9.8级(01)；钢：8.8级(02)；钢：6.8级(03)；钢：5.6级(04)；钢：4.6级(05)；钢：3.6级(06)；钢：4.8级(07)；不锈钢：3.6级(08)；钢：12.9级(09)；钢：10.9级(10)
	D(04)材质	塑料(01)；钢(02)；铝(03)；紫铜(04)；铁(05)；黄铜(06)；不锈钢(07)；铝合金(08)
	E(05)表面处理	钝化(01)；镀锡(02)；镀银(03)；粉末渗锌(04)；热浸镀锌(05)；镀镉钝化(06)；光面(07)；镀锌钝化(08)；氧化(09)
	F(06)结构形式	外六角带帽(01)；外六角带垫圈(02)；细牙六角带帽(03)；锥度内六角双螺母(04)；平头内六角不带帽(05)；螺栓带螺母(06)；螺栓带螺母、垫圈(07)
类别编码及名称	属性项	常用属性值
030107 膨胀螺栓	A(01)品种	螺杆型膨胀螺栓(01)；内迫型膨胀螺栓(02)；外迫型膨胀螺栓(03)；锥帽型膨胀螺栓(04)；套管加强型膨胀螺栓(05)；套管型膨胀螺栓(06)；双套管型膨胀螺栓(07)；击钉型膨胀螺栓(08)；带钩膨胀螺栓(09)；拉爆膨胀螺栓(10)；滚花膨胀螺栓(11)；强力膨胀螺栓(12)；塑料膨胀塞(13)
	B(02)规格 d＊l(mm)	M6＊60(01)；M6＊75(02)；M6＊90(03)；M6＊100(04)；M8＊60(05)；M8＊70(06)；M8＊80(07)；M8＊90(08)；M8＊110(09)；M8＊130(10)；M12＊100(11)；M12＊130(12)；M12＊140(13)；M14＊110(14)；M14＊140(15)；M14＊150(16)；M16＊110(17)；M6(18)；M8(19)；M10(20)；M12(21)；M14(22)；M16(23)

続表

類別編碼及名称	属性項	常用属性值
030107　膨脹螺栓	C(03)材質	鉄(01)；高強度合金鋼(02)；鋁合金(03)；不銹鋼(04)；鋼(05)；鋁(06)；紫銅(07)；黄銅(08)；无規共聚聚丙烯(09)
	D(04)表面処理	粉沫滲锌(01)；热浸镀锌(02)；镀镉钝化(03)；镀银(04)；镀锡(05)；钝化(06)；氧化(07)；镀锌钝化(08)；光面(09)；热镀锌(10)
	E(05)強度等级	45(01)；50(02)；60(03)；70(04)；80(05)
類別編碼及名称	属性項	常用属性值
030108　化学螺栓	A(01)規格	M8＊110(01)；M10＊130(02)；M12＊160(03)；M14＊180(04)；M16＊190(05)；M20＊260(06)
	B(02)材質	聚胺酯丙烯酸酯＋石英砂(01)
類別編碼及名称	属性項	常用属性值
030109　螺母	A(01)品種	锁紧螺母(01)；自锁螺母(02)；防松螺母(03)；四爪螺母(04)；旋入螺母(05)；细杆连接螺母(06)；自锁六角盖型螺母(07)；专用地脚螺母(08)；吊环螺母(09)；焊接方螺母(10)；焊接六角螺母(11)；扣紧螺母(12)；嵌装圆螺母(13)；带槽圆螺母(14)；兰花夹螺母(15)；蝶形螺母(16)；六角螺母(17)
	B(02)性能等级	钢:4.8级(01)；钢:10.9级(02)；钢:12.9级(03)；钢:8.8级(04)；不锈钢:3.6级(05)；A级(06)；钢:5.6级(07)；钢:9.8级(08)；钢:6.8级(09)；钢:4.6级(10)；钢:3.6级(11)；C级(12)；B级(13)
	C(03)材質	塑料(01)；钢(02)；铝(03)；紫铜(04)；铁(05)；黄铜(06)；不锈钢(07)；铝合金(08)；碳钢(09)；碳合金(10)
	D(04)表面処理	钝化(01)；镀锡(02)；镀银(03)；粉末滲锌(04)；热浸镀锌(05)；镀镉钝化(06)；光面(07)；镀锌钝化(08)；氧化(09)

类别编码及名称	属性项	常用属性值
030109　螺母	E(05)规格	M3 * 20(01);M3 * 50(02);M3 * 100 (03);M8(04);M18(05);M15 * 3(06);M20 * 1.5(07);M20 * 3(08);M22(09);M70 * 3 (10);M75 * 2(11);M76 * 2(12);M80 * 2 (13);M90 * 2(14);M95 * 2(15);M100 * 2 (16);M120(17);M120 * 2(18);M125(19); M125 * 2(20);M130(21);M130 * 2(22); M140(23);M140 * 2(24);M150(25);M150 * 2(26);M160(27);M160 * 3(28);M170 (29);M170 * 3(30);M180(31);M180 * 3 (32);M190(33);M190 * 3(34);M200(35); M200 * 3(36);L40(37);DN15(38);DN20 (39);DN25(40);DN32(41);DN40(42); DN50(43);DN15 * 1.5(44);DN15 * 3 (45);DN20 * 1.5(46);DN20 * 3(47); DN25 * 1.5(48);DN25 * 3(49);DN32 * 1.5(50);DN32 * 3(51);DN40 * 1.5(52); DN40 * 3(53);DN50 * 1.5(54);DN50 * 3 (55);DN65 * 3(56);DN80 * 3(57);DN100 * 3(58);1.5 * 15(59);1.5 * 20(60)
类别编码及名称	属性项	常用属性值
030111　螺柱	A(01)品种	单头螺柱(01);双头螺柱(02);带螺母螺柱(03);焊接螺柱(04)
	B(02)性能等级	钢:12.9(01);钢:3.6(02);钢:5.6(03); 钢:4.8(04);钢:9.8(05);钢:4.6(06);钢: 8.8(07);钢:6.8(08);不锈钢:A2-70(09); 不锈钢:A2-50(10);钢:10.9(11)
	C(03)材质	塑料(01);钢(02);铝(03);紫铜(04);铁 (05);黄铜(06);不锈钢(07);铝合金(08)
	D(04)表面处理	镀铜(01);镀锌钝化(02);氧化(03)
	E(05)规格 d×l(mm)	M2 * 16(01);M2 * 18(02);M2 * 20(03); M2 * 22(04);M2 * 25(05);M2.5 * 16(06); M2.5 * 18(07);M2.5 * 20(08);M2.5 * 22 (09);M2.5 * 25(10);M2.5 * 28(11);M2.5 * 30(12);M3 * 16(13);M3 * 20(14);M33 * 95(15)

类别编码及名称	属性项	常用属性值
030113　垫圈	A(01)品种	平垫圈(01)；方斜垫圈(02)；球面垫圈(03)；锥面垫圈(04)；开口垫圈(05)；弹簧垫圈(06)；鞍形弹性垫圈(07)；锥形锁紧垫圈(08)；锥形锯齿锁紧垫圈(09)；内齿锁紧垫圈(10)；外锯锁紧垫圈(11)；单耳止动垫圈(12)；双耳止动垫圈(13)
	B(02)螺纹大径 d(mm)	1.6(01)；2(02)；2.5(03)；3(04)；4(05)；5(06)；6(07)；8(08)；10(09)；12(10)；14(11)；16(12)；18(13)；20(14)；24(15)；30(16)；36(17)；42(18)；48(19)；50(20)；52(21)；55(22)；56(23)；60(24)；64(25)；65(26)；68(27)；72(28)；75(29)；76(30)；80(31)；85(32)；90(33)；95(34)；100(35)；105(36)；110(37)；115(38)；120(39)；125(40)；130(41)；140(42)；150(43)；160(44)；170(45)；180(46)；190(47)；200(48)
	C(03)性能等级	200HV(01)；140HV(02)；300HV(03)
	D(04)材质	石棉(01)；黄铜(02)；橡胶(03)；石墨(04)；羊毛毡(05)；塑料(06)；紫铜(07)；铝合金(08)；铝(09)；不锈钢(10)；铁(11)
	E(05)表面处理	粉沫渗锌(01)；光面(02)；镀锌钝化(03)；氧化(04)；钝化(05)；镀锡(06)；镀银(07)；镀镉钝化(08)；热浸镀锌(09)
类别编码及名称	属性项	常用属性值
030115　挡圈	A(01)品种	锁紧挡圈(01)；轴用弹性挡圈(02)；孔用钢丝挡圈(03)；轴用钢丝挡圈(04)；孔用弹性挡圈(05)
	B(02)孔径 d(mm)	24(01)；25(02)；26(03)；28(04)；30(05)；31(06)；32(07)；33(08)；34(09)；35(10)；36(11)；37(12)；38(13)；80(14)；82(15)；85(16)；88(17)；90(18)；100(19)；102(20)；105(21)；108(22)；110(23)；112(24)
	C(03)性能等级	耐酸、耐腐蚀(01)
	D(04)材质	铜(01)；铝合金(02)；铁(03)；不锈钢(04)；铝(05)；紫铜(06)；黄铜(07)；塑料(08)
	E(05)表面处理	塑料(01)；钢(02)；铝(03)；紫铜(04)；铁(05)；黄铜(06)；不锈钢(07)；铝合金(08)

类别编码及名称	属性项	常用属性值
030117 销	A(01)品种	内螺纹圆锥销(01);弹簧圆柱销(02);开口销(03);销轴(04);圆锥销(05);内螺纹圆柱销(06);圆柱销(07);槽销(08);开尾圆锥销(09)
	B(02)规格 d×l(mm)	1.6 * 32(01);1.6 * 30(02);1.6 * 28(03);1.2 * 24(04);1.2 * 20(05);1.2 * 18(06);1.2 * 16(07);1.2 * 14(08);1.2 * 12(09);1.2 * 10(10);1.2 * 8(11);1.2 * 6(12);1 * 20(13);1 * 18(14);1 * 16(15);1 * 14(16);1 * 12(17);1 * 10(18);1 * 8(19);1 * 6(20);0.8 * 16(21);0.8 * 14(22);0.8 * 12(23);0.8 * 10(24);0.8 * 8(25);0.8 * 6(26);0.8 * 5(27);0.6 * 10(28);0.6 * 8(29);0.6 * 6(30);0.6 * 5(31);0.6 * 4(32)
	C(03)材质	塑料(01);钢(02);铝(03);紫铜(04);铁(05);黄铜(06);不锈钢(07);铝合金(08)
	D(04)表面处理	粉沫渗锌(01);光面(02);镀锌钝化(03);氧化(04);钝化(05);镀锡(06);镀银(07);镀镉钝化(08);热浸镀锌(09)
类别编码及名称	属性项	常用属性值
030119 键	A(01)品种	平键(01);内花键(02);外花键(03);钩头契键(04);矩形花键(05);半圆键(06);三角形花键(07);渐开线花键(08)
	B(02)键宽×键长(mm)	6 * 6(01);8 * 7(02);28 * 16(03);25 * 14(04);22 * 14(05);18 * 11(06);16 * 10(07);14 * 9(08);12 * 8(09);4 * 4(10);10 * 8(11);90 * 45(12);80 * 40(13);70 * 36(14);3 * 3(15);63 * 32(16);56 * 32(17);2 * 2(18);50 * 28(19);45 * 25(20);40 * 22(21);36 * 20(22);32 * 18(23);100 * 50(24);5 * 5(25)
	C(03)形状	A(01);B(02);C(03)
	D(04)材质	塑料(01);钢(02);铝(03);紫铜(04);铁(05);黄铜(06);不锈钢(07);铝合金(08)

续表

类别编码及名称	属性项	常用属性值
0303　门窗五金		

类别编码及名称	属性项	常用属性值
030301　门锁	A(01)品种	球形门锁(01)；三杆式执手锁(02)；插芯执手锁(03)；挂锁(04)；弹子锁(05)
	B(02)把手材质	铝合金(01)；红榉木(02)；镀铬(03)；喷塑(04)；锌合金(05)；铜(06)；不锈钢(07)
	C(03)开锁形式	钥匙(01)
	D(04)规格(L×B)mm	180 * 19(01)；125 * 17(02)；87 * 12(03)；77 * 15(04)

类别编码及名称	属性项	常用属性值
030302　门电子锁	A(01)材质	黄铜(01)；铁(02)；不锈钢(03)；铝(04)；紫铜(05)；铝合金(06)；塑料(07)；钢(08)
	B(02)规格(L×B)mm	180 * 19(01)；125 * 17(02)；87 * 12(03)；77 * 15(04)
	C(03)开锁形式	按键式(01)；拨盘式(02)；电子钥匙(03)；触摸式(04)；生物特征式(05)；刷卡式(06)

类别编码及名称	属性项	常用属性值
030303　窗锁	A(01)品种	月牙锁(01)；执手锁(02)
	B(02)材质	黄铜(01)；铁(02)；不锈钢(03)；铝(04)；紫铜(05)；铝合金(06)；塑料(07)；塑钢(08)
	C(03)规格	1. 2 * 20 * 108(01)；1. 2 * 20 * 110(02)
	D(04)表面处理	喷塑(01)；喷砂(02)；喷漆(03)；金拉丝(04)

类别编码及名称	属性项	常用属性值
030305　拉手(执手)	A(01)品种	杆式拉手(01)；板式拉手(02)；单动旋压型执手(03)；单动板扣型执手(04)；单头双向板扣型执手(05)；双头联动板扣型执手(06)；蝴蝶式拉手(07)；圆柱拉手(08)
	B(02)材质	铜(01)；不锈钢(02)；铝合金(03)；有机玻璃(04)；木质(05)；石材(06)；锌合金(07)；塑料(08)；陶瓷(09)；电镀铁皮(10)
	C(03)规格(长度×宽度)	BX32(01)
	D(04)表面处理	粉沫渗锌(01)；光面(02)；镀锌钝化(03)；氧化(04)；钝化(05)；镀锡(06)；镀银(07)；镀镉钝化(08)；热浸镀锌(09)

类别编码及名称	属性项	常用属性值
030306　残弱人扶手	A(01)材质	铜(01);不锈钢(02);铝合金(03);有机玻璃(04);木质(05);石材(06);锌合金(07)
	B(02)扶手功能	
	C(03)规格 (上扶手、下扶手)	
	D(04)表面处理	镜面(01);拉丝(02);振磨(03);烤漆(04);钛金(05);仿古处理(06);花纹蚀刻板(07);压纹板(08);发纹板(09);喷砂板(10);阳极氧化(11);电泳涂装(12);粉末喷涂(13);氟碳喷涂(14)

类别编码及名称	属性项	常用属性值
030307　滑(档)撑	A(01)品种	套眼撑(01);双臂撑(02);摇撑(03);移动式撑挡(04)
	B(02)材质	黄铜(01);低碳钢(02);锌合金(03);不锈钢(04)
	C(03)规格 (滑槽长度*厚度)	
	D(04)承载重量(kg)	20kg(01);30kg(02);40kg(03)

类别编码及名称	属性项	常用属性值
030309　合页	A(01)形状	H型合页(01);T型合页(02);方合页(03);扇形合页(04)
	B(02)材质	铁(01);不锈钢(02);镀锌铁(03);锌合金(04);铜(05);铝合金(06);塑料(07);玻璃(08)
	C(03)规格	L*B:25*24mm(01);L*B:38*31mm(02);L*B:50*38mm(03);L*B:65*42mm(04);L*B:75*50mm(05);L*B:90*55mm(06);L*B:100*71mm(07);L*B:125*82mm(08);L*B:150*104mm(09)
	D(04)型号	滑入式(01);卡式(02);缓冲式(03)
	E(05)用途	玻璃门(01);木门(02);防火门(03)

类别编码及名称	属性项	常用属性值
030310　防尘条	A(01)材质	EVA单面胶(01);海绵(02);泡棉(03);橡胶(04);塑料(05);化纤(06)
	B(02)表面处理	涂刷防尘漆(01)
	C(03)规格(宽度*厚度)	

续表

类别编码及名称	属性项	常用属性值
030311 闭门器	A(01)品种	外装式门顶闭门器(01);内嵌式门顶闭门器(02);内嵌式门中闭门器(03);内置立式闭门器(04);顺位器(05)
	B(02)材质	不锈钢(01);铝合金(02);铜质(03);铸铝合金(04)
	C(03)规格(长＊宽＊高)	
	D(04)适用门重	15～30kg(01);25～45kg(02);40～65kg(03);60～85kg(04)

类别编码及名称	属性项	常用属性值
030312 地弹簧	A(01)材质	不锈钢(01);铝合金(02);铜质(03)
	B(02)表面处理	AL 杏仁色(01);BK 黑色(02);BN 棕色(03);GB 金黄色(04);SB 银色(05)
	C(03)规格(长度＊宽度＊高度)	
	D(04)承重范围	90kg(01);110kg(02);120kg(03);150kg(04);180kg(05)

类别编码及名称	属性项	常用属性值
030313 轨道(导轨)	A(01)品种	门上导轨(01);门下导轨(02)
	B(02)安全等级	A 机(01);B 级(02)
	C(03)材质	实木(01);塑料(02);铝合金(03);不锈钢(04)
	D(04)规格(L)	900(01);1200(02);1600(03);1800(04);2100(05)

类别编码及名称	属性项	常用属性值
030315 开窗器	A(01)品种	链条式开窗器(01);齿条式开窗器(02);螺杆式开窗器(03);曲臂式开窗器(04)
	B(02)推拉力(N)	200(01);450(02);600(03);650(04);850(05);1000(06)
	C(03)行程(mm)	200(01);300(02);400(03);550(04);600(05);700(06);800(07);1000(08)
	D(04)使用电源	DC24V(01);DC48V(02);AC220V(03)

类别编码及名称	属性项	常用属性值
030317 插销	A(01)品种	台阶式插销(01);平板式插销(02);暗插销(03);蝴蝶形插销(04)
	B(02)规格(L)	50(01);65(02);70(03);100(04);150(05);200(06)
	C(03)材质	铜(01);不锈钢(02)

类别编码及名称	属性项	常用属性值
030319　门吸	A(01)品种	立式脚踏门钩(01);横式脚踏门钩(02);立式门轧头(03);横式门轧头(04);冷库门轧头(05);立式磁性吸门器(06);横式磁性吸门器(07)
	B(02)规格	48*48*40(01)
	C(03)材质	不锈钢(01);铝合金(02);铜质(03)
类别编码及名称	属性项	常用属性值
030321　滑轮、吊轮	A(01)品种	铝合金门用滑轮(01);铝合金窗用滑轮(02);塑料门用滑轮(03);塑料窗用滑轮(04)
	B(02)材质	ZZnAL14Cu3Y(3号锌)(01);Q235(碳素钢)(02);PA66(尼龙)(03)
	C(03)规格(D*d)	20*16mm(01);24*20mm(02);30*26mm(03)
	D(04)特性	定位式(01);可调式(02)
	E(05)承载重量(kg)	40(01);50(02);60(03)
类别编码及名称	属性项	常用属性值
030323　传动锁闭器	A(01)品种	齿轮传动锁闭器(01);连杆式传动锁闭器(02)
	B(02)材质	碳钢(01);不锈钢(02);铝合金(03);尼龙(04);铝(05)
	C(03)型号	JPC01(01);JPC02(02);JPC03(03);JPC04(04);JMCCQ(05)
	D(04)规格	28*31(01)
类别编码及名称	属性项	常用属性值
030324　门夹	A(01)品种	门上夹(01);门下夹(02);门顶夹(03);门轴夹(04);门锁夹(05)
	B(02)材质	镜面不锈钢(01);拉丝不锈钢(02);镜面黄铜(03);铝合金氟碳树脂涂层(04);铝合金阳极氧化(05);铝合金粉末喷涂(06)
	C(03)用途	玻璃门用(01);地弹门用(02);浴室门用(03)
	D(04)规格(长*宽*厚)	164*51*32(01)
类别编码及名称	属性项	常用属性值
030325　窗钩	A(01)形状	L形(01);S型(02)
	B(02)材质	铁(01);不锈钢(02);镀锌铁(03);锌合金(04);铜(05);铝合金(06)
	C(03)规格(mm)	

类别编码及名称	属性项	常用属性值
030327　感应启动门装置	A(01)品种	电动开门器(01)；卷闸门电机(02)；电动门控制器(03)；气动开窗机(04)；电动窗帘遥控装置(05)
	B(02)规格	
	C(03)启动方式	无钥匙/遥控器远程启动(01)；温感自动感应启动(02)
类别编码及名称	属性项	常用属性值
030329　门镜(猫眼)	A(01)材质	锌合金(01)；铜(02)
	B(02)规格	ϕ35(01)
类别编码及名称	属性项	常用属性值
030331　门轴	A(01)材质	合金钢(01)；铝合金(02)；不锈钢(03)
	B(02)规格(直径＊长度)	ϕ30×H250(01)
类别编码及名称	属性项	常用属性值
030333　防盗扣	A(01)品种	超市防盗扣(01)；门防盗扣(02)；门防盗链(03)
	B(02)材质	塑料(01)；304不锈钢(02)；铝合金(03)；钢(04)
	C(03)规格	
	D(04)表面处理	镀铬(01)；镀锌(02)；拉丝(03)；电镀(04)；喷塑(05)
类别编码及名称	属性项	常用属性值
0304　幕墙五金		
类别编码及名称	属性项	常用属性值
030401　驳接头、转接件	A(01)品种	浮头式驳接头(01)；沉头式驳接头(02)；缝用式驳接头(03)
	B(02)材质	不锈钢(01)
	C(03)规格	150系列(01)；160系列(02)；200系列(03)；210系列(04)；220系列(05)；250系列(06)；300系列(07)
类别编码及名称	属性项	常用属性值
030403　吊挂件	A(01)品种	L形挂件(01)；T形挂件(02)；135度挑件(03)；挂耳(04)；钢插芯(05)
	B(02)安装形式	插销式挂件(01)；背栓式挂件(02)；插板式挂件(03)；蝴蝶式挂件(04)

类别编码及名称	属性项	常用属性值
030403 吊挂件	C(03)材质	304 不锈钢(01);不锈铁(02);301 不锈钢(03)
	D(04)规格	70 * 5(01);80 * 5(02);90 * 5(03)
类别编码及名称	属性项	常用属性值
0305 家具五金		
类别编码及名称	属性项	常用属性值
030501 铰链	A(01)开启角度	90 度内铰链(01);120 度内铰链(02);180 度铰链(03)
	B(02)材质	铁(01);不锈钢(02);镀锌铁(03);锌合金(04);铜(05);铝合金(06);塑料(07);玻璃(08);尼龙(09)
	C(03)表面处理	镀铬(01);镀锌(02);烤漆(03);镀镍(04)
	D(04)规格	L * B:25 * 24mm(01);L * B:38 * 31mm(02);L * B:50 * 38mm(03);L * B:65 * 42mm(04);L * B:75 * 50mm(05);L * B:90 * 55mm(06);L * B:100 * 71mm(07);L * B:125 * 82mm(08);L * B:150 * 104mm(09)
类别编码及名称	属性项	常用属性值
030503 拉手	A(01)品种	条形拉手(01);班台拉手(02);双 T 型拉手(03);OFX 拉手(04)
	B(02)材质	铝合金(01);不锈钢(02);铜(03);A3 钢(04);水晶(05);尼龙(06);锌合金(07)
	C(03)规格	
	D(04)表面处理	镀铬(01);镀锌(02);烤漆(03);镀镍(04)
类别编码及名称	属性项	常用属性值
030505 抽屉锁、橱窗锁	A(01)品种	正面抽屉锁(01);侧面抽屉锁(02);方舌锁(03)
	B(02)材质	锌合金(01);铝合金(02);304 不锈钢(03);铜(04);A3 钢(05);水晶(06);尼龙(07);锌合金(08)
	C(03)表面处理	镀铬(01);镀锌(02);拉丝(03);电镀(04);喷塑(05)
	D(04)规格 (锁头直径 * 锁体长度)	

续表

类别编码及名称	属性项	常用属性值
030507　脚轮	A(01)品种	定向脚轮(01);平顶万向脚轮(02);丝扣万向脚轮(03);插杆万向脚轮(04);平顶刹车脚轮(05);丝扣刹车脚轮(06)
	B(02)材质	
	C(03)表面处理	镀铬(01);镀锌(02);拉丝(03);电镀(04);喷塑(05)
	D(04)规格(直径)	50(01);60(02);70(03);80(04)

类别编码及名称	属性项	常用属性值
030509　升降器	A(01)品种	沙发升降器(01);双轨式玻璃升降器(02);交叉臂式玻璃升降器(03);齿轮式玻璃升降器(04)
	B(02)驱动方式	电动(01);手动(02)
	C(03)面板材质	不锈钢(01);碳钢(02);铝合金(03)
	D(04)表面处理	镀铬(01);镀锌(02);拉丝(03);电镀(04);喷塑(05)

类别编码及名称	属性项	常用属性值
030511　靠背架	A(01)品种	床靠背架(01);沙发靠背架(02);扶手桌椅架(03)
	B(02)材质	木质(01);不锈钢(02);铝合金(03)
	C(03)表面处理	

类别编码及名称	属性项	常用属性值
030513　弹簧	A(01)品种	压缩弹簧(01);拉伸弹簧(02);扭转弹簧(03);弯曲弹簧(04)
	B(02)材质	钢丝(01)
	C(03)表面处理	镀锌氧化(01);镀锌(02);拉丝(03);电镀(04);喷塑(05)

类别编码及名称	属性项	常用属性值
030515　抽屉滑轨	A(01)品种	托地轨(01);吊导轨(02);三节轨(03);自闭阻尼滑轨(04);二节轨(05);导轨上槽(06);导轨下槽(07)
	B(02)材质	铝合金(01);不锈钢(02);铜(03);A3钢(04);水晶(05);尼龙(06);锌合金(07)
	C(03)表面处理	镀铬(01);镀锌(02);拉丝(03);电镀(04);喷塑(05);冷轧钢(06)
	D(04)规格(长*宽*高)	300*22*12.5(01);350*60*15(02)
	E(05)移动距离(mm)	35mm(01);45mm(02);51mm(03);53mm(04);57mm(05);76mm(06)

续表

类别编码及名称	属性项	常用属性值
030517 家具脚	A(01)材质	铝合金(01);不锈钢(02);铜(03);A3钢(04);水晶(05);尼龙(06);锌合金(07)
	B(02)规格	φ45xH120(01)
	C(03)用途	沙发(01);桌子(02);床(03)
	D(04)表面处理	镀铬(01);镀锌(02);拉丝(03);电镀(04);喷塑(05);冷轧钢(06)

类别编码及名称	属性项	常用属性值
030519 层板托	A(01)表面处理	烤漆(01);拉丝(02);电镀(03)
	B(02)材质	塑料(01);锌合金(02);铁质(03);玻璃(04)
	C(03)规格(厚度)	4mm(01);5mm(02)

类别编码及名称	属性项	常用属性值
030521 婴儿换洗台	A(01)材质	不锈钢(01);铝(02);木质(03);塑料(04);橡胶(05)
	B(02)规格(长*宽*厚)	

类别编码及名称	属性项	常用属性值
030523 衣杆法兰	A(01)材质	塑料(01);锌合金(02);铁质(03);玻璃(04)
	B(02)公称直径	DN15(01)

类别编码及名称	属性项	常用属性值
0307 水暖及卫浴五金		

类别编码及名称	属性项	常用属性值
030701 水龙头	A(01)品种	普通水龙头(01);冷热两用水龙头(02)
	B(02)阀体材质	铜合金(01);不锈钢(02);铸铁(03);塑料(04);陶瓷(05)
	C(03)表面处理	拉丝(01);镀金(02);金属烘漆(03);镀铬(04)
	D(04)结构形式	单柄单控(01);单柄双控(02);双柄双控(03)
	E(05)开启方式	螺旋式(01);扳手式(02);抬启式(03);按压式(04);红外线感应式(05);无线遥控(06);触摸感应式(07)
	F(06)阀体结构	压力一体铸造(01);重力铸造(02);分体式结构(03)
	G(07)公称通径	DN8(01);DN10(02);DN15(03);DN20(04);DN25(05);DN30(06);DN32(07)

续表

类别编码及名称	属性项	常用属性值
030703 淋浴器（淋浴龙头）	A(01)开启方式	感应淋浴器(01);脚踏淋浴器(02);普通淋浴器(03)
	B(02)材质	铁(01);铜制(02)
	C(03)规格	DN15(01);DN20(02);DN32(03)
	D(04)表面处理	镀金(01);金属烘漆(02);镀铬(03)
	E(05)安装方式	明装(01);暗装(02)
	F(06)功能	花洒(01);顶喷(02);下出水(03)
类别编码及名称	属性项	常用属性值
030705 地漏	A(01)截面形状	圆形地漏(01);方形地漏(02);网框地漏(03);W型地漏(04)
	B(02)材质	铸铁(01);PVC(02);锌合金(03);陶瓷(04);铸铝(05);不锈钢(06);黄铜(07);铜合金(08)
	C(03)规格(DN)	40(01);50(02);100(03);150(04)
	D(04)性能	防臭(01);侧排(02);四防(03);防返溢(04);高水封(05)
类别编码及名称	属性项	常用属性值
030709 扫除口	A(01)材质	钢制(01);铝制(02)
	B(02)规格	DN50（01）;DN80（02）;DN100（03）;DN125(04);DN150(05)
类别编码及名称	属性项	常用属性值
030711 存水弯	A(01)外部形状	瓶型存水弯(01);P型存水弯(02);S型存水弯(03);U型存水弯(04)
	B(02)材质	塑料(01);铸铁(02);钢制(03);不锈钢(04)
	C(03)规格	DN50（01）;DN80（02）;DN100（03）;DN125(04);DN150(05)
类别编码及名称	属性项	常用属性值
030713 检查口	A(01)材质	塑料(01);铸铁(02);钢制(03);不锈钢(04);铝制(05)
	B(02)规格	DN50（01）;DN80（02）;DN100（03）;DN125(04);DN150(05)

续表

类别编码及名称	属性项	常用属性值
030715　排水栓	A(01)品种	带存水弯(01);不带存水弯(02)
	B(02)材质	橡胶(01);不锈钢(02);塑料(03)
	C(03)规格	DN32(01);DN40(02);DN50(03)

类别编码及名称	属性项	常用属性值
030716　隔气包	A(01)材质	

类别编码及名称	属性项	常用属性值
030717　洁具专用开关件	A(01)品种	肘式开关(01);拉提开关(02);脚踏开关(脚踏阀)(03)
	B(02)材质	橡胶(01);不锈钢(02);塑料(03)
	C(03)规格	DN40(01);DN50(02)

类别编码及名称	属性项	常用属性值
030719　水暖及卫浴专用阀门	A(01)品种	瓷高水箱用(01);瓷低水箱用(02);脸盆拖架(03)
	B(02)材质	铜制(01);塑料(02);可锻铸铁(03);灰铸铁(04)
	C(03)规格	DN15(01);DN20(02);DN25(03)

类别编码及名称	属性项	常用属性值
030721　托架	A(01)材质	铁质(01);不锈钢(02)
	B(02)位置	铁质(01);不锈钢(02)
	C(03)用途	瓷高水箱用(01);瓷低水箱用(02);脸盆拖架(03)

类别编码及名称	属性项	常用属性值
030723　洁具专用配件	A(01)品种	坐便器盖(01);铜活件(02);透气帽(03);铜纳子(04)
	B(02)材质	铁质(01);不锈钢(02)
	C(03)规格	

类别编码及名称	属性项	常用属性值
0311　涂附磨具与磨料		

类别编码及名称	属性项	常用属性值
031101　砂轮	A(01)品种	平形砂轮(01);双斜边二号砂轮(02);单斜边一号砂轮(03);筒形砂轮(04);杯形砂轮(05);单斜边砂轮(06);双斜边砂轮(07);碗型砂轮(08);碟形一号砂轮(09);碟形二号砂轮(10)
	B(02)材质	棕刚玉(01);白刚玉(02);单晶刚玉(03);黑碳化硅(04);尼龙(05)
	C(03)规格(外径×厚度×孔径)	900×38×305(01);ϕ500×25×4(02)

续表

类别编码及名称	属性项	常用属性值
031103　磨头	A(01)品种	圆柱磨头(01);半球形磨头(02);球形磨头(03);截锥磨头(04);锥圆面磨头(05);60度磨头(06);圆头锥磨头(07)
	B(02)型号	5301(01);5302(02);5303(03)
	C(03)规格 (外径×长度×孔距)	25 * 25 * 6(01)
	D(04)材质	棕刚玉(01);白刚玉(02);单晶刚玉(03);黑碳化硅(04);陶瓷(05)
031105　油石、砂瓦	A(01)品种	珩磨油石(01);砂瓦(02)
	B(02)型号	5410(01);5411(02)
	C(03)材质	棕刚玉(01);白刚玉(02);单晶刚玉(03);黑碳化硅(04);碳化物(05)
	D(04)形状	长方形(01);正方形(02);三角形(03);圆形(04);半圆形(05);平凸形(06);梯形(07);扇形(08)
	E(05)规格	90 * 35 * 150(01)
031107　其他磨具与磨料	A(01)品种	页状耐水砂纸(01);卷状耐水砂纸(02);页状干磨砂纸(03);卷状干磨砂纸(04);金相砂纸(05);磨砂(06);磨膏(07);铁砂布(08);钢丝刷子(09);锯条(10);钻头(11)
	B(02)规格(宽 * 长)	115 * 140(01)
	C(03)材质	棕刚玉(01);白刚玉(02);单晶刚玉(03);黑碳化硅(04)
	D(04)表面处理	
类别编码及名称	属性项	常用属性值
0313　焊材		
类别编码及名称	属性项	常用属性值
031301　焊条	A(01)品种	不锈钢电焊条(01);堆焊电焊条(02);铸铁电焊条(03);碳钢电焊条(04);低合金钢焊条(05);铜及铜合金焊条(06);铝及铝合金焊条(07);碳钢气焊条(08);低碳钢焊条(09);塑料焊条(10)

类别编码及名称	属性项	常用属性值
031301 焊条	B(02)牌号	A002（01）；A022（02）；A042（03）；A102（04）；A132（05）；A202（06）；A212（07）；A302（08）；G202（09）；G207（10）；G217（11）；G302（12）；G307（13）；L-60（14）；T107（15）；J507（16）；J427（17）；J422（18）
031301 焊条	C(03)直径	$\phi1.0$（01）；$\phi1.2$（02）；$\phi1.4$（03）；$\phi1.6$（04）；$\phi1.8$（05）；$\phi2.0$（06）；$\phi2.4$（07）；$\phi2.5$（08）；$\phi3.2$（09）；$\phi4.0$（10）
	D(04)药皮类型	钛钙型（01）；碱性（02）；氧化钛型（03）；钛铁矿型（04）；氧化铁型（05）
类别编码及名称	属性项	常用属性值
031303 焊丝	A(01)品种	碳钢气焊焊丝（01）；低合金钢气焊焊丝（02）；不锈钢气体焊丝（03）；铸铁焊丝（04）；铜及铜合金焊丝（05）；不锈钢药芯焊丝（06）；碳钢药芯焊丝（07）
031303 焊丝	B(02)牌号	ER49-1（01）；THS-50（02）；THS-50A（03）；THS-51B（04）；THS-52C（05）；ER50-2（06）；ER50-3（07）；ER50-4（08）；ER50-5（09）；ER50-6（10）；THM-08A（11）；THM-08MA（12）；H00Cr21Ni10Si（ER308LSi）（13）；H1Cr24Ni13（ER309）（14）；1Cr18Ni9Ti（15）
	C(03)焊丝类型	气体保护焊丝（01）；埋弧焊丝（02）；氩弧焊丝（03）
	D(04)气体类型	CO_2（01）；CO（02）
类别编码及名称	属性项	常用属性值
031305 焊剂	A(01)品种	液态焊剂（01）；干式焊剂（02）
031305 焊剂	B(02)焊剂类型	LO 型焊剂（01）；L1 型焊剂（02）；MO 型焊剂（03）；M1 型焊剂（04）；HO 型焊剂（05）；H1 型焊剂（06）
	C(03)牌号	HJ130（01）；HJ131（02）；HJ150（03）；HJ151（04）；HJ172（05）；SJ101（06）

类别编码及名称	属性项	常用属性值
031307　焊粉	A(01)品种	不锈钢焊粉(01)；耐热钢焊粉(02)；铸铁焊粉(03)；铜焊粉(04)；铝焊粉(05)
	B(02)焊剂类型	
	C(03)牌号	

类别编码及名称	属性项	常用属性值
031309　钎焊料及熔剂	A(01)品种	铜基钎料(01)；银基钎料(02)；铝基钎料(03)；锌基钎料(04)；锡基钎料(05)；银钎熔剂(06)
	B(02)牌号	HL101(01)；HL102(02)；HL301(03)；HL501(04)；HL601(05)；QJ101(06)

0315　其他五金		

类别编码及名称	属性项	常用属性值
031501　普通钉类	A(01)品种	圆钉(01)；水泥钉(02)；骑马钉(03)；汽钉(04)；码钉(05)；道钉(06)；泡钉(07)
	B(02)材质	钢(01)；铁(02)；铜(03)；不锈钢(04)
	C(03)规格(直径＊长度)	1.2＊16(01)
	D(04)表面处理	电镀(01)；镀锌钝化(02)；氧化(03)

类别编码及名称	属性项	常用属性值
031503　轴承	A(01)品种	深沟球轴承(01)；调心球轴承(02)；圆锥滚子轴承(03)；推力球轴承(04)；圆柱滚子轴承(05)
	B(02)代号	1200(01)；1300(02)；2200(03)；2300(04)；3200(05)；3300(06)
	C(03)材质	40CrNiAl(01)；3J40(02)

类别编码及名称	属性项	常用属性值
031505　网、丝布	A(01)品种	普通铁网(01)；镀锌铁网(02)；镀锌轧花网(03)；龟角网(04)；活络菱形网(05)；不锈钢丝布(06)；塑料网(07)；普通钢网(08)；镀锌钢丝网(09)；钢筋网片(10)
	B(02)规格(丝径＊网长＊网宽)	0.8＊9＊25(01)；ϕ1.6＊20＊20(02)
	C(03)网眼形状	六角形(01)；正方形(02)

类别编码及名称	属性项	常用属性值
031507 铁丝	A(01)品种	热镀锌铁丝(01);电镀锌铁丝(02);火烧丝(03)
	B(02)线号	0.7♯(01);1♯(02);1.2♯(03);1.4♯(04);1.6♯(05);2♯(06);2.2♯(07);2.5♯(08);2.8♯(09);3♯(10);4♯(11);5♯(12);6♯(13);7♯(14);8♯(15);9♯(16);10♯(17);11♯(18);12♯(19);13♯(20);14♯(21);15♯(22);16♯(23);17♯(24);18♯(25);19♯(26);20♯(27);21♯(28);22♯(29)
031509 铁件	A(01)品种	铁件(01);铁砣(02);斜垫铁(03);预埋铁件(04);铁片(05)
	B(02)牌号	0♯(01);3♯(02)
	C(03)规格	150*150*10(01)
	D(04)材质	铸铁(01);普通铁(02)
类别编码及名称	属性项	常用属性值
031511 钢筋接头、锚具及钢筋保护帽	A(01)品种	锥螺纹钢筋接头(01);滚轧直螺纹钢筋接头(02);冷挤压钢筋接头(03);螺丝端杆锚具(04);墩头锚具(05);帮条锚具(06);直螺纹钢筋保护帽(07);钢筋套筒保护帽(08);钢筋套丝保护帽(09);钢筋丝头保护帽(10);钢筋塑料保护帽(11);钢筋接头保护帽(12);索具螺旋扣(13);挤压套筒(14);直螺纹连接套筒(15);张拉锚具(16);工具锚(17);钢帽(18);钢绞线群锚(19)
	B(02)规格	L5-14(01);EL5-16(02);M15-N锚具(03);M13-N锚具(04);YJM15-N(YM15-N)(05);YJM13-N(YM13-N)(06);BJM15-N(BM15-N)(07);BJM13-N(BM13-N)(08);JYM15-N(YMP15-N)(09);JYM13-N(YMP13-N)(10);ϕ12(11);ϕ14(12);ϕ16(13);ϕ18(14);ϕ20(15);ϕ22(16);ϕ25(17);ϕ28(18);ϕ32(19);ϕ36(20);ϕ40(21);ϕ400(22);ϕ600(23);ϕ900(24);M14*150(25);M14*270(26);M16*250(27)
	C(03)钢筋根数	12(01);14(02);16(03);20(04);22(05);24(06);28(07)
	D(04)材质	金属(01);塑料(02)

类别编码及名称	属性项	常用属性值
0401　水泥		

类别编码及名称	属性项	常用属性值
040101　硅酸盐水泥	A(01)代号	PⅠ(01);PⅡ(02)
	B(02)强度等级	32.5(01);42.5(02);42.5R(03);52.5(04);52.5R(05);62.5(06);62.5R(07)
	C(03)包装形式	散装(01);袋装(02)
	D(04)技术特征	
	E(05)颜色	

类别编码及名称	属性项	常用属性值
040103　普通硅酸盐水泥	A(01)代号	P.O(01)
	B(02)强度等级	32.5(01);42.5(02);42.5R(03);52.5(04);52.5R(05)
	C(03)包装形式	散装(01);袋装(02)
	D(04)技术特征	
	E(05)颜色	

类别编码及名称	属性项	常用属性值
040105　矿渣硅酸盐水泥	A(01)代号	P.S.A(01);P.S.B(02)
	B(02)强度等级	32.5(01);32.5R(02);42.5(03);42.5R(04);52.5(05);52.5R　(06)
	C(03)包装形式	散装(01);袋装(02)
	D(04)技术特征	
	E(05)颜色	

类别编码及名称	属性项	常用属性值
040107　火山灰质硅酸盐水泥	A(01)代号	P.P(01)
	B(02)强度等级	32.5(01);32.5R(02);42.5(03);42.5R(04);52.5(05);52.5R　(06)
	C(03)包装形式	散装(01);袋装(02)
	D(04)技术特征	
	E(05)颜色	

类别编码及名称	属性项	常用属性值
040109　粉煤灰质硅酸盐水泥	A(01)代号	P.F(01)
	B(02)强度等级	32.5(01);32.5R(02);42.5(03);42.5R(04);52.5(05);52.5R　(06)
	C(03)包装形式	散装(01);袋装(02)
	D(04)技术特征	
	E(05)颜色	

续表

类别编码及名称	属性项	常用属性值
040111　复合硅酸盐水泥	A(01)代号	P.C(01)
	B(02)强度等级	32.5(01);32.5R(02);42.5(03);42.5R(04);52.5(05);52.5R(06)
	C(03)包装形式	散装(01);袋装(02)
	D(04)技术特征	
	E(05)颜色	

类别编码及名称	属性项	常用属性值
040113　白色硅酸盐水泥	A(01)强度等级	32.5(01);42.5(02);52.5(03)
	B(02)包装形式	散装(01);袋装(02)
	C(03)技术特性	

类别编码及名称	属性项	常用属性值
040115　膨胀水泥	A(01)类型	硅酸盐膨胀水泥(01);低热微膨胀水泥(02);硫铝酸膨胀水泥(03);自应力水泥(04)
	B(02)强度等级	32.5(01)
	C(03)包装形式	散装(01);袋装(02)
	D(04)技术特征	

类别编码及名称	属性项	常用属性值
040117　铝矾土水泥	A(01)类型	
	B(02)技术特征	耐火(01);早强性(02);抗硫酸盐(03)

类别编码及名称	属性项	常用属性值
040119　铝酸盐水泥	A(01)类型	
	B(02)技术特征	

类别编码及名称	属性项	常用属性值
040121　砌筑水泥	A(01)强度等级	12.5(01);22.5(02)
	B(02)技术特征	

类别编码及名称	属性项	常用属性值
0403　砂	A(01)品种	粗砂(01);中砂(02);细砂(03);特细砂(04);石英砂(05);金刚砂(06);重晶砂(07);硅砂(08);锰砂(09);中粗砂(10);黄砂(11);天然极配砂砾(12)
	B(02)产源	河砂(01);海砂(02);山砂(03);湖砂(04);人工(05)
	C(03)规格(粒径范围)	3.7～3.1(01);3.0～2.3(02);2.2～1.6(03);1.5～0.7(04)

类别编码及名称	属性项	常用属性值
0403　砂	D(04)规格(目数)	8～10目(01);10～20目(02);16～32目(03);20～40目(04);40～70目(05);100～200目(06);150～200目(07)

类别编码及名称	属性项	常用属性值
0405　石子	A(01)规格	碎石(01);卵石(02);豆石(03);片石(04);砾石(05);米石(06);石灰石(07);雨花石(08);砂砾(09);砂砾石(10)
	B(02)粒径范围	0.5～1.2mm(01);0.5～2.0mm(02);0.5～2.5mm(03);2.0～3.2mm(04);3～7mm(05);5～10mm(06);5～12mm(07);5～80mm(08);10～30mm(09);20～25mm(10);20～40mm(11);25～40mm(12);30～50mm(13);50～80mm(14);10mm(15);20mm(16);40mm(17)

类别编码及名称	属性项	常用属性值
0407　轻骨料	A(01)品种	页岩陶粒(01);黏土陶粒(02);炉渣(03);矿渣(04);碎砖(05);煤矸石(06);石屑(07);焦渣(08);胶粉料(09);蛭石瓦块(10);聚苯颗粒(11);火山渣(12)
	B(02)堆积密度(kg/m³)	300(01);400(02);500(03);600(04);700(05);800(06);900(07);1000(08)
	C(03)粒径范围	5～10(01);11～20(02);21～30(03)

类别编码及名称	属性项	常用属性值
0409　灰、粉、土等掺合填充料	A(01)品种	生石灰(01);熟石灰(02);生石灰粉(03);石灰膏(04);油灰(05);粉煤灰(06);粒化高炉矿渣粉(07);硅灰(08);沸石粉(09);白石粉(福粉)(10);重晶石粉(11);辉绿岩粉(12);石英粉(13);石膏粉(14);滑石粉(15);双飞粉(16);快粘粉(17);灰钙粉(18);重钙粉(19);腻子粉(20);素土(21);黏土(22);砂砾土(23);菱苦土(24);矾土(25);沥青混合料(26);沥青冷补料(27);膨润土(28)
	B(02)包装方式	袋装(01);散装(02)
	C(03)规格	160目(01);200目(02);240目(03);300目(04);500目(05);800目(06)

类别编码及名称	属性项	常用属性值
0411　石料	A(01)品种	乱毛石(01);毛平石(02);条状料石(03);方状料石(04);踏步料石(05);大理石荒料(06);花岗岩荒料(07);石灰岩荒料(08);青石荒料(09);方整石板(10)

类别编码及名称	属性项	常用属性值
0411　石料	B(02)规格(mm)	2400＊800＊60(01)；800＊550＊400(02)；700＊700＊300(03)；600＊300＊60(04)；600＊600＊30(05)；500＊300＊200(06)；400＊400＊20(07)；185＊66＊55(08)；100＊100＊50(09)
	C(03)用途	道路(01)；踏步石(02)；园林(03)
类别编码及名称	属性项	常用属性值
0413　砌砖	A(01)品种	黏土砖(01)；粉煤灰砖(02)；页岩砖(03)；煤矸石砖(04)；灰砂砖(05)；轻质陶粒砖(06)；混凝土砖(07)；水泥砖(08)；渣砖透水砖(09)；耐火砖(10)；青砖(11)；陶粒混凝土砖(12)
	B(02)强度等级	MU40（01）；MU35（02）；MU30（03）；MU25(04)；MU20(05)；MU15(06)
	C(03)规格(长＊宽＊厚)	190＊90＊53mm(01)；240＊115＊53mm(02)；240＊115＊90mm(03)；240＊240＊115mm(04)；390＊190＊190mm(05)
	D(04)结构形式	实心(01)；空心(02)
类别编码及名称	属性项	常用属性值
0415　砌块	A(01)品种	轻集料混凝土小型砌块　(01)；蒸压加气混凝土砌块(02)；粉煤灰硅酸盐砌块(03)；泡沫混凝土砌块(04)；炉渣混凝土砌块(05)；石膏砌块(06)；膨胀珍珠岩砌块(07)；陶粒混凝土砌块(08)；烧结页岩空心砌块(09)
	B(02)强度等级	MU3.5(01)；MU5.0(02)；MU7.5(03)；MU10.0(04)；MU15(05)；MU20(06)
	C(03)规格(长＊宽＊厚)	190＊190＊90(01)；190＊190＊190(02)；290＊115＊190(03)；290＊190＊190(04)；290＊240＊190(05)；390＊90＊190(06)；390＊120＊190(07)；390＊190＊190(08)；390＊240＊190(09)；600＊120＊240(10)；600＊190＊240(11)；600＊240＊240(12)
	D(04)密度等级	500(01)；600(02)；700(03)；800(04)；900(05)；1000(06)；1100(07)
	E(05)质量等级	优等品(01)；一等品(02)；合格品(03)
	F(06)结构形式	实心(01)；单排孔(02)；双排孔(03)；三排孔(04)；四排孔(05)
类别编码及名称	属性项	常用属性值
0417　瓦		

类别编码及名称	属性项	常用属性值
041701 烧结黏土瓦	A(01)品种	平瓦(01);脊瓦(02);三曲瓦(03);双筒瓦(04);雨麟瓦(05);牛舌瓦(06);板瓦(07);J形瓦(08);S形瓦(09);波形瓦(10)
	B(02)规格	315 * 315(01);310 * 310(02);1820 * 720 * 6(03);850 * 180 * 6(04);915 * 1830(05);1000 * 320(06)
	C(03)质量等级	优等品 A (01);合格品 C(02)
	D(04)吸水率	Ⅰ类(01);Ⅱ类(02);Ⅲ类(03)
	E(05)表面状态	有釉(01);无釉(02)
类别编码及名称	属性项	常用属性值
041703 石棉水泥瓦	A(01)品种	钢丝网石棉水泥小波瓦(01);玻纤增强水泥瓦 GRC(02);纤维水泥瓦(03)
	B(02)抗折力	GW330(01);GW280(02);WGW250(03);Ⅰ级(04);Ⅱ级(05);Ⅲ级(06);Ⅳ级Ⅴ(07)
	C(03)质量等级	一等品 A(01); 合格品 C(02)
	D(04)规格	1800 * 720 * 6.0(01)
	E(05) 纤维成分	石棉型 NA(01);温石棉型 A(02)
类别编码及名称	属性项	常用属性值
041705 混凝土瓦	A(01)品种	波形瓦屋面(01);平板瓦屋面(02);预应力混凝土空心板(03)
	B(02)规格	430 * 320(01)
类别编码及名称	属性项	常用属性值
041707 塑料板瓦	A(01)品种	玻纤增强聚酯波纹板(01)
	B(02) 厚度	1.0(01);1.5(02)
	C(03)成型方式	J(01); S(02)
	D(04) 性能	透光性(01);阻燃性(02);阻燃透光性(03)
类别编码及名称	属性项	常用属性值
0427 水泥及混凝土预制品	A(01)品种	预制板(01);桩(02);柱(03);砖(04);预制块(05)
	B(02)强度等级	C15(01);C20(02);C30(03);C35(04);C40(05);C45(06);C50(07);C55(08);C60(09)
类别编码及名称	属性项	常用属性值
0429 钢筋混凝土预制构件	A(01)品种	预制钢筋混凝土过梁(01);长梁(02);进深梁(03);基础梁(04);空心板(05);槽形板(06);管桩(07);方桩(08);PHC桩(09);预制钢筋混凝土管廊(10)

类别编码及名称	属性项	常用属性值
0429　钢筋混凝土预制构件	B(02)规格	2400＊600＊120(01)
	C(03)强度等级	MU30（01）；MU25（02）；MU20（03）；MU15（04）；MU10（05）；MU7.5（06）；MU5.0（07）；MU3.5（08）；MU2.5（09）

类别编码及名称	属性项	常用属性值
0431　装配式建筑预制构件		

类别编码及名称	属性项	常用属性值
043101　装配式混凝土结构构件	A(01)品种	预制外墙板(01)；外墙转角板(02)；预制内墙板(03)；预制楼梯(04)；预制叠合板(05)；预制窗台板(06)；预制阳台(07)；预制空调板(08)；预制梁(09)；预制柱(10)；灌浆套筒(11)
	B(02)规格	60＋100＋200(01)；60＋90＋200(02)
	C(03)附属功能	带反檐(01)；带栏板(02)；带造型(03)

类别编码及名称	属性项	常用属性值
043103　装配式钢结构构件	A(01)品种	钢楼层板(01)；墙面板(02)；屋面板(03)；钢屋架(04)；托架、钢桁架(05)；钢柱(06)；钢梁(07)；钢支撑(08)；钢楼梯(09)
	B(02)规格	
	C(03)附属功能	

类别编码及名称	属性项	常用属性值
043105　装配式木结构构件	A(01)品种	墙(01)；板(02)；柱(03)；亭子(04)；梁(05)；护栏(06)
	B(02)规格	
	C(03)附属功能	

类别编码及名称	属性项	常用属性值
0501　原木	A(01)品种	道木(01)；原木(02)；桩本(03)
	B(02)树种	落叶松(01)；白松(02)；红松(03)；檀木(04)；云杉(05)；马尾松(06)；红杉(07)；榉木(08)；冷杉(09)；樟子松(10)；水曲柳(11)；柞木(12)；柚木(13)；奥松(14)；铁杉(15)；赤杨(16)；沙比利木(17)；水曲柳(18)；金丝柚(19)；落叶松(20)；樟木(21)；樱桃木(22)；黑檀(23)；白橡木(24)；菠萝格(25)
	C(03)径级(cm)	
	D(04)长度(m)	

类别编码及名称	属性项	常用属性值
0502　饰面层板	A(01)品种	天然薄木(01);染色薄木(02);科技木皮(03);拼接薄木(04)
	B(02)树种	落叶松(01);白松(02);红松(03);檀木(04);云杉(05);马尾松(06);红杉(07);榉木(08);冷杉(09);樟子松(10);水曲柳(11);柞木(12);柚木(13);奥松(14);铁杉(15);赤杨(16);沙比利木(17);水曲柳(18);金丝柚(19);落叶松(20);樟木(21);樱桃木(22);黑檀(23);白橡木(24);菠萝格(25)
	C(03)规格(长 * 宽 * 厚)	
	D(04)环保等级	E0(01);E1(02);E2(03)
	E(05)质量等级	一级(01);二级(02);三级　(03)
类别编码及名称	属性项	常用属性值
0503　板材	A(01)树种	白松(01);落叶松(02);柏木(03);柳杉(04);杉木(05);辐射松(06);冬青木(07);樟木(08);杂木(09);红松(10);菠萝格(11);枫木(12);柚木(13);花梨木(14);橡木(15);樱桃木(16);椴木(17);南方松(18);荷木(19);桦木(20);榉木(21);黄杨木(22);杨木(23);檀木(24);楠木(25);生态木(26)
	B(02)规格(长×宽×厚)	
	C(03)处理方式	防火处理(01);防水处理(02);防腐处理(03);防虫处理(04)
	D(04)质量等级	一级(01);二级(02);三级(03);四级(04)
	E(05)款式	平板(01);长城板(02)
	F(06)加工工艺	自然干燥(01);人工干燥(烘干法)(02)
类别编码及名称	属性项	常用属性值
0504　枋材	A(01)树种	樟子松(01);天然防腐红雪松(02);美国南方松(03);北欧赤松(04);北美铁杉(05);炭化防腐木(06);菠萝格(07);巴劳木(08);工艺性炭化木(09);椴木(10);南方松(11);荷木(12);桦木(13);榉木(14);黄杨木(15);杨木(16);檀木(17);楠木(18);生态木(19);花旗松(20);柳桉(21);杉木(22)
	B(02)规格(长×宽×厚)	
	C(03)处理方式	防火处理(01);防水处理(02);防腐处理(03);防虫处理(04)
	D(04)质量等级	一级(01);二级(02);三级(03);四级(04)

续表

类别编码及名称	属性项	常用属性值
0504 枋材	E(05)款式	平板(01);长城板(02)
	F(06)加工工艺	自然干燥(01);人工干燥(烘干法)(02);抽真空加热处理(03)

类别编码及名称	属性项	常用属性值
0505 胶合板	A(01)品种	基层胶合板(01);饰面胶合板(02);混凝土模板用胶合板(03)
	B(02)厚度	3(01);5(02);9(03);12(04);13(05);15(06);18(07);20(08)
	C(03)宽度	915(01);950(02);1000(03);1100(04);1200(05);1220(06)
	D(04)长度	1220(01);1830(02);2000(03);2135(04);2400(05);2440(06)
	E(05)性能	阻燃(01);难燃(02);耐水(03);防水(04);防腐(05);耐潮(06);防白蚁(07)
	F(06)环保等级	E0级环保(01);E1级环保(02);E2级环保(03)
	G(07)树种	杨木(01);杂木(02);沙贝梨板(03);泰柚板(04);柳桉(05);酸枝(06);红橡(07);柚木(08);水曲柳(09);沙比利(10);白枫(11)
	H(08)饰面材料	枫木皮饰面(01);榉木皮饰面(02);泰柚木皮饰面(03);美柚木皮饰面(04);金丝柚木皮饰面(05);沙贝利木皮饰面(06)

类别编码及名称	属性项	常用属性值
0506 多层实木板	A(01)品种	松木多层板(01);杨木多层板(02)
	B(02)规格(长×宽×厚)	915mm*1830mm*15mm(01);1220mm*2440mm*20mm(02)
	C(03)性能	吸音(01);防火(02);阻燃(03)
	D(04)环保等级	E0级环保(01);E1级环保(02); E2级环保(03)
	E(05)树种	天然木皮(01);三聚氰胺(02)
	F(06)阻燃等级	B3(01);B2(02);B2(03);A(04)

类别编码及名称	属性项	常用属性值
0507 纤维板	A(01)品种	低密度纤维板(01);中密度纤维板(02);高密度纤维板(03)
	B(02)厚度	3(01);4(02);5(03);6(04);8(05);9(06);12(07);13(08);15(09);18(10);22(11)

续表

类别编码及名称	属性项	常用属性值
0507 纤维板	C(03)宽度	300(01);600(02);915(03);950(04);1000(05);1100(06);1200(07);1220(08)
	D(04)长度	500(01);600(02);1220(03);1830(04);2000(05);2135(06);2400(07);2440(08)
	E(05)性能	吸音(01);防火(02);阻燃(03)
	F(06)环保等级	E0级环保(01);E1级环保(02);E2级环保(03)
	G(07)饰面材料	天然木皮(01);三聚氰胺(02)

类别编码及名称	属性项	常用属性值
0509 细木工板	A(01)品种	实木细木工板(01);胶拼细木工板(02);五层细木工板(03)
	B(02)规格(长×宽×厚)	750 * 750(01);1830 * 915(02);2440 * 198(03);2400 * 1200(04);2400 * 1220(005);1220 * 2440 * 3(06);1220 * 2440 * 5(07);1220 * 2440 * 9(08);1220 * 2440 * 12(09);1220 * 2440 * 15(10);1220 * 2440 * 18 (11)
	C(03)性能	吸音(01);防火(02);阻燃(03)
	D(04)环保等级	E0级环保(01);E1级环保(02); E2级环保(03)
	E(05)饰面材料	天然木皮(01);三聚氰胺(02)
	F(06)阻燃等级	B3(01);B2(02);B2(03);A(04)

类别编码及名称	属性项	常用属性值
0511 防腐木	A(01)品种	防腐木(01);碳化木(02)
	B(02)树种	落叶松(01);樟子松(02);普通松木(03);芬兰木(04);菠萝格(05);柳桉木(06);南方松(07);花旗松等(08)
	C(03)规格	10 * 10 * 3000(01);10 * 40 * 3000(02);15 * 95 * 4000(03);100 * 100 * 2000(04);100 * 100 * 3000(05);100 * 100 * 4000(06);100 * 100 * 5000(07);100 * 100 * 6000(08);110 * 110 * 3000(09);110 * 110 * 4000(10);120 * 120 * 3000(11);120 * 120 * 4000(12);120 * 120 * 6000(13);140 * 140 * 3000(14);150 * 150 * 3000(15);150 * 150 * 4000(16);150 * 150 * 5000(17)
	D(04)处理方式	防火(01);防水(02);防腐(03);防虫(04)

类别编码及名称	属性项	常用属性值
0515　刨花板	A(01)板芯材质	水泥(01);竹材(02);棉秆(03);亚麻屑(04);甘蔗渣(05);木材(06);石膏(07)
	B(02)规格	1220 * 2440 * 3(01);1220 * 2440 * 4(02);1220 * 2440 * 5(03);1220 * 2440 * 8(04);1220 * 2440 * 9(05);1220 * 2440 * 12(06);1220 * 2440 * 16(07);1220 * 2440 * 18(08);1220 * 2440 * 25(09);1220 * 2440 * 28(10);1525 * 2440 * 9(11);1525 * 2440 * 12(12);1525 * 2440 * 16(13);1525 * 2440 * 18(14);1525 * 2440 * 25(15);1830 * 2440 * 9(16);1830 * 2440 * 12(17);1830 * 2440 * 16(18);1830 * 2440 * 18(19);1830 * 2440 * 25(20)
	C(03)质量等级	优等品(01);一等品(02);合格品(03)
	D(04)环保等级	E0(01);E1(02);E2(03)
	E(05)饰面材料	UV(01);防火板(02);三聚氰胺板(03);贴纸(04);贴木皮(05)

类别编码及名称	属性项	常用属性值
0516　集成板	A(01)树种	水曲柳(01);松木(02);杉木(03);橡木(04);柞木(05)
	B(02)规格	
	C(03)环保等级	E0(01);E1(02);E2(03)
	D(04)质量等级	优等品(01);一等品(02);合格品(03)

类别编码及名称	属性项	常用属性值
0517　其他人造木板	A(01)品种	木丝板(01);甘蔗板(02);软木板(03);层积板(04);集成板(05)
	B(02)规格	50 * 2000(01);600 * 2000(02);1000 * 2000(03);1200 * 2000(04);1220 * 2440(05)
	C(03)厚度(mm)	3(01);5(02);6(03);8(04);9(05);10(06);12(07);15(08);17(09);18(10);19(11);25(12)

类别编码及名称	属性项	常用属性值
0521　木制容器类	A(01)品种	普通木箱(01);木制集装箱(02);木制镜箱(03);木制信报箱(04);木制灯箱(05)
	B(02)规格	100 * 40 * 50(01);500 * 500 * 500(02);600 * 600 * 600(03);700 * 600 * 500(04);1000 * 1000 * 800(05);1200 * 1200 * 1200(06)

类别编码及名称	属性项	常用属性值
0523　木制台类及货架	A(01)品种	木台(01);软木塞(02);木制灶台(03);实验台(04);操作台(05);圆木台(06)

续表

类别编码及名称	属性项	常用属性值
0523 木制台类及货架	B(02)规格	1200＊1000 （01）

类别编码及名称	属性项	常用属性值
0525 其他木制品	A(01)品种	地横木(01);硬木插片(02);硬木暖气罩(03);圆木桩(04);木板标尺(05);木格(06);松木暖气罩(07);木花格(08);成品硬木装饰柱(09);木衬垫(10);木支撑(11);圆木桩(12);木凳子(13);锯末(14)
	B(02)规格	

类别编码及名称	属性项	常用属性值
0531 竹材	A(01)品种	毛竹(01);篙竹(02);竹竿(03);竹片(04)
	B(02)规格 （株高）	1.7(01);2(02);2.2(03);3(04);4(05);5(06);7(07)
	C(03)表面处理	碳化蒸煮(01);漂白(02);油漆涂饰(03);刨削砂光(04)

类别编码及名称	属性项	常用属性值
0533 竹板	A(01)品种	竹层合板(01);竹胶合板(02)
	B(02)规格	900＊1250(01);600＊2000(02);1000＊2000(03);1220＊2440(04);600＊2000(05)
	C(03)厚度	9(01);10(02);11(03);12(04);13(05);14(06);15(07);16(08);17(09);18(10);19(11);21(12);22(13);23(14);24(15);25(16);26(17);27(18);28(19);29(20);30(21);31(22);32(23);33(24);34(25);35(26)

类别编码及名称	属性项	常用属性值
0535 竹制品	A(01)品种	竹笋(01);竹篾(02);竹家具(03);竹笆(04);竹席(05);竹筒(06)
	B(02)规格	

类别编码及名称	属性项	常用属性值
0601 浮法玻璃	A(01)品种	普通平板玻璃(01);浮法平板玻璃(02);彩色平板玻璃(03)
	B(02)厚度(mm)	2(01);3(02);4(03);5(04);6(05);8(06);10(07);12(08);15(09);19(10);22(11);25(12)
	C(03)颜色	无色透明(01);白色(02);绿色(03);灰色(04);茶色(05);银色(06)

续表

类别编码及名称	属性项	常用属性值
0603 超白玻璃	A(01)形态	原片(01);开介(02);成品(03)
	B(02)性能	吸热(镀膜加丝)(01);热反射(02);节能(03);防紫外线(04)
	C(03)厚度(mm)	2(01);3(02);4(03);5(04);6(05);8(06);10(07);12(08);15(09);19(10);22(11);25(12)
	D(04)工艺	延压法(01);浮法(02)
	E(05)防火等级	

类别编码及名称	属性项	常用属性值
0605 钢化玻璃	A(01)品种	平面钢化玻璃(01);曲面钢化玻璃(02);半钢化玻璃(03)
	B(02)性能	防火(01);防弹(02);吸热(03);自洁净(04)
	C(03)厚度(mm)	2(01);3(02);4(03);5(04);6(05);8(06);10(07);12(08);15(09);19 (10)
	D(04)工艺	紧固技术(01);包层技术(02);物理钢化技术(03);化学钢化技术(04)
	E(05)防火等级	

类别编码及名称	属性项	常用属性值
0607 夹丝(夹网)玻璃	A(01)品种	夹丝压花玻璃(01);彩色夹丝玻璃(02);夹丝磨砂玻璃(03);加网玻璃(04)
	B(02)性能	防火(01);防弹(02);吸热(03)
	C(03)厚度(mm)	6(01);7(02);10(03);12(04)
	D(04)工艺	紧固技术(01);包层技术(02);物理钢化技术(03);化学钢化技术(04)
	E(05)防火等级	

类别编码及名称	属性项	常用属性值
0609 夹层玻璃		

类别编码及名称	属性项	常用属性值
060901 普通夹层玻璃	A(01)外玻璃品种	白玻钢化(01);超白钢化(02);超白彩釉钢化(03)
	B(02)内玻璃品种	白玻钢化(01);超白钢化(02);超白彩釉钢化(03)
	C(03)总厚度	6mm+1.14PVB+6mm(01)
	D(04)胶片种类	有色PVB(01);有色EVA(02);透明PVB(03);透明EVA(04);SGP离子型(05)
	E(05)生产工艺	胶片(01);灌胶(02)
	F(06)玻璃颜色	

69

类别编码及名称	属性项	常用属性值
060903　有色夹层玻璃	A(01)外玻璃品种	白玻钢化(01)；超白钢化(02)；超白彩釉钢化(03)
	B(02)内玻璃品种	白玻钢化(01)；超白钢化(02)；超白彩釉钢化(03)
	C(03)总厚度	6mm＋1.14PVB＋6mm(01)
	D(04)胶片种类	有色PVB(01)；有色EVA(02)；透明PVB(03)；透明EVA(04)；SGP离子型(05)
	E(05)生产工艺	胶片(01)；灌胶(02)
	F(06)玻璃颜色	
类别编码及名称	属性项	常用属性值
060905　钢化夹层玻璃	A(01)外玻璃品种	白玻钢化(01)；超白钢化(02)；超白彩釉钢化(03)
	B(02)内玻璃品种	白玻钢化(01)；超白钢化(02)；超白彩釉钢化(03)
	C(03)总厚度	6mm＋1.14PVB＋6mm（01）；4＋0.38PVB＋4(02)；5＋0.38PVB＋5(03)；4＋0.76PVB＋4(04)；5＋0.76PVB＋5(05)；5＋0.38EVA＋5(06)
	D(04)胶片种类	有色PVB(01)；有色EVA(02)；透明PVB(03)；透明EVA(04)；SGP离子型(05)
	E(05)生产工艺	胶片(01)；灌胶(02)
类别编码及名称	属性项	常用属性值
060913　夹丝夹层玻璃	A(01)外玻璃品种	白玻钢化(01)；超白钢化(02)；超白彩釉钢化(03)
	B(02)内玻璃品种	白玻钢化(01)；超白钢化(02)；超白彩釉钢化(03)
	C(03)总厚度	6mm＋1.14PVB＋6mm(01)；6CES21＋0.76PVB＋6mm(02)
	D(04)胶片种类	有色PVB(01)；有色EVA(02)；透明PVB(03)；透明EVA(04)；SGP离子型(05)
	E(05)生产工艺	胶片(01)；灌胶(02)
	F(06)丝网种类	金属丝网(01)；金属丝线(02)；绢(03)；进口丝(04)
类别编码及名称	属性项	常用属性值
0611　中空玻璃	A(01)外玻璃品种	白玻钢化(01)；超白钢化(02)；超白彩釉钢化(03)

类别编码及名称	属性项	常用属性值
0611 中空玻璃	B(02)内玻璃品种	白玻钢化(01);超白钢化(02);超白彩釉钢化(03)
	C(03)总厚度	5+6+5mm(01);5+9+5mm(02);5+12+5mm(03);6+6+6mm(04);6+9+6mm(05);6+12+6mm(06);8+6+8mm(07);8+9+8mm(08);8+12+8mm(09)
	D(04)气体种类	普通干燥气体(01);惰性干燥气体(02)
	E(05)胶体材质	结构胶(01);聚硫胶(02)
类别编码及名称	属性项	常用属性值
0621 镀膜玻璃	A(01)品种	普通镀膜玻璃(01);钢化镀膜玻璃(02);镜面镀膜玻璃(03)
	B(02)总厚度	3(01);4(02);5(03);6(04);8(05);12(06);15(07);19(08)
	C(03)颜色	灰色(01);银灰色(02);银色(03);金色(04);茶色(05);蓝色(06);蓝绿色(07);绿色(08);浅蓝色(09)
	D(04)生产工艺	电浮法-热反射镀膜(01);热喷涂-热反射镀膜(02);磁控溅射-热反射镀膜(03);真空蒸发-热反射镀膜(04); 溶胶-凝胶-热反射镀膜(05);阳光镀膜(06)
	E(05)性能	防弹(01);防火(02);吸热(03)
类别编码及名称	属性项	常用属性值
0625 艺术装饰玻璃		
类别编码及名称	属性项	常用属性值
062501 彩绘玻璃	A(01)厚度	3(01);4(02);5(03);6(04);8(05);10(06);12(07)
	B(02)工艺	
类别编码及名称	属性项	常用属性值
062503 压花玻璃	A(01)厚度	3(01);4(02);5(03);6(04);8(05)
	B(02)工艺	压花真空镀膜(01);立体感压花(02);彩色膜压花(03)
类别编码及名称	属性项	常用属性值
062505 雕刻玻璃	A(01)厚度	8(01);10(02);12(03);15(04)
	B(02)工艺	人工雕刻(01);电脑雕刻(02)
类别编码及名称	属性项	常用属性值
062507 喷砂(磨砂)玻璃	A(01)厚度	3(01);4(02);5(03);6(04);8(05);10(06);12(07)

续表

类别编码及名称	属性项	常用属性值
062507　喷砂（磨砂）玻璃	B(02)工艺	喷砂机喷砂(01)；手工喷砂(02)
	C(03)砂种类	河沙(01)；石英砂(02)；刚玉砂(03)；树脂砂(04)；钢砂(05)；玻璃砂(06)；陶瓷砂(07)

类别编码及名称	属性项	常用属性值
062509　幻影玻璃	A(01)厚度	3(01)；4(02)；5(03)；6(04)；8(05)；12(06)；15(07)；19(08)
	B(02)工艺	喷漆(01)

类别编码及名称	属性项	常用属性值
062511　烤漆玻璃	A(01)厚度	3(01)；4(02)；5(03)；6(04)；8(05)；12(06)；15(07)；19(08)
	B(02)工艺	实色(01)；蒙砂(02)；金属(03)；聚晶(04)；珠光(05)；DIY套色(06)

类别编码及名称	属性项	常用属性值
062513　彩釉玻璃	A(01)厚度	3(01)；4(02)；5(03)；6(04)；8(05)；12(06)；15(07)；19(08)
	B(02)工艺	喷涂法(01)；幕帘法(02)；辊涂法(03)；丝网印刷法(04)；盖印法(05)；彩绘法(06)；转贴纸法(07)

类别编码及名称	属性项	常用属性值
062515　镶嵌玻璃	A(01)厚度	3(01)；4(02)
	B(02)工艺	
	C(03)嵌条材质	锌条(01)；复合铜条(02)；铜条(03)；铅条(04)
	D(04)玻璃材质	压花玻璃(01)；彩色玻璃(02)；镜面玻璃(03)；镀膜玻璃(04)；磨边玻璃(05)

类别编码及名称	属性项	常用属性值
062525　光电玻璃	A(01)品种	LED点阵光电玻璃(01)；LED视频显示玻璃(02)；LED平板照明玻璃(03)；LED调光玻璃(04)
	B(02)厚度(mm)	8(01)；9(02)；10(03)；12(04)
	C(03)驱动方式	静态恒流(01)
	D(04)点密度	1600点/m^2(01)

类别编码及名称	属性项	常用属性值
0641　镭射玻璃	A(01)品种	单层镭射玻璃(01)；夹层镭射玻璃(02)
	B(02)厚度(mm)	5(01)；6(02)；8(03)；10(04)；12(05)；15(06)；19(07)；20(08)
	C(03)激光全息膜材质	PVC(01)；PET(02)；OPP(03)

类别编码及名称	属性项	常用属性值
0643　特种玻璃	A(01)品种	热弯玻璃(01);冰花玻璃(02);热熔玻璃(03);调光玻璃(04);防滑玻璃(05);防爆玻璃(06);感光玻璃(07);防火玻璃(08);防弹玻璃(09)
	B(02)厚度(mm)	3(01);4(02);5(03);6(04);8(05);10(06);12(07);15(08);19(09)
	C(03)防火等级	A类(01);B类(02);C类(03)
	D(04)性能	耐高压(01);耐高温(02);吸热(03);自洁净(04)
类别编码及名称	属性项	常用属性值
0645　其他玻璃	A(01)品种	光学玻璃(01);蓝色钻玻璃(02);高铝玻璃(03);电控变色玻璃(04)
	B(02)厚度(mm)	3(01);4(02);5(03);6(04);8(05);10(06);12(07);15(08);19(09)
类别编码及名称	属性项	常用属性值
0651　玻璃砖	A(01)品种	普通玻璃砖(01);热熔玻璃砖(02);泡沫玻璃砖(03);空心玻璃砖(04);玻璃装饰砖(05);琉璃玻璃砖(06);镭射玻璃砖(07)
	B(02)厚度(mm)	60(01);70(02);80(03);90(04);95(05);100(06);110(07);150(08)
	C(03)规格(mm)	145 * 145(01);190 * 90(02);190 * 190(03);240 * 240(04);300 * 90(05);300 * 190(06);300 * 300(07);600 * 520(08);620 * 500(09)
类别编码及名称	属性项	常用属性值
0653　玻璃马赛克	A(01)品种	熔融玻璃马赛克(01);烧结玻璃马赛克(02);金星玻璃马赛克(03)
	B(02)厚度(mm)	4(01);5(02);6(03)
	C(03)规格	20 * 20mm(01);23 * 23mm(02);25 * 25mm(03);30 * 30mm(04);40 * 40mm(05);45 * 45mm(06)
	D(04)颜色	金色(01);银渡(02)
类别编码及名称	属性项	常用属性值
0655　玻璃镜	A(01)品种	原片玻璃镜(01);工艺镜(02);除雾镜(03);普通玻璃镜(04)
	B(02)厚度(mm)	2(01);3(02);4(03);5(04);6(05);7(06);8(07);10(08)

続表

类别编码及名称	属性项	常用属性值
0655 玻璃镜	C(03)镀层	银层(01);铝层(02);铜层(03)
	D(04)用途	剃须镜(01);防雾镜(02);化妆镜(03);衣柜镜(04)

类别编码及名称	属性项	常用属性值
0657 玻璃制品	A(01)品种	玻璃杯(01);玻璃瓶(02);玻璃盘(03);玻璃棒(04);玻璃架子(05);镭射玻璃柱(06);玻璃反光罩(07);玻璃挂件(08)
	B(02)规格(mm)	

类别编码及名称	属性项	常用属性值
0659 防爆膜	A(01)品种	建筑玻璃防爆膜(01)
	B(02)厚度(mm)	2(01);4(02);6(03);8(04);10(05);11(06);12(07);14(08);20(09)

类别编码及名称	属性项	常用属性值
0663 防雾镜	A(01)品种	PET-电阻丝防雾膜(01);PET-碳纤维防雾膜(02);PVC-电阻丝防雾膜(03)
	B(02)规格	450＊650(01);60＊800(02);750＊1000(03)
	C(03)药筒容量	0.057kW/h（01）;0.096kW/h（02）;0.108kW/h(03)
	D(04)功率	57W(01);96W(02);108W(03)

类别编码及名称	属性项	常用属性值
0701 陶瓷内墙砖	A(01)品种	玻化砖(01);釉面砖(02);抛光砖(03);通体砖(04);仿古砖(05);陶质砖(06)
	B(02)厚度(mm)	5(01);6(02);7(03);8(04);9(05);10(06);12(07);25(08);40(09);50(10)
	C(03)颜色或表面效果	二类色(01);一类色(02);三类色(03);四类色(04);五类色(05);六类色(06);一般图案(07);艺术图案(08);浮雕图案(09)
	D(04)质量等级	优等品(01);一级品(02);合格品(03)

类别编码及名称	属性项	常用属性值
0703 陶瓷外墙砖	A(01)品种	抛光玻化砖(01);釉面砖(02);陶制釉面砖(03);仿石砖(04);劈离砖(05);全瓷砖(06);通体砖(07)
	B(02)厚度(mm)	5(01);6(02);6.5(03);7(04);7.3(05);8(06);9(07);10(08);12(09);13(10);15(11);18(12);25(13);28(14)

类别编码及名称	属性项	常用属性值
0703　陶瓷外墙砖	C(03)颜色或表面效果	一类色(01);四类色(02);仿石效果(03);自然面(04);二类色(05);三类色(06);五类色(07);拉毛面(08);六类色(09)
	D(04)质量等级	优等品(01);一级品(02);合格品(03)
类别编码及名称	属性项	常用属性值
0705　陶瓷地砖	A(01)品种	釉面砖(01);通体砖(02);抛光砖(03);全瓷砖(04);　仿石砖(05);玻化砖(06)
	B(02)厚度(mm)	8(01);9.5(02);10(03);12(04);14(05);16(06);18(07);21(08);22(09);25(10)
	C(03)颜色或表面效果	米白(01);六类色(02);三类色(03);木纹(04);一类色(05);二类色(06);仿古效果(07);米黄(08);四类色(09);五类色(10)
	D(04)质量等级	优等品(01);一级品(02);合格品(03)
类别编码及名称	属性项	常用属性值
0707　马赛克	A(01)品种	釉面马赛克(01);无釉面马赛克(02)
	B(02)厚度(mm)	4(01);4.5(02);6(03);7(04);7.5(05);8(06)
	C(03)花色	单色(01);花色(02)
类别编码及名称	属性项	常用属性值
0709　石塑地砖	A(01)品种	普通石塑地砖(01);石塑防滑地砖(02)
	B(02)厚度(mm)	2(01);2.5(02);3(03)
	C(03)耐磨层厚度(mm)	0.1(01);0.2(02);0.5(03)
类别编码及名称	属性项	常用属性值
0711　塑料地砖	A(01)品种	PVC塑料地板砖(01);PS聚苯乙烯地板砖(02);PE聚乙烯地板砖(03);氯化聚乙烯树脂塑料地板砖(04);酚醛塑料地板砖(05)
	B(02)厚度(mm)	0.5(01);0.7(02);0.8(03);1.0(04);1.2(05);1.5(06);1.8(07);2.0(08);2.2(09);2.5(10);3.0(11)
	C(03)耐磨层厚度(mm)	0.1(01);0.15(02)
类别编码及名称	属性项	常用属性值
0713　实木地板	A(01)品种	拼花实木地板(01);实木多层地板(02);实木运动地板(03);条形实木地板(04)
	B(02)拼接形式	梯形(01);八角形(02);长方形(03);正方形(04);菱形(05);三角形(06);正六边形(07)

类别编码及名称	属性项	常用属性值
0713 实木地板	C(03)树种	柞木(01);桦木(02);枫木(03);柚木(04);水曲柳(05);橡木(06);榆木(07);樱桃木(08);花梨木(09);核桃木(10);香二翅豆(11);香脂木豆(12);番龙眼(13);白蜡木(14);重蚁木(15);铁线子(16);樱桃木(17);玉蕊木(18);白象牙(19);巴西金檀(20)
	D(04)厚度(mm)	8(01);10(02);12(03);14(04);15(05);16(06);18(07);20(08);22(09);25(10);30(11)
	E(05)表面处理	漆板(01);素板(02);浮雕(03)
	F(06)接口形式	企口(01);平口(02)
类别编码及名称	属性项	常用属性值
0714 实木复合地板	A(01)品种	三层结构复合实木地板(01);强化复合地板(02);木塑复合地板(03);软木复合弹性地板(04)
	B(02)木皮厚度	0.2(01);0.3(02);0.4(03);0.5(04);0.6(05)
	C(03)复合板基层材料	中密度纤维板(01);细木工板(02);高密度纤维板(03);刨花板(04);矿物质(CaSO$_4$)(05);混凝土(06);胶合板(07)
	D(04)树种	水曲柳(01);桦木(02);山毛榉(03);柞木(04);枫木(05);樱桃木(06)
	E(05)甲醛释放量	B类(01)
	F(06)质量等级	优等品(01);一等品(02);合格品(03)
	G(07)表面处理	素板(01);锁扣(02);模压(03);亮光(04);锁扣(05);模压(06);柔光(07)
类别编码及名称	属性项	常用属性值
0715 软木地板	A(01)材质	树脂(01);橡胶(02)
	B(02)厚度(mm)	3(01);4(02);8(03);10(04);12(05);14(06);15(07);17(08);18(09);19(10);20(11);25(12);32(13);40(14)
	C(03)拼花形状	方块形(01);长条形(02)
	D(04)质量等级	A级(01);AA级(02);B级(03)
类别编码及名称	属性项	常用属性值
0717 竹(木)地板	A(01)品种	竹地板(01);本色竹木地板(02);炭化竹木地板(03)
	B(02)板芯材质	竹材(01);木材(02)

续表

类别编码及名称	属性项	常用属性值
0717 竹(木)地板	C(03)厚度(mm)	8(01);10(02);12(03);15(04);20(05);22(06);30(07);40(08);50(09);80(10);100(11)
	D(04)质量等级	优等品(01);一等品(02);合格品(03)
	E(05)环保等级	E0(01);E1(02);E2(03)
	F(06)表面处理	清漆(01);亮光漆(02);亚光漆(03);耐磨漆(04);碳化(烘焙)(05)

类别编码及名称	属性项	常用属性值
0719 塑料地板	A(01)材质	PVC塑料(01);石膏纤维增强塑料(02);PS聚苯乙烯(03);PE聚乙烯(04);酚醛塑料(05);聚丙烯树脂塑料(06);氯化聚乙烯树脂塑料(07)
	B(02)厚度(mm)	0.5mm(01);0.7mm(02)
	C(03)表层厚度	0.1mm(01);0.15mm(02)
	D(04)环保等级	E0(01);E1(02);E2(03)

类别编码及名称	属性项	常用属性值
0721 橡胶、塑胶地板	A(01)品种	橡胶卷材地板(01);橡胶片材地板(02);塑胶卷材地板(03);塑胶片材地板(04)
	B(02)材质	天然橡胶(01);合成橡胶(02);PVC运动专用(03)
	C(03)厚度(mm)	2.0(01);3.0(02);3.5(03)
	D(04)幅宽	1.5m(01);1.83m(02);2m(03);3m(04);4m(05);5m(06)
	E(05)卷长	7.5m(01);15m(02);20m(03);25m(04)
	F(06)性能	耐磨(01);防滑(02);抗污(03);防霉抗菌(04);减震吸音(05);防静电(06)
	G(07)花色及图案	单色平面(01);锤击纹面(02);单色浮点面(03)

类别编码及名称	属性项	常用属性值
0723 复合地板	A(01)木皮厚度	0.2(01);0.3(02);0.4(03);0.5(04);0.6(05)
	B(02)厚度(mm)	2.0(01);2.6(02);4(03);7(04);7.5(05);8(06);9(07);9.8(08);10(09);10.5(10);11(11);12(12);14(13);15(14);16(15);17(16);18(17);19(18);20(19);21(20);22(21);27(22);28(23);30(24);32(25);35(26);38.5(27);40(28)

类别编码及名称	属性项	常用属性值
0723　复合地板	C(03)耐磨转数	4000（01）；6000（02）；8600（03）；9000（04）；10600（05）；11100（06）；12200（07）；18000(08)
	D(04)表面处理	素板（01）；锁扣（02）；模压（03）；亮光（04）；锁扣（05）；模压（06）；柔光（07）；锁扣（08）；模压（09）；手抓纹（10）；漆板（11）
	E(05)复合板基层材料	中密度纤维板（01）；细木工板（02）；高密度纤维板（03）；刨花板（04）；矿物质（CaSO4）（05）；混凝土（06）；胶合板（07）
类别编码及名称	属性项	常用属性值
0725　防静电地板	A(01)品种	金属复合活动地板（01）；全钢防静电地板（02）；铝合金型防静电地板（03）；防静电瓷质地板（04）；环氧树脂防静电地板（05）；PVC防静电地板（06）
	B(02)厚度(mm)	2.0（01）；2.6（02）；4（03）；7（04）；7.5（05）；8（06）；9（07）；9.8（08）；10（09）；10.5（10）；11（11）；12（12）；14（13）；15（14）；16（15）；17（16）；18（17）；19（18）；20（19）；21（20）；22（21）；27（22）；28（23）；30（24）；32（25）；35（26）；38.5（27）；40（28）
	C(03)饰面层	铝合金贴面（01）；钢质贴面（02）；木质贴面（03）；陶瓷抗静电贴面（04）；PVC塑料贴面（05）；镀锌钢板复合抗静电贴面（06）；三聚氰胺甲醛贴面（07）；聚酯树脂抗静电贴面（08）；铁质贴面（09）
	D(04)均布荷载(N/m²)	12500（01）；33000（02）
	E(05)耐火等级	A级（01）；B级（02）；C级（03）
类别编码及名称	属性项	常用属性值
0727　亚麻环保地板	A(01)规格	450mm×450mm（01）；500mm×500mm（02）；600mm×600mm（03）；800mm×800mm(04)
	B(02)厚度	2（01）；3（02）；4（03）；6（04）；8（05）；28（06）；35（07）；40（08）
	C(03)等级标准	21（01）；22（02）；23（03）；31（04）；32（05）；33（06）；34（07）；41（08）；42（09）；43（10）
类别编码及名称	属性项	常用属性值
0729　地毯		

续表

类别编码及名称	属性项	常用属性值
072901　羊毛地毯	A(01)制作方式	机制威尔顿(01);机制阿克明斯特(02);簇绒(03);手工编织(04);手工枪刺(05);针织地毯(06);植绒地毯(07)
	B(02)产品形态	满铺(01);块毯(02);拼块(03)
	C(03)规格(长×宽)	500mm×500mm(01);600mm×600mm(02);910mm×610mm(03);1220mm×610mm(04);2300mm×1600mm(05);3600mm×2140mm(06)
	D(04)绒高	7mm(01);8mm(02);9mm(03);10mm(04);11mm(05);12mm(06)
	E(05)纱线材质及比例	40%新西兰羊毛(01);40%英国羊毛(02);50%新西兰羊毛(03);30%英国羊毛(04);30%新西兰羊毛(05);20%国产西宁大白毛(06)
	F(06)密度	7*7(01);7*8(02);7*9(03);7*10(04)
类别编码及名称	属性项	常用属性值
072903　尼龙地毯	A(01)制作方式	机制威尔顿(01);机制阿克明斯特(02)
	B(02)规格	
	C(03)绒高	3mm(01);4mm(02);5mm(03);6mm(04);7mm(05);8mm(06);9mm(07);10mm(08)
	D(04)纱线材质及比例	20%首诺尼龙66(01);20%首诺尼龙66(02);20%首诺尼龙66(03);100%尼龙6.6短纤纱线(04)
类别编码及名称	属性项	常用属性值
0731　挂毯、门毡	A(01)制作方式	圈绒(01);阿克明斯特(02);威尔顿(03);手织工艺(04);针刺(05);条绒(06);平绒(07);簇绒(08);高圈低割绒(09);高割低圈绒(10);高低圈绒(11);割绒(12)
	B(02)材质	羊毛(01);混纺(02);合成纤维(03)
	C(03)规格	
	D(04)纱线材质及比例	80%羊毛(01);100%丙纶(02);腈纶(03);100%尼龙66(04);100%真丝(05);涤纶(06);100%羊毛(07);100%尼龙(08);10%羊毛(09)
类别编码及名称	属性项	常用属性值
0733　其他地板	A(01)品种	亚麻地板(01);石塑地板(02);防腐木地板(03);硫酸钙地板(04);镭射玻璃地砖(05)

续表

类别编码及名称	属性项	常用属性值
0733　其他地板	B(02)厚度(mm)	2(01);3(02);4(03);6(04);8(05);10(06);12(07);14(08);15(09);16(10);18(11);19(12);20(13);24(14);25(15)
	C(03)规格	450mm×450mm(01);500mm×500mm(02);600mm×600mm(03);800mm×800mm(04)
	D(04)防火等级	A级(01);B级(02);C级(03)

类别编码及名称	属性项	常用属性值
0801　大理石板	A(01)品名	白水晶(01);雅士白(02);爵士白(03);大花白(04);雪花白(05);宝兴白(06);海棠白(07);白沙米黄(08);金碧辉煌(09);埃及米黄(10)
	B(02)厚度(mm)	10(01);12(02);13(03);14(04);15(05);16(06);17(07);18(08);20(09);25(10);30(11);32(12);35(13)
	C(03)表面处理	火烧面(01);抛光面(02);哑光面(03);机切面(04)
	D(04)形状	平板(01);弧形板(02)
	E(05)来源	四川(01);云南(02);阿富汗(03);巴西(04)
	F(06)品质等级	A(01);B(02);C(03);D(04)

类别编码及名称	属性项	常用属性值
0803　花岗石板	A(01)品名	百花岗(01);安阳白(02);白灵芝(03);白喻(04);大花白(05);晋江百(06);浪花白(07);梨花白(08);宝兴黑(09);黑金麻(10);黑猫石(11)
	B(02)厚度(mm)	10(01);12(02);13(03);14(04);15(05);17(06);18(07);20(08);25(09);30(10);35(11);50(12);60(13);80(14);100(15)
	C(03)表面处理	火烧面(01);抛光面(02);哑光面(03);机切面(04);毛面(05);磨光(06)
	D(04)形状	平板(01);弧形板(02);方整(03)
	E(05)来源	四川(01);云南(02);阿富汗(03);巴西(04)
	F(06)品质等级	A(01);B(02);C(03);D(04)

类别编码及名称	属性项	常用属性值
0805　青石板	A(01)厚度(mm)	10(01);15(02);17(03);18(04);20(05);25(06);30(07);45(08);50(09);55(10);75(11);80(12);100(13);120(14);150(15);200(16)

类别编码及名称	属性项	常用属性值
0805 青石板	B(02)颜色	青(青绿)色(01);锈(锈红)色(02);黑(黑蓝)色(03)
类别编码及名称	属性项	常用属性值
0806 砂岩	A(01)品名	砂岩(01);砂岩浮雕(02);砂岩地雕(03)
	B(02)厚度(mm)	2(01);18(02);20(03);23(04);25(05);30(06);35(07);40(08);50(09);60(10);70(11);75(12);80(13);100(14);300(15)
	C(03)颜色	黄色(01);红色(02);青色(03);灰色(04)
类别编码及名称	属性项	常用属性值
0807 文化石	A(01)品名	花岗岩文化石(01);大理石文化石(02);板岩砂岩文化石(03);砂岩文化石(04)
	B(02)厚度(mm)	10(01);11(02);12(03);13(04);14(05);15(06);16(07);17(08);18(09);20(10);21(11);22(12);23(13);24(14);25(15)
	C(03)颜色	黄色(01);红色(02);青色(03);灰色(04)
类别编码及名称	属性项	常用属性值
0809 麻石	A(01)品名	凸凹麻石(01)
	B(02)厚度(mm)	18mm(01);20mm(02);22mm(03);25mm(04);30mm(05);50mm(06)
	C(03)颜色	芝麻灰(01);芝麻黑(02);芝麻白(03);黄金麻(04);黄锈石(05)
类别编码及名称	属性项	常用属性值
0811 人造石板材	A(01)材质	亚克力人造石(01);树脂版人造石(02);人造大理石(03);人造花岗岩(04);微晶石(05);岗石(06);云石片人造石(07)
	B(02)厚度(mm)	2mm(01);3mm(02);4mm(03);5mm(04);6mm(05);8mm(06);10mm(07);12mm(08);15mm(09);18mm(10);20mm(11);22mm(12);25mm(13);30mm(14)
	C(03)形状	平面(01);曲面(02)
	D(04)颜色	白色(01);白麻色(02);灰色(03);翠绿色(04);湖蓝色(05);米黄色(06)
类别编码及名称	属性项	常用属性值
0813 微晶石	A(01)品种	微晶石复合板(01);微晶玻璃板(02)
	B(02)规格(长×宽)	1000×1000(01);600×600(02)
	C(03)厚度(mm)	12(01);13(02);15(03);16(04);18(05)
	D(04)形状	平面(01);曲面(02)

类别编码及名称	属性项	常用属性值
0815　水磨石板	A(01)规格(长×宽)	600×600(01);500×500(02);400×400(03);300×300(04)
	B(02)厚度(mm)	15(01);20(02);24(03);25(04);30(05)
	C(03)表面处理	垂直投影面(01);抛光(02);磨面(03)
	D(04)颜色	白色(01);白麻色(02);灰色(03);翠绿色(04);湖蓝色(05);米黄色(06)
类别编码及名称	属性项	常用属性值
0817　石材加工制品	A(01)品种	台阶(01);石条桩(02);汉白玉圆桌(03);圆凳(04);石墩(05);石马头(06);石门白(07);石柱帽(08);柱头(09);石门框(10)
	B(02)材质	大理石(01);花岗岩(02);人造石英石(03)
	C(03)表面处理	火烧面(01);抛光面(02);哑光面(03)
类别编码及名称	属性项	常用属性值
0819　石材艺术制品	A(01)品种	山皮石(01);太湖石(02);洞石(03);笋石(04);人造浮石(05)
	B(02)规格	
	C(03)造型	人物造型(01);花鸟造型(02)
类别编码及名称	属性项	常用属性值
0821　石材养护用品	A(01)品种	清洗剂(01);抛光剂(02);养护剂(03);保护剂(04);防水剂(05);去锈剂(06);防护剂(07);增色剂(08)
	B(02)规格	4.4L/桶(01);5L/桶(02);7L/桶(03);2L/瓶(04);4L/瓶(05);18L/桶(06)
类别编码及名称	属性项	常用属性值
0901　石膏板	A(01)品种	素面石膏板(01);印花石膏板(02);普通纸面石膏板(03);防火纸面石膏板(04);防水纸面石膏板(05);防潮纸面石膏板(06);穿孔吸声石膏板(07);纤维石膏板(08);覆膜石膏板(09)
	B(02)厚度(mm)	6(01);8(02);9(03);9.5(04);10(05);11(06);12(07);15(08);15.9(09);18(10);19(11)
	C(03)表面处理	涂刷底漆(01);刷纸面(02);浮雕(03);塑膜(04)
	D(04)性能	防水(01);防潮(02);防火(03);普通(04);无纸(05)

续表

类别编码及名称	属性项	常用属性值
0903　竹木装饰板	A(01)品种	木装饰板(01);宝丽板(02); 富丽板(03);木纹板(04);新丽板(05);软木装饰板(06);波音板(07);立体波浪板(08)
	B(02)饰面材料	三聚氰胺涂饰层(01);木皮油漆(02);三聚氰胺(03)
	C(03)树种	富贵竹(01);黑胡桃(02);白枫(03);沙比利(04);白胡桃(05);泰柚(06);松木(07);红橡(08);紫檀(09);水曲柳(10);榉木(11);红胡桃(12);欧洲云杉(13);北美樱桃(14);黑檀(15);白橡(16);柚木(17)
	D(04)厚度(mm)	10mm(01);15mm(02);18mm(03);19mm(04);20mm(05);25mm(06);30mm(07)
	E(05)质量等级	优等品(01);一等品(02);合格品(03)
类别编码及名称	属性项	常用属性值
0905　金属装饰板		
类别编码及名称	属性项	常用属性值
090501　不锈钢装饰板	A(01)材质	1Cr18Mn8Ni5N(01);1Cr17Ni7(02);1Cr18Ni9(03);0Cr18Ni9(04);00Cr19Ni10(05)
	B(02)表面处理	镜面(01);拉丝(02);振磨(03);烤漆(04);钛金(05);仿古处理(06);花纹蚀刻板(07);压纹板(08);发纹板(09);喷砂板(10)
	C(03)厚度(mm)	0.3(01);0.5(02);0.6(03);0.7(04);0.8(05)
	D(04)质量等级	A级(内检90分以上)(01);B级(内检85分以上)(02)
	E(05)加工工艺	电脑制作雕刻(01);镂空(02);蚀刻(03)
类别编码及名称	属性项	常用属性值
090503　铝单板	A(01)材质	1100H24(01);1060H24(02);3003H24(03);5005H24(04)
	B(02)表面处理	氟碳喷涂(01);阳极氧化(02);电泳涂漆(03);粉末喷涂(04)
	C(03)厚度(mm)	1.5(01);2.0(02);2.5(03);3.0(04)
	D(04)质量等级	优等品(01);一等品(02);合格品(03)
	E(05)加工工艺	电脑制作雕刻(01);镂空(02);蚀刻(03)

类别编码及名称	属性项	常用属性值
090505　金属烤瓷板	A(01)烤瓷涂层厚度	25μm(01)
	B(02)基层材料	铝板(01);钢板(02)

类别编码及名称	属性项	常用属性值
090507　彩色压型钢板	A(01)用途	屋面板(01);墙面板(02);楼面钢承板(03)
	B(02)厚度	0.4(01);0.6(02);0.8(03)
	C(03)截面形状	V型(01);U型(02);梯形(03)
	D(04)表面处理	热镀锌涂层(01)

类别编码及名称	属性项	常用属性值
090511　其他金属装饰板	A(01)品种	铝合金扣板(01);不锈钢板(02)
	B(02)厚度(mm)	10(01);19(02)

类别编码及名称	属性项	常用属性值
0907　矿物棉装饰板	A(01)品种	岩棉吸声板(01);玻璃棉吸声板(02);矿棉顶棚板(03);矿棉吸声板(04)
	B(02)形状	跌级条形板(01);条形板(02);暗插条形板(03);平板(04)
	C(03)厚度(mm)	6(01);8(02);9(03);10(04);12(05);13(06);15(07);16(08);19(09);21(10)
	D(04)防潮等级	RH80(01);RH85(02);RH90(03);RH95(04);RH99(05);RH100(06)

类别编码及名称	属性项	常用属性值
0909　塑料装饰板	A(01)品种	聚苯乙烯扣板(01);聚苯乙烯泡沫吸音板(02);聚丙烯扣板(03);PVC塑料装饰板(04);聚氨酯泡沫吸音板(05);钙塑泡沫吸声板(06);塑料贴面装饰板(07);ABS塑料板(08);聚酯纤维吸音板(09)
	B(02)厚度(mm)	0.4(01);0.5(02);0.8(03);1(04);1.5(05);1.8(06);2(07);2.5(08);3(09);3.5(10);4(11);4.5(12);5(13);6(14);7(15);8(16);10(17);11(18);12(19);15(20);18(21)
	C(03)环保等级	E0(01);E1(02);E2(03)
	D(04)质量等级	优等品(01);一等品(02);合格品(03)
	E(05)性能	易洁净(01);防滴漏(02);普通(03);阻燃(04);防火(05)

类别编码及名称	属性项	常用属性值
0911　复合装饰板		

类别编码及名称	属性项	常用属性值
091101 铝塑板	A(01)板芯材质	聚氯乙烯塑料(01);普通PE(02);防火PE(03)
	B(02)铝箔厚度(mm)	0.1(01);0.12(02);0.15(03);0.18(04);0.2(05);0.25(06);0.3(07);0.35(08);0.4(09);0.5(10)
	C(03)表面处理	素色(01);拉丝(02);镜面(03);岗纹(木纹)(04)
	D(04)质量等级	A级(内检90分以上)(01);B级(内检85分以上)(02)
	E(05)环保等级	E0(01);E1(02);E2(03)
类别编码及名称	属性项	常用属性值
091103 玻镁板	A(01)厚度(mm)	8mm(01);9mm(02);10mm(03);12mm(04)
	B(02)质量等级	优等品(01);一等品(02);合格品(03)
类别编码及名称	属性项	常用属性值
091105 塑料复合钢板	A(01)塑料膜厚度	0.2(01);0.3(02);0.4(03);0.5(04)
	B(02)厚度(mm)	1.5(01);2.0(02);2.5(03);3.0(04)
	C(03)加工工艺	薄膜层压法(01);涂料涂覆法(02)
类别编码及名称	属性项	常用属性值
091107 其他复合装饰板	A(01)品种	镁铝装饰板(01);塑胶装饰板(02)
	B(02)厚度(mm)	10(01);18(02)
	C(03)表面处理	清漆(01);镜面(02);木纹(03);石纹(04);拉丝(05);聚酯(06);氟碳(07);珠光(08)
类别编码及名称	属性项	常用属性值
0915 纤维水泥装饰板	A(01)品种	纤维水泥压力板(FC板)(01);石棉水泥加压板(百特板)(02);石棉水泥加压穿孔板(百特穿孔板)(03);纤维增强硅酸盐平板(埃特板)(04);植物纤维石膏板(05);玻璃纤维石膏板(06);聚酯纤维板(07)
	B(02)密度	普通板(01);优等板(02);特优板(03)
	C(03)厚度(mm)	10(01);12(02);14(03);18(04);20(05)
	D(04)环保等级	E0(01);E1(02);E2(03)
	E(05)质量等级	优等品(01);一等品(02);合格品(03)
	F(06)性能	易粘贴(01);抗菌防腐(02);无尘洁净(03);吸音(04);防火(05)

续表

类别编码及名称	属性项	常用属性值
0917 珍珠岩装饰板	A(01)品种	珍珠岩水泥装饰板(01);珍珠岩穿孔装饰板(02)
	B(02)厚度(mm)	10(01);12(02);14(03);18(04);25(05)
	C(03)性能	防潮(01);普通(02);吸声(03)

类别编码及名称	属性项	常用属性值
0919 硅酸钙装饰板	A(01)品种	硅酸盐空心石膏板(01);硅酸钙涂装平板(02);硅酸钙浮雕面吊顶板(03);硅酸钙精磨平板(04);硅酸钙平板(05);硅酸钙吊顶板(06);硅酸钙穿孔平板(07);硅酸钙穿孔吊顶板等(08)
	B(02)厚度(mm)	10(01);12(02);14(03);18(04);25(05)
	C(03)性能	防火(01);吸声(02);防水(03)
	D(04)密度	低密度(01);中密度(02);高密度(03)

类别编码及名称	属性项	常用属性值
0923 其他装饰板	A(01)品种	玻纤装饰板(01);釉面陶瓷板(02);毛面陶瓷板(03);纸面稻草板(04)
	B(02)厚度(mm)	10(01);25(02);40(03)
	C(03)性能	易洁净(01);抗菌(02);防火(03);普通(04);吸声(05)

类别编码及名称	属性项	常用属性值
0925 轻质复合板	A(01)品种	陶粒混凝土条板(01);金属压型屋面板(02);酚醛保温板(03);轻质菱镁夹芯复合墙体板(04);蒸压加气混凝土墙板(05);陶粒玻璃纤维空心轻质墙板(06);轻质玻璃纤维增强水泥板(07)
	B(02)厚度(mm)	40(01);60 (02)
	C(03)环保等级	E0(01);E1(02);E2(03)

类别编码及名称	属性项	常用属性值
0927 网格布、带	A(01)品种	内外保温网格布(01);GRC制品增强网格布(02);玻纤网格布(03)
	B(02)网眼规格	3×3(01);4×4(02);5×4(03);5×5(04);6×6(05)
	C(03)颜色	白色(01);蓝色(02);绿色(03);橙色(04)

类别编码及名称	属性项	常用属性值
0929 格栅、格片、挂片	A(01)品种	格栅(01);格片(02);挂片(03)
	B(02)材质	铝(01);铝合金(02);木质(03);铁(04)

类别编码及名称	属性项	常用属性值
0929　格栅、格片、挂片	C(03)规格	宽×高×厚:10×70×0.9(01);10×65×1.0(02)
	D(04)间距(mm)	125×125(01);1000×1000(02);150×150(03);175×175(04);50×50(05);200×200(06);250×250(07);300×300(08);75×75(09);120×120(10);100×100(11)
	E(05)表面处理	聚酯(01);覆膜(02);滚涂(03);阳极氧化(04);静电喷涂(05);氟碳(06)
类别编码及名称	属性项	常用属性值
0931　壁纸	A(01)材质	纸质壁纸(01);织物壁纸(02);石英纤维壁纸(03);金属壁纸(04);复合纸质壁纸(05);PVC塑料壁纸(06);织物复合壁纸(07);草编壁纸(08);天然纤维壁纸(09)
	B(02)花色	沟底扎花(01);双色印花(02);浮雕(03);单色压花(04);单色印花(05);发泡壁纸(06);滚花(07)
	C(03)性能	阻燃(01);防霉(02);耐水(03);防辐射(04);吸声(05);抗静电(06);防潮(07);防火(08)
	D(04)盎司(OZ)	9(01);12(02);15(03);18(04);20(05)
	E(05)规格(mm)	1000×10000(01);530×10000(02)
类别编码及名称	属性项	常用属性值
0933　壁布	A(01)材质	玻璃纤维印花墙布(01);涤纶无纺墙布(02);化纤装饰贴墙布(03);锦缎壁布(04);装饰壁布(05);遮光布(06)
	B(02)花色	印花(01);压花(02)
	C(03)性能	防火(01);耐水(02);防潮(03);吸声(04);防霉(05);阻燃(06);抗静电(07);防辐射(08)
	D(04)规格(mm)	1000×10000(01);530×10000(02)
类别编码及名称	属性项	常用属性值
0935　金、银箔制品	A(01)品种	金箔(01);银箔(02);金箔制品(03);银箔制品(04)
	B(02)规格	140*110(01)
类别编码及名称	属性项	常用属性值
0939　屏风、隔断	A(01)品种	大开间活动隔断(01);折叠式隔断(02);平开上隔断(03);推拉式活动隔断(04);固定式隔断(05)

续表

类别编码及名称	属性项	常用属性值
0939　屏风、隔断	B(02)龙骨材质及型号	铝合金龙骨(01);碳素钢骨架(02)
	C(03)表面处理	氟碳喷涂(01);阳极氧化(02);电泳涂漆(03);粉末喷涂(04)
	D(04)隔断墙材质及规格	装饰布面(01);玻璃钢(02);金属板材(03);纤维水泥板(04);塑钢(05);铝合金(06)
	E(05)安装方式	

类别编码及名称	属性项	常用属性值
1001　轻钢龙骨	A(01)品种	隔墙轻钢龙骨(01);吊顶轻钢龙骨(02)
	B(02)型号	Q50(01);Q75(02);Q100(03);Q150(04);D38(05);D45(06);D50(07);D60(08)
	C(03)断面尺寸 A×B×t	30×12×0.35(01);30×28×0.5(02);38×12×0.8(03);38×12×1.0(04);38×12×1.2(05);48×12×0.42(06);49×19×0.45(07)
	D(04)断面形状	V型直卡式(01);U型(02);C型(03);L型(04);T型(05);V型(06);H型(07);Z型(08);E型(09)
	E(05)表面处理	烤漆(01);镀锌(02)
	F(06)定尺长度	600(01);610(02);1200(03);1220(04);2400(05);2900(06);3000(07);6000(08);8000(09)

类别编码及名称	属性项	常用属性值
1002　型钢龙骨	A(01)品种	工字钢龙骨(01);丁字钢龙骨(02);薄壁角钢龙骨(03);镀锌C龙骨(04)
	B(02)型号	
	C(03)断面尺寸 A×B×t	30×12×0.35(01);30×28×0.5(02);38×12×0.8(03);38×12×1.0(04);38×12×1.2(05);48×12×0.42(06);49×19×0.45(07)
	D(04)断面形状	V型直卡式(01);U型(02);C型(03);L型(04);T型(05);V型(06);H型(07)
	E(05)表面处理	烤漆(01);镀锌(02)
	F(06)定尺长度	610(01);1200(02);1220(03);2400(04);2900(05);3000(06);6000(07);8000(08)

类别编码及名称	属性项	常用属性值
1003　铝合金龙骨	A(01)品种	铝合金轻钢龙骨(01);铝合金方板龙骨(02);铝合金条板龙骨(03)
	B(02)型号	

续表

类别编码及名称	属性项	常用属性值
1003 铝合金龙骨	C(03)断面尺寸 A×B×t(mm)	60×30×1.5(01);16×26(02);16×32(03);14×23(04)
	D(04) 断面形状	V卡式(01);T型(02);U型(03);H型(04);Ω形(05);L型(06)
	E(05)表面处理	
	F(06)定尺长度	600(01);2800(02);3000(03)

类别编码及名称	属性项	常用属性值
1005 木龙骨	A(01)品种	铺地龙骨(01);竖墙龙骨(02);吊顶龙骨(03);悬挂龙骨(04)
	B(02)截面尺寸	20×30(01);30×40(02);40×40(03);45×90(04);50×70(05);50×100 (06)
	C(03)定尺长度	600(01);2800(02);3000(03)
	D(04)树种	落叶杉(01);云杉(02);硬木松(03);水曲柳(04);桦木(05)

类别编码及名称	属性项	常用属性值
1007 烤漆龙骨	A(01)品种	平面烤漆龙骨(01);窄边平面烤漆龙骨(02);槽形烤漆龙骨(03);立体凹槽烤漆龙骨(04)
	B(02)截面尺寸(长×宽)	38×24(01);32×23(02)
	C(03)烤漆颜色	灰色(01)
	D(04)定尺长度	600(01);2800(02);3000(03)
	E(05)用途	主龙骨(01);中龙骨(02);副龙骨(03);边龙骨(04)

类别编码及名称	属性项	常用属性值
1009 石膏龙骨	A(01)品种	竖墙龙骨(01);吊顶龙骨(02)
	B(02)截面尺寸(长×宽)	38×24(01);32×23(02)
	C(03)定尺长度	600(01);2800(02);3000(03)
	D(04)用途	主龙骨(01);中龙骨(02);副龙骨(03);边龙骨(04)

类别编码及名称	属性项	常用属性值
1011 不锈钢龙骨	A(01)品种	铺地龙骨(01);竖墙龙骨(02);吊顶龙骨(03);悬挂龙骨(04)
	B(02)断面尺寸	30×12×0.35(01);30×28×0.5(02);38×12×0.8(03);38×12×1(04);38×12×1.2(05);48×12×0.42 等(06)
	C(03)用途	主龙骨(01);中龙骨(02);副龙骨(03);边龙骨(04)

类别编码及名称	属性项	常用属性值
1013　轻钢龙骨配件	A(01)品种	交托(01);连接件(02);卡托(03);吊件(04);挂件(05);支撑卡子(06);固定件(07);压条(08);吊杆(09);U型安装卡(10);锁母(11)
	B(02)规格	600(01);1200(02);3000(03)
	C(03)型号	38系列(01);50系列(02);60系列(03);75系列(04);100系列(05)

类别编码及名称	属性项	常用属性值
1015　铝合金龙骨配件	A(01)品种	十字连接件(01);护角(02);嵌条(03);插片(04);吊钩(05);副接件(06);主接件(07);上人插挂件(08);上人挂件(09);上人吊件(10);不上人水平件(11);不上人连接件(12);不上人插挂件(13);不上人挂件(14);不上人吊件(15);吊件(16);上人吊杆(17);上人吊钩(18);上人连接件(19);护边(20);小固定件(21);大固定件(22);铝角(23);角托(24);支托(25);吊挂(26);吊杆(27);挂件卡钩(28);挂件(29)
	B(02)规格	600(01);1200(02);3000(03)
	C(03)型号	25系列(01);30系列(02);38系列(03);60系列(04);75系列(05);100系列(06);150系列(07)

类别编码及名称	属性项	常用属性值
1017　其他龙骨配件	A(01)品种	卡托(01);角拖(02);吊件(03);挂件(04);连接件(05);支撑卡字(06)
	B(02)规格	
	C(03)型号	38系列(01);100系列(02)

类别编码及名称	属性项	常用属性值
1101　木门窗	A(01)品种	夹板门(01);拼板门(02);模压门(03);实木门(04);原木门(05);实木复合门(06);实木窗(07);竹木窗(08);实木复合窗(09)
	B(02)规格	600×1800mm(01);900×2100mm(02);1000×2100mm(03);1000×2400mm(04);1500×2100mm(05);1500×2400mm(06);50系列(07);60系列(08);70系列(09);88系列(10)
	C(03)阻隔方式	全封闭(01);半玻璃(02);全木百叶(03);带铝合金百叶(04);胶合板(05);硬质纤维板(06);塑料面板(07)

续表

类别编码及名称	属性项	常用属性值
1101 木门窗	D(04)饰面类型	平面镶木装饰线(01);平面拼板图案(02);实木浮雕(03);模压浮雕(04);镶嵌金属饰线(05);件(06);镶嵌石材(07);格栅(08);仿古花格(09)
	E(05)树种	杉木(01);松木(02);硬木(03);复合(04);樱桃木(05);胡桃木(06);鸡翅木(07);水曲柳(08);柚木(09);橡木(10);枫木(11);沙比利(12)
	F(06)开启方式	平开式(01);推拉式(02);折叠式(03);固定(04);上悬(05)
	G(07)防火等级	防火甲级(01);防火乙级(02);防火丙级(03)
	H(08)性能	防火(01);保温(02);隔音(03)
类别编码及名称	属性项	常用属性值
1103 钢门窗	A(01)品种	标准钢门(01);简易钢门(02);钢板整体门(03);标准钢窗(04);百叶窗(05)
	B(02)规格	600×1800mm(01);900×2100mm(02);1000×2100mm(03);1000×2400mm(04);1500×2100mm(05);1500×2400mm(06);50系列(07);60系列(08);70系列(09);88系列(10)
	C(03)阻隔方式	全封闭(01);半玻璃(02);全玻璃(03)
	D(04)饰面类型	平面(01);平面镶装饰线(02);模压浮雕(03);哑光(04);镜面(05);钛金(06)
	E(05)玻璃类型	浮法玻璃(01);着色玻璃(02);钢化玻璃(03);半钢化玻璃(04);热反射玻璃(05);低辐射镀膜玻璃(06);夹层玻璃(07);夹丝玻璃(08)
	F(06)开启方式	推拉(01);平开双扇(02);平开上悬(03);平开上固定(04);固定(05)
	G(07)防火等级	防火甲级(01);防火乙级(02);防火丙级(03)
	H(08)性能	防火(01);保温(02);隔音(03)
类别编码及名称	属性项	常用属性值
1105 彩钢门窗	A(01)品种	彩色镀锌钢窗(01);彩色镀锌钢弹簧门(02);彩色镀锌钢门(03);彩钢防护窗等(04)
	B(02)规格	46系列(01)

类别编码及名称	属性项	常用属性值
1105　彩钢门窗	C(03)阻隔方式	全封闭(01);半玻璃(02);全玻璃(03)
	D(04)玻璃类型	浮法玻璃(01);着色玻璃(02);钢化玻璃(03);半钢化玻璃(04);热反射玻璃(05);低辐射镀膜玻璃(06);夹层玻璃(07);夹丝玻璃(08)
	E(05)防火等级	防火甲级(01);防火乙级(02);防火丙级(03)
	F(06)开启方式	平开单扇(01);平开双扇(02);固定(03);推拉(04);弹簧(05)

类别编码及名称	属性项	常用属性值
1107　不锈钢门窗	A(01)品种	不锈钢普通门(01);不锈钢防火门(02);不锈钢普通窗(03);不锈钢防火窗(04)
	B(02)规格	600mm×1800mm(01);900mm×2100mm(02);1000mm×2100mm(03);1000mm×2400mm(04);1500mm×2100mm(05);1500mm×2400mm(06);50系列(07);60系列(08);70系列(09);88系列(10)
	C(03)阻隔方式	全密闭(01);半密闭(02);全通透(03);全单层玻璃(04);全双层玻璃(05);半单层玻璃(06);半双侧玻璃(07)
	D(04)防火等级	防火甲级(01);防火乙级(02);防火丙级(03)
	E(05)开启方式	推拉(01);平开双扇(02);平开上悬(03);平开上固定(04);固定(05)

类别编码及名称	属性项	常用属性值
1109　铝合金门窗	A(01)品种	普通铝合金门(01);断桥铝门(02);普通铝合金窗(03);断桥铝窗(04)
	B(02)规格	
	C(03)阻隔方式	全玻璃(01);半玻璃(02);全铝合金百叶(03);半玻璃百叶(04);半铝合金百叶(05)
	D(04)窗扇类型	单扇(01);双扇(02);双扇带亮子(03);四扇(04);三扇带亮(05)
	E(05)玻璃类型	平板玻璃(01);磨砂玻璃(02);彩色玻璃(03);钢化玻璃(04);镀膜玻璃(05);夹层玻璃(06);夹层镀膜玻璃(07)
	F(06)型号	40系列(01);45系列(02);46系列(03);50系列(04);55系列(05);60系列(06);65系列(07);70系列(08);73系列(09);76系列(10);80系列(11);85系列(12);90系列(13);95系列(14)

续表

类别编码及名称	属性项	常用属性值
1109 铝合金门窗	G(07)表面处理	阳极氧化(01);电泳涂装(02);粉末喷涂(03);氟碳喷涂(04)
	H(08)颜色	
	I(09)开启方式	外开下悬;固定矩形;固定异性;外开上悬;立转;中悬;推拉;内倾内开;折叠;外平开

类别编码及名称	属性项	常用属性值
1111 塑钢、塑铝门窗	A(01)品种	塑钢门(01);塑铝门(02);塑钢地弹门(03);塑钢窗(04);塑铝窗(05)
	B(02)规格	
	C(03)结构形式	全玻璃(01);半玻璃 (02)
	D(04)玻璃类型	平板玻璃(01);磨砂玻璃(02);彩色玻璃(03);钢化玻璃(04);镀膜玻璃(05);夹层玻璃(06);夹层镀膜玻璃(07)
	E(05)型号	60系列(01);73系列(02);75系列(03);80系列(04);83系列(05);85系列(06);95系列(07);100系列(08)
	F(06)开启方式	推拉式(01);外平开式(02);固定式(03);外开上悬式(04);外开下悬式(05);中悬式(06);折叠式(07)

类别编码及名称	属性项	常用属性值
1113 塑料门窗	A(01)品种	UPVC维卡塑料门(01);UPVC维卡塑料窗(02);玻璃纤维增强塑料门(03)
	B(02)规格	
	C(03)结构形式	全玻璃(01);半玻璃 (02)
	D(04)玻璃类型	平板玻璃(01);磨砂玻璃(02);彩色玻璃(03);钢化玻璃(04);镀膜玻璃(05);夹层玻璃(06);夹层镀膜玻璃(07)
	E(05)型号	AD50(01);AD58(02);MD60(03);MD65(04)
	F(06)开启方式	外平开式(01);内平开式(02);大型提升推拉式(03);手摇式外开式(04)

类别编码及名称	属性项	常用属性值
1115 玻璃钢门窗	A(01)品种	玻璃钢门(01);玻璃钢窗(02)
	B(02)规格	
	C(03)结构形式	全玻璃(01);半玻璃 (02)

続表

类别编码及名称	属性项	常用属性值
1115 玻璃钢门窗	D(04)玻璃类型	平板玻璃(01);磨砂玻璃(02);彩色玻璃(03);钢化玻璃(04);镀膜玻璃(05);夹层玻璃(06);夹层镀膜玻璃(07)
	E(05)型号	31系列(01);45系列(02);50系列(03);58系列(04);64系列(05);66系列(06);70系列(07);75系列(08);82系列(09);88系列(10);95系列 (11)
	F(06)开启方式	外平开式(01);内平开式(02);上下提拉式(03);平开上悬窗(04);平开下悬窗(05)
类别编码及名称	属性项	常用属性值
1117 铁艺及其他门窗	A(01)用途	造型防盗窗(01);造型户内门(02)
	B(02)材质	铸铁(01);不锈钢(02);铝合金(03);扁铁(04);铜(05)
	C(03)规格	按实记取(01)
	D(04)工艺	激光切割(01);焊接(02);冲压(03)
	E(05)表面处理	热镀锌(01);电镀锌(02);镀锡(03);彩色涂层(04)
类别编码及名称	属性项	常用属性值
1119 全玻门、自动门	A(01)品种	自动三翼旋转门(01);自动四翼旋转门(02);手动三翼旋转门(03);手动四翼旋转门(04);全玻自动感应对开门(05);自动平移门(06);自动圆弧门(07);自动折叠门(08);自动伸缩门(09)
	B(02)规格	
	C(03)玻璃类型	平板玻璃(01);磨砂玻璃(02);彩色玻璃(03);钢化玻璃(04);镀膜玻璃(05);夹层玻璃(06);夹层镀膜玻璃(07)
	D(04)玻璃厚度	6(01);8(02);12(03);5+5(04);6+6(05)
	E(05)材质	不锈钢(01);铝合金(02);塑钢(03);黄铜(04);水晶(05);钢质(06)
	F(06)启动方式	自动三翼(01);自动四翼(02);手动三翼(03)
	G(07)开启方式	平移(01);旋转(02);平开(03)
类别编码及名称	属性项	常用属性值
1121 纱门、纱窗	A(01)品种	隐形纱窗(01);隐形纱门(02);普通纱门(03);普通纱窗(04)

续表

类别编码及名称	属性项	常用属性值
1121　纱门、纱窗	B(02)规格	
	C(03)框材质	铝合金(01);彩板组角(02);塑钢(03);玻璃钢(04);实腹钢(05)
	D(04)开启方式	提升式(01);推拉式(02);平开式(03)

类别编码及名称	属性项	常用属性值
1123　特种门	A(01)品种	钢筋混凝土结构防护密闭门(01);钢结构防护密闭门(02);防辐射门(03);冷库门(04);专业防盗门(05)
	B(02)规格	
	C(03)安全等级	A(01);B(02);C(03)
	D(04)开启方式	单扇平开(01);双扇平开(02);推拉(03);电动(04);自动(05)
	E(05)材质	钢筋混凝土(01);钢板(02);铝合金(03);彩钢板(04)

类别编码及名称	属性项	常用属性值
1125　卷帘、拉闸	A(01)品种	不锈钢卷帘(01);铝合金卷帘(02);钢质防火卷帘(03);无机布卷帘(04);PVC基布卷帘门(05);镀锌钢板卷帘(06);水晶卷帘(07)
	B(02)结构形式	格栅式(01);板式(02)
	C(03)规格	
	D(04)防火等级	防火甲级(01);防火乙级(02);防火丙级(03)
	E(05)卷帘材质	镀锌钢板(01);不锈钢(02);铝合金(03);彩钢(04);无机布(05);彩色涂层钢板(06);水晶(07)
	F(06)开启方式	手动垂卷(01);电动垂卷(02);自动垂卷(03);电动侧卷(04);自动侧卷(05)
	G(07)电动机型号	300kg(01);500kg(02);600kg(03);800kg(04);1000kg(05);1300kg(06);1500kg(07);2000kg(08)

类别编码及名称	属性项	常用属性值
1126　窗帘	A(01)材质	棉(01);麻(02);纱(03);绸缎(04);人造纤维(05)
	B(02)功能	平拉式(01);掀帘式(02);升帘式(百叶)(03)
	C(03)传动方式	电动(01);手动(02)
	D(04)形状	矩形(01);扇形(02)

续表

类别编码及名称	属性项	常用属性值
1126　窗帘	E(05)风格	欧式风格(01);现代简约(02);英式田园风格(03)

类别编码及名称	属性项	常用属性值
1127　钢楼梯	A(01)外部形状	Z字转角(01);90°转直角形(02);S形360°螺旋式(03);180°螺旋形(04)
	B(02)踏板形式	直踏步(01);斜踏步(02)
	C(03)踏板材质	钢板(01)
	D(04)结构形式	单梁(01);双梁(02);中柱(03);脊柱(04);缩径(05)

类别编码及名称	属性项	常用属性值
1129　木楼梯	A(01)外部形状	弧形楼梯(01);L型直梯(02);L型折反梯(03);旋转楼梯(04)
	B(02)踏板形式	直踏步(01);斜踏步(02)
	C(03)踏板材质	实木(01)
	D(04)结构形式	单梁(01);双梁(02);中柱(03);脊柱(04);缩径(05)
	E(05)表面处理	清漆(01);亮光漆(02);亚光漆(03);耐磨漆(04);碳化(烘焙)(05)

类别编码及名称	属性项	常用属性值
1131　铁艺楼梯	A(01)外部形状	弧形楼梯(01);L型直梯(02);L型折反梯(03);旋转楼梯(04)
	B(02)踏板形式	直踏步(01);斜踏步(02)
	C(03)踏板材质	铁(01)
	D(04)结构形式	单梁(01);双梁(02);中柱(03);脊柱(04);缩径(05)
	E(05)表面处理	清漆(01);亮光漆(02);亚光漆(03);耐磨漆(04);碳化(烘焙)(05)

类别编码及名称	属性项	常用属性值
1201　木质装饰线条	A(01)品种	包角线(01);踢脚线(02);压边线(03);平弧线(04);外边弧线(05);内边弧线(06);平线(07);单斜线(08);内角线(09);角线(10);角花(11);挂镜线(12)
	B(02)树种	榉木(01);白木(02);曲柳(03);松木(04);柚木(05);椴木(06);枫木(07)
	C(03)规格(宽×厚)	60×60(01);60×15(02);60×4(03);50×20(04);50×15(05);15×15(06);40×15(07);30×4(08);10×7(09);13×6(10);12×12(11)

类别编码及名称	属性项	常用属性值
1201　木质装饰线条	D(04)环保等级	E0(01);E1(02);E2(03)
	E(05)表面处理	清漆(01);亮光漆(02);亚光漆(03);耐磨漆(04);碳化(烘焙)(05)

类别编码及名称	属性项	常用属性值
1203　金属装饰线条	A(01)品种	腰线(01);压条(02);板条(03);踢脚线(04);收口条(05);挂镜线(06);槽形线条(07);T形线条(08);防滑条(09);封角线(10);包角线(11);分隔条(12)
	B(02)材质	铜(01);不锈钢201(02);铝(03);钢(04);彩钢(05);铝合金(06)
	C(03)规格(宽×厚)	60×60(01);60×15(02);60×4(03);50×20(04);20×6(05);15×1.5(06);60×0.8(07)
	D(04)表面处理	镜面(01);拉丝(02);振磨(03);烤漆(04);钛金(05);仿古处理(06);花纹蚀刻板(07);压纹板(08);发纹板(09);喷砂板(10);阳极氧化(11);电泳涂装(12);粉末喷涂(13);氟碳喷涂(14)
	E(05)质量等级	优等品(01);一等品(02);合格品(03)

类别编码及名称	属性项	常用属性值
1205　石材装饰线条	A(01)品种	圆弧腰线(01);踢脚线(02);弧线(03);直线(04);圆弧阴角线(05)
	B(02)材质	天然大理石(01);天然花岗岩(02);预制水磨石(03);人造大理石(04);天然板岩(05)
	C(03)规格(宽×厚)	60×60(01);60×15(02);60×4(03);50×20(04)
	D(04)表面处理	火烧面(01);抛光面(02);哑光面(03);机切面(04)
	E(05)来源	进口(01);国产(02)

类别编码及名称	属性项	常用属性值
1207　石膏装饰线条	A(01)品种	灯盘(01);罗马柱(柱头)(02);门套(03);窗套线(04);平底先(05);腰线(06);弧线(07);角花(08);斗拱(09)
	B(02)规格	2500×85×76(01);2600×120×120(02);2500×40×120(03);2500×110×90(04)
	C(03)表面处理	涂刷乳胶漆饰面(01);刷纸面(02);浮雕图案(03)

续表

类别编码及名称	属性项	常用属性值
1209　塑料装饰线条	A(01)品种	墙面装饰线条(01);槽线(02);挂镜线(03);角线(04);扣板阴角线(05);踢脚板(06);踢脚线(07);封边线(08);板条先(09);平线(10);角花(11)
	B(02)材质	有机玻璃(01);PVC(02);PE(03);玻璃纤维强化塑料(04)
	C(03)规格	5950×42×22(01)
	D(04)质量等级	优等品(01);一等品(02);合格品(03)

类别编码及名称	属性项	常用属性值
1211　复合材料装饰线条	A(01)品种	踢脚板(01);压线条(02)
	B(02)材质	铝塑(01);塑钢(02);EPS(03);镁铝(04);石塑(05);GRC(06)
	C(03)规格	5950×42×22(01)
	D(04)质量等级	优等品(01);一等品(02);合格品(03)

类别编码及名称	属性项	常用属性值
1213　玻璃钢装饰线条	A(01)品种	神台(01);罗马柱头(02);罗马柱(03);灯圈(04);放火角(05);花角(06);弧线(07);角线(08);梁托(09);平线(10)
	B(02)规格	40×8(01)
	C(03)质量等级	优等品(01);一等品(02);合格品(03)

类别编码及名称	属性项	常用属性值
1215　轻质水泥纤维装饰线条	A(01)品种	花角(01);弧线(02);角线(03);平线(04);腰线板(05)
	B(02)规格	156×455(01);300×400(02);170×605(03)
	C(03)质量等级	优等品(01);一等品(02);合格品(03)

类别编码及名称	属性项	常用属性值
1217　其他装饰线条	A(01)品种	嵌条(01);踢脚线(02);外墙装饰线条(03)
	B(02)材质	EPS保温线条(01);砂岩(02);金刚砂(03);玻璃(04)
	C(03)规格	

类别编码及名称	属性项	常用属性值
1221　栏杆、栏板	A(01)材质	铝合金(01);201(02);202(03);304(04);304L(05);钢质(06);玻璃(07);铸铁(08);铸铝(09);钢管(10);铜管(11);PVC(12);花岗石(13);大理石(14);松木(15);硬木(16);GRC造型柱(17)

类别编码及名称	属性项	常用属性值
1221 栏杆、栏板	B(02)规格	$\phi10(01)$；$\phi20(02)$；$\phi40(03)$
	C(03)厚度(mm)	1.0mm(01)；1.2mm(02)；1.5mm(03)；2.0mm(04)；3.0mm(05)
	D(04)加工工艺	水刀切割(01)；激光切割(02)
	E(05)表面处理	镜面(01)；拉丝(02)；烤漆(03)；电镀(04)；二次电镀(05)；阳极氧化(06)；电泳涂装(07)；粉末喷涂(08)；氟碳喷涂(09)
	F(06)用途	落地窗(01)；楼梯(02)；阳台(03)；窗户(04)；护栏(05)；栅栏(06)
类别编码及名称	属性项	常用属性值
1223 扶手	A(01)品种	铜扶手(01)；硬木扶手(02)；铝合金扶手(03)；松木扶手(04)；铁艺扶手(05)；不锈钢扶手(06)；塑料扶手(07)
	B(02)材质	201(01)；202(02)；304(03)；304L(04)；木质(05)；大理石(06)；花岗岩(07)
	C(03)规格	60＊60(01)；100＊60(02)；150＊60(03)；150＊150(04)；200＊200(05)
	D(04)加工工艺	激光切割(01)；焊接(02)；冲压(03)
	E(05)表面处理	镜面(01)；拉丝(02)；振磨(03)；烤漆(04)；钛金(05)；仿古处理(06)；火烧面(07)；抛光面(08)；哑光面(09)
类别编码及名称	属性项	常用属性值
1245 其他装饰材料	A(01)品种	艺术装饰制品(01)；旗杆(02)；装饰字(03)；招牌(04)；灯箱(05)；衬纸(06)；雕花饰件(07)
	B(02)规格	
类别编码及名称	属性项	常用属性值
1301 通用油漆	A(01)品种	腻子(01)；磁漆(02)；调和漆(03)；清漆(04)；底漆(05)
	B(02)成膜物质	脂胶(01)；丙烯酸树脂(02)；环氧树脂(03)；氟碳(04)；天然树脂(05)；氨基(06)；硝基(07)；聚氨酯(08)；聚酯(09)；乙烯(10)；石油沥青(11)；环氧(12)；改性油脂(13)；酸酯(14)；酚醛(15)；醇酸(16)；氯化橡胶(17)；酸酯(18)；酚醛(19)；硝基(20)；虫胶(21)；丙烯酸(22)
	C(03)成膜光泽度	丝光(01)；哑光(02)；底光(03)；高光(04)；半光(05)；柔光(06)

续表

类别编码及名称	属性项	常用属性值
1303 建筑涂料		
类别编码及名称	属性项	常用属性值
130301 外墙涂料	A(01)品种	外墙涂料(01);外墙乳胶漆(02);外墙质感涂料(03);外墙防潮封闭涂料(04)
	B(02)成膜物质	丙烯酸乳胶漆(01);乙-丙乳胶漆(02);氯-偏乳胶漆(03);乙-顺乳胶漆(04);氯-醋-丙乳胶漆(05);聚氨酯丙烯酸酯涂料(06);聚氨酯树脂涂料(07);丙烯酸树脂涂料(08);氯化橡胶涂料(09);聚乙烯醇缩丁醛涂料(10);苯乙烯焦油涂料(11)
	C(03)成膜光泽度	丝光(01);哑光(02);底光(03);高光(04);半光(05);柔光(06)
	D(04)合成组分	单组分(01);双组分(02)
	E(05)功能	抗碱(01);耐腐蚀(02)
	F(06)环保等级	E0(01);E1(02);E2(03)
类别编码及名称	属性项	常用属性值
130303 内墙涂料	A(01)品种	内墙涂料(01);内墙乳胶漆(02)
	B(02)成膜物质	丙烯酸乳胶漆(01);乙-丙乳胶漆(02);氯-偏乳胶漆(03);乙-顺乳胶漆(04);氯-醋-丙乳胶漆(05);聚氨酯丙烯酸脂涂料(06);聚氨酯树脂涂料(07);丙稀酸树脂涂料(08);氯化橡胶涂料(09);聚乙烯醇缩丁醛涂料(10);苯乙烯焦油涂料(11);苯丙乳胶漆(12);苯丙清漆(13);再生胶沥青(14);SBS弹性沥青(15);腻子粉(16);沥青清漆(17)
	C(03)成膜光泽度	丝光(01);哑光(02);底光(03);高光(04);半光(05);柔光(06)
	D(04)合成组分	单组分(01);双组分(02)
	E(05)功能	防水(01);防霉(02);防潮(03);防尘(04);抗碱(05)
	F(06)环保等级	E0(01);E1(02);E2(03)
类别编码及名称	属性项	常用属性值
130305 顶棚涂料	A(01)品种	内墙涂料(01);内墙乳胶漆(02)
	B(02)成膜物质	聚氨酯丙烯酸酯涂料(01);聚氨酯树脂涂料(02);氯化橡胶涂料(03);丙烯酸树脂涂料(04);丙烯酸乳胶漆(05)
	C(03)成膜光泽度	丝光(01);哑光(02);底光(03);高光(04);半光(05);柔光(06)

类别编码及名称	属性项	常用属性值
130305　顶棚涂料	D(04)合成组分	单组份(01)；双组份(02)
	E(05)功能	防水(01)；防霉(02)；防潮(03)；防尘(04)；抗碱(05)
	F(06)环保等级	E0(01)；E1(02)；E2(03)

类别编码及名称	属性项	常用属性值
130307　地面涂料	A(01)品种	木地板涂料(01)；水泥砂浆地面涂料(02)
	B(02)成膜物质	
	C(03)成膜光泽度	丝光(01)；哑光(02)；底光(03)；高光(04)；半光(05)；柔光(06)
	D(04)合成组分	
	E(05)功能	
	F(06)环保等级	

类别编码及名称	属性项	常用属性值
1305　功能性建筑涂料	A(01)品种	保温隔热涂料(01)；防锈涂料(02)；防腐涂料(03)；防霉涂料(04)；防静电涂料(05)；反光涂料(06)；发光涂料(07)；耐热涂料(08)；隔热涂料(09)；抗碱涂料(10)；过氯乙烯防腐漆(11)；质感涂料(12)；防水涂料(13)；绝缘涂料(14)；防火涂料(15)
	B(02)成膜物质	聚氨酯类(01)；环氧树脂类(02)；丙烯酸酯类(03)；乙烯类(04)；氟碳类(05)；醇酸(06)；酚醛(07)；硅酸盐(08)；聚合物复合改性沥青(09)；水泥基(10)；红丹(11)；沥青(12)；聚氨酯甲乙料(13)
	C(03)合成组分	多组分(01)；单组分(02)；双组分(03)

类别编码及名称	属性项	常用属性值
1307　木器漆	A(01)成膜物质	氨基(01)；硝基(02)；环氧树脂(03)；虫胶(04)；聚酯(05)；聚氨酯(06)；丙烯酸树脂(07)；醇酸树脂(08)；酚醛(09)
	B(02)使用层次	底漆(01)；中层漆(02)；面漆(03)；腻子(04)
	C(03)合成组分	多组分(01)；单组分(02)；双组分(03)
	D(04)光泽度	丝光(01)；半光(02)；高光(03)；柔光(04)；半哑光(05)；哑光(06)

类别编码及名称	属性项	常用属性值
1309　金属漆	A(01)基本名称	银粉漆(01)；珍珠漆(珠光漆)(02)；铝粉漆(03)；浮雕金属漆(04)；氟碳金属漆(05)

续表

类别编码及名称	属性项	常用属性值
1309　金属漆	B(02)成膜物质	醇酸(01);丙烯酸(02)
	C(03)合成组分	多组分(01);单组分(02);双组分(03)
	D(04)使用层次	底漆(01);中层漆(02);面漆(03);腻子(04)

类别编码及名称	属性项	常用属性值
1311　道路、路面涂料	A(01)品种	马路画线漆(01);道路标线涂料(02)
	B(02)成膜物质	醇酸(01);聚氨酯(02);丙烯酸树脂(03);环氧树脂(04);有机硅(05);氟碳(06)
	C(03)基本名称	磁漆(01);中层漆(02);清漆(03);底漆(04)
	D(04)合成组成	单组份(01);双组分(02);多组分(03)

类别编码及名称	属性项	常用属性值
1315　其他专用涂料	A(01)品种	船用涂料(01);饮用水涂料(02)
	B(02)成膜物质	硅酸盐涂料(01);醇酸(02);聚氨酯(03);丙乙烯酸树脂(04);环氧树脂(05)
	C(03)使用层次	底漆(01);中间漆(02);面漆(03)

类别编码及名称	属性项	常用属性值
1321　耐酸砖、板	A(01)品种	端面楔形砖(01);侧面楔形砖(02);平板形砖(03)
	B(02)规格(mm)	180 * 110 * 30(01);180 * 110 * 35(02);200 * 100 * 15(03);150 * 150 * 15(04)
	C(03)工作面	素面(01);单釉面(02);双釉面(03)

类别编码及名称	属性项	常用属性值
1331　沥青	A(01)主要成分组成	湖沥青(01);岩沥青(02);海底沥青(03);矿物材料改性沥青(04);氯丁橡胶沥青(05);丁基橡胶沥青(06);再生橡胶沥青(07);合成树脂沥青(08);煤沥青(09);木沥青(10);乳化沥青(11);石油沥青(12)
	B(02)用途	建筑石油沥青(01);道路石油沥青(02)
	C(03)牌号	200♯(01);30♯甲(02);10♯(03);3♯(04);60♯乙(05);65♯(06);75♯(07);2♯(08);1♯(09);30♯乙(10);100♯甲(11);60♯甲(12);100♯乙(13);140♯(14);180♯(15);AH-50(16);AH-70(17);A-60(18);A-100(19);AH-90(20);AH-100(21);AH-110(22);AH-140(23);AH-180(24);30♯(25)

类别编码及名称	属性项	常用属性值
1333　防水卷材		

续表

类别编码及名称	属性项	常用属性值
133301 石油沥青防水卷材	A(01)胎基	玻纤胎(01)
	B(02)覆面材料	聚乙烯膜(PE)(01);细砂(S)(02);矿物粒料(03);铝箔面(04)
	C(03)粘结表面	单面粘结(01);双面粘结(02)
	D(04)防火等级	B1(01);B2(02)
	E(05)厚度	

类别编码及名称	属性项	常用属性值
133303 改性沥青防水卷材	A(01)品种	SBS改性沥青防水卷材(01);APP改性沥青防水卷材(02);SBR改性沥青防水卷材(03)
	B(02)胎基	涤棉无纺布-玻纤网格布复合毡(01);聚乙烯胎(02);复合铜胎基(03)
	C(03)覆面材料	聚乙烯膜(PE)(01);细砂(S)(02);矿物粒料(03)
	D(04)施工工艺	自黏性(01);热熔性(02)
	E(05)防火等级	B1(01);B2(02)
	F(06)材料性能	Ⅰ(01);Ⅱ(02)

类别编码及名称	属性项	常用属性值
133305 胶粉改性沥青防水卷材	A(01)品种	
	B(02)胎基	聚酯毡PY(01);玻纤网格布增强(02)
	C(03)覆面材料	聚乙烯膜(PE)(01);细砂(S)(02);矿物粒料(03)
	D(04)防火等级	B1(01);B2(02)
	E(05)材料性能	Ⅰ(01);Ⅱ(02)
	F(06)厚度	

类别编码及名称	属性项	常用属性值
133307 高聚物改性沥青防水卷材	A(01)品种	弹性体改性沥青防水卷材(01);弹性体聚合物改性沥青防水卷材(02);塑性体聚合物改性沥青防水卷材(03);橡塑共混体聚合物改性沥青防水卷材(04)
	B(02)胎基	聚酯毡PY(01);玻纤毡G(02);玻纤增强聚酯毡PYG(03)
	C(03)覆面材料	聚乙烯膜(PE)(01);细砂(S)(02);矿物粒料(03)
	D(04)粘结表面	单面粘合(01);双面粘合(02)
	E(05)防火等级	B1(01);B2(02)
	F(06)材料性能	Ⅰ(01);Ⅱ(02)
	G(07)厚度	

续表

类别编码及名称	属性项	常用属性值
133309　高分子防水卷材	A（01）品种	氯化聚乙烯橡胶共混卷材（01）；氯丁橡胶乙烯防水卷材（02）；氯丁橡胶卷材（03）；三元乙烯橡胶防水卷材（04）；热塑性聚烯烃（TPO）自粘防水卷材（05）
	B（02）合成材料	橡胶（01）；合成树脂（02）
	C（03）防火等级	B1（01）；B2（02）
	D（04）厚度	3（01）；4（02）；5（03）
	E（05）类型	均质片（01）；复合片（02）；点粘片（03）；内增强（04）；背衬（05）
类别编码及名称	属性项	常用属性值
133311　聚氯乙烯防水卷材	A（01）复合层	纤维单面复合（01）；织物内增强复合（02）；无复合层（03）
	B（02）施工工艺	冷粘法（01）；热风焊接法（02）
	C（03）厚度	1.2（01）；1.5（02）；2.0（03）
	D（04）材料性能	Ⅰ（01）；Ⅱ（02）
	E（05）覆面材料	聚乙烯膜（PE）（01）；细砂（S）（02）；矿物粒料（03）
类别编码及名称	属性项	常用属性值
133313　氯化聚乙烯防水卷材	A（01）复合层	纤维单面复合（01）；织物内增强复合（02）；无复合层（03）
	B（02）厚度	3（01）；4（02）
	C（03）材料性能	Ⅰ（01）；Ⅱ（02）
	D（04）覆面材料	聚乙烯膜（PE）（01）；细砂（S）（02）；矿物粒料（03）
类别编码及名称	属性项	常用属性值
1335　防水密封材料	A（01）品种	丁基密封胶（01）；聚硫密封胶（02）；耐候密封胶（03）；聚氨酯密封胶（04）；橡胶沥青防水油膏（05）；聚硅氧化烷密封胶（06）；氯丁密封胶（07）；防水粉（08）；密封胶（09）；防水密封胶（10）；模板嵌缝料（11）；密封油膏（12）；改性沥青嵌缝油膏（13）；建筑油膏（14）
	B（02）颜色	黑色（01）；瓷白（02）；透明（03）；银灰（04）；灰（05）；古铜（06）
	C（03）固化机理	酸性（01）；碱性（02）

类别编码及名称	属性项	常用属性值
1337 止水材料	A（01）品种	止水螺杆(01)；止水环(02)；止水带(03)；止水圈(04)；止水条(05)；止水钢板(06)
	B（02）规格	561 型(01)；657 型(02)；652 型(03)；659 型(04)；653 型(05)；660 型(06)；3×400mm(07)；宽 25cm(08)
	C（03）材质	三元乙丙烯橡胶(01)；钢板(02)；PVC(03)；EVA(04)；紫铜(05)；橡胶(06)；自粘型橡胶(06)；氯丁橡胶(07)

类别编码及名称	属性项	常用属性值
1339 其他防腐、防水材料	A（01）品种	盲沟(01)；檐沟(02)；天沟(03)；土工膜(04)；无机防水材料(05)；土工布(06)
	B（02）规格	厚 0.5mm(01)；厚 0.6mm(02)；厚 0.8mm(03)；厚 1mm（04）；厚 1.2mm（05）；厚 1.5mm(06)；$300g/m^2$(07)；$350g/m^2$(08)；$400g/m^2$(09)；$500g/m^2$(10)；$600g/m^2$(11)
	C（03）材质	橡胶(01)；PVC(02)

类别编码及名称	属性项	常用属性值
1341 堵漏灌浆材料	A（01）品种	堵漏材料(01)；灌浆材料(02)；补强材料(03)
	B（02）规格	
	C（03）材质	水泥类(01)；环氧树脂类(02)

类别编码及名称	属性项	常用属性值
1401 油料	A（01）品种	生桐油(01)；熟桐油(02)；亚麻油(03)；苏子油(04)；油料(05)；油麻(06)；防腐木油(07)；清油(08)；松节油(09)；光油(10)；金胶油(11)；透平油(12)；梓油(13)
	B（02）规格	5kg(01)；10kg(02)；C01-1(03)

类别编码及名称	属性项	常用属性值
1403 燃料油	A（01）品种	汽油(01)；柴油(02)；煤油(03)；机油(04)
	B（02）用途	轻柴油(01)；溶剂汽油(02)；车用汽油(03)；航空汽油(04)；工业炉用重油(05)；动力煤油(06)；灯用煤油(07)；航空煤油(08)；车用柴油(09)；重柴油(10)
	C（03）牌号/辛烷值	90#(01)；93#(02)；97#(03)；89#(04)；92#(05)；95#(06)；5#(07)；0#(08)；－10#(09)；－20#(10)；－35#(11)；－50#(12)；100#(13)

类别编码及名称	属性项	常用属性值
1405　溶剂油、绝缘油	A（01）品种	洗涤剂油（01）；香花溶剂油（02）；石油醚（03）；橡胶溶剂油（04）；油漆溶剂油（05）；抽提溶剂油（06）；彩色油墨溶剂油（07）；变压器绝缘油（08）；电容器绝缘油（09）；电缆绝缘油（10）；断路器绝缘油（11）；铅油（12）；溶剂汽油（13）
	B（02）型号	190♯（01）；70♯（02）；90♯（03）；120♯（04）；200♯（05）；260♯（06）
	C（03）沸程	80～120℃（01）；140～200℃（02）；60～90℃（03）
	D（04）黏度级别	GX（01）；DX（02）；BX（03）
类别编码及名称	属性项	常用属性值
1407　润滑油	A（01）品种	冷冻机油（01）；防锈油（02）；压缩机油（03）；液压油（04）；齿轮油（05）；发动机油（06）；黄干油（07）
	B（02）用途	柴油机油（01）；汽轮机油（02）；脱水防锈油（03）；薄膜防锈油（04）；车用齿轮油（05）；空气压缩机油（06）；汽油机油（07）；合成压缩机油（08）；螺纹压缩机油（09）；含水液型（10）；合成烃型液压油（11）；矿物型液压油（12）；工业齿轮油（13）
	C（03）SAE等级	SJ（01）；SH（02）；SG（03）；SF（04）；SE（05）；SD（06）；SC（07）；SB（08）；SA（汽油发动机润滑油）（09）；CE（10）；CF（11）；CF-4（12）；CG-4（13）；CG（14）；RS（15）；CD（16）；CC（17）；CB（18）；CA（柴油发动机润滑油）（19）
类别编码及名称	属性项	常用属性值
1409　润滑脂、蜡	A（01）品种	硅胶润滑脂（01）；复合钙基润滑脂（02）；石蜡（03）；白石蜡（04）；黄石蜡（05）；液状石蜡（06）；地板蜡（07）；润滑蜡（08）；铝钡基润滑脂（09）；铅钡基润滑脂（10）；钙铝基润滑脂（11）；钙钠基润滑脂（12）；烃基润滑脂（13）；皂基润滑脂（14）；铝基润滑脂（15）；锂基润滑脂（16）；聚脲润滑脂（17）；钠基润滑脂（18）；膨润土润滑脂（19）；复合钡基润滑脂（20）；复合铝基润滑脂（21）；钙基润滑脂（22）

类别编码及名称	属性项	常用属性值
1409　润滑脂、蜡	B(02)用途	轴承润滑脂(01)；电工工具专用润滑脂(02)；减速机润滑脂(03)；密封脂(04)；齿轮润滑脂(05)
	C(03)基础油	硅油(01)；聚泣-烯烃油(02)；酯类油(03)；矿物质油(04)；合成油(05)
类别编码及名称	属性项	常用属性值
1421　树脂	A(01)　品种	有机硅树脂(01)；氨/胺基树脂(02)；过氯乙烯树脂(03)；乙烯树脂(04)；酚醛树脂(05)；醇酸树脂(06)；石油树脂(07)；脲醛树脂(08)；ABC树脂(09)；聚酰胺树脂(10)；糠醛树脂(11)；糠酮树脂(12)；呋喃树脂不饱和树脂(13)；环氧树脂(14)；聚酯树脂(15)
	B(02)规格	MSP(01)；MSE(02)；MSR(03)；618#(04)
类别编码及名称	属性项	常用属性值
1423　颜料	A(01)品种	氧化铁黄(01)；大红粉(02)；甲苯胺红(03)；镉红(04)；锑红(05)；银未(06)；耐晒黄(汉沙黄)(07)；联苯胺红(08)；铅铬黄(铬黄)(09)；锑黄(10)；锶黄(11)；酞菁蓝(12)；孔雀蓝(13)；铁蓝(华蓝)(14)；群青(15)；钛白(16)；锌钡白(立德粉)(17)；氧化锌(18)；锑白(19)；硫酸铅(20)；淡绿(21)；酞菁绿(22)；铬绿(23)；铬翠绿(美术绿)(24)；镉绿(25)；钴绿(26)；甲基紫(27)；苄基紫(28)；枣红(29)；群青紫(30)；钴紫(31)；锰紫(32)；氧化铁红(33)；氧化铁黑(34)；氧化铁绿(35)；氧化铁棕(36)；红土(37)；棕土(38)；黄土(39)；煅棕土(40)；红丹(41)；铁红(42)
	B(02)色别	紫色颜料(01)；黄色颜料(02)；蓝色颜料(03)；白色颜料(04)；黑色颜料(05)；绿色颜料(06)；红色颜料(07)
类别编码及名称	属性项	常用属性值
1429　工业气体	A(01)品种	二氧化碳(01)；硅烷(02)；一氧化碳(03)；氩气(04)；氮气(05)；氧气(06)；乙炔(07)；氢气(08)；氨气(09)；氯气(10)；丁烷(11)；丙烷(12)
	B(02)规格	

类别编码及名称	属性项	常用属性值
1431　无机化工原料	A（01）品种	氧化钙（01）；氯酸钠（02）；硫酸锌（03）；溴化钠（04）；焦磷酸钠（05）；过硼酸钠（06）；三溴化物（07）；硝酸钠（08）；硫化钠（09）；硫酸亚铁（10）；磷酸氢二钠（11）；亚氯酸钠（12）；磷酸二氢钾（13）；磷酸氢二钾（14）；碳酸氢钾（15）；碳酸钡（16）；碳酸钙（17）；磷酸二氢钠（18）；磷酸三钠（19）；亚硫酸钠（20）；碳酸氢铵（21）；氯化钾（22）；氯化铵（23）；硫酸铵（24）；硫酸钾（25）；过氧化氢（26）；过氧化钠（27）；过氧化镁（28）；过氧化钙（29）；氧化亚铜（30）；氧化铜（31）；甲酸钠（32）；氧化银（33）；氧化铕（34）；氧化锌（35）；氧化镁（36）；氧化铝（37）；可溶性碱金属硅酸盐（水玻璃）（38）；泡花碱（39）；硼砂（40）；氯化锌（41）；纯碱（42）；醋酸钠（43）；硝酸盐（44）；柠檬酸钠（45）
	B（02）型号	
类别编码及名称	属性项	常用属性值
1433　有机化工原料	A（01）品种	丙酮（01）；环乙酮（02）；环玉酮（03）；环烷酸铜（04）；乙醚（05）；乙曲醚（06）；单体聚醚等（07）；丙三醇（甘油）（08）；苯胺（09）；乙二胺（10）；乙甲胺（11）；一甲胺（12）；二乙胺（13）；乙二醇（甘醇）（14）；丁醇（15）；乙醇（酒精）（16）；甲醇（17）；甲苯（18）；二甲苯（19）；苯乙烯（20）；过氯乙烯（21）；苯甲醇（22）；缩丁醇（三甲基甲醇）（23）
	B（02）型号	
类别编码及名称	属性项	常用属性值
1435　化工剂类	A（01）品种	发气剂（01）；除锈剂（02）；渗透剂（03）；阻垢剂（04）；着色剂（05）；清洗剂（06）；脱硫剂（07）；催化剂（08）；消光剂（09）；流平剂（10）；防潮剂（11）；防冻剂（12）；防腐防霉剂（13）；增稠剂（14）；增塑剂（15）；催干剂（16）；光稳定剂（17）；防沉淀剂（18）；防结皮剂（19）；pH 值调节剂（20）；臭油水（21）；脱漆剂（22）；固化剂（23）；乳化剂（24）；消泡剂（25）；润湿分散剂（26）；稀释剂（27）；溶剂（28）；天拿水（29）；脱模剂（30）；脱脂剂（31）；外加剂（32）；降阻剂（33）；界面剂（34）；显像剂（35）；隔离剂（36）；防水剂（37）；发泡剂（38）；促进剂（39）；金属清洗剂（40）；防爆阻燃密封剂（41）；酸洗膏（42）；密封剂（43）
	B（02）型号	MR-700（01）；MR-800（02）；KA（03）；SN-2（04）

类别编码及名称	属性项	常用属性值
1437 化工填料	A (01)品种	金属那特环(01);金属波纹填料(02);金属拉西环(03);聚苯颗粒(04)
	B (02)填装方式	散装填料(01);规整填料(02)
	C (03)堆积密度(kg/m³)	119(01);216(02);311(03);312(04)
	D (04)规格	
类别编码及名称	属性项	常用属性值
1441 胶粘剂	A (01)品种	硼酸盐胶粘剂(01);硫酸盐胶粘剂(02);硅酸盐胶粘剂(03);磷酸盐胶粘剂(04);硅橡胶胶粘剂(05);酚醛树脂胶粘剂(06);聚氨酯胶粘剂(07);不饱和聚酯胶粘剂(08);三聚氰胺胶粘剂(09);聚硫橡胶胶粘剂(10);丁基橡胶胶粘剂(11);干粉(12);丁苯橡胶胶粘剂(13);改性天然橡胶胶粘剂(14);聚乙烯醇及缩醛胶粘剂(15);丁腈橡胶胶粘剂(16);纤维素胶粘剂(17);氯丁橡胶胶粘剂(18);环氧树脂胶粘剂(19);聚丁胶粘合剂(20);强力胶(21);强力植筋胶(22);万能胶(23);厌氧胶(24);硅酮耐候密封胶(25);聚合物乳胶(26)
	B (02)颜色	黑色(01);灰(02);白(03);米黄(04)
	C (03)用途	瓷砖用(01);大理石用(02);马赛克用(03);墙纸用(04);防水卷材用(05);砌块砌筑用(06)
	D (04)固化机理	单组份(01);双组份(02)
	E (05)环保等级	E0(01);E1(02);E2(03)
类别编码及名称	属性项	常用属性值
1443 胶粘制品	A (01)品种	胶布(01);铝箔胶条(02);胶带(03);单面胶纸(04);双面胶纸(05);胶水(06);不干胶纸(07)
	B (02)基材	海绵(01);塑料(02);石棉(03);橡胶(04);铝箔(05)
	C (03)规格	20mm * 5m(01);25mm * 20m(02);20mm * 50m(03)
类别编码及名称	属性项	常用属性值
1501 石棉及其制品		

续表

类别编码及名称	属性项	常用属性值
150101　石棉板	A（01）品种	石棉保温板(01)；石棉橡胶板(02)；石棉水泥板(03)
	B（02）厚度 mm	1.5(01)；3(02)；5(03)；6(04)；10(05)；15(06)；20(07)；25(08)
	C（03）容重(kg/m³)	600(01)；800(02)；1400(03)
	D（04）使用温度	400℃(01)；600℃(02)

类别编码及名称	属性项	常用属性值
150103　石棉管壳	A（01）内径	
	B（02）厚度	30(01)；40(02)；50(03)；60(04)；80(05)；100(06)
	C（03）容重(kg/m³)	600(01)；800(02)；1400(03)
	D（04）使用温度	400℃(01)；600℃(02)

类别编码及名称	属性项	常用属性值
150105　石棉绳	A（01）品种	编绳(01)；扭绳(02)；松绳(03)
	B（02）规格	φ3(01)

类别编码及名称	属性项	常用属性值
150107　石棉毡	A（01）内径	
	B（02）厚度	
	C（03）容重(kg/m³)	600(01)；800(02)；1400(03)
	D（04）使用温度	400℃(01)；600℃(02)

类别编码及名称	属性项	常用属性值
150109　石棉带	A（01）品种	尘石棉带(01)；无尘石棉带(02)
	B（02）原料	石棉纱(01)

类别编码及名称	属性项	常用属性值
150111　石棉布	A（01）规格	SB-16(01)；SB-19(02)；SB-24(03)；SB-28(04)；SB-32(05)

类别编码及名称	属性项	常用属性值
1503　岩棉及其制品		

类别编码及名称	属性项	常用属性值
150301　岩棉板(毡)	A（01）品种	保温岩面板(01)；防水岩棉板(02)；防火岩棉板(03)；憎水岩棉板(04)
	B（02）厚度(mm)	30(01)；40(02)；50(03)；60(04)；80(05)；100(06)

类别编码及名称	属性项	常用属性值
150301 岩棉板(毡)	C (03)容重(kg/m³)	200(01)
	D (04)网架材质	镀锌六角金属网(01)
	E (05)等级	A级(01)

类别编码及名称	属性项	常用属性值
150303 岩棉管壳	A (01)厚度(mm)	30(01);40(02);50(03);60(04);80(05);100(06)
	B (02)内径 mm	22(01);27(02);34(03);43(04);48(05);60(06);76(07);89(08);106(09);114(10);140(11);169(12);219(13);273(14);325(15);356(16);381(17);406(18);456(19);483(20);508(21);558(22);610(23)
	C (03)容重(kg/m³)	200(01)
	D (04)网架材质	镀锌六角金属网(01)
	E (05)等级	A级(01)

类别编码及名称	属性项	常用属性值
150305 岩棉绳	A (01)断裂强度 N	15(01);67(02);130(03);180(04);260(05);300(06);360(07);420(08)
	B (02)直径 mm	1(01);3(02);5(03);6(04);10(05);15(06);18(07);20(08)

类别编码及名称	属性项	常用属性值
150307 复合岩棉板	A (01)厚度(mm)	5公分(01);7.5公分(02);10公分(03)
	B (02)容重(kg/m³)	200(01)
	C (03)网架材质	镀锌六角金属网(01)
	D (04)等级	A级(01)

类别编码及名称	属性项	常用属性值
1505 矿棉及其制品		

类别编码及名称	属性项	常用属性值
150501 矿棉板(毡)	A (01)厚度	15(01);18(02);20(03)
	B (02)规格(长*宽)	1200*600(01);600*600(02);600*300(03)
	C (03)容重	10(01);12(02);16(03);18(04);20(05);24(06);28(07);32(08);40(09);50(10);64(11);80(12)
	D (04)阻燃等级	HB(01);V-2(02);V-1(03);V-0(04)

续表

类别编码及名称	属性项	常用属性值
150503 矿棉板壳	A(01)厚度	15(01);18(02);20(03);30(04);40(05);50(06);60(07);80(08);100(09)
	B(02)规格(内径)	$\phi25(01);\phi22(02);\phi20(03);\phi45(04);\phi50(05)$
	C(03)容重(kg/m³)	100(01);130(02);150(03);200(04)
	D(04)阻燃等级	HB(01);V-2(02);V-1(03);V-0(04)
类别编码及名称	属性项	常用属性值
1507 玻璃棉及其制品		
类别编码及名称	属性项	常用属性值
150701 玻璃棉板	A(01)厚度 mm	12(01);15(02);25(03);30(04);40(05);50(06);75(07);100(08)
	B(02)容重(kg/m³)	24(01);28(02);32(03);40(04);48(05);64(06);80(07);96(08);120(09)
类别编码及名称	属性项	常用属性值
150703 玻璃棉带	A(01)容重(kg/m³)	32(01);40(02);48(03);64(04);80(05);96(06);120(07)
	B(02)厚度 mm	
类别编码及名称	属性项	常用属性值
150705 玻璃棉毯	A(01)种类	1号(01);2号(02)
	B(02)厚度 mm	25(01);30(02);40(03);50(04);75(05);100(06)
	C(03)容重(kg/m²)	≥24(01)
类别编码及名称	属性项	常用属性值
150707 玻璃棉毡	A(01)厚度 mm	25(01);30(02);40(03);50(04);75(05);100(06)
	B(02)容重(kg/m²)	10(01);12(02);16(03);20(04);24(05);32(06);40(07);48(08)
	C(03)阻燃等级	HB(01);V-2(02);V-1(03);V-0(04)
类别编码及名称	属性项	常用属性值
150709 玻璃棉管壳	A(01)厚度 mm	20(01);25(02);30(03);40(04);50(05)
	B(02)容重(kg/m²)	32(01);40(02);48(03);50(04);56(05);64(06);80(07);96(08)
	C(03)阻燃等级	HB(01);V-2(02);V-1(03);V-0(04)

续表

类别编码及名称	属性项	常用属性值
1509 膨胀珍珠岩及其制品	A(01)品种	膨胀珍珠岩平板(01);膨胀珍珠岩弧板(02);膨胀珍珠岩管壳(03)
	B(02)规格	厚度40mm(01);厚度50mm(02);厚度80mm(03)
	C(03)容重(kg/m³)	200(01);250(02);350(03)
	D(04)质量等级	合格品(01);优等品(02)
类别编码及名称	属性项	常用属性值
1511 膨胀蛭石散材及其制品	A(01)品种	沥青膨胀蛭石(01);水泥膨胀蛭石板(02);石棉蛭石(03);石棉硅藻土蛭石(04);水玻璃膨胀蛭石(05)
	B(02)规格	75mm(01);100mm(02);50mm(03);120mm(04)
	C(03)容重(kg/m³)	100(01);150(02);180(03);200(04);300(05);350(06);480(07);550(08);620(09)
	D(04)质量等级	优等品(01);一等品(02);合格品(03)
类别编码及名称	属性项	常用属性值
1513 泡沫橡胶(塑料)及其制品		
类别编码及名称	属性项	常用属性值
151301 聚苯乙烯泡沫板	A(01)品种	聚苯乙烯泡沫板(01);挤塑聚苯乙烯泡沫板(02)
	B(02)厚度	25(01);30(02);35(03);40(04);50(05);80(06);90(07);100(08)
	C(03)容重(kg/m³)	15(01);20(02);25(03)
类别编码及名称	属性项	常用属性值
151303 聚氨酯保温复合板	A(01)品种	
	B(02)厚度	20(01);25(02);28(03);30(04);35(05);40(06);50(07)
	C(03)容重(kg/m³)	40(01);50(02);60(03)
类别编码及名称	属性项	常用属性值
151305 酚醛泡沫保温板	A(01)品种	
	B(02)厚度	20(01);25(02);30(03);35(04);40(05);45(06);50(07);100(08)
	C(03)容重(kg/m³)	40(01);50(02);60(03)

类别编码及名称	属性项	常用属性值
151307　水泥发泡保温板	A（01）品种	
	B（02）厚度	20（01）；25（02）；30（03）；35（04）；40（05）；45（06）；50（07）；100（08）
	C（03）容重（kg/m³）	100（01）；120（02）；150（03）；180（04）；200（05）；250（06）；300（07）
类别编码及名称	属性项	常用属性值
151309　橡塑保温板	A（01）品种	
	B（02）厚度	10（01）；15（02）；20（03）；25（04）；30（05）
	C（03）容重（kg/m³）	32（01）
类别编码及名称	属性项	常用属性值
1515　泡沫玻璃及其制品	A（01）品种	泡沫玻璃板（01）；泡沫玻璃瓦块（02）
	B（02）厚度	20（01）；25（02）
	C（03）容重（kg/m³）	140（01）；160（02）；180（03）；200（04）
类别编码及名称	属性项	常用属性值
1517　复合硅酸盐绝热材料	A（01）品种	复合硅酸盐毡（01）；复合硅酸盐板（02）；复合硅酸盐管壳（03）
	B（02）厚度	10（01）；20（02）；25（03）
	C（03）容重（kg/m³）	30（01）；50（02）；60（03）；80（04）；100（05）；150（06）
类别编码及名称	属性项	常用属性值
1519　硅藻土及其制品	A（01）品种	硅藻土熟料粉（01）；硅藻土石棉灰（02）；硅藻土保温管壳（03）；硅藻土保温板块（04）；硅藻土隔热砖（05）
	B（02）规格（mm）	250＊115＊53（01）；230＊113＊65（02）
	C（03）容重（kg/m³）	400（01）；500（02）；600（03）；680（04）；700（05）
	D（04）耐火级别	甲级（01）；乙级（02）；丙级（03）
类别编码及名称	属性项	常用属性值
1521　电伴热带、缆	A（01）管道直径	150（01）；200（02）
	B（02）电压等级	110V（01）；220V（02）；380V（03）；600V（04）
	C（03）标称功率表（w）	10（01）；15（02）；17（03）；18.5（04）；20（05）；25（06）；30（07）；45（08）；50（09）；60（10）

续表

类别编码及名称	属性项	常用属性值
1521　电伴热带、缆	D（04）结构形式	基本型(J)(01)；基本防腐型(J2)(02)
	E（05）铜芯导线	
	F（06）导电塑料层	
	G（07）绝缘层	
	H（08）护套层	

类别编码及名称	属性项	常用属性值
1523　其他绝热材料	A（01）品种	硅酸铝(01)；聚氨酯(02)；海泡石(03)
	B（02）规格	
	C（03）容重(kg/m³)	

类别编码及名称	属性项	常用属性值
1531　粘土质耐火砖	A（01）规格	230＊115＊65(01)；230＊114＊40(02)；230＊114＊65(03)；230＊114＊75(04)；230＊114＊100(05)；230＊113＊65(06)
	B（02）分型	普型(01)；异型(02)；特型制品(03)；标型(04)
	C（03）牌号	N-3a　2.10t/m³ (01)；N-3b　2.10t/m³ (02)；N-4　2.10t/m³ (03)；N-5　2.10t/m³ (04)；N-6　2.05t/m³ (05)；NG-0.4　0.4t/m³ (06)；NG-0.5　0.4t/m³ (07)；NG-0.6　0.4t/m³ (08)；NG-0.7　0.4t/m³ (09)；NG-0.9　0.4t/m³ (10)；NG-1.0　0.4t/m³ (11)；N-1　2.0t/m³ (12)；NG-1.3a　0.4t/m³ (13)；N-2a　2.15t/m³ (14)
	D（04）耐火度	1580(01)；1670(02)；1690(03)；1710(04)；1730(05)；1750(06)；1770(07)；1790(08)

类别编码及名称	属性项	常用属性值
1533　硅质耐火砖	A（01）规格	230＊115＊65(01)；230＊114＊40(02)；230＊114＊65(03)；230＊114＊75(04)；230＊114＊100(05)；230＊113＊65(06)
	B（02）分型	标型(01)；普型(02)；异型(03)
	C（03）牌号	GZ-93(01)；GZ-94(02)；JG-93(03)
	D（04）耐火度	1580(01)；1670(02)；1690(03)；1710(04)；1730(05)；1750(06)；1770(07)；1790(08)

续表

类别编码及名称	属性项	常用属性值
1535 铝质耐火砖	A（01）规格	230＊150＊135＊75（01）；345＊150＊75（02）；345＊115＊75（03）；230＊150＊75（04）；230＊150＊120＊75（05）；230＊115＊75（06）
	B（02）分型	DL-55（01）；RL-65（02）；DL-65（03）；LG-0.5（04）；LG-0.6（05）；LG-0.7（06）；RL-48（07）；GL-65（08）；LG-0.4（09）；P-80（10）；LG-0.9（11）；Pa-80（12）；LG-0.8（13）；RL-55（14）；DL-48（15）；LG-0.10（16）；GL-55（17）；GL-48（18）；LZ-65（19）；LZ-55（20）；LZ-48（21）
	C（03）牌号	普型（01）；异型（02）；特型制品（03）；标型（04）
	D（04）耐火度	1580（01）；1670（02）；1690（03）；1710（04）；1730（05）；1750（06）；1770（07）；1790（08）
类别编码及名称	属性项	常用属性值
1537 镁质耐火砖	A（01）品种	镁砖（01）；镁硅砖（02）；镁铝砖（03）；镁铬砖（04）
	B（02）规格	230＊57＊65（01）；230＊115＊35（02）；230＊173＊65（03）；230＊115＊65（04）；171＊115＊65（05）
	C（03）分型	异型（01）；特型制品（02）；标型（03）；普型（04）
	D（04）牌号	MZ-87（01）；MT-12C（02）；MT-12B（03）；MT-12A（04）；MZ-89（05）；MGe-20（06）；MGe-16（07）；MGe-12（08）；MGe-8（09）；ML-80（10）；MGZ-82（11）
	E（05）耐火度	1580（01）；1670（02）；1690（03）；1710（04）；1730（05）；1750（06）；1770（07）；1790（08）
类别编码及名称	属性项	常用属性值
1543 其他耐火砖	A（01）品种	刚玉砖（01）；白云石耐火砖（02）
	B（02）规格	
	C（03）分型	
	D（04）牌号	
	E（05）耐火度	1580（01）；1670（02）；1690（03）；1710（04）；1730（05）

类别编码及名称	属性项	常用属性值
1551 耐火泥、砂、石	A（01）品种	耐火泥（01）；耐火砂（02）；耐火石（03）
	B（02）材质	黏土质（01）；高铝质（02）
	C（03）耐火度	1580（01）；1670（02）；1690（03）；1710（04）；1730（05）
类别编码及名称	属性项	常用属性值
1553 不定形耐火材料	A（01）品种	耐火浇注料（01）；耐磨耐火可塑料（02）
	B（02）材质	氧化铝（01）；莫来石质（02）；硅酸铝质（03）；高铝（04）
	C（03）耐火度	1580（01）；1670（02）；1690（03）；1710（04）；1730（05）
类别编码及名称	属性项	常用属性值
1555 耐火纤维及其制品	A（01）品种	耐火纤维（01）；玻璃布（02）；玻璃纤维带（03）
	B（02）材质	氧化铝（01）；莫来石质（02）；硅酸铝质（03）；高铝（04）
	C（03）耐火度	1580（01）；1670（02）；1690（03）；1710（04）；1730（05）
类别编码及名称	属性项	常用属性值
1557 耐火粉、骨料	A（01）品种	生料粉（01）；熟料粉（02）
	B（02）材质	高岭土（01）；硅藻土（02）；氧化铝（03）；刚玉粉（04）；高铝粉（05）；黏土粉（06）
	C（03）耐火度	1580（01）；1670（02）；1690（03）；1710（04）；1730（05）
类别编码及名称	属性项	常用属性值
1559 其他耐火材料	A（01）品种	防火隔板（01）；阻火圈（02）；高硅布（03）；高硅氧棉（04）
	B（02）材质	高岭土（01）；硅藻土（02）；氧化铝（03）；刚玉粉（04）；高铝粉（05）；黏土粉（06）
	C（03）耐火度	1580（01）；1670（02）；1690（03）；1710（04）；1730（05）

类别编码及名称	属性项	常用属性值
1601　木质吸音板	A（01）品种	GPC吸声板（01）；GPC布艺吸声装饰板（02）；槽木吸音板（03）；孔木吸音板（04）；木丝吸音板（05）
	B（02）饰面	三聚氰胺饰面（01）；木皮烤漆（02）；贴防火板（03）；金属板（04）
	C（03）厚度	9mm（01）；12mm（02）；15mm（03）；18mm（04）
	D（04）颜色	樱桃木（01）；沙比利（02）；枫木（03）；黑（红）胡桃（04）；红白影（05）；红白桦（06）；麦哥利（07）；泰柚（08）
	E（05）甲醛释放量	0.3mg/L（01）；0.4mg/L（02）；0.5mg/L（03）
	F（06）声学系数	0.94aw（01）
	G（07）芯材	高密度（01）；中密度（02）
类别编码及名称	属性项	常用属性值
1602　软木及其制品	A（01）品种	软木板（01）；软木管壳（02）；文化墙（03）
	B（02）规格	950＊640＊1（01）；950＊640＊2（02）
	C（03）材质	水松木（01）
	D（04）表现密度（kg/m³）	220（01）；230（02）；240（03）；260（04）
类别编码及名称	属性项	常用属性值
1603　复合吸音板	A（01）品种	矿棉吸音板（01）；岩棉吸音板（02）；聚氨酯纤维吸音板（03）；金属吸音板（04）；陶铝装饰吸音板（05）
	B（02）厚度	50mm（01）；75mm（02）；80mm（03）；100mm（04）
	C（03）甲醛释放量	0.3mg/L（01）；0.4mg/L（02）；0.5mg/L（03）
	D（04）声学系数	0.94aw（01）
	E（05）密度（kg/m³）	495（01）
	F（06）芯材	高密度（01）；中密度（02）
类别编码及名称	属性项	常用属性值
1605　隔声棉	A（01）品种	丁基橡胶止振隔声棉（01）；平静阻尼隔声吸音面（02）
	B（02）厚度	10mm（01）；12mm（02）

类别编码及名称	属性项	常用属性值
1607 空间吸声体	A（01）骨架材质	木材（01）；角钢（02）；薄壁型钢（03）
	B（02）有效吸音量（降噪效果）	5~8分贝（01）；8~10分贝（02）；10~12分贝（03）
	C（03）护面体	塑料窗纱（01）；塑料网（02）；钢丝网（03）；薄钢板穿孔板（04）；铝板穿孔板（05）；塑料板穿孔板（06）
	D（04）吸声填料	超细玻璃棉外包玻璃纤维布（01）
	E（05）填充密度	25~30kg/m³（01）
类别编码及名称	属性项	常用属性值
1609 表面防护材料	A（01）品种	防撞材料（01）；防辐射材料（02）
	B（02）材质	铅板（01）；硫酸钡（02）；阻燃面料（03）；防水透气面料（04）；耐火纤维（05）
	C（03）适用产品	防护服（01）；防护面罩（02）
	D（04）防护等级	IPX1（01）；IPX2（02）；IPX3（03）；IPX4（04）
类别编码及名称	属性项	常用属性值
1611 无损探伤材料	A（01）品种	干法黑磁粉（01）；干法白磁粉（02）；湿法黑磁粉（03）；湿法红磁粉（04）；湿法白磁粉（05）；荧光磁粉（06）；反差增强剂（07）；分散剂（08）；D1型试片（09）
	B（02）规格	320目（01）
类别编码及名称	属性项	常用属性值
1613 防辐射材料	A（01）品种	镀金属织物材料（01）；金属纤维精纺织物材料（02）；多离子织物面料材料（03）
	B（02）屏蔽效能	65DB（01）；55DB（02）；78dB（03）
类别编码及名称	属性项	常用属性值
1701 焊接钢管	A（01）品种	热轧焊接钢管（01）；冷轧焊接钢管（02）；冷弯焊接钢管（03）；黑铁管（04）；螺旋卷管（05）；低压螺旋卷管（06）；合金钢管（07）；碳钢板卷管（08）；螺旋缝普碳钢板卷管（09）；钢板卷管（10）；孔道成型钢管（11）；夹套外管（碳钢）（12）
	B（02）牌号	45#（01）；Q460（02）；Q420（03）；Q390（04）；Q345（05）；Q295（06）；Q275（07）；Q255（08）；Q235（09）；Q215（10）；Q195（11）；20#（12）；35#（13）

类别编码及名称	属性项	常用属性值
1701　焊接钢管	C（03）公称直径(mm)	DN15(01)；DN20(02)；DN25(03)；DN32(04)；DN40（05）；DN50（06）；DN65（07）；DN70(08)；DN80(09)；DN100(10)；DN125(11)；DN150(12)；DN200(13)；DN250(14)；DN300（15）；DN350（16）；DN400（17）；DN500(18)；D15(19)；D25(20)；D32(21)；D33.5(22)；D36(23)；D42(24)；D50(25)；D60(26)；D63(27)；D76(28)；D80(29)；D89(30)；D108(31)；D159(32)；D219(33)；D273(34)；D325(35)；D377(36)；D426(37)；D530(38)；D630(39)
	D（04）壁厚(mm)	2(01)；2.5(02)；3(03)；3.5(04)；4(05)；4.5(06)；5(07)；5.5(08)；6(09)；6.5(10)；7(11)；8(12)；8.5(13)；9(14)；10(15)
	E（05）定尺长度(m)	4(01)；6(02)；8(03)；10(04)；12(05)
类别编码及名称	属性项	常用属性值
1703　镀锌钢管	A（01）品种	镀锌焊接钢管(01)；镀锌无缝钢管(02)
	B（02）牌号	Q345(01)；Q295(02)；Q275(03)；Q255(04)；Q235(05)；Q215(06)；Q235A(07)；Q215B(08)；Q215A(09)；Q420(10)；Q195(11)；Q460(12)；Q390(13)；Q235B(14)
	C（03）公称直径(DN)	10(01)；15(02)；20(03)；25(04)；32(05)；40(06)；50(07)；65(08)；70(09)；80(10)；100(11)；125(12)；150(13)；200(14)；250(15)；300(16)；400(17)；ϕ50(18)
	D（04）壁厚(mm)	0.552(01)；1.2(02)；1.5(03)；1.6(04)；1.8(05)；2.3(06)；2.75(07)；3.2(08)；3.25(09)；3.5(10)；3.75(11)；4.0(12)；4.5(13)；6.0(14)；6.5(15)；10(16)
	E（05）定尺长度(m)	4(01)；6(02)；8(03)；10(04)；12(05)
类别编码及名称	属性项	常用属性值
1705　不锈钢管	A（01）品种	不锈钢无缝钢管(01)；不锈钢焊接钢管(02)；薄壁不锈钢管(03)
	B（02）牌号	06Cr19Ni110Ti(01)；304(02)；430(03)；316(04)；0Cr13(05)；347H(06)；317(07)；1Cr17(08)；316L(09)；904L(10)；409(11)；321（12）；0Cr18Ni11Nb（13）；40S（14）；06Cr17Ni12Mo2(15)；1Cr18Ni9(16)；310S(17)；TP316L（18）；00Cr19Ni11（19）；06Cr19Ni10(20)；00Cr17(21)；022Cr19Ni10(22)；10S(23)

类别编码及名称	属性项	常用属性值
1705　不锈钢管	C（03）外径（mm）	10.2(01)；12(02)；12.7(03)；13.5(04)；14(05)；16(06)；17.2(07)；18(08)；19(09)；20(10)；21.3(11)；22(12)；25(13)；25.4(14)；26.9(15)；31.8(16)；32(17)；33.7(18)；35(19)；38(20)；40(21)；42.4(22)；44.5(23)；48.3(24)；51(25)；54(26)；50(27)；57(28)；60.3(29)；62(30)；63.5(31)；65(32)；70(33)；76(34)；89(35)；101.3(36)；108(37)；114(38)；133(39)；140(40)；159(41)；168(42)；219(43)；273(44)；325(45)；356(46)；377(47)；406(48)；457(49)；508(50)；610(51)；711(52)；813(53)；DN15(54)；DN20(55)；DN25(56)；DN32(57)；DN40(58)；DN50(59)；DN100(60)；DN150(61)；DN200(62)；30＊30(63)；35＊38(64)；50＊25(65)；50＊32(66)
	D（04）壁厚（mm）	0.2(01)；0.3(02)；0.4(03)；0.5(04)；0.6(05)；0.7(06)；0.8(07)；1(08)；1.2(09)；2(10)；3(11)
	E（05）表面状态	抛光(01)；磨光(02)；喷砂(03)；拉丝(04)；镜面(05)
	F（06）定尺长度（m）	
类别编码及名称	属性项	常用属性值
1707　无缝钢管	A（01）品种	碳钢管(01)
	B（02）牌号	TA1，TA6，45Mn2，40MnB，TA10，Q420，Q390，20♯，10♯，Q460，20♯，Q345，10♯，16Mn，45♯，30CrMnSi，TA7，TA8，5MnV，40Cr，TA9，30♯，TA2，TA3，TA4，TA5，Q295(01)
	C（03）外径（mm）	D20(01)；D22(02)；D25(03)；D32(04)；D38(05)；D42(06)；D42.5(07)；D45(08)；D48(09)；D50(10)；D54(11)；D57(12)；D60(13)；D63.5(14)；D68(15)；D70(16)；D73(17)；D76(18)；D89(19)；D100(20)；D102(21)；D108(22)；D133(23)；D150(24)；D159(25)；D203(26)；D219(27)；D245(28)；D273(29)；D325(30)；D355(31)；D377(32)；D426(33)；D450(34)；D480(35)；D529(36)；D530(37)；D630(38)；D820(39)；D1020(40)；D1220(41)；DN20(42)；DN25(43)；DN32(44)；DN50(45)；DN100(46)

续表

类别编码及名称	属性项	常用属性值
1707　无缝钢管	D（04）壁厚(mm)	2(01)；2.5(02)；3(03)；3.5(04)；4(05)；4.5(06)；5(07)；5.5(08)；6(09)；6.5(10)；7(11)；8(12)；8.5(13)；9(14)；10(15)；12(16)
	E（05）牌号	TA1(01)；TA6(02)；45Mn2(03)；40MnB(04)；TA10(05)；Q420(06)；Q390(07)；20♯(08)；10♯(09)；Q460(10)；Q345(11)；16Mn(12)；45♯(13)；30CrMnSi(14)；TA7(15)；TA8(16)；5MnV(17)；40Cr(18)；TA9(19)；30♯(20)；TA2(21)；TA3(22)；TA4(23)；TA5(24)；Q295(25)
	F（06）定尺长度(M)	8(01)；10(02)；12(03)

类别编码及名称	属性项	常用属性值
1709　异型钢管	A（01）品种	椭圆形钢管(01)；三角形钢管(02)；六角形钢管(03)；菱形钢管(04)；方形钢管(05)；矩形(06)
	B（02）牌号	10♯(01)；20♯(02)；35♯(03)；45♯(04)；Q195(05)；Q215(06)；Q235(07)
	C（03）壁厚(mm)	2.5(01)
	D（04）截面尺寸	25＊25(01)；100＊60(02)
	E（05）轧制方式	冷弯(01)；热轧(02)；冷拔(03)

类别编码及名称	属性项	常用属性值
1711　铸铁管	A（01）品种	离心灰口铸铁排水管(01)；铸铁排水管(02)；灰口连续铸铁排水管(03)；离心连续铸铁排水管(04)；砂型灰口铸铁给水管(05)；球墨铸铁给水管(06)；高硅铁管(07)；球墨铸铁排水管(08)；离心砂型铸铁排水管(09)；铸铁给水管(10)；铸铁管(11)；球墨铸铁管(12)；柔性铸铁雨水管(13)；柔性铸铁排水管(14)；柔性抗震铸铁排水管(15)；铸铁雨水管(16)
	B（02）公称直径(mm)	15(01)；20(02)；25(03)；32(04)；40(05)；50(06)；60(07)；70(08)；75(09)；80(10)；100(11)；125(12)；150(13)；200(14)；250(15)；300(16)；350(17)；400(18)；450(19)；500(20)；600(21)；700(22)；800(23)；900(24)；1000(25)；1100(26)；1200(27)；1350(28)；1400(29)；1500(30)；1600(31)；1800(32)；2000(33)；2200(34)；2400(35)；2600(36)

续表

类别编码及名称	属性项	常用属性值
1711　铸铁管	C(03)壁厚	4.5(01);5(02);5.5(03);6.1(04);6.3(05);6.4(06);6.8(07);7.2(08);7.7(09);8.1(10);8.6(11);9(12);9.9(13);10.8(14);11.7(15);12.6(16);13.5(17);15.3(18);17.1(19);18(20);18.9(21)
	D(04)接口形式	T型(01);法兰式(02);W型无承口(卡箍式)(03);B型(双承管)(04);承口管带法兰(短管乙)(05);插口管带法兰(短管甲)(06);A型柔性接口(承插式)(07);S型(08);承口管带法兰(短管甲)(09);插口管带法兰(短管乙)(10);N1型(11);X型(12);K型(13);承插式(14)
	E(05)有效长度(m)	0.5(01);1(02);1.5(03);2(04);3(05);4(06);5(07);5.5(08)
	F(06)内防腐层	聚乙烯(01);水泥砂浆(02);环氧陶瓷(03);环氧煤沥青(04);环氧树脂漆(05);环氧树脂粉末(06);聚氨酯(07)
	G(07)压力等级	A级(01);G级(02);P级(03);K12(04);K10(05);K9(06);K8(07);B级(08);LA级(09)
类别编码及名称	属性项	常用属性值
1713　铝管	A(01)品种	无缝铝管(01);有缝铝管(02);铝合金扁管(03);铝合金U型管(04);铝合金方管(05);铝合金矩管(06)
	B(02)牌号	L1(01);L2(02);L3(03);L4(04);L5(05);L5-1(06);L6(07)
	C(03)截面尺寸	25*5(01);28*6(02);32*6(03);20*20*1.0(04);25*25*1.2(05);80*13*1.2(06);100*44*1.0(07);100*44*1.8(08)
	D(04)轧制方式	热挤压(01);冷拉(02)
类别编码及名称	属性项	常用属性值
1715　铜管、铜合金管	A(01)品种	包塑紫铜管(01);铜板卷管(02);无缝紫铜管(03);黄铜花纹管(04);铜扁管(05);铜毛细管(06);黄铜焊接管(07);青铜焊接管(08);紫铜管(09);黄铜管(10)

类别编码及名称	属性项	常用属性值
1715　铜管、铜合金管	B（02）牌号	TU1（01）；T3（02）；H65（03）；TP1（04）；Hpb59-3（05）；T2（06）；H96（07）；Hpb59-1（08）；H62（09）
	C（03）外径	2（01）；6（02）；8（03）；10（04）；12（05）；15（06）；22（07）；25（08）；28（09）；35（10）；42（11）；54（12）；67（13）；75（14）；85（15）；108（16）；133（17）；159（18）；219（19）；267（20）；325（21）；DN12（22）；DN25（23）
	D（04）壁厚	0.6（01）；0.7（02）；0.8（03）；0.9（04）；1.0（05）；1.2（06）；1.5（07）；1.8（08）；2.0（09）；2.5（10）；3.0（11）；3.5（12）；4.0（13）；4.5（14）；5.0（15）；6.0（16）
	E（05）加工方式	拉制（01）；挤制（02）；焊接（03）
类别编码及名称	属性项	常用属性值
1719　金属软管	A（01）品种	碳钢金属软管（01）；镀锌金属软管（02）；包塑金属软管（03）；不锈钢金属软管（04）；可挠性金属软管（05）；普利卡包塑金属软管（06）
	B（02）规格	10（01）；15（02）；20（03）；25（04）；32（05）；38（06）；40（07）；50（08）；65（09）；75（10）；80（11）；100（12）；125（13）；150（14）；200（15）；250（16）；300（17）
	C（03）牌号	SUS304（01）；1Cr18Ni9Ti（02）；SUS316（03）；H80（04）；QBe2（05）；SUS316L（06）；QSn6.5-0.1（07）
	D（04）结构形式	内螺纹连接（01）；法兰连接（02）；焊接活接头（03）；油任接头（04）；外螺纹接头（05）；配焊接过渡接头（06）；配内螺纹过渡接头（07）；球型接头（08）；榫槽接头（09）；接线箱连接（10）；直接头连接（11）；无螺纹连接（12）；混合连接（13）；接地卡（14）
	E（05）表面形态	镀锌（01）；包塑（02）；波纹（03）
类别编码及名称	属性项	常用属性值
1721　金属波纹管	A（01）品种	碳钢预应力波纹管（01）；不锈钢预应力波纹管（02）；不锈钢金属波纹管（03）；黄铜波纹管（04）；铍青铜波纹管（05）；锡青铜波纹管（06）

续表

类别编码及名称	属性项	常用属性值
1721 金属波纹管	B (02)材质	SUS304(01);SUS316(02);SUS3161(03)
	C (03)外径	20(01);22(02);25(03);28(04);31(05);32(06);33(07);38(08);39.5(09);40(10);100(11);125(12);150(13);200(14);250(15);327(16);426(17);450(18);500(19);600(20);1500(21);2000(22);2500(23)
	D (04)内径	DN60(01);65(02);80(03);100(04);125(05);150(06);175(07);200(08);250(09);400(10)
	E (05)壁厚	0.6(01);0.8(02);1(03);2(04)
	F (06)波纹数	12(01);13(02);14(03);15(04);16(05);18(06);19(07);21(08)
	G (07)有效长度	600(01);800(02);1000(03)
类别编码及名称	属性项	常用属性值
1723 衬里管	A (01)材质	涂塑镀锌钢管(01);衬不锈镀锌钢管(02);衬塑铝合金管(03);衬陶瓷镀锌钢管(04);衬橡镀锌钢管(05);衬塑镀锌钢管(06);内外涂塑钢管(07);衬塑不锈钢管(08);衬塑复合钢管(09)
	B (02)公称直径	6(01);8(02);10(03);15(04);20(05);25(06);32(07);40(08);50(09);65(10);80(11);100(12);125(13);150(14);200(15);250(16);300(17);350(18);400(19);450(20)
	C (03)壁厚	2(01);2.5(02);2.8(03);3.2(04);3.5(05);3.8(06);4(07);4.5(08);5(09);6(10);7(11);8(12)
	D (04)衬塑、涂层材料	PEX 交联聚乙烯(01);PE 聚乙烯(02);PVC-U 硬聚氯乙烯(03);PP 聚丙烯(04);PVC 聚氯乙烯(05);CPVC 氯化聚氯乙烯(06);EP 环氧树脂(07);聚酯(08);PE-RT 耐热聚乙烯(09)
类别编码及名称	属性项	常用属性值
1725 塑料管		

类别编码及名称	属性项	常用属性值
172501　UPVC 硬聚氯乙烯管	A（01）管体形式	平壁直管（01）；平壁扩口管（02）；内螺旋纹直管（03）；内螺旋纹扩口管（04）；芯层发泡管（05）；双壁波纹直管（06）；双壁波纹扩口管（07）；螺旋缠绕管（08）；中空壁缠绕管（09）；钢骨架复合管（10）；径向加筋管（11）；增强壁缠绕波纹管（12）
	B（02）接口形式	橡胶圈接口（01）；胶水粘接口（02）；法兰连接口（03）；直管 Z（04）；密封连接 M（05）；溶剂粘结 N（06）
	C（03）外径	De20（01）；De25（02）；De32（03）；De40（04）；De50（05）；De63（06）；De75（07）；De90（08）；De110（09）；De125（10）；De140（11）；De160（12）；De180（13）；De200（14）；De225（15）；De250（16）；De280（17）；De315（18）；De355（19）；De400（20）；De450（21）；De500（22）；De560（23）；De630（24）；De710（25）；De800（26）；De900（27）；De1000（28）；De1100（29）；De1200（30）；De1500（31）；ϕ5（32）；ϕ12.5（33）；ϕ15（34）；ϕ20（35）；ϕ25（36）；ϕ32（37）；ϕ50（38）；ϕ70（39）；ϕ100（40）；ϕ150（41）；ϕ165（42）；ϕ200（43）；DN20（44）；DN25（45）；DN32（46）；DN40（47）；DN50（48）；DN63（49）；DN75（50）；DN80（51）；DN90（52）；DN100（53）；DN110（54）；DN140（55）；DN150（56）；DN160（57）；DN200（58）；DN225（59）；DN250（60）；DN300（61）；DN315（62）；D5（63）；D15（64）；D20（65）；D50（66）；D100（67）；dn15（68）；dn20（69）；dn25（70）；dn32（71）；dn40（72）；dn50（73）；dn63（74）；dn75（75）；dn80（76）；dn90（77）；dn110（78）；dn160（79）；dn200（80）；dn250（81）；dn315（82）
	D（04）壁厚	1.6（01）；2.0（02）；2.4（03）；3.0（04）；3.6（05）；4.5（06）；4.7（07）；5（08）
	E（05）公称压力（PN）	1.25MPa（01）；1.6MPa（02）；2.0MPa（03）；2.5MPa（04）

类别编码及名称	属性项	常用属性值
172503　PVC(PVC-M)软聚氯乙烯管	A(01)管体形式	芯层发泡管(01);双壁波纹直管(02);双壁波纹扩口管(03);螺旋缠绕管(04);中空壁缠绕管(05)
	B(02)接口形式	热熔焊接(01);内插(02)
	C(03)外径	DN20(01);DN25(02);DN32(03);DN40(04);DN50(05);DN63(06);DN75(07);DN90(08);DN110(09);DN160(10);DN200(11);DN250(12);DN315(13);DN400(14);DN500(15);De4(16);De5(17);De6(18);De7(19);De8(20);De9(21);De10(22);De12(23);De14(24);De15(25);De16(26);De20(27);De25(28);De30(29);De35(30);De40(31);ϕ6(32);ϕ8(33);ϕ10(34);ϕ20(35);ϕ25(36);ϕ50(37);ϕ60(38);ϕ75(39);ϕ80(40);ϕ110(41);ϕ150(42);D6(43);D20(44)
	D(04)壁厚	0.6(01);2.0(02);2.3(03);2.5(04);3.0(05);3.1(06);3.5(07);3.8(08);4.0(09);6.0(10);7.0(11)
	E(05)公称压力(PN)	0.4MPa(01);0.6MPa(02);1.0MPa(03);1.2MPa(04);1.6MPa(05);2.56MPa(06)
类别编码及名称	属性项	常用属性值
172505　CPVC氯化聚氯乙烯管	A(01)外径	De20(01);De25(02);De32(03);De40(04);De50(05);De63(06);De75(07);De90(08);De110(09);De125(10);De140(11);De160(12)
	B(02)壁厚	2.0(01);2.3(02);2.4(03);2.8(04);2.9(05);3.0(06);3.7(07);4.5(08);4.7(09);5.6(10);6.8(11);7.1(12)
	C(03)管系	S10(01);S6.3(02);S5(03);S4(04)
类别编码及名称	属性项	常用属性值
172507　PE聚乙烯管	A(01)材料等级	PE80(01);PE100(02);PE150(03);PE63(04)
	B(02)管系	SDR33(01);SDR26(02);SDR21(03);SDR17(04);SDR13.6(05);SDR11(06)

续表

类别编码及名称	属性项	常用属性值
172507 PE聚乙烯管	C（03）外径	De16（01）；De20（02）；De25（03）；De32（04）；De40（05）；De50（06）；De63（07）；De75（08）；De90（09）；De110（10）；De125（11）；De140（12）；De160（13）；De180（14）；De200（15）；De225（16）；De250（17）；De280（18）；De315（19）；De355（20）；De400（21）；Φ30（22）；Φ100（23）；Φ400（24）；D32（25）
	D（04）壁厚	2.3（01）；3.0（02）；3.7（03）；4.5（04）；4.6（05）；4.7（06）；5.6（07）；5.8（08）；6.8（09）

类别编码及名称	属性项	常用属性值
172509 HDPE 高密度聚乙烯管	A（01）管体形式	双壁波纹直管（01）；双壁波纹扩口管（02）；增强中空壁缠绕管（03）；增强壁缠绕波纹管（04）；HDPE 实壁管（05）；HDPE 花管（06）
	B（02）外径	DN25（01）；DN50（02）；DN75（03）；DN90（04）；DN110（05）；DN114（06）；DN120（07）；DN132（08）；DN160（09）；DN180（10）；DN200（11）；DN225（12）；DN250（13）；DN300（14）；DN355（15）；DN400（16）；DN450（17）；DN500（18）；DN560（19）；DN600（20）；DN700（21）；DN710（22）；DN800（23）；DN900（24）；DN1000（25）；DN1100（26）；DN1200（27）；DN1300（28）；DN1400（29）；DN1500（30）；DN1600（31）；DN1800（32）；DN2000（33）；DN2200（34）；DN2400（35）；DN2500（36）；DN2600（37）；DN3000（38）；DN3500（39）；ϕ200（40）；ϕ300（41）；dn110（42）；dn160（43）；dn200（44）；dn225（45）；dn250（46）；dn300（47）；dn355（48）；dn400（49）；dn450（50）；dn500（51）；dn560（52）；dn600（53）；dn710（54）；dn800（55）；dn900（56）；dn1000（57）
	C（03）接口形式	电熔式（01）；承插式（02）
	D（04）环刚度	4kN/m² （01）；8kN/m² （02）；12.5kN/m² （03）
	E（05）壁厚	5.3（01）；6.6（02）；7.9（03）；10.6（04）

类别编码及名称	属性项	常用属性值
172511　PE-X 交联聚乙烯管	A (01)接口形式	卡箍式(01);热熔连接(02);热熔连接(03)
	B (02)管系	S6.3(01);S5(02);S4(03);S3.2(04)
	C (03)外径	De10(01);De12(02);De16(03);De20(04);De25(05);De32(06);De40(07);De50(08);De63(09);De75(10);De90(11);De110(12);De125(13);De140(14)
	D (04)壁厚	1.8(01);1.9(02);2.2(03);2.3(04);2.8(05);3.5(06)
类别编码及名称	属性项	常用属性值
172513　PB 聚丁烯管	A (01)接口形式	铜接头夹紧式连接(01);热熔式插接(02);电熔合连接(03);冷胶溶接法(04)
	B (02)管系	S10(01);S8(02);S6.3(03);S5(04);S4(05);S3.2(06)
	C (03)外径	12(01);16(02);20(03);25(04);32(05);40(06);50(07);63(08);75(09);90(10);110(11);125(12);140(13);160(14)
	D (04)壁厚	1.3(01);1.6(02);2.0(03);2.4(04);3.0(05);3.6(06);4.3(07);5.3(08);6.0(09);6.7(10);8.2(11);10.0(12);11.4(13)
类别编码及名称	属性项	常用属性值
172515　PP-R 三型聚丙烯管	A (01)接口形式	
	B (02)公称压力	1.25MPa(01);1.6MPa(02);2.0MPa(03);2.5MPa(04)
	C (03)外径	De20(01);De25(02);De32(03);De40(04);De50(05);De63(06);De70(07);De90(08);De110(09);De160(10);Φ50(11);DN40(12)
	D (04)壁厚	2.3(01);2.8(02);3.0(03);3.4(04);4.4(05);4.6(06);5.6(07);6.9(08);7.1(09);8.4(10);8.7(11);10.1(12);12.3(13);12.5(14)

类别编码及名称	属性项	常用属性值
1727　橡胶管	A（01）品种	夹布空气胶管(01)；夹布输水搅拌(02)；夹布喷砂甲钴胺(03)；橡胶软管(04)；纤维编织橡胶管(05)；橡胶短接管(06)；橡胶保护套管(07)；橡皮管(08)；橡胶压力管(09)；喷砂用胶管(10)；耐压胶管(11)；高压橡胶管(12)；高压橡胶水管(13)；丁腈橡胶管(14)
	B（02）内径	6(01)；8(02)；10(03)；13(04)；16(05)；19(06)；20(07)；22(08)；25(09)；32(10)；38(11)；50(12)；51(13)；64(14)；100(15)；D8(16)；D13(17)；D16(18)；D19(19)；D25(20)；D40(21)；D50(22)；D65(23)；D125(24)；D150(25)；Φ19-6P-20m(26)；Φ25-6P-20m(27)；DN20(28)；DN50(29)；DN100(30)
	C（03）夹布层数	3(01)；4(02)；5(03)；6(04)；7(05)
	D（04）公称压力	0.3(01)；0.5(02)；0.8(03)；1(04)；1.2(05)；2(06)；3(07)；4(08)；5(09)；6(10)

类别编码及名称	属性项	常用属性值
1728　复合管		

类别编码及名称	属性项	常用属性值
172801　钢塑复合管	A（01）品种	PSP 钢塑复合管(01)；PPR 钢塑复合管(02)；PESP 钢塑复合管(03)；钢丝网骨架复合管(04)
	B（02）公称直径	20(01)；32(02)；40(03)；50(04)；65(05)；80(06)；90(07)；110(08)
	C（03）壁厚	2(01)；2.8(02)；3.5(03)；4(04)
	D（04）公称压力	1.6MPa(01)；2.5MPa(02)；4.0MPa(03)

类别编码及名称	属性项	常用属性值
172803　铝塑复合管	A（01）品种	PE 铝塑复合管(01)；PPR 铝塑复合管(02)；PAP 铝塑复合管(03)
	B（02）公称直径	16(01)；20(02)；25(03)；32(04)；40(05)；50(06)；63(07)；65(08)；75(09)；80(10)；90(11)；110(12)
	C（03）壁厚	1.9(01)；2(02)；2.8(03)；3.5(04)；4(05)；5(06)；6(07)
	D（04）公称压力	1.6MPa(01)；2.5MPa(02)；4.0MPa(03)
	E（05）管系	S2.5(01)；S3.2(02)；S4(03)

续表

类别编码及名称	属性项	常用属性值
172805　不锈钢碳素复合管	A（01）品种	不锈钢碳素复合管（01）
	B（02）外径	12.7（01）；15（02）；20（03）；25.4（04）；32（05）；50（06）；63（07）；65（08）；75（09）；80（10）；90（11）；110（12）
	C（03）壁厚	0.8（01）；1.5（02）；2（03）

类别编码及名称	属性项	常用属性值
1729　混凝土管	A（01）品种	自应力钢筋混凝土管（spcp）（01）；预应力钢筋混凝土管（pcp）（02）；无砂管（03）；水泥管（04）；钢筋混凝土管（05）；混凝土透水管（06）；钢筋混凝土排水管（07）；钢筋混凝土给水管（08）；钢筋混凝土顶管（09）；F 型钢筋混凝土顶管（10）；丹麦管（11）；混凝土排水管（12）
	B（02）公称直径	200（01）；250（02）；300（03）；380（04）；400（05）；450（06）；500（07）；600（08）；700（09）；800（10）；900（11）；1000（12）；1100（13）；1200（14）；1350（15）；1500（16）；1600（17）；1650（18）；1800（19）；2000（20）；2200（21）；2400（22）；Φ150（23）；Φ300（24）；Φ360（25）；Φ380（26）；Φ450（27）；Φ1650（28）；Φ1800（29）；Φ2200（30）；Φ2400（31）
	C（03）壁厚	0.6（01）；0.9（02）；1.2（03）；1.5（04）；25（05）；30（06）；40（07）；45（08）
	D（04）接口形式	企口（01）；承插口（02）；平口（03）；钢承插（04）；双插口（05）；柔性企口（06）
	E（05）环刚度	SN1250（01）；SN2500（02）；SN3750（03）；SN5000（04）
	F（06）分级	T1（01）；T2（02）；T3（03）；T4（04）；T5（05）

类别编码及名称	属性项	常用属性值
1731　其他管材	A（01）品种	铅管（01）；钛管（02）；玻璃管（03）；陶土管（04）；玻璃钢管（05）；注浆管（06）；滤管（07）；预制钢套钢复合保温管（08）；孔道成形管（09）；插塑钢护管（10）；橡胶管内模（11）；塑料注浆管（12）；衬里管道（13）；锁口管（14）；喷射管（15）；放水管（16）；大口径井点总管（17）；大口径井点井管（18）；喷射井点总管（19）；喷射井点井管（20）；轻型井点总管（21）；轻型井点井管（22）；冲洗管（23）

续表

类别编码及名称	属性项	常用属性值
1731 其他管材	B（02）规格	D76（01）；D100（02）；D159（03）；DN32（04）
	C（03）壁厚	
	D（04）接口形式	

类别编码及名称	属性项	常用属性值
1801 铸铁管件	A（01）品种	三通（01）；四通（02）；弯头（03）；管堵（04）；透气帽（05）；通气管（06）；外接头（直通）（07）；内接头（外螺纹直通）（08）；异径外接头（直通）（09）；异径内接头（外螺纹直通）（10）；短管（11）；变径接头（12）；套管（13）；异径直通（14）；直通（15）；挡环（16）
	B（02）公称直径	DN15（01）；DN20（02）；DN25（03）；DN32（04）；DN40（05）；DN50（06）；DN65（07）；DN75（08）；DN80（09）；DN100（10）；DN125（11）；DN150（12）；DN200（13）；DN250（14）；DN300（15）；DN350（16）；DN400（17）；DN450（18）；DN500（19）；25＊15（20）；32＊15（21）；40＊15（22）；80＊40（23）；100＊65（24）；100＊80（25）；125＊80（26）；125＊100（27）；150＊80（28）；150＊100（29）
	C（03）壁厚（mm）	4.5（01）；5（02）；5.5（03）；6（04）；7（05）
	D（04）接口形式	T型（滑入式）（01）；K型（机械式）（02）；NⅡ型（机械式）（03）；SⅡ型（机械式）（04）；N1型（法兰式）（05）；NⅡ型（法兰式）（06）；SⅡ型（法兰式）（07）；A型柔性接口（承插式）（08）；W型无承口（卡箍式）（09）；甲型（10）；乙型（11）；机械接口（12）
	E（05）材质	灰口铸铁（01）；球墨铸铁（02）；铸铁（03）

类别编码及名称	属性项	常用属性值
1803 钢管管件	A（01）品种	弯头（01）；三通（02）；四通（03）；管接头（04）；异径管（05）；透气帽（06）；管堵（07）；压盖（08）；变径接头（09）；压制弯头（10）；冲压弯头（11）

类别编码及名称	属性项	常用属性值
1803　钢管管件	B（02）公称直径	DN15(01)；DN20(02)；DN25(03)；DN32(04)；DN40（05）；DN50（06）；DN65（07）；DN70（08）；DN75（09）；DN80（10）；DN100(11)；DN125(12)；DN150(13)；DN200(14)；DN250（15）；DN300（16）；DN325（17）；DN350（18）；DN400（19）；DN450（20）；DN500（21）；DN600（22）；DN800（23）；DN1000(24)；DN1200(25)；Φ50（26）；Φ57（27）；Φ75（28）；Φ76（29）；Φ89（30）；Φ108（31）；Φ159(32)；Φ219(33)；Φ273(34)；Φ325（35）；Φ377(36)；Φ426(37)；Φ478(38)；Φ529（39）；Φ630(40)；Φ720(41)；Φ820(42)；20＊15(43)；25＊15（44）；32＊15(45)；40＊15（46）；40＊25（47）；50＊15（48）；50＊40（49）；65＊50(50)；80＊50(51)；100＊60（52）；100＊80(53)；150＊100(54)；200＊125(55)；200＊150(56)；250＊200（57）；300＊250（58）；350＊300（59）；400＊200（60）；400＊300(61)；600＊300(62)；1200＊300(63)；1000＊300（64）；800＊300(65)；45°弯头用（66）；60°弯头用（67）；FBN15（68）；FBN20（69）；FBN25（70）；FBN32（71）；FBN40（72）；FBN50（73）；FBN65（74）；FBN70（75）；DN50/DN15（76）；90°R＝1.5D DN50(77)；90°R＝1.5D DN100（78）；90°R＝1.5D DN150(79)；90° DN100（80）；D219(81)；D273(82)；D325(83)
	C（03）壁厚(mm)	0.5(01)；0.6(02)；0.8(03)；1(04)；1.2(05)；1.4(06)；1.5(07)；1.6(08)；1.8(09)；2(10)；2.2(11)；2.25(12)；2.5(13)；2.75(14)；2.8(15)；3(16)；3.2(17)；3.25(18)；3.5(19)；3.75(20)；3.8(21)；4(22)；4.2(23)；4.25(24)；4.5(25)；4.75(26)；4.8(27)；5(28)；5.5(29)；6(30)；7(31)；8(32)；9(33)；10(34)；12(35)；14(36)；15(37)；16(38)；18(39)
	D（04）接口形式	焊接式(01)；螺纹式(02)；锥螺纹式(03)；活接式(04)；沟槽式(05)
	E（05）材质	201(01)；304(02)；316(03)；316L(04)；Q345（05）；Q390（06）；Q420（07）；Q460(08)；20(09)；Q195(10)；Q215(11)；Q235(12)；Q255(13)；Q275(14)；Q295(15)

类别编码及名称	属性项	常用属性值
1805　不锈钢管件	A（01）品种	反边接头（01）；异径外接头（直通）（02）；内接头（外螺纹直通）（03）；法兰转换接头（04）；异径内接头（外螺纹直通）（05）；带直管直通（06）；可调直通（07）；正三通（08）；异径中小三通（09）；异径中大三通（10）；Y形三通（11）；四通（12）；异径四通（13）；90度弯头（14）；异径90度弯头（15）；45度弯头（16）；异径45度弯头（17）；90度带直管弯头（18）；弯头（19）；三通（20）；正四通（21）
	B（02）公称直径	DN15（01）；DN20（02）；DN25（03）；DN32（04）；DN40（05）；DN50（06）；DN65（07）；DN75（08）；DN80（09）；DN100（10）；DN125（11）；DN150（12）；DN200（13）；DN250（14）；DN300（15）
	C（03）壁厚（mm）	0.5（01）；0.6（02）；0.8（03）；1（04）；1.2（05）；1.4（06）；1.5（07）；1.6（08）；1.8（09）；2（10）；2.2（11）；2.25（12）；2.5（13）；2.75（14）；2.8（15）；3（16）；3.2（17）；3.25（18）；3.5（19）；3.75（20）；3.8（21）；4（22）；4.2（23）；4.25（24）；4.5（25）；4.75（26）；4.8（27）；5（28）；5.5（29）；6（30）；7（31）；8（32）；9（33）；10（34）；12（35）；14（36）；16（37）；18（38）
	D（04）接口形式	焊接式（01）；螺纹式（02）；锥螺纹式（03）；活接式（04）；沟槽式（05）；卡压式（06）；环压式（07）；卡套式（08）
	E（05）材质	201（01）；304（02）；316（03）；316L（04）
类别编码及名称	属性项	常用属性值
1807　铜、铜合金管件	A（01）品种	外接头（直通）（01）；异径外接头（直通）（02）；内接头（外螺纹直通）（03）；异径内接头（外螺纹直通）（04）；带直管直通（05）；短管（06）；弯头（07）；三通（08）
	B（02）公称直径	DN15（01）；DN20（02）；DN25（03）；DN32（04）；DN40（05）；DN50（06）；DN65（07）；DN75（08）；DN80（09）；DN100（10）；DN125（11）；DN150（12）；DN200（13）；DN250（14）；DN300（15）；dn15（18）（16）；dn18（17）；dn22（18）；dn28（19）；dn35（20）；dn42（21）；dn54（22）；dn60（23）；dn67（76）（24）；dn70（25）；dn89（26）；dn108（27）；D60（28）；D75（29）

类别编码及名称	属性项	常用属性值
1807 铜、铜合金管件	C (03)壁厚(mm)	0.7(01);0.9(02);1.0(03);1.2(04);1.5(05);2.0(06);2.5(07);3.4(08);4.0(09);5.0(10);6.0(11);8.0(12)
	D (04)接口形式	焊接式(01);卡套式(02);钎焊式(03);卡压式(04)
	E (05)材质	紫铜(01);黄铜(02)
类别编码及名称	属性项	常用属性值
1809 塑料管件	A (01)品种	直接头(直通)(01);异径直接头(直通)(02);外螺纹直接头(03);内螺纹直接头(04);内螺纹带不锈钢箍直接头(05);压兰(06);三通(07);弯头(08);套管(09);管堵(10);异径管(11);检查口(12);转换管件(13)
	B (02)公称直径	DN15(01);DN20(02);DN25(03);DN32(04);DN40(05);DN50(06);DN63(07);DN65(08);DN70(09);DN75(10);DN80(11);DN90(12);DN100(13);DN110(14);DN125(15);DN150(16);DN160(17);DN200(18);DN250(19);DN300(20);DN315(21);DN400(22);DN500(23);Φ100(24);Φ110(25);Φ120(26);Φ136(27);Φ150(28);Φ151(29);Φ172(30);Φ212(31);Φ237(32);Φ263(33);Φ330(34);Φ418(35);Φ471(36);45°(37);45°dn50(38);45°dn63(39);dn15(40);dn20(41);dn25(42);dn32(43);dn40(44);dn50(45);dn65(46);dn70(47);dn75(48);dn80(49);dn100(50);dn110(51);dn160(52);dn200(53);dn250(54)
	C (03)壁厚(mm)	0.7(01);0.9(02);1.0(03);1.2(04);1.5(05);2.0(06);2.5(07);3(08);3.4(09);4.0(10);5.0(11);6.0(12);8.0(13)
	D (04)材质	PB(01);PE(02);PP-R(03);PP-H(04);PP-B(05);PE-RT(06);PVC-U(07);PVC-C(08);HDPE(09);PVC(10)
	E (05)接口形式	粘胶(01);热熔(02);电熔(03);法兰(04);螺纹(05);焊接式(06);沟槽式(07);承插式(08);密封圈(09)
	F (06)管件端口	双承(承-承)(01);双平(平-平)(02);承插(承-插)(03);平承(平-承)(04);平插(平-插)(05);三承(承-承-承)(06);三平(平-平-平)(07)

续表

类别编码及名称	属性项	常用属性值
1811 钢塑复合管件	A(01)品种	外接头（直通）（01）；异径外接头（直通）（02）；外接头（外螺纹直通）（03）
	B(02)公称直径	DN15(01)；DN20(02)；DN25(03)；DN32(04)；DN40(05)；DN50(06)；DN65(07)；DN75(08)；DN80(09)；DN100(10)；DN125(11)；DN150(12)；DN200(13)；DN250(14)；DN300(15)
	C(03)壁厚	0.7(01)；0.9(02)；1.0(03)；1.2(04)；1.5(05)；2.0(06)；2.5(07)；3.4(08)；4.0(09)；5.0(10)；6.0(11)；8.0(12)
	D(04)材质	PB(01)；PE(02)；PP-R(03)；PP-H(04)；PP-B(05)；PE-RT(06)；PVC-U(07)；PVC-C(08)
	E(05)接口形式	螺纹式(01)；焊接式(02)；沟槽式(03)；电熔式(04)；卡套式(05)；热熔式(06)

类别编码及名称	属性项	常用属性值
1813 铝塑复合管件	A(01)品种	外接头（直通）（01）；异径外接头（直通）（02）；外接头（外螺纹直通）（03）；等径三通（04）；异径三通（05）；外螺纹三通（06）
	B(02)规格	15(01)；20(02)；25(03)；32(04)；40(05)；50(06)；65(07)；80(08)；100(09)；125(10)；150(11)；200(12)；250(13)；300(14)
	C(03)接口形式	螺纹式(01)；焊接式(02)；沟槽式(03)；热熔式(04)；卡套式(05)
	D(04)材质	PB(01)；PE(02)；PP-R(03)；PP-H(04)；PP-B(05)；PE-RT(06)；PVC-U(07)；PVC-C(08)
	E(05)壁厚	0.7(01)；0.9(02)；1.0(03)；1.2(04)；1.5(05)；2.0(06)；2.5(07)；3.4(08)；4.0(09)；5.0(10)；6.0(11)；8.0(12)

类别编码及名称	属性项	常用属性值
1815 管接头	A(01)材质	铸铁管（01）；PVC-U管（02）；铝塑管（03）；钢管（04）；镀锌焊接钢管（05）；pvc管（06）；不锈钢管（07）；金属软管（08）；难燃波纹管（09）；难燃塑料管（10）；塑料管（11）；橡胶软管（12）；阻燃管（13）

类别编码及名称	属性项	常用属性值
1815 管接头	B（02）规格(mm)	DN15(01)；DN20(02)；DN25(03)；DN32（04）；DN40（05）；DN50（06）；DN65（07）；DN70（08）；DN75（09）；DN80（10）；DN100（11）；DN125（12）；DN150（13）；DN200（14）；DN250（15）；DN300（16）；DN350（17）；DN400（18）；1.5×15（19）；1.5×20（20）；1.5×25（21）；1.5×32（22）；1.5×40（23）；1.5×50（24）；3×15（25）；3×20（26）；3×25（27）；5×15（28）；5×20（29）；6×25（30）；6×32（31）；7×40（32）；7×50（33）；8×70（34）；8×80（35）；80×4（36）；10×100（37）；10×125（38）；10×150（39）；15×2.75（40）；20×2.75（41）；25×3.25（42）；20×15（43）；32×3.25（44）；40×3.5（45）；50×3.5（46）；65×3.75（47）；100×3（48）；100×4（49）；125×4.5（50）；150×4.5（51）；D150（52）；D156（53）；D200（54）；DN125×80（55）；DN25×15（56）；DN32×15（57）；DN40×15（58）；DN150×80（59）；DN150×100（60）；FST15（61）；FST20（62）；FST25（63）；FST32（64）；FST40（65）；FST50（66）；FST70（67）；FTE15（68）；FTE20（69）；FTE25（70）；FTE32（71）；FTE40（72）；FTE50（73）；FTE70（74）；SC20×3（75）；SC32×3（76）；SC50×3（77）；SC70×3（78）；ϕ51×4（79）；ϕ50（80）；ϕ150（81）；dn20（82）；dn25（83）；dn32（84）
	C（03）接口形式	卡套式(01)；卡箍式(02)；内外螺纹(03)；焊接式(04)；承插焊式(05)；扩口式(06)；法兰式(07)；卡接式(08)；电熔式(09)；螺纹连接(10)；热熔式(11)

类别编码及名称	属性项	常用属性值
1817 阻火器	A（01）品种	波纹阻火器(01)；管道阻火器(02)
	B（02）公称直径(mm)	DN50（01）；DN80（02）；DN100（03）；DN150（04）；DN200（05）；DN250（06）
	C（03）公称压力	0.6MPa(01)；1.6MPa(02)；2.5MPa(03)
	D（04）壳体材质	碳钢(01)；铝合金(02)；不锈钢(03)；灰铸铁(04)；铸铝(05)
	E（05）密封面形式	平面(01)；突面(02)

类别编码及名称	属性项	常用属性值
	A（01）品种	Y型过滤器（01）；锥形过滤器（02）；袋式过滤器（03）
	B（02）公称直径（mm）	DN15（01）；DN20（02）；DN25（03）；DN32（04）；DN40（05）；DN50（06）；DN80（07）；DN100（08）；DN125（09）
1819　过滤器	C（03）公称压力	0.6MPa（01）；1.6MPa（02）；2.5MPa（03）
	D（04）本体材质	碳钢（01）；不锈钢（02）；可锻铸铁（03）；铜（04）
	E（05）滤网材质	碳钢（01）；不锈钢（02）；可锻铸铁（03）；铜（04）；PP（05）；PVC（06）；尼龙网（07）
类别编码及名称	属性项	常用属性值
	A（01）品种	波纹管补偿器（01）；填料式补偿器（02）；套筒式补偿器（03）；方形补偿器（04）；套筒式伸缩器（05）；伸缩节（06）；伸缩套（07）；软接头（08）；可曲挠橡胶接头（09）；伸缩接头（10）；金属软管活接头（11）；HDPE排水管伸缩节（12）；煤气通用补偿器（13）；挠性接头（14）
1821　补偿器及软接头	B（02）公称直径（mm）	DN15（01）；DN20（02）；DN25（03）；DN32（04）；DN40（05）；DN50（06）；DN65（07）；DN70（08）；DN75（09）；DN80（10）；DN100（11）；DN125（12）；DN150（13）；DN200（14）；DN250（15）；DN300（16）；FSE15（17）；FSE20（18）；FSE25（19）；FSE32（20）；FSE40（21）；FSE50（22）；FSE70（23）；Φ20（24）；Φ25（25）；Φ40（26）；Φ50（27）；Φ75（28）；Φ100（29）；Φ110（30）
	C（03）公称压力	0.6MPa（01）；1MPa（02）；1.6MPa（03）；2.5MPa（04）
	D（04）接口形式	螺纹（01）；法兰（02）；焊接（03）
	E（05）波数	4（01）；6（02）；8（03）；9（04）；12（05）；16（06）；24（07）；36（08）
	F（06）结构形式	轴向型内压式（01）；轴向型外压式（02）；轴向型复式（03）；直埋式（04）；小拉杆横向型（05）；角向型（06）

类别编码及名称	属性项	常用属性值
1825 管卡、管箍	A（01）品种	单立管卡(01)；双立管卡(02)；U 型管卡(03)；管夹(04)；管卡(05)；套环(06)；内套环(07)；外套环(08)；管码(09)；卡码(10)；固定码(11)；管箍(12)；异径管箍(13)；卡箍(14)；撑脚卡箍(15)；套箍(16)；U 型管夹(17)；接头管箍(18)；马鞍卡子(19)；角钢立管卡(20)；管扣(21)；固定卡(22)；吊管卡(23)；方卡(24)；打包卡(25)；圆钢卡(26)；卡箍连接件(27)；U 型扣(28)
	B（02）公称直径(mm)	DN15(01)；DN20(02)；DN25(03)；DN32(04)；DN40(05)；DN50(06)；DN65(07)；DN70(08)；DN75(09)；DN80(10)；DN100(11)；DN125(12)；DN150(13)；DN200(14)；DN250（15）；DN300（16）；DN350（17）；DN400（18）；DN25×15（19）；DN25×20（20）；DN32×25（21）；DN80×40（22）；DN100×65（23）；DN100×80（24）；DN125×100(25)；DN150×100(26)；dn50(27)；dn75(28)；dn110(29)；dn160(30)；dn200(31)；dn250(32)；dn315(33)；dn350(34)；dn400(35)；Φ6(36)；Φ25(37)；Φ30(38)；Φ40(39)；Φ50(40)；Φ63(41)；Φ75(42)；Φ90(43)；Φ110(44)；δ150(45)；FSA15(46)；FSA20(47)；FSA25(48)；FSA32(49)；FSA40（50）；FSA50（51）；FSA70（52）；FCP15（53）；FCP20（54）；FCP25（55）；FCL15（56）；FCL20（57）；FCL25（58）；FCL32(59)；SP-10(60)；SP-12(61)；SP-15(62)；SP-17(63)；SP-24(64)；SP-30(65)；3×15(66)；3×20(67)；3×25(68)；1.5×32(69)；3×32(70)；3×50(71)；3×75(72)；3×80(73)
	C（03）材质	碳钢(01)；铝合金(02)；不锈钢(03)；铸铁(04)；铜(05)；塑料(06)

类别编码及名称	属性项	常用属性值
1827 管道支架、吊架	A（01）品种	刚性支吊架(01)；可调刚性支吊架(02)；可变弹簧支吊架(03)；恒力弹簧支吊架(04)；固定支架(05)；限位支架(06)；导向支架(07)；抗震底座(08)；双杆吊架(09)
	B（02）截面形状	C 型(01)；L 型(02)
	C（03）装配孔	无孔(01)；M12 孔(02)；M16 孔(03)
	D（04）表面处理	热浸锌(01)
	E（05）热位移量	40（01）；45（02）；80（03）；90（04）；120（05）；135（06）

类别编码及名称	属性项	常用属性值
1829　套管	A（01）品种	柔性套管（01）；刚性套管（02）；热缩套管（03）；套筒（04）；阻气套管（05）；开启式套管（06）；充油膏接头套管（07）；防火套管（08）；螺栓套管（09）；一般套管（10）
	B（02）公称直径(mm)	DN20(01)；DN25(02)；DN32(03)；DN40(04)；DN50(05)；DN65(06)；DN70(07)；DN75(08)；DN80(09)；DN100(10)；DN125(11)；DN150(12)；DN200(13)；DN250(14)；DN300（15）；DN350（16）；DN400（17）；DN500(18)；Φ20(19)；Φ25(20)；Φ32(21)；Φ40*400(22)；Φ525*8(23)；Φ586*8(24)
	C（03）外径	127(01)；139.7(02)；177.8(03)
	D（04）壁厚	7.52(01)；7.72(02)；8.05(03)；9.19(04)
	E（05）连接形式	焊接式(01)；卡套式(02)；螺纹式(03)
	F（06）材质	钢质(01)；玻璃纤维(02)；PVC(03)；UP-VC(04)；铸铁(05)；玻璃钢(06)；塑料(07)；HDPE(08)
	G（07）长度	200mm（01）；300mm（02）；400mm（03）；500mm（04）
类别编码及名称	属性项	常用属性值
1831　其他管件	A（01）品种	视镜（01）；拖钩（02）；管码（03）；膨胀塞（04）；护口（05）；中继间（06）；堵塞（07）；热熔带（08）；电熔管件（09）；回水连接件（10）
	B（02）规格	DN15(01)；DN20(02)；DN25(03)；DN32(04)；DN40(05)；DN50(06)；DN65(07)；DN70(08)；DN75(09)；DN80(10)；DN100(11)；DN125(12)；DN150(13)；DN200(14)；DN250(15)；DN300（16）；DN350（17）；DN400(18)；DN450(19)；DN500(20)；Φ800(21)；Φ1000(22)；Φ1200(23)；Φ1400(24)；Φ1500(25)；Φ1600(26)；Φ1800(27)；Φ2000(28)；Φ2200(29)；Φ2400(30)
	C（03）材质	钢质(01)；塑料(02)

类别编码及名称	属性项	常用属性值
1901　截止阀	A（01）品种	内螺纹截止阀（01）；外螺纹截止阀（02）；法兰截止阀（03）；焊接截止阀（04）；卡箍截止阀（05）；卡套截止阀（06）；螺纹截止阀（07）；铜截止阀（08）
	B（02）阀体材质	Z 灰铸铁（01）；K 可锻铸铁（02）；Q 球墨铸铁（03）；T 铜合金（04）；C 碳素钢（05）；I 铬钼耐热钢（06）；L 铝合金（07）
	C（03）公称通径 DN	15（01）；20（02）；25（03）；32（04）；40（05）；50（06）；65（07）；80（08）；100（09）；125（10）；150（11）；200（12）；250（13）；300（14）；350（15）；400（16）
	D（04）公称压力（PN）	0.6MPa（01）；1MPa（02）；1.6MPa（03）；2.5MPa（04）；4MPa（05）；6.4MPa（06）；10MPa（07）
	E（05）性能	普通（01）；消防（02）
	F（06）密封面材料	P 渗硼钢（01）；P 铬镍钛耐酸钢（02）；H 不锈钢（03）；F 氟塑料（04）；C 碳素钢（05）；T 铜合金（06）；Q 球墨铸铁（07）
	G（07）传动方式	手动（01）；电磁动（02）；正齿轮（03）；伞齿轮（04）；气动（05）；气动带手动（06）；液动（07）；电动（08）；电动防爆（09）
	H（08）结构形式	直通式（01）；角式（02）；直流式（03）；平衡直通式（04）；平衡角式（05）
	I（09）适用介质	天然气；煤气；污水；水；蒸汽
类别编码及名称	属性项	常用属性值
1903　闸阀	A（01）品种	内螺纹闸阀（01）；外螺纹闸阀（02）；法兰闸阀（03）；焊接闸阀（04）；对夹闸阀（05）；卡箍（沟槽式）闸阀（06）；螺纹闸阀（07）
	B（02）阀体材质	Z 灰铸铁（01）；K 可锻铸铁（02）；Q 球墨铸铁（03）；T 铜合金（04）；C 碳素钢（05）；I 铬钼耐热钢（06）；L 铝合金（07）
	C（03）公称通径 DN	15（01）；20（02）；25（03）；32（04）；40（05）；50（06）；65（07）；80（08）；100（09）；125（10）；150（11）；200（12）；250（13）；300（14）

续表

类别编码及名称	属性项	常用属性值
1903 闸阀	D（04）公称压力 PN	1MPa（01）；1.6MPa（02）；2.5MPa（03）；4MPa（04）；6.4MPa（05）；10MPa（06）；16MPa（07）；25MPa（08）
	E（05）性能	普通（01）；消防（02）
	F（06）密封面材料	P 渗硼钢（01）；P 铬镍钛耐酸钢（02）；H 不锈钢（03）；F 氟塑料（04）；C 碳素钢（05）；T 铜合金（06）；Q 球墨铸铁（07）；W 铜密封（08）；H 合金钢（09）
	G（07）传动方式	手动（01）；电磁动（02）；正齿轮（03）；伞齿轮（04）；气动（05）；气动带手动（06）；液动（07）；电动（08）；电动防爆（09）
	H（08）结构形式	明杆楔式弹性闸板（01）；明杆楔式刚性单闸板（02）；明杆楔式刚性双闸板（03）；明杆平行式刚性单闸板（04）
	I（09）适用介质	污水；天然气；蒸汽；水；煤气

类别编码及名称	属性项	常用属性值
1905 球阀	A（01）品种	气动球阀（01）；电动球阀（02）；液动球阀（03）；气液动球阀（04）；电液动球阀（05）；涡轮传动球阀（06）
	B（02）阀体材质	Z 灰铸铁（01）；K 可锻铸铁（02）；Q 球墨铸铁（03）；T 铜合金（04）；C 碳素钢（05）；I 铬钼耐热钢（06）；L 铝合金（07）
	C（03）公称通径 DN	15（01）；20（02）；25（03）；32（04）；40（05）；50（06）；65（07）；80（08）；100（09）；125（10）
	D（04）公称压力 PN	1MPa（01）；1.6MPa（02）；2.5MPa（03）；4MPa（04）；6.4MPa（05）；10MPa（06）
	E（05）性能	普通（01）；消防（02）
	F（06）密封面材料	P 渗硼钢（01）；P 铬镍钛耐酸钢（02）；H 不锈钢（03）；F 氟塑料（04）；C 碳素钢（05）；T 铜合金（06）；Q 球墨铸铁（07）；带铝封（08）
	G（07）传动方式	手动（01）；电磁动（02）；正齿轮（03）；伞齿轮（04）；气动（05）；气动带手动（06）；液动（07）；电动（08）；电动防爆（09）
	H（08）结构形式	浮动直通式（01）；浮动三通式 L 型（02）；浮动三通式 T 型（03）；固定直通式（04）
	I（09）适用介质	煤气；天然气；蒸汽；污水；水

续表

类别编码及名称	属性项	常用属性值
1907　蝶阀	A (01)品种	电动通风蝶阀(01)；气动通风蝶阀(02)；涡轮传动通风蝶阀(03)；手柄操作通风蝶阀(04)；电动对夹式蝶阀(05)；对夹式蝶阀(06)
	B (02)阀体材质	灰铸铁(01)；可锻铸铁(02)；球墨铸铁(03)；铜合金(04)；碳素钢(05)；铬钼耐热钢(06)；铬镍钛耐酸钢(07)
	C (03)公称通径 DN	15(01)；20(02)；25(03)；32(04)；40(05)；50(06)；65(07)；80(08)；100(09)；125(10)
	D (04)公称压力 PN	1MPa(01)；1.6MPa(02)；2.5MPa(03)；4MPa(04)；6.4MPa(05)；10MPa(06)
	E (05)性能	普通(01)；消防(02)
	F (06)密封面材料	P 渗硼钢(01)；P 铬镍钛耐酸钢(02)；H 不锈钢(03)；F 氟塑料(04)；C 碳素钢(05)；T 铜合金(06)；Q 球墨铸铁(07)
	G (07)传动方式	手动(01)；电磁动(02)；正齿轮(03)；伞齿轮(04)；气动(05)；气动带手动(06)；液动(07)；电动(08)；电动防爆(09)
	H (08)结构形式	杠杆式(01)；垂直板式(02)；斜板式(03)
	I (09)适用介质	天然气；水；蒸汽；污水；煤气

类别编码及名称	属性项	常用属性值
1909　止回阀	A (01)品种	内螺纹止回阀(01)；法兰止回阀(02)；对夹止回阀(03)；限流法兰止回阀(04)；蝶形对夹止回阀(05)；消音止回阀(06)；球型止阀(07)；300X 型缓闭止回阀(08)；HH44X 微阻缓闭止回阀(09)
	B (02)阀体材质	碳钢(01)；低温钢(02)；双相钢(F51/F53)(03)；钛合金(04)；铝青铜(05)；因科镍尔(INCONEL625)(06)；SS304(07)；SS304L(08)；SS316(09)；SS316L(10)；铬钼钢(11)；蒙乃尔(400/500)(12)；20♯合金(13)；哈氏合金(14)
	C (03)公称通径 DN	15(01)；20(02)；25(03)；32(04)；40(05)；50(06)；65(07)；80(08)；100(09)；125(10)；150(11)；200(12)；250(13)；300(14)

类别编码及名称	属性项	常用属性值
1909　止回阀	D(04)公称压力 PN	0.6MPa(01)；1MPa(02)；1.6MPa(03)；2.5MPa(04)；4MPa(05)；6.4MPa(06)；10MPa(07)
	E(05)性能	普通(01)；消防(02)
	F(06)密封面材料	P 渗硼钢(01)；P 铬镍钛耐酸钢(02)；H 不锈钢(03)；F 氟塑料(04)；C 碳素钢(05)；T 铜合金(06)；Q 球墨铸铁(07)
	G(07)传动方式	手动(01)；电磁动(02)；正齿轮(03)；伞齿轮(04)；气动(05)；气动带手动(06)；液动(07)；电动(08)；电动防爆(09)
	H(08)结构形式	升降直通式(01)；升降立式(02)；旋启单瓣式(03)；旋启多瓣式(04)；旋启双瓣式(05)
	I(09)适用介质	煤气(01)；污水(02)；蒸汽(03)；水(04)；天然气(05)
类别编码及名称	属性项	常用属性值
1911　安全阀	A(01)品种	弹簧微启式外螺纹安全阀(01)；带手柄弹簧全启式安全阀(02)；弹簧中启式安全阀(03)；先导式安全阀(04)；弹簧双联式安全阀(05)
	B(02)阀体材质	由阀体材料直接加工(01)；铜合金(02)；合金钢(03)；橡胶(04)；氟塑料(05)；灰铸铁(06)；衬胶(07)；硬质合金(08)；衬铅(09)
	C(03)公称通径 DN	DN4(01)；DN6(02)；DN10(03)；DN15(04)；DN20(05)；DN25(06)；DN32(07)；DN40(08)；DN50(09)；DN65(10)；DN80(11)；DN100(12)；DN125(13)；DN150(14)；DN200(15)；DN250(16)；DN300(17)；DN350(18)
	D(04)公称压力 PN	0.1MPa(01)；1.0MPa(02)；1.6MPa(03)；2.5MPa(04)；6MPa(05)；10MPa(06)；25MPa(07)
	E(05)性能	普通(01)；消防(02)

续表

类别编码及名称	属性项	常用属性值
1911 安全阀	F（06）密封面材料	P 渗硼钢（01）；P 铬镍钛耐酸钢（02）；H 不锈钢（03）；F 氟塑料（04）；C 碳素钢（05）；T 铜合金（06）；Q 球墨铸铁（07）；W 阀座直接加工密封面（08）
	G（07）传动方式	手动（01）；电磁动（02）；正齿轮（03）；伞齿轮（04）；气动（05）；气动带手动（06）；液动（07）；电动（08）；电动防爆（09）
	H（08）结构形式	弹簧式封闭带散热片全启式（01）；弹簧式封闭微启式（02）；弹簧式封闭全启式（03）；弹簧式封闭带扳手全启式（04）；弹簧式不封闭带扳手双弹簧微启式（05）
	I（09）适用介质	煤气（01）；污水（02）；水（03）；蒸汽（04）；天然气（05）
类别编码及名称	属性项	常用属性值
1913 调节阀	A（01）品种	气动低温双座调节阀（01）；气动低温单座调节阀（02）；电子式电动角形高压调节阀（03）；电子式电动单座调节阀（04）
	B（02）阀体材质	由阀体材料直接加工（01）；铜合金（02）；合金钢（03）；橡胶（04）；氟塑料（05）；灰铸铁（06）；衬胶（07）；硬质合金（08）；衬铅（09）
	C（03）公称通径 DN	DN4（01）；DN6（02）；DN10（03）；DN15（04）；DN20（05）；DN32（06）
	D（04）公称压力 PN	0.1MPa（01）；1.0MPa（02）；1.6MPa（03）；2.5MPa（04）；6MPa（05）；10MPa（06）；25MPa（07）
	E（05）性能	普通（01）；消防（02）
	F（06）密封面材料	P 渗硼钢（01）；P 铬镍钛耐酸钢（02）；H 不锈钢（03）；F 氟塑料（04）；C 碳素钢（05）；T 铜合金（06）；Q 球墨铸铁（07）
	G（07）传动方式	手动（01）；电磁动（02）；正齿轮（03）；伞齿轮（04）；气动（05）；气动带手动（06）；液动（07）；电动（08）；电动防爆（09）
	H（08）结构形式	0 回转套筒式（01）；1 升降多级 Z 型柱塞式（02）；2 升降单级针叶式（03）；4 升降单级柱塞式（04）；5 升降单级 Z 型柱塞式（05）；6 升降单级闸板式（06）；7 升降单级套筒式（07）；8 升降多级套筒式（08）；9 升降多级套筒式（09）
	I（09）适用介质	污水（01）；天然气（02）；蒸汽（03）；水（04）；煤气（05）

类别编码及名称	属性项	常用属性值
1915　节流阀	A（01）品种	内螺纹节流阀（01）；外螺纹节流阀（02）；法兰节流阀（03）；焊接节流阀（04）；卡套节流阀（05）
	B（02）阀体材质	Z 灰铸铁（01）；K 可锻铸铁（02）；Q 球墨铸铁（03）；不锈钢（04）
	C（03）公称通径 DN	DN40（01）；DN50（02）；DN65（03）；DN80（04）
	D（04）公称压力 PN	1MPa（01）；1.6MPa（02）；2.5MPa（03）
	E（05）性能	普通（01）；消防（02）
	F（06）密封面材料	P 渗硼钢（01）；P 铬镍钛耐酸钢（02）；H 不锈钢（03）；F 氟塑料（04）；C 碳素钢（05）；T 铜合金（06）；Q 球墨铸铁（07）
	G（07）传动方式	手动（01）；电磁动（02）；正齿轮（03）；伞齿轮（04）；气动（05）；气动带手动（06）；液动（07）；电动（08）；电动防爆（09）
	H（08）结构形式	直通式（01）；角式（02）；直流式（03）；平衡直通式（04）
	I（09）适用介质	天然气（01）；煤气（02）；污水（03）；水（04）；蒸汽（05）
类别编码及名称	属性项	常用属性值
1917　疏水阀	A（01）品种	内螺纹疏水阀（01）；外螺纹疏水阀（02）；法兰疏水阀（03）；焊接疏水阀（04）；卡箍疏水阀（05）；卡套疏水阀（06）
	B（02）阀体材质	铜合金（01）；合金钢（02）；橡胶（03）；氟塑料（04）；灰铸铁（05）；衬胶（06）；硬质合金（07）；衬铅（08）
	C（03）公称通径 DN	DN15（01）；DN20（02）；DN25（03）；DN32（04）；DN40（05）；DN50（06）；DN65（07）；DN80（08）；DN100（09）
	D（04）公称压力 PN	0.4MPa（01）；0.6MPa（02）；1MPa（03）；1.6MPa（04）；2.5MPa（05）
	E（05）性能	普通（01）；消防（02）
	F（06）密封面材料	P 渗硼钢（01）；P 铬镍钛耐酸钢（02）；H 不锈钢（03）；F 氟塑料（04）；C 碳素钢（05）；T 铜合金（06）；Q 球墨铸铁（07）

类别编码及名称	属性项	常用属性值
1917　疏水阀	G (07)传动方式	手动(01)；电磁动(02)；正齿轮(03)；伞齿轮(04)；气动(05)；气动带手动(06)；液动(07)；电动(08)；电动防爆(09)
	H (08)结构形式	机械型疏水阀有自由浮球式(01)；自由半浮球式(02)；杠杆浮球式(03)；倒吊桶式(04)；组合式过热蒸汽疏水阀等(05)；热静力型疏水阀有膜盒式(06)；波纹管式(07)；双金属片式(08)；热动力型疏水阀有热动力式(圆盘式)(09)；脉冲式(10)；孔板式(11)
	I (09)适用介质	污水(01)；水(02)；蒸汽(03)；天然气(04)；煤气(05)

类别编码及名称	属性项	常用属性值
1919　排污阀	A (01)品种	自动排污阀(01)；截止型排污阀(02)；角式排泥阀(03)
	B (02)阀体材质	Z 灰铸铁(01)；K 可锻铸铁(02)；Q 球墨铸铁(03)；不锈钢铜(04)
	C (03)公称通径 DN	DN15(01)；DN20(02)；DN25(03)；DN32(04)；DN40(05)；DN50(06)；DN65(07)；DN80(08)
	D (04)公称压力 PN	0.4MPa(01)；1MPa(02)；1.6MPa(03)；2.5MPa(04)
	E (05)性能	普通(01)；消防(02)
	F (06)密封面材料	P 渗硼钢(01)；P 铬镍钛耐酸钢(02)；H 不锈钢(03)；F 氟塑料(04)；C 碳素钢(05)；T 铜合金(06)；Q 球墨铸铁(07)
	G (07)传动方式	手动(01)；电磁动(02)；正齿轮(03)；伞齿轮(04)；气动(05)；气动带手动(06)；液动(07)；电动(08)；电动防爆(09)
	H (08)结构形式	液面连续截止型直通式(01)；液面连续截止型角式(02)；液底间断截止型直流式(03)
	I (09)适用介质	水(01)；蒸汽(02)；天然气(03)；污水(04)；煤气(05)

续表

类别编码及名称	属性项	常用属性值
1921 柱塞阀	A (01)品种	内螺纹柱塞阀(01);法兰柱塞阀(02)
	B (02)阀体材质	碳钢(01);不锈钢(02)
	C (03)公称通径 DN	DN15(01);DN20(02);DN25(03);DN32(04);DN40(05);DN50(06);DN65(07);DN80(08)
	D (04)公称压力(PN)	0.4MPa(01);1MPa(02);1.6MPa(03);2.5MPa(04)
	E (05)性能	普通(01);消防(02)
	F (06)密封面材料	P 渗硼钢(01);P 铬镍钛耐酸钢(02);H 不锈钢(03);F 氟塑料(04);C 碳素钢(05);T 铜合金(06);Q 球墨铸铁(07)
	G (07)传动方式	气动(01);电动(02);手动(03)
	H (08)结构形式	直通式(01);角式(02);直流式(03);平衡直通式(04);平衡角式(05)
	I (09)适用介质	污水;煤气;水;蒸汽;天然气
类别编码及名称	属性项	常用属性值
1923 旋塞阀	A (01)品种	常规油润滑旋塞阀(01);压力平衡式旋塞阀(02);双密闭提升式旋塞阀(03);硬密闭提升式旋塞阀(04);三通式旋塞阀(05);四通式旋塞阀(06)
	B (02)阀体材质	灰铸铁(01);可锻铸铁(02);球墨铸铁(03);铜合金(04);碳素钢(05);铬钼耐热钢(06);铬镍钛耐酸钢(07)
	C (03)公称通径 mm	DN15(01);DN20(02);DN25(03);DN32(04);DN40(05);DN50(06);DN65(07);DN80(08);DN100(09);DN125(10);DN150(11);DN200(12);DN250(13);DN300(14);DN350(15);DN400(16)
	D (04)公称压力 PN	0.4MPa(01);0.6MPa(02);1MPa(03);1.6MPa(04);2.5MPa(05)
	E (05)性能	普通(01);消防(02)
	F (06)密封面材料	P 渗硼钢(01);P 铬镍钛耐酸钢(02);H 不锈钢(03);F 氟塑料(04);C 碳素钢(05);T 铜合金(06);Q 球墨铸铁(07)

续表

类别编码及名称	属性项	常用属性值
1923 旋塞阀	G (07)传动方式	汽动(01);电动(02);手动(03)
	H (08)结构形式	填料直通式(01);填料 T 形三通式(02);填料四通式(03);油封直通式(04);油封 T 形三通式(05)
	I (09)适用介质	煤气(01);天然气(02);蒸汽(03);水(04);污水(05)

类别编码及名称	属性项	常用属性值
1925 隔膜阀	A (01)品种	内螺纹隔膜阀(01);外螺纹隔膜阀(02);法兰隔膜阀(03);焊接隔膜阀(04);卡箍隔膜阀(05);卡套隔膜阀(06)
	B (02)传动方式	气动(01);电动(02);手动(03)
	C (03)阀体材质	Z 灰铸铁(01);K 可锻铸铁(02);Q 球墨铸铁(03);H 不锈钢(04);T 铜(05)
	D (04)公称通径 DN	DN15(01);DN20(02);DN25(03);DN32(04);DN40 (05);DN50 (06);DN65 (07);DN80(08);DN100(09);DN125(10);DN150(11);DN200(12)
	E (05)公称压力(PN)	1MPa(01);1.6MPa(02);2.5MPa(03);4MPa(04)

类别编码及名称	属性项	常用属性值
1927 减压阀	A (01)品种	比例式减压阀(01);可调式减压阀(02);直动式减压阀(03);安全减压阀(04)
	B (02)公称通径 DN	DN15(01);DN20(02);DN25(03);DN32(04);DN40 (05);DN50 (06);DN65 (07);DN80(08);DN100(09);DN125(10);DN150(11);DN200(12);DN250(13);DN300(14)
	C (03)公称压力(PN)	0.4MPa(01);0.6MPa(02);1MPa(03);1.6MPa(04)
	D (04)连接方式	螺纹(01);法兰(02)

类别编码及名称	属性项	常用属性值
1928 电磁阀	A (01)品种	ZCZP 电磁阀(01);ZCT 电磁阀(02);ZQDF 真空电磁阀(03)
	B (02)结构形式	

续表

类别编码及名称	属性项	常用属性值
1928　电磁阀	C（03）阀体材质	Z 灰铸铁（01）；K 可锻铸铁（02）；Q 球墨铸铁（03）；不锈钢（04）；铜（05）
	D（04）连接形式	法兰连接（01）；螺纹连接（02）
	E（05）公称通径 DN	DN20（01）；DN25（02）；DN32（03）；DN40（04）；DN50（05）；DN65（06）；DN80（07）；DN100（08）；DN125（09）；DN150（10）；DN200（11）；DN250（12）；DN300（13）；DN350（14）；DN400（15）；DN450（16）；DN500（17）
	F（06）公称压力（PN）	1MPa（01）；1.6MPa（02）；2.5MPa（03）
类别编码及名称	属性项	常用属性值
1929　减温减压阀	A（01）品种	减温减压阀（01）
	B（02）结构形式	薄膜式（01）；弹簧薄膜式（02）；活塞式（03）；波纹管式（04）；杠杆式（05）
	C（03）阀体材质	Z 灰铸铁（01）；K 可锻铸铁（02）；Q 球墨铸铁（03）；不锈钢 铜（04）
	D（04）连接形式	法兰连接（01）；螺纹连接（02）
	E（05）公称通径 DN	DN25（01）；DN32（02）；DN40（03）；DN50（04）；DN65（05）；DN80（06）；DN125（07）；DN200（08）；DN225（09）
	F（06）公称压力（PN）	1MPa（01）；2MPa（02）；2.5MPa（03）；3.2MPa（04）
类别编码及名称	属性项	常用属性值
1931　给水分配阀	A（01）品种	法兰给水分配阀（01）；焊接给水分配阀（02）
	B（02）结构形式	柱塞式（01）；回转式（02）；旁通式（03）
	C（03）阀体材质	Z 灰铸铁（01）；K 可锻铸铁（02）；Q 球墨铸铁（03）；不锈钢 铜（04）
	D（04）连接形式	柱塞式（01）；回转式（02）；旁通式（03）
	E（05）公称通径 DN	DN25（01）；DN32（02）；DN40（03）；DN50（04）；DN65（05）；DN80（06）；DN125（07）；DN200（08）；DN225（09）
	F（06）公称压力（PN）	1MPa（01）；2MPa（02）；2.5MPa（03）；3.2MPa（04）

续表

类别编码及名称	属性项	常用属性值
1933 水位控制阀	A (01)品种	角式消声水位控制阀(01);液压水位控制阀(02)
	B (02)阀体材质	Z 灰铸铁(01);K 可锻铸铁(02);Q 球墨铸铁(03)
	C (03)密封面材质	W 由阀体材料直接加工(01);T 铜合金(02);H 合金钢(03);X 橡胶(04);Z 灰铸铁(05)
	D (04)公称通径 DN	DN25(01);DN32(02);DN40(03);DN50(04);DN65(05);DN80(06);DN100(07);DN125(08);DN150(09);DN200(10);DN250(11);DN300(12);DN350(13)
	E (05)公称压力(PN)	1MPa(01);1.6MPa(02);2.5MPa(03)
类别编码及名称	属性项	常用属性值
1935 平衡阀	A (01)品种	静态水力平衡阀(01);自力式流量控制阀(02);自力式压差控制阀(03);旁通压差控制阀(04);动态平衡电动调节发(05);动态平衡两通阀(06)
	B (02)阀体材质	Z 灰铸铁(01);K 可锻铸铁(02);Q 球墨铸铁(03)
	C (03)密封面材质	W 由阀体材料直接加工(01);T 铜合金(02);H 合金钢(03);X 橡胶(04);Z 灰铸铁(05)
	D (04)公称通径 DN	DN40(01);DN50(02);DN65(03);DN80(04);DN125(05);DN200(06);DN250(07);DN300(08);DN350(09)
	E (05)公称压力(PN)	1MPa(01);1.6MPa(02);2.5MPa(03)
类别编码及名称	属性项	常用属性值
1937 浮球阀	A (01)品种	遥控隔膜式浮球阀(01);遥控活塞式浮球阀(02);电磁遥控浮球阀(03);法兰浮球阀(04);螺纹浮球阀(05)
	B (02)传动方式	隔膜式(01);活塞式(02)
	C (03)阀体材质	Z 灰铸铁(01);K 可锻铸铁(02);Q 球墨铸铁(03);不锈钢(04)

续表

类别编码及名称	属性项	常用属性值
1937 浮球阀	D（04）公称通径 DN	DN15(01)；DN20(02)；DN25(03)；DN32(04)；DN40(05)；DN50(06)；DN65(07)；DN80(08)；DN100(09)；DN125(10)；DN150(11)；DN200(12)；DN250(13)；DN300(14)；DN350(15)；DN400(16)；DN450(17)；DN500(18)；DN600(19)；DN700(20)；DN800(21)；DN900(22)；DN1000(23)
	E（05）公称压力 PN	1MPa(01)；1.6MPa(02)；2.5MPa(03)

类别编码及名称	属性项	常用属性值
1938 塑料阀门	A（01）品种	蝶阀(01)；球阀(02)；止回阀(03)；隔膜阀(04)；闸阀(05)；截止阀(06)
	B（02）阀体材质	PVC(01)；ABS(02)；UPVC(03)；FR-PP(04)；PP-R(05)；PB(06)；PE(07)
	C（03）密封面材质	合成橡胶(01)；尼龙(02)；聚四氟乙烯(03)；铸铁(04)；合金等(05)
	D（04）公称通径 DN	DN15(01)；DN20(02)；DN25(03)；DN32(04)；DN40(05)；DN50(06)；DN65(07)；DN80(08)；DN100(09)
	E（05）公称压力（PN）	1MPa(01)；1.6MPa(02)；2.5MPa(03)

类别编码及名称	属性项	常用属性值
1939 陶瓷阀门	A（01）品种	陶瓷截止阀(01)；陶瓷止回阀(02)；陶瓷球阀(03)
	B（02）阀体材质	二氧化硅(01)
	C（03）密封面材质	合成橡胶(01)；尼龙(02)；聚四氟乙烯(03)；铸铁(04)；合金等(05)
	D（04）公称通径 DN	DN50(01)；DN65(02)；DN80(03)；DN100(04)；DN150(05)；DN200(06)；DN250(07)；DN300(08)
	E（05）公称压力（PN）	1MPa(01)；1.6MPa(02)；2.5MPa(03)

类别编码及名称	属性项	常用属性值
1941 其他阀门	A（01）品种	自动排气阀(01)；防污隔断阀(02)；针型阀(03)；呼吸阀(04)；阀门操纵装置(05)；电动阀门(06)；低压阀门(07)；中压阀门(08)；高压阀门(09)

续表

类别编码及名称	属性项	常用属性值
1941 其他阀门	B (02)公称通径 DN	DN15(01)；DN20(02)；DN25(03)；DN32(04)；DN40(05)；DN50(06)；DN65(07)；DN80(08)；DN100(09)；DN125(10)；DN150(11)；DN200(12)；DN250(13)；DN300(14)；DN350（15）；DN400（16）；DN450（17）；DN500(18)
	C (03)公称压力 PN	0.6(01)；1.0(02)；1.6(03)；2.0(04)；2.5(05)；3(06)
	D (04)连接方式	法兰(01)；螺纹(02)；沟槽(03)；焊接(04)
类别编码及名称	属性项	常用属性值
2001 钢制法兰	A (01)品种	板式平焊法兰(01)；带颈平焊法兰(02)；平焊异径法兰(03)；对焊法兰(04)；内螺纹法兰(05)；内螺异径纹法兰(06)；55度锥管内螺纹法兰(07)；平焊法兰(08)；螺纹法兰(09)；整体法兰(10)；沟槽法兰(11)
	B (02)规格	DN15(01)；DN20(02)；DN25(03)；DN32(04)；DN40(05)；DN50(06)；DN65(07)；DN80(08)；DN100(09)；DN125(10)；DN150(11)；DN200(12)；DN250(13)；DN300(14)；DN350（15）；DN400（16）；DN450（17）；DN500(18)；DN550(19)；DN600(20)；ϕ32(21)
	C (03)牌号	OCr18Ni9(01)；9Cr18(02)；碳钢(03)；合金钢(04)；铸铁(05)
	D (04)公称压力(PN)	0.6MPa（01）；1.0MPa（02）；1.6MPa(03)；2.5MPa(04)；4.0MPa(05)；6.4MPa(06)；10.0MPa(07)；16.0MPa(08)
	E (05)结构形式	整体法兰(01)；螺纹法兰(02)；对焊法兰(03)；平焊法兰(04)
	F (06)密封面形式	无密封面(01)；凸面(RF)(02)；突面-RF(03)
类别编码及名称	属性项	常用属性值
2003 不锈钢法兰	A (01)品种	板式平焊法兰(01)；带颈平焊法兰(02)；平焊异径法兰(03)；对焊法兰(04)；平焊法兰(05)；螺纹法兰(06)；整体法兰(07)

类别编码及名称	属性项	常用属性值
2003　不锈钢法兰	B (02)规格	DN20(01)；DN25(02)；DN32(03)；DN40(04)；DN50(05)；DN65(06)；DN80(07)；DN100(08)；DN125(09)
	C (03)材质	碳钢(01)；合金钢(02)；低合金钢(03)；不锈钢(04)
	D (04)公称压力 PN	0.25MPa（01）；0.6MPa（02）；1.0MPa（03）；1.6MPa（04）；2.5MPa（05）；4.0MPa（06）；6.4MPa（07）；10.0MPa（08）；15.0MPa(09)
	E (05)结构形式	整体法兰(01)；螺纹法兰(02)；对焊法兰(03)；平焊法兰(04)；承插焊法兰(05)；松套法兰(06)
	F (06)密封面形式	无密封面(01)；凸面(RF)(02)；突面-RF(03)；凹面(FM)(04)；凹凸面(MFM)(05)；榫槽面(TG)(06)；全平面(FF)(07)；环连接面(RJ)(08)；榫面-T(09)；槽面-G(10)；凸面-M(11)

类别编码及名称	属性项	常用属性值
2005　铸铁法兰	A (01)品种	板式平焊法兰(01)；带颈平焊法兰(02)；平焊异径法兰(03)；对焊法兰(04)；内螺纹法兰(05)；内螺异径纹法兰(06)
	B (02)规格	DN20(01)；DN25(02)；DN32(03)；DN40(04)；DN50(05)；DN65(06)；DN80(07)；DN100（08）；DN125（09）；DN150（10）；DN200（11）；DN300（12）；DN400（13）；DN500(14)
	C (03)公称压力	1.6MPa（01）；2.5MPa（02）；4.0MPa（03）；6.4MPa（04）；10.0MPa（05）；15.0MPa(06)
	D (04)材质	灰口铸铁(01)；球墨铸铁(02)；可锻铸铁(03)
	E (05)结构形式	整体铸铁管法兰(01)；带颈螺纹铸铁管法兰(02)；带颈平焊(03)；带颈承插焊(04)；带颈松套铸铁管法兰(05)
	F (06)密封面形式	无密封面(01)；凸面(RF)(02)；突面-RF(03)；凹面(FM)(04)；凹凸面(MFM)(05)；榫槽面(TG)(06)；全平面(FF)(07)；环连接面(RJ)(08)；榫面-T(09)；槽面-G(10)；凸面-M(11)

类别编码及名称	属性项	常用属性值
2007 铜法兰	A（01）品种	铜合金对焊法兰（01）；铜合金平焊法兰（02）；铜管翻边活动法兰（03）；铜合金整体法兰（04）
	B（02）规格	DN20（01）；DN25（02）；DN32（03）；DN40（04）；DN50（05）；DN65（06）；DN80（07）；DN100（08）；DN125（09）
	C（03）公称压力	1.6MPa（01）；2.5MPa（02）；4.0MPa（03）；6.4MPa（04）；10.0MPa（05）；15.0MPa（06）
	D（04）材质	H62（01）；H68（02）；H85（03）
	E（05）结构形式	整体铸铁管法兰（01）；带颈螺纹铸铁管法兰（02）；带颈平焊（03）；带颈承插焊（04）；带颈松套铸铁管法兰（05）
	F（06）密封面形式	无密封面（01）；凸面（RF）（02）；突面-RF（03）；凹面（FM）（04）；凹凸面（MFM）（05）；榫槽面（TG）（06）；全平面（FF）（07）；环连接面（RJ）（08）；榫面-T（09）；槽面-G（10）；凸面-M（11）

类别编码及名称	属性项	常用属性值
2008 钛法兰	A（01）品种	板式平焊法兰（01）；带颈平焊法兰（02）；平焊异径法兰（03）；对焊法兰等（04）
	B（02）规格	DN20（01）；DN25（02）；DN32（03）；DN40（04）；DN50（05）；DN65（06）；DN80（07）；DN100（08）；DN125（09）
	C（03）牌号	TA0（01）；TA1（02）；TA2（03）；TA3（04）；TA9（05）；TA10（06）；TC4（07）
	D（04）公称压力	1.6MPa（01）；2.5MPa（02）；4.0MPa（03）；6.4MPa（04）；10.0MPa（05）；15.0MPa（06）
	E（05）结构形式	整体钛法兰（01）；对焊钛法兰（02）；活套钛法兰和螺纹钛法兰（03）
	F（06）密封面形式	无密封面（01）；凸面（RF）（02）；突面-RF等（03）

类别编码及名称	属性项	常用属性值
2009 塑料法兰	A（01）品种	整体法兰（01）；螺纹法兰（02）
	B（02）规格	DN20（01）；DN25（02）；DN32（03）；DN40（04）；DN50（05）；DN65（06）；DN80（07）；DN100（08）；DN125（09）
	C（03）材质	PPR（01）；PVC-U（02）；PE（03）；CPVC（04）

类别编码及名称	属性项	常用属性值
2009 塑料法兰	D(04)公称压力	1.6MPa(01);2.5MPa(02);4.0MPa(03);6.4MPa(04);10.0MPa(05);15.0MPa(06)
	E(05)结构形式	塑料法兰(01);塑胶法兰(02);塑料复合法兰(03);塑料整体法兰(04)
	F(06)密封面形式	无密封面(01);凸面(RF)(02);突面-RF(03);凹面(FM)(04);凹凸面(MFM)(05);榫槽面(TG)(06);全平面(FF)(07);环连接面(RJ)(08);榫面-T(09);槽面-G(10);凸面-M(11)

类别编码及名称	属性项	常用属性值
2011 其他法兰	A(01)品种	整体法兰(01);螺纹法兰(02)
	B(02)规格	DN20(01);DN25(02);DN32(03);DN40(04);DN50(05);DN65(06);DN80(07);DN100(08);DN125(09)
	C(03)材质	铝(01);玻璃钢(02);铝合金(03)
	D(04)公称压力	1.6MPa(01);2.5MPa(02);4.0MPa(03);6.4MPa(04);10.0MPa(05);15.0MPa(06)
	E(05)结构形式	塑料法兰(01);塑胶法兰(02);塑料复合法兰(03);塑料整体法兰(04)
	F(06)密封面形式	无密封面(01);凸面(RF)(02);突面-RF(03);凹面(FM)(04);凹凸面(MFM)(05);榫槽面(TG)(06);全平面(FF)(07);环连接面(RJ)(08);榫面-T(09);槽面-G(10);凸面-M(11)

类别编码及名称	属性项	常用属性值
2021 盲板	A(01)公称通径	DN32(01);DN40(02);DN50(03);DN65(04);DN75(05);DN80(06);DN100(07);DN125(08);DN150(09);DN200(10);DN250(11);DN300(12)
	B(02)材质	碳素钢(01);合金钢(02);不锈钢(03);木质(04)
	C(03)公称压力	1.6MPa(01);2.5MPa(02);4.0MPa(03);6.4MPa(04);10.0MPa(05);15.0MPa(06)
	D(04)结构形式	8字形(01);配透镜垫(02)
	E(05)密封面形式	全平面FF(01);突面(光滑面)RF(02);凹凸面FM(03);双凸面MM(04);双凹面FF(05);环连接面RJ(06);密封面(07)

类别编码及名称	属性项	常用属性值
2031 金属垫片	A(01)品种	透镜式金属垫片(01);金属平垫片(02);金属波齿垫片(03);金属包覆垫片(04);金属环形平垫片(05);金属齿形组合垫片(06);止退垫片(07);弹簧垫片(08)
	B(02)公称通径	DN25(01);DN32(02);DN40(03);DN50(04);DN65(05);DN80(06);DN100(07);DN125(08);DN150(09);30×30(10);40×4(11);1♯(12);2♯(13);5♯(14)
	C(03)厚度	0.8mm(01);1.5mm(02);2mm(03);3mm(04);5mm(05);6mm(06);7mm(07);8mm(08);9mm(09);10mm(10);11mm(11)
	D(04)材质	碳钢(01);柔性石墨(02);不锈钢(03)
	E(05)公称压力	1.6MPa(01);2.5MPa(02);4MPa(03);6.4MPa(04);10MPa(05);16MPa(06);20MPa(07);22MPa(08);32MPa(09)
	F(06)垫片形式	全平面法兰用(01);凸凹面法兰用(02);突面法兰用(03);榫槽面法兰用(04)
类别编码及名称	属性项	常用属性值
2033 非金属垫片	A(01)品种	平垫片(01);包覆垫片(02);透镜垫(03);齿形组合垫片(04)
	B(02)规格	DN25(01);DN32(02);DN40(03);DN50(04);DN65(05);DN80(06);DN100(07);DN125(08);DN150(09);DN200(10);DN250(11);DN300(12);DN400(13);1♯(14);2♯(15);5♯(16);ϕ100(17);ϕ150(18);ϕ200(19);ϕ250(20);ϕ300(21);ϕ400(22)
	C(03)材质	无石棉纤维垫板(01);合成纤维橡胶(02);天然橡胶(03);氯丁橡胶(04);丁苯橡胶(05);乙苯橡胶(06);氟橡胶(07);聚四氟乙烯(08);环氧树脂(09);环氧树脂玻璃丝布(10)
	D(04)厚度	1.5mm(01);1.6mm(02);2mm(03);2.4mm(04);3mm(05);3.2mm(06);4mm(07);4.5mm(08);5mm(09);6mm(10);8mm(11);10mm(12);25mm(13)
	E(05)公称压力	1.6MPa(01);2.5MPa(02);4MPa(03);6.4MPa(04);10MPa(05);16MPa(06);20MPa(07);22MPa(08);32MPa(09)
	F(06)垫片形式	全平面法兰用(01);凸凹面法兰用(02);突面法兰用(03);榫槽面法兰用(04)

续表

类别编码及名称	属性项	常用属性值
2035　其他垫片	A(01)品种	石墨片(01)；复合垫片(02)
	B(02)材质	玻璃(01)；陶瓷(02)；环氧树脂玻璃布(03)
	C(03)公称通径	DN25(01)；DN32(02)；DN40(03)；DN50(04)；DN65(05)；DN80(06)；DN100(07)；DN125(08)；DN150(09)；DN200(10)；DN250(11)；DN300(12)；DN350(13)；DN400(14)；ϕ100(15)；ϕ150(16)；ϕ200(17)；ϕ250(18)；ϕ300(19)；ϕ400(20)
	D(04)厚度	2(01)；25(02)
类别编码及名称	属性项	常用属性值
2101　浴缸、浴盘	A(01)品种	玻璃钢浴缸(01)；塑料浴缸(02)；陶瓷浴缸(03)；仿瓷浴缸(04)；玛瑙浴缸(05)；亚克力浴盆(06)
	B(02)形状	双裙边(01)；无裙边(02)；联体裙边(03)；船型底座(04)；半圆形(05)；钻石形(06)；方矩形(07)；扇形等(08)
	C(03)功能	普通浴缸(01)；按摩浴缸(02)；冲浪浴缸(03)；冲浪按摩浴缸(04)
	D(04)颜色	纯白(01)；粉牙(02)；粉蓝(03)；粉红(04)；粉绿(05)
	E(05)外形尺寸（长×宽×高）	1500×700×430(01)；1500×700×650(02)；1500×800×585(03)；1600×700×650(04)
	F(06)款式	独立式(01)；嵌入式(02)；半下沉式(03)
类别编码及名称	属性项	常用属性值
2103　净身盆、器（妇洗盆）	A(01)品种	含陶瓷净身盆(01)；人造玛瑙净身盆(02)
	B(02)喷洗方式	后交叉喷洗式(01)；直喷式(02)；斜喷式(03)
	C(03)水龙头孔数	单孔龙头(01)；三孔龙头(02)；四孔龙头(03)
	D(04)外形尺寸（长×宽×高）	600×380×380(01)；630×370×550(02)；615×375×385(03)

类别编码及名称	属性项	常用属性值
2107 淋浴间（房）、淋浴屏	A(01)品种	玻璃淋浴间(01)；钢化玻璃淋浴间(02)；有机玻璃淋浴间(03)；玻璃淋浴屏(04)；钢化玻璃淋浴屏(05)；亚克力淋浴间(06)
	B(02)玻璃厚度	4(01)；5(02)；8(03)；10(04)
	C(03)形状	方矩形(01)；圆形(02)；弧形(03)；钻石形(04)；扇形(05)；角形(06)
	D(04)龙骨材料	铝合金(01)；不锈钢(02)；亚克力(03)；塑钢(04)
	E(05)门扇开启方式	单扇平开(01)；双扇平开(02)；单扇对开(03)；双扇对开(04)
类别编码及名称	属性项	常用属性值
2108 蒸汽房、桑拿房	A(01)品种	单人蒸汽房(01)；单人淋浴蒸汽房(02)；双人淋浴蒸汽房(03)
	B(02)平面形状	方矩形(01)；半圆形(02)；圆弧形(03)；长弧形(04)
	C(03)功能	水力按摩(01)；电话接听(02)；音响系统(03)；消毒杀菌(04)
	D(04)外形尺寸	
类别编码及名称	属性项	常用属性值
2109 台盆(洗脸盆、洗手盆)	A(01)品种	洗手盆(01)；洗脸盆(02)
	B(02)台面材质	陶瓷(01)；大理石(02)；亚克力(03)；玛瑙(04)；仿瓷(05)；玻璃(06)；玻璃钢(07)
	C(03)结构形式	柱式(01)；半柱式(02)；挂柱式(03)；挂式(04)；台上式(05)；台式(06)；半入台式(07)；台下式(08)；台上碗式(09)
	D(04)外形尺寸	L620×W500×H210(01)；610×510×210(02)；610×510×200(03)；605×535×226(04)；600×500×200(05)；L575×W425×H215(06)；550×440×208(07)；500×430×218(08)；500×430×196(09)；442×380×190(10)
类别编码及名称	属性项	常用属性值
2111 洗发盆(洗头槽)	A(01)品种	洗发盆(01)；洗头槽(02)
	B(02)台面材质	陶瓷(01)；大理石(02)；亚克力(03)；玛瑙(04)；仿瓷(05)；玻璃(06)；玻璃钢(07)
	C(03)外形尺寸	L620×W500×H210(01)；610×510×210(02)；610×510×200(03)；605×535×226(04)；600×500×200(05)；L575×W425×H215(06)；550×440×208(07)；500×430×218(08)；500×430×196(09)；442×380×190(10)

续表

类别编码及名称	属性项	常用属性值
2112 水槽	A(01)材质	铸铁搪瓷(01);陶瓷(02);不锈钢(03);人造石(04);钢板珐琅(05);亚克力(06);结晶石(07)
	B(02)外形尺寸	882×485×195(01)
	C(03)功能	单盆(01);双盆(02);大小双盆(03);异形双盆(04);带滤水板(05)

类别编码及名称	属性项	常用属性值
2113 洗涤盆、化验盆	A(01)品种	洗涤槽(01);洗涤盆(02);化验槽(03)
	B(02)材质	陶瓷(01);大理石(02);亚克力(03);玛瑙(04);仿瓷(05);玻璃(06);玻璃钢(07);不锈钢(08)
	C(03)结构形式	单槽(01);双槽(02);三槽(03)
	D(04)外形尺寸（长×宽×高）	740×445×200(01)

类别编码及名称	属性项	常用属性值
2115 蹲便器	A(01)材质	陶瓷(01);人造大理石(玛瑙)(02);仿瓷(03);不锈钢(04)
	B(02)坑距	300(01);400(02)
	C(03)冲水方式	手动式(01);感应式(02)
	D(04)外形尺寸	550×420×200(01)

类别编码及名称	属性项	常用属性值
2116 坐便器	A(01)材质	陶瓷(01);人造大理石(玛瑙)(02);仿瓷(03);不锈钢(04)
	B(02)坑距	200(01);250(02);300(03);350(04);400(05)
	C(03)外形尺寸	420×410×765mm(01)
	D(04)结构形式	连体式(01);分体式(02)
	E(05)配件功能	带冲洗(01);带加热(02);便洁宝(03)
	F(06)排污方式	冲落式(01);虹吸冲落式(02);虹吸喷射式(03);虹吸漩涡式(04)
	G(07)冲水量(L)	3/3.8(01);3/4.5(02);3/4.8(03);3.8/6(04)

类别编码及名称	属性项	常用属性值
2117 小便器	A(01)品种	挂式小便器(01);立式小便器(02);感应挂式小便器(03);感应立式小便器(04)
	B(02)冲水量(L)	3(01);6(02)
	C(03)排污中心离墙距离	160(01);180(02)
	D(04)进水到横排距离	170(01);190(02);435(03);480(04);550(05);910(06)

类别编码及名称	属性项	常用属性值
2119 化妆台、化妆镜	A(01)品种	普通式(带镜)(01)
	B(02)材质	PVC(01);陶瓷(02);大理石(03);亚克力(04);玛瑙(05);仿瓷(06);玻璃(07);玻璃钢(08);不锈钢(09)
	C(03)规格(长×宽×高)	
	D(04)表面处理	亚光(01);亮光(02);自然面(03);抛光面(04)
类别编码及名称	属性项	常用属性值
212101 镜柜(化妆柜)	A(01)规格(长×宽×高)	
	B(02)材质	PVC(01);陶瓷(02);大理石(03);亚克力(04);玛瑙(05);仿瓷(06);玻璃(07);玻璃钢(08);不锈钢(09)
	C(03)款式	
类别编码及名称	属性项	常用属性值
212103 洗衣柜	A(01)规格(长×宽×高)	
	B(02)材质	PVC(01);陶瓷(02);大理石(03);亚克力(04);玛瑙(05);仿瓷(06);玻璃(07);玻璃钢(08);不锈钢(09)
	C(03)款式	
类别编码及名称	属性项	常用属性值
212105 吊柜	A(01)品种	主柜(01);边柜(02);吊柜(03)
	B(02)材质	PVC(01);陶瓷(02);大理石(03);亚克力(04);玛瑙(05);仿瓷(06);玻璃(07);玻璃钢(08);不锈钢(09)
	C(03)规格(长×宽×高)	
	D(04)结构形式	柜体式(01);置物架/层板(02);镜框式(03)
类别编码及名称	属性项	常用属性值
212107 置物柜	A(01)品种	
	B(02)材质	PVC(01);陶瓷(02);大理石(03);亚克力(04);玛瑙(05);仿瓷(06);玻璃(07);玻璃钢(08);不锈钢(09)
	C(03)规格(长×宽×高)	
	D(04)结构形式	柜体式(01);置物架/层板(02);镜框式(03)

续表

类别编码及名称	属性项	常用属性值
212109　台盆柜	A(01)品种	
	B(02)材质	PVC(01);陶瓷(02);大理石(03);亚克力(04);玛瑙(05);仿瓷(06);玻璃(07);玻璃钢(08);不锈钢(09)
	C(03)规格(长×宽×高)	
	D(04)结构形式	柜体式(01);置物架/层板(02);镜框式(03)

类别编码及名称	属性项	常用属性值
2125　卫生洁具用水箱	A(01)品种	壁挂式低位水箱(01);高位水箱(瓷高水箱)(02);坐装式低位水箱(03)
	B(02)规格	420×260×280(01);440×240×280(02)
	C(03)材质	陶瓷(01);钢制(02)
	D(04)水容量(L)	6(01)

类别编码及名称	属性项	常用属性值
2127　卫浴小电器	A(01)品种	烘手器(01);浴霸(02);暖风机(03);吹风机(04)
	B(02)类型	消毒干手双功能机(01);单面喷气式干手器(02);双面喷气式干手器(03);全自动烘手器(04)
	C(03)外形尺寸	245×162×263(01)
	D(04)外壳材质	不锈钢(01);塑料(02)
	E(05)功率(W)	800(01);1000(02);1200(03);1400(04);1500(05);2000(06);2200(07);2500(08);3000(09)
	F(06)感应距离(cm)	10(01);15(02);20(03)
	G(07)防水等级	IPX1(01);IPX2(02);IPX3(03);IPX4(04);IPX5(05);IPX6(06);IPX7(07);IPX8(08);IPX9(09)

类别编码及名称	属性项	常用属性值
2129　喷香机、给皂器	A(01)品种	喷香机(01);给皂器(02)
	B(02)类型	定时自动喷香机(01);感应喷香机(02);手动给皂器(03);自动感应给皂器(04)
	C(03)外形尺寸	长×宽×高(01)
	D(04)材质	不锈钢(01);塑料(02)

类别编码及名称	属性项	常用属性值
2131　其他卫生洁具	A(01)品种	毛巾架(01);浴巾架(02);卫生纸架(03)
	B(02)规格	
	C(03)材质	塑料(01);不锈钢(02)
类别编码及名称	属性项	常用属性值
2143　消毒器、消毒锅	A(01)品种	感应式消毒(01);紫外线(02);臭氧式(03)
	B(02)结构形式	壁挂式(01);移动式(02)
	C(03)规格	230×150×375(01)
	D(04)消毒溶剂	300(01);600(02);900(03)
类别编码及名称	属性项	常用属性值
2145　饮水器	A(01)品种	鸭嘴式饮水器(01);立式单热饮水机(02);立式冷热饮水机(03);自动售水机(04)
	B(02)功率(kW)	1(01);2(02);3(03);4.5(04);6(05)
	C(03)容量(L)	10(01);15(02);18(03);25(04)
类别编码及名称	属性项	常用属性值
2147　厨用隔油器	A(01)结构形式	地埋式(01);嵌挂式(02);悬挂式(03)
	B(02)槽数	2个(01);3个(02);4个(03)
	C(03)规格	400×350(01);500×400(02);700×400(03);800×500(04)
类别编码及名称	属性项	常用属性值
2151抽水缸(凝水器)	A(01)品种	碳钢抽水缸(01);铸铁抽水缸(02)
	B(02)规格	D89(01);D108(02);D159(03);D219(04);D273(05);DN100(06);DN150(07);DN200(08);DN250(09);DN300(10);DN350(11);DN400(12);DN500(13)
类别编码及名称	属性项	常用属性值
2153　调压装置	A(01)品种	燃气调压装置(01);燃气调压器(02)
	B(02)规格	25(01);40(02);50(03);65(04);80(05);100(06)
类别编码及名称	属性项	常用属性值
2155　燃气管道专用附件	A(01)品种	点火棒(01);接头(02);支撑圈(03);全胶软管(04);燃气嘴(05);拖钩(06);表托盘(07);孔板(08);取压孔(09);取样口(10);调长器(11)
	B(02)规格	11(01);14(02);15(03);20(04);75(05);100(06);150(07);200(08);250(09);300(10);350(11);400(12);450(13);500(14);600(15)

类别编码及名称	属性项	常用属性值
2157　其他燃气器具	A(01)品种	
	B(02)规格	

类别编码及名称	属性项	常用属性值
2201　铸铁散热器	A(01)品种	柱型铸铁散热器(01);圆翼型铸铁散热器(02);铸铁散热器(03);板翼型铸铁散热器(04);铸铁弯肋型散热器(05);辐射对流柱翼型铸铁散热器(06);长翼型铸铁散热器(07);铸铁挂式散热器(08);柱翼型铸铁散热器(09)
	B(02)同侧进出口中心距	300(01);360(02);470(03);500(04);570(05);600(06);642(07);700(08);760(09);1360(10)
	C(03)结构形式	
	D(04)工作压力(MPa)	0.4(01);0.5(02);0.6(03);0.8(04);0.9(05);1.0(06)
	E(05)散热量 W/片	
	F(06)外表面处理	喷塑(01);防腐(02)
	G(07)内表面加工工艺	无砂片(01);普通片(02)

类别编码及名称	属性项	常用属性值
2203　钢制散热器	A(01)品种	钢制扁管散热器(01);钢制板式散热器(02);钢制翅片管散热器(03);钢制管柱形散热器(04)
	B(02)同侧进出水口中心距	180(01);300(02);360(03);450(04);470(05);570(06);600(07);900(08);1500(09);1800(10)
	C(03)结构形式	一柱(01);二柱(02);三柱(03);四柱(04);圆管三柱(05);肋板型(06)
	D(04)散热量 W/片	
	E(05)外表面处理	喷塑(01);静电喷涂(02)
	F(06)罩面形式	侧面弧形外罩(01);平罩(02);瓦楞罩(03)
	G(07)工作压力(MPa)	0.4MPa(01);0.8MPa(02)

类别编码及名称	属性项	常用属性值
2205　铝及铝合金散热器	A(01)品种	铝制柱翼型散热器(01);铝制柱形散热器(02);串片式铝制散热器(03)
	B(02)同侧进出水口中心距	300(01);600(02);900(03);1500(04);1800(05)
	C(03)结构形式	一二柱(01);三柱(02);四柱(03)
	D(04)散热量 W/片	
	E(05)工作压力	0.4MPa(01);0.8MPa(02)

类别编码及名称	属性项	常用属性值
2207　铜及复合散热器	A(01)品种	铜铝串片对流散热器(01);压铸铜式铝制柱形散热器(02);卧式钢管铝片对流散热器(03);钢铝复合柱形散热器(04)
	B(02)同侧进出水口中心距	300(01);600(02);900(03);1500(04);1800(05)
	C(03)结构形式	一柱(01);二柱(02);三柱(03);四柱(04);圆管三柱(05);肋板型(06)
	D(04)散热量 W/片	
	E(05)外表面处理	喷塑(01);静电喷涂(02)
	F(06)罩面形式	侧面弧形外罩(01);平罩(02);瓦楞罩(03)
	G(07)工作压力	0.4MPa(01);0.8MPa(02)

类别编码及名称	属性项	常用属性值
2209　其他散热器	A(01)品种	移动式单位电散热器(01);电热膜辐射供暖(02)
	B(02)外形尺寸	800×450(01);600×450(02)
	C(03)同侧出口中心距	

类别编码及名称	属性项	常用属性值
2211　散热器专用配件	A(01)品种	拖钩(01);补芯(02);翻边扣盖(03);散热器专用管接头(04);地板采暖分水器(05);圆管片头(06);普通扣盖(07);胶垫(08);丝堵(09);对丝(10);排气阀(11);边沟(12)
	B(02)材质	铝(01);铜(02);钢制(03);塑料(04)
	C(03)规格	DN15(01);DN20(02);DN25(03);DN32(04);DN40(05);DN50(06)

类别编码及名称	属性项	常用属性值
2213　散热器温控阀	A(01)品种	暖气角式温控阀(01);暖气直通式温控阀(02);暖气三通温控阀(03)
	B(02)阀体材质	铜(01);碳钢(02);不锈钢(03);灰铸铁(04);PPR(05);塑料(06)
	C(03)规格	DN15(01);DN20(02);DN25(03);DN32(04);DN40(05);DN50(06);DN65(07);DN80(08);DN100(09);DN125(10);DN150(11)
	D(04)公称压力PN(MPa)	1(01);1.6(02);2.5(03)

类别编码及名称	属性项	常用属性值
2219 地暖分、集水器	A(01)品种	分集水器(01);分水器(02);集水器(03)
	B(02)压力等级(MPa)	
	C(03)支数	4(01);5(02);6(03);7(04);8(05)
	D(04)规格	
类别编码及名称	属性项	常用属性值
2221 集气罐	A(01)品种	立式集气罐(01);卧式集气罐(02)
	B(02)公称直径	100(01);150(02);200(03);250(04)
	C(03)公称压力 PN(MPa)	0.8(01);1(02);1.(03);1.3(04);1.6(05)
	D(04)容积(m³)	0.3(01);0.6(02);1.0(03);1.5(04);2.0(05);2.5(06);3.0(07);4.0(08);5.0(09)
	E(05)温度	70℃(01);>90℃(02)
类别编码及名称	属性项	常用属性值
2223 集热器	A(01)品种	平板式集热器(01);全玻璃真空管式集热器(02);太阳能集热器(03)
	B(02)使用人数	20~30(01);30~45(02);60~90(03)
	C(03)集热面积(m²)	1.77(01);2(02);2.2(03);3.6(04);4(05);4.5(06);5.4(07)
	D(04) 规格	1000×1000(01);1200×1000(02);1500×1000(03);2000×1000(04);4000×1000(05);4000×2000(06)
类别编码及名称	属性项	常用属性值
2225 除污器	A(01)品种	立式直通除污器(01);卧式直通除污器(02);旋流式除污器(03);卧式角通除污器(04);管道除污器(05);自动排污过滤器(ZPG)(06)
	B(02)公称直径 DN(mm)	8(01);15(02);25(03);32(04);40(05);50(06);65(07);80(08);100(09);125(10);150(11);200(12);250(13)
	C(03)过滤孔径范围	3~10(01);4~10(02)
类别编码及名称	属性项	常用属性值
2227 膨胀水箱	A(01)材质	不锈钢(01);钢制(02)
	B(02)公称面积	0.5(01);1(02);2(03);3(04);4(05);5(06)
	C(03)有效容积	0.61(01);0.63(02);1.15(03);1.2(04);2.06(05);2.27(06);3.05(07);3.2(08);4.32(09);4.37(10);5.18(11);5.35(12)

类别编码及名称	属性项	常用属性值
2229 水锤吸纳器	A(01)品种	隔膜气囊式水锤吸钠器(01);活塞气囊式水锤吸钠器(02);胶胆式水锤吸钠器(03)
	B(02)公称直径 DN(mm)	15(01);20(02);25(03);32(04);40(05);50(06);65(07);80(08);100(09);125(10);150(11);200(12);250(13);300(14)
	C(03)连接形式	法兰(01);螺纹(02)
	D(04)公称压力	0.4MPa(01);1.6MPa(02)

类别编码及名称	属性项	常用属性值
2231 汽水集配器	A(01)介质类型	氧气(01);压缩空气(02);氮气(03);热水(04);蒸汽(05)
	B(02)蒸汽压力 MPa	0.05(01);0.1(02);0.2(03);0.3(04);0.4(05);0.5(06)
	C(03)缸体直径(mm)	159(01);219(02);293(03);300(04);350(05);400(06);450(07)

类别编码及名称	属性项	常用属性值
2241 风口		

类别编码及名称	属性项	常用属性值
224101 百叶风口	A(01)材质	钢制(01);木质(02);不锈钢(03);铝合金(04)
	B(02)叶片层数	单层(01);双层(02)
	C(03)规格	圆形：100(01);圆形：120(02);圆形：140(03);圆形：160(04);圆形：180(05);圆形：200(06);圆形：220(07);圆形：250(08);圆形：280(09);圆形：320(10);圆形：360(11);圆形：400(12);圆形：450(13);圆形：500(14);圆形：560(15);圆形：630(16);圆形：700(17);圆形：800(18);矩形：120(19);矩形：160(20);矩形：200(21);矩形：250(22);矩形：320(23);矩形：400(24);矩形：500(25);矩形：630(26);矩形：800(27);矩形：1000(28);矩形：1250(29);方形：500×320(30);方形：1400×340(31);方形：1000×420(32);方形：190×620(33);方形：190×490(34);方形：800×300(35);方形：630×320(36);方形：190×390(37);方形：190×310(38);方形：190×240(39);方形：190×110(40);方形：150×620(41);方形：150×490(42);方形：150×390(43);方形：150×310(44)
	D(04)表面处理	喷塑(01);不喷塑(02)
	E(05)风量(m³/h)	1000(01);2000(02);5000(03);6000(04)
	F(06)附件	风箱(01);调节阀(02);过滤网(03);导流片(04)

类别编码及名称	属性项	常用属性值
224103　格栅风口	A(01)材质	钢制(01);木质(02);不锈钢(03);铝合金(04)
	B(02)叶片层数	单层(01);双层(02)
	C(03)规格	120(01);160(02);200(03);250(04);320(05);400(06);500(07);630(08);800(09);1000(10);1250(11)
	D(04)表面处理	喷塑(01);不喷塑(02)
	E(05)风量(m³/h)	1000(01);2000(02);5000(03);6000(04)
	F(06)附件	风箱(01);调节阀(02);过滤网(03);导流片(04)
类别编码及名称	属性项	常用属性值
224105　喷口风口	A(01)材质	钢制(01);木质(02);不锈钢(03);铝合金(04)
	B(02)规格	圆形:100(01);圆形:120(02);圆形:140(03);圆形:160(04);圆形:180(05);圆形:200(06);圆形:220(07);圆形:250(08);圆形:280(09);圆形:320(10);圆形:360(11);圆形:400(12);圆形:450(13);圆形:500(14);圆形:560(15);圆形:630(16);圆形:700(17);圆形:800(18);矩形:120(19);矩形:160(20);矩形:200(21);矩形:250(22);矩形:320(23);矩形:400(24);矩形:500(25);矩形:630(26);矩形:800(27);矩形:1000(28);矩形:1250(29);方形:500×320(30);方形:1400×340(31);方形:1000×420(32);方形:190×620(33);方形:190×490(34);方形:800×300(35);方形:630×320(36);方形:190×390(37);方形:190×310(38);方形:190×240(39);方形:190×110(40);方形:150×620(41);方形:150×490(42);方形:150×390(43);方形:150×310(44)
	C(03)风量(m³/h)	1000(01);2000(02);5000(03);6000(04)
	D(04)附件	风箱(01);调节阀(02);过滤网(03);导流片(04)

类别编码及名称	属性项	常用属性值
224107 蛋格式风口	A(01)材质	钢制(01);木质(02);不锈钢(03);铝合金(04)
	B(02)规格	圆形：100(01);圆形：120(02);圆形：140(03);圆形：160(04);圆形：180(05);圆形：200(06);圆形：220(07);圆形：250(08);圆形：280(09);圆形：320(10);圆形：360(11);圆形：400(12);圆形：450(13);圆形：500(14);圆形：560(15);圆形：630(16);圆形：700(17);圆形：800(18); 矩形：120(19);矩形：160(20);矩形：200(21);矩形：250(22);矩形：320(23);矩形：400(24);矩形：500(25);矩形：630(26);矩形：800(27);矩形：1000(28);矩形：1250(29); 方形：500×320(30);方形：1400×340(31);方形：1000×420(32);方形：190×620(33);方形：190×490(34);方形：800×300(35);方形：630×320(36);方形：190×390(37);方形：190×310(38);方形：190×240(39);方形：190×110(40);方形：150×620(41);方形：150×490(42);方形：150×390(43);方形：150×310(44)
	C(03)风量(m³/h)	1000(01);2000(02);5000(03);6000(04)
	D(04)附件	风箱(01);调节阀(02);过滤网(03);导流片(04)
类别编码及名称	属性项	常用属性值
224109 板式排烟口	A(01)材质	钢制(01);木质(02);不锈钢(03);铝合金(04)
	B(02)规格	圆形：100(01);圆形：120(02);圆形：140(03);圆形：160(04);圆形：180(05);圆形：200(06);圆形：220(07);圆形：250(08);圆}280(09);圆形：320(10);圆形：360(11);圆形：400(12);圆形：450(13);圆形：500(14);圆形：560(15);圆形：630(16);圆形：700(17);圆形：800(18); 矩形：120(19);矩形：160(20);矩形：200(21);矩形：250(22);矩形：320(23);矩形：400(24);矩形：500(25);矩形：630(26);矩形：800(27);矩形：1000(28);矩形：1250(29); 方形：500×320(30);方形：1400×340(31);方形：1000×420(32);方形：190×620(33);方形：190×490(34);方形：800×300(35);方形：630×320(36);方形：190×390(37);方形：190×310(38);方形：190×240(39);方形：190×110(40);方形：150×620(41);方形：150×490(42);方形：150×390(43);方形：150×310(44)
	C(03)排烟量(m³/h)	

续表

类别编码及名称	属性项	常用属性值
2243 散流器	A(01)品种	圆形散流器(01);矩形散流器(02);圆盘散流器(03);流线型形散流器(04);条缝散流器(05);方形散流器(06)
	B(02)材质	不锈钢(01);铝合金(02)
	C(03)风量(m³/h)	90(01);100(02);130(03);230(04);232(05);363(06);410(07);512(08);645(09);712(10);930(11);1180(12);1267(13);1485(14);1655(15);2095(16);2587(17)
	D(04)规格:直径/长×宽(mm)	φ250(01);φ315(02);φ350(03);φ360(04);φ400(05);φ450(06);φ500(07);φ630(08);180×180(09);200×200(10);240×240(11);250×250(12);300×300(13);350×350(14);600×600(15)
	E(05)叶片层数	2(01);3(02);4(03);5(04);6(05)
类别编码及名称	属性项	常用属性值
2245 风管、风道	A(01)品种	复合风管(01);无法兰风管(02);螺旋风管(03);柔性软风管(04);高压胶皮风管(05);高压风管(06)
	B(02)材质	镀锌钢板(01);纤玻织物(02);复合玻纤板(03);无机玻璃钢(04);聚氨酯(05);碳钢板(06);玻镁(07);不锈钢板(08);硬聚氯乙烯板(09)
	C(03)规格	圆形:25(01);圆形:100(02);圆形:120(03);圆形:140(04);圆形:160(05);圆形:180(06);圆形:200(07);圆形:220(08);圆形:250(09);圆形:280(10);圆形:320(11);圆形:360(12);圆形:400(13);圆形:450(14);圆形:500(15);圆形:560(16);圆形:630(17);圆形:700(18);圆形:800(19);矩形:120(20);矩形:160(21);矩形:200(22);矩形:250(23);矩形:320(24);矩形:400(25);矩形:500(26);矩形:630(27);矩形:800(28);矩形:1000(29);矩形:1250(30)
	D(04)容重 kg/m³	
	E(05)连接方式	法兰连接(01);插口连接(02)
	F(06)防火等级	A级 B1级(01)

类别编码及名称	属性项	常用属性值
2247 风帽	A(01)品种	伞形风帽(01)；球形风帽(02)；蘑菇型风帽(03)；筒型风帽风帽(04)；圆锥形风帽(05)；球型风帽(06)
	B(02)规格	$\phi100\times0.6mm(01)$；$\phi100\times0.5mm(02)$；$\phi300(03)$；$\phi600\times0.8mm(04)$；$\phi250(05)$；$\phi200(06)$；$\phi150(07)$；$\phi120(08)$；$\phi100(09)$
	C(03)材质	碳钢(01)；玻璃钢(02)；钢制(03)；塑料(04)
	D(04)重量(kg)	4(01)；5(02)；7(03)；9(04)；10(05)；12(06)；15(07)；18(08)；22(09)；25(10)；27(11)；50(12)
类别编码及名称	属性项	常用属性值
2249 罩类	A(01)品种	ABS吸烟罩(01)；上下吸式圆形回转罩(02)；下吸式侧吸罩(03)；上吸式侧吸罩(04)；采光罩(05)；防火罩(06)；整体型保护罩(07)；分体型保护罩(08)
	B(02)材质	不锈钢(01)；塑料(02)
	C(03)规格	$150\times150(01)$；$180\times180(02)$；$320\times320(03)$
类别编码及名称	属性项	常用属性值
2251 风口过滤器、过滤网	A(01)品种	过滤网(01)；过滤器(02)
	B(02)滤网材质	尼龙(01)；不锈钢(02)；铝合金(03)；玻璃钢(04)
	C(03)规格	$100\times300(01)$；$350\times500(02)$；$250\times600(03)$；$250\times500(04)$；$250\times300(05)$；$200\times500(06)$；$200\times400(07)$；$200\times300(08)$
	D(04)额定风量(m^3/h)	250(01)；550(02)；850(03)；1000(04)；1200(05)；1500(06)；1900(07)
类别编码及名称	属性项	常用属性值
2253 调节阀	A(01)品种	对开多叶风量调节阀(01)；密闭式对开多叶风量调节阀(02)；圆形风管防火阀(03)；矩形风管防火阀(04)；防烟防火阀(05)；矩形防烟(06)；防火调节阀(07)；矩形风口调节阀(08)；矩形风管止回阀(09)；圆形风管止回阀(10)；圆形瓣式启动阀(11)；柔性软风管阀(12)；手动密闭阀(13)；电动密闭阀(14)

続表 / 续表

类别编码及名称	属性项	常用属性值
2253　调节阀	B(02)材质	铸铁(01);铝合金(02);钢制(03);不锈钢(04);铜(05)
	C(03)开启方式	手动(01);电动(02);气动(03)
	D(04)规格	600×600(01);1250×800(02);1600×1000(03);300×300(04);200×200(05);ϕ100(06);ϕ120(07);ϕ140(08);ϕ160(09);ϕ180(10);ϕ200(11);ϕ220(12)
	E(05)熔点温度	

类别编码及名称	属性项	常用属性值
2255　消声器	A(01)品种	阻性消声器(01);抗性消声器(02);阻抗复合式消声器(03);微穿孔板消声器(04);扩散性消声器(05)
	B(02)规格	1000×1000(01);1000×600×1600(02);800×600×1600(03);800×500×1600(04);2000×1250(05);2000×1000(06);2000×800(07)
	C(03)材质	卡普隆纤维管(01);聚氨酯泡沫塑料管(02);镀锌钢板(03);矿棉管(04)

类别编码及名称	属性项	常用属性值
2257　减震器	A(01)品种	金属减振器(01);橡胶减振器(02);弹簧减振器(03);减振垫(04)
	B(02)型号	YDSD型(01);YDS-Ⅰ型(02);YDS-Ⅱ型(03)
	C(03)弹性刚度(kg/cm)	42(01);45(02);50(03)

类别编码及名称	属性项	常用属性值
2259　静压箱	A(01)品种	消声静压箱(01);普通静压箱(02)
	B(02)规格	1800×1700×700(01);1800×800×1000(02);1800×1400×700(03);2000×1400×1000(04)
	C(03)材质	铝合金(01);不锈钢(02);镀锌钢板(03)

类别编码及名称	属性项	常用属性值
2261　其他采暖通风材料	A(01)品种	炉钩(01);放风(02);软化水嘴(03);直气门(04);冷风门(05);跑风门(06);气泡回水盒(07);注水器(08);验水门(09)
	B(02)规格	
	C(03)材质	

类别编码及名称	属性项	常用属性值
2301 灭火器		
类别编码及名称	属性项	常用属性值
230101 泡沫灭火器	A(01)移动方式	手提式(01)；推车式(02)；舟车式(03)
	B(02)灭火级别	5A(01)；2B(02)；8A(03)；4B(04)；13A(05)；13B(06)；21A(07)；25B(08)；27A(09)；35B(10)；1A(11)；12B(12)；2A(13)；89B(14)；55B(15)；4A(16)；113B(17)；144B(18)；233B(19)；6A(20)；297B(21)
	C(03)灭火剂量	2L(01)；3L(02)；4L(03)；6L(04)；9L(05)；20L(06)；40L(07)；45L(08)；60L(09)；65L(10)；90L(11)；125L(12)
类别编码及名称	属性项	常用属性值
230103 干粉灭火器	A(01)移动方式	手提式(01)；推车式(02)；背负式(03)；悬挂式(04)
	B(02)灭火级别	21B(01)；34B(02)；55B(03)；89B(04)；144B(05)；183B(06)；297B(07)；6A(08)；8A(09)；10A(10)；1A(11)；2A(12)
	C(03)灭火剂量	1kg(01)；2kg(02)；3kg(03)；4kg(04)；5kg(05)；6kg(06)；8kg(07)；9kg(08)；10kg(09)；12kg(10)；20kg(11)；35kg(12)；50kg(13)；100kg(14)；125kg(15)
类别编码及名称	属性项	常用属性值
230105 二氧化碳灭火器	A(01)移动方式	手提式(01)；推车式(02)；鸭嘴式(03)
	B(02)灭火级别	21B(01)；34B(02)；55B(03)；89B(04)；113B(05)；144B(06)；183B(07)；4A(08)
	C(03)灭火剂量	2kg(01)；3kg(02)；5kg(03)；7kg(04)；10kg(05)；20kg(06)；30kg(07)；50kg(08)
类别编码及名称	属性项	常用属性值
230107 酸碱灭火器	A(01)移动方式	手提式(01)；推车式(02)
	B(02)灭火级别	1A(01)；2A(02)；4A(03)；6A(04)；55B(05)；89B(06)
	C(03)灭火剂量	3L(01)；6L(02)；9L(03)；20L(04)；45L(05)；60L(06)；125L(07)
类别编码及名称	属性项	常用属性值
230109 六氟丙烷灭火器	A(01)移动方式	手提式(01)；悬挂式(02)；推车式(03)
	B(02)灭火级别	2A(01)；55B(02)；4A(03)；34B(04)
	C(03)灭火剂量	1kg(01)；2kg(02)；4kg(03)；8kg(04)；12kg(05)

续表

类别编码及名称	属性项	常用属性值
230111　水基型灭火器	A(01)移动方式	手提式(01);推车式(02)
	B(02)灭火级别	1A(01);2A(02);4A(03);6A(04);55B(05);89B(06)
	C(03)灭火剂量	3L(01);6L(02);9L(03);20L(04);45L(05);60L(06);125L(07)

类别编码及名称	属性项	常用属性值
2303　消火栓		

类别编码及名称	属性项	常用属性值
230301　室外地上消火栓	A(01)进水口公称直径	100mm(01);150mm(02)
	B(02)出水口公称通径	65mm(01);80mm(02);100mm(03);150mm(04)
	C(03)接口形式	法兰式(01);承插式(02)
	D(04)公称压力	1.0MPa(01);1.6MPa(02)

类别编码及名称	属性项	常用属性值
230303　室外地下消火栓	A(01)进水口公称通径	100mm(01)
	B(02)出水口公称通径	65mm(01);100mm(02)
	C(03)接口形式	法兰式(01);承插式(02)
	D(04)公称压力	1.0MPa(01);1.6MPa(02)

类别编码及名称	属性项	常用属性值
230305　室内消火栓	A(01)公称通径	25mm(01);50mm(02);65mm(03);80mm(04)
	B(02)接口形式	螺纹式(01)
	C(03)出水口形式	单出口(01);双出口(02)
	D(04)栓阀数量	单栓阀(01);双栓阀(02)
	E(05)结构形式	直角出口型(01);45°出口型(02);旋转型(03);减压型(04);旋转减压型(05);减压稳压型(06);旋转减压稳压型(07)
	F(06)公称压力	1.6MPa(01)

类别编码及名称	属性项	常用属性值
2305　消防水泵接合器	A(01)出口公称直径(mm)	65(01);80(02);100(03);150(04);150(05)
	B(02)公称压力(MPa)	1(01);1.6(02);2.5(03);4.0(04)
	C(03)接口形式	KWS80(2个)(01);KWS65(2个)(02)

类别编码及名称	属性项	常用属性值
2307 消防箱、柜		

类别编码及名称	属性项	常用属性值
230701 消防控制柜	A(01)材质	铝合金(01);不锈钢(02)
	B(02)箱体尺寸	$800 \times 650 \times 200$(01);$800 \times 650 \times 240$(02);$800 \times 650 \times 320$(03);$1000 \times 700 \times 200$(04);$1200 \times 750 \times 200$(05)
	C(03)箱门形式	带检查门(01);前开门(02);带防火检修门(03);前后开门(04)

类别编码及名称	属性项	常用属性值
230703 消火栓箱	A(01)材质	铝合金(01);钢质(02);不锈钢(03)
	B(02)箱体尺寸	$800 \times 650 \times 200$(01);$800 \times 650 \times 240$(02);$800 \times 650 \times 320$(03);$1000 \times 700 \times 200$(04);$1000 \times 700 \times 240$(05);$1000 \times 700 \times 320$(06);$1200 \times 750 \times 200$(07);$1200 \times 700 \times 240$(08);$1200 \times 700 \times 320$(09);$1500 \times 700 \times 240$(10);$1600 \times 700 \times 240$(11);$1800 \times 700 \times 240$(12)
	C(03)箱门形式	带检查门(01);前开门(02);带防火检修门(03);前后开门(04)

类别编码及名称	属性项	常用属性值
230705 双门双栓简易箱	A(01)材质	铝合金(01);钢质(02);不锈钢(03)
	B(02)箱体尺寸	$800 \times 650 \times 200$(01);$800 \times 650 \times 240$(02);$800 \times 650 \times 320$(03);$1000 \times 700 \times 200$(04);$1200 \times 750 \times 200$(05)
	C(03)箱门形式	带检查门(01);前开门(02);带防火检修门(03);前后开门(04)

类别编码及名称	属性项	常用属性值
230707 灭火器箱	A(01)材质	铝合金(01);钢质(02);不锈钢(03)
	B(02)箱体尺寸	$800 \times 650 \times 200$(01);$800 \times 650 \times 240$(02);$800 \times 650 \times 320$(03);$1000 \times 700 \times 200$(04);$1200 \times 750 \times 200$(05)
	C(03)箱门形式	带检查门(01);前开门(02);带防火检修门(03);前后开门(04)

类别编码及名称	属性项	常用属性值
230709 水带箱	A(01)材质	铝合金(01);钢质(02);不锈钢(03)
	B(02)箱体尺寸	$800 \times 650 \times 200$(01);$800 \times 650 \times 240$(02);$800 \times 650 \times 320$(03);$1000 \times 700 \times 200$(04);$1200 \times 750 \times 200$(05)
	C(03)箱门形式	带检查门(01);前开门(02);带防火检修门(03);前后开门(04)

続表

类别编码及名称	属性项	常用属性值
2311　泡沫发生器、比例混合器		

类别编码及名称	属性项	常用属性值
231101　泡沫发生器	A(01)混合液流量(L/min)	4(01);8(02);16(03);24(04)
	B(02)泡沫发生量(L)	25(01);50(02);100(03);150(04)
	C(03)混合比	3%(01);6%(02)

类别编码及名称	属性项	常用属性值
231103　比例混合器	A(01)混合液流量(L/min)	75L/min(01);9600L/min(02)
	B(02)进出口管径	DN100(01);DN150(02);DN200(03);DN250(04)
	C(03)混合比	3%(01);6%(02)
	D(04)工作压力	0.6MPa(01);1.2MPa(02)
	E(05)储罐容积(m³)	0.5(01);1(02);1.5(03);2(04);3(05);4(06);5.5(07);6.5(08);7.5(09);11(10);18(11)

类别编码及名称	属性项	常用属性值
2313　水流指示器	A(01)品种	螺纹式水流指示器(01);卡箍式水流指示器(02);对夹式水流指示器(03);焊接式水流指示器(04);马鞍式水流指示器(05);法兰式水流指示器(06);水流指示器(07)
	B(02)公称直径(mm)	25(01);32(02);40(03);50(04);65(05);80(06);100(07);125(08);150(09);200(10)
	C(03)公称压力(MPa)	0.25(01);0.6(02);1.0(03);1.6(04);2.0(05);2.5(06);4.0(07);5.0(08)
	D(04)外形尺寸(长×宽)mm	190×265(01);200×325(02);210×365(03);180×245(04)
	E(05)工作电压(V)	DC24(01);AC220(02)
	F(06)材质	碳钢(01);不锈钢(02);FRPP(03);铜(04)

类别编码及名称	属性项	常用属性值
2315　灭火剂	A(01)品种	卤代烷灭火剂(01);二氧化碳灭火剂(02);泡沫灭火剂(03);清水灭火剂(04);干粉灭火剂(05)
	B(02)种类	清水(01);酸碱(02);泡沫(03);七氟丙烷(04);二氧化碳(05);干粉(06)

类别编码及名称	属性项	常用属性值
2315 灭火剂	C(03)规格(kg)	20(01);25(02);40(03);50(04);200(05);600(06);1200(07)
	D(04)发泡倍数	≥5(01);≥6(02);≥6.3(03);≥6.8(04);≥7.2(05);≥7.4(06);≥7.8(07)
	E(05)包装形式	塑料包装桶(01);钢瓶(02);编织袋(03)
类别编码及名称	属性项	常用属性值
2317 灭火散材		
类别编码及名称	属性项	常用属性值
231701 灭火毯	A(01)基材	纯棉(01);石棉(02);玻璃纤维(03);高硅氧(04);碳素纤维(05);陶瓷纤维(06);耐火纤维(07)
	B(02)规格尺寸(mm)	1000×1000(01);1200×1000(02);1200×1200(03);1500×1000(04);1500×1200(05);1500×1300(06);1500×1500(07);1800×1000(08);1800×1200(09);1800×1500(10);1800×1800(11);3200×1000(12);3200×1200(13);3200×1500(14)
类别编码及名称	属性项	常用属性值
231703 防火枕	A(01)材质	玻璃纤维(01)
	B(02)规格(mm)	240×140×30(01);250×150×30(02);280×150×30(03);280×140×35(04);320×180×40(05)
类别编码及名称	属性项	常用属性值
231705 防火圈	A(01)规格(mm)	40(01);50(02);75(03);90(04);110(05);125(06);160(07);200(08);250(09);315(10)
	B(02)材质	不锈钢(01);钢质(02)
	C(03)形式	A型(01);B型(02)
类别编码及名称	属性项	常用属性值
231707 防火堵料	A(01)种类	无机(01);有机(02);防火包(03);防火带(04)
	B(02)型号	WFD(01);YFD(02);ZHB(03)

类别编码及名称	属性项	常用属性值
2319 消防水枪	A(01)品种	直流水枪(01);喷雾水枪(02);多用水枪(03);开花水枪(04);带架水枪(05);开花直流水枪(06)
	B(02)射程(m)	≥10.5(01);≥12.5(02);≥13.5(03);≥15(04);≥16(05);≥17(06);≥18.5(07);≥20(08);≥21(09);≥22(10);≥25(11);≥27(12);≥28(13);≥30(14);≥32(15);≥34(16);≥37(17)
	C(03)重量(kg)	0.93,1.32,0.72(01)
	D(04)流量(L/min)	150(01);180(02);210(03);240(04);300(05);390(06);450(07);480(08);600(09);780(10)
	E(05)公称压力(MPa)	0.2(01);0.35(02);0.6(03);2.0(04);3.5(05)
	F(06)公称直径(mm)	13(01);16(02);19(03);40(04);50(05);65(06);100(07)
类别编码及名称	属性项	常用属性值
2321 消防喷头	A(01)类型	通用型(01);直立型(02);下垂型(03);边墙型(04)
	B(02)种类	玻璃球洒水喷头(01);隐蔽性喷头(02);快速响应早期抑制喷头(03);水幕喷头(04);泡沫喷头(05);水雾喷头(06);开式喷头(07);干式喷头(08);气体喷头(09)
	C(03)型号	ZSTP(01);ZSTZ(02);ZSTX(03);ZST-BZ(04);ZSTBX(05);ZSTBP(06);ZSTBS(07);ZSTDQ(08);ZSTDR(09);ZSTDY(10);ZSTG(11);ZSTK(12);ZSTWB(13)
	D(04)公称直径(mm)	10(01);15(02);20(03);25(04);50(05);65(06)
	E(05)压力等级(MPa)	1.2MPa(01)
	F(06)流量(L/min)	11.5(01);23(02);50(03);50.6(04);57(05);61.3(06);78(07);80(08);90(09);135(10);187.5(11)
	G(07)喷射角度	57度(01);74度(02);120度(03);160度(04);180度(05)

类别编码及名称	属性项	常用属性值
2322 喷嘴	A(01)代号	1(01);1.5(02);2(03);2.5(04);3(05);3.5(06);4(07);4.5(08);5(09);5.5(10);6(11);6.5(12);7(13);7.5(14);8(15);8.5(16);9(17);9.5(18);10(19);11(20);12(21);13(22);14(23);15(24);16(25);18(26);20(27);22(28);24(29);32(30);48(31);64(32)
	B(02)等效单孔直径	0.79(01);1.19(02);1.59(03);1.98(04);2.38(05);2.78(06);3.18(07);3.57(08);3.97(09);4.37(10);5.16(11);5.56(12);5.95(13);6.33(14);6.75(15);7.14(16);7.54(17);7.94(18);8.73(19);9.53(20);10.32(21);11.11(22);11.91(23);12.70(24);14.29(25);15.88(26);17.46(27);19.05(28);25.40(29);38.10(30);50.80(31)

类别编码及名称	属性项	常用属性值
2323 软管卷盘、水龙带及接口		

类别编码及名称	属性项	常用属性值
232301 软管卷盘	A(01)种类	水软管卷盘(01);干粉软管卷盘(02);1211软管卷盘(03);二氧化碳软管卷盘(04);泡沫软管卷盘(05)
	B(02)规格	13(01);16(02);19(03);25(04);32(05);38(06)
	C(03)压力(MPa)	0.8(01);1.0(02);1.6(03);2.5(04);4.0(05)

类别编码及名称	属性项	常用属性值
232303 水龙带	A(01)规格(mm)	25(01);40(02);50(03);65(04);80(05);100(06);125(07);150(08);200(09);250(10);300(11)
	B(02)压力(MPa)	0.8(01);1.0(02);1.3(03);1.6(04);2.0(05);2.5(06)
	C(03)长度(m)	15(01);20(02);25(03);30(04);40(05);60(06);200(07)

类别编码及名称	属性项	常用属性值
232305　接口	A(01)种类	内扣式接口(01);卡式接口(02);螺纹式接口(03);异型接口(04)
	B(02)规格(mm)	25(01);40(02);50(03);65(04);80(05);100(06);125(07);135(08);150(09);200(10)
类别编码及名称	属性项	常用属性值
2325　灭火器专用阀门		
类别编码及名称	属性项	常用属性值
232501　选择阀	A(01)规格(mm)	40(01);50(02);65(03);80(04);100(05);125(06);150(07);200(08)
	B(02)公称压力(MPa)	1.0(01);1.2(02);1.5(03);2.5(04);6.4(05);10(06);25(07)
	C(03)材质	铸铁(01);不锈钢(02);钢制(03)
类别编码及名称	属性项	常用属性值
232503　分配阀	A(01)规格(mm)	40(01);50(02);65(03);80(04);100(05);125(06);150(07);200(08)
	B(02)公称压力(MPa)	1.0(01);1.2(02);1.5(03);2.5(04);6.4(05);10(06);25(07)
	C(03)材质	铸铁(01);不锈钢(02);钢制(03)
类别编码及名称	属性项	常用属性值
232505　报警阀	A(01)规格(mm)	40(01);50(02);65(03);80(04);100(05);125(06);150(07);200(08)
	B(02)公称压力(MPa)	1.0(01);1.2(02);1.5(03)
	C(03)材质	铸铁(01);不锈钢(02);钢制(03)
类别编码及名称	属性项	常用属性值
2327　分水器、集水器、滤水器		
类别编码及名称	属性项	常用属性值
232701　分水器	A(01)规格(mm)	50(01);65(02);80(03);100(04);125(05);150(06);65×65(07);65×50(08)
	B(02)公称压力(MPa)	1.0(01);1.6(02);2.5(03)
类别编码及名称	属性项	常用属性值
232703　集水器	A(01)规格(mm)	50(01);65(02);80(03);100(04);125(05);150(06);65×65(07);65×50(08)
	B(02)公称压力(MPa)	1.0(01);1.6(02);2.5(03)

类别编码及名称	属性项	常用属性值
232705　滤水器	A(01)规格(mm)	50(01);65(02);80(03);100(04);125(05);150(06);65×65(07);65×50(08)
	B(02)公称压力(MPa)	1.0(01);1.6(02);2.5(03)
类别编码及名称	属性项	常用属性值
2329　隔膜式气压水罐	A(01)品种	立式隔膜气压水罐(01);卧式隔膜气压水罐(02);球式隔膜气压水罐(03)
	B(02)型号	进口:65,出口:65(01);进口:80,出口:65(02);进口:85,出口:65(03)
	C(03)公称压力(MPa)	0.4(01);0.6(02);0.8(03);1.0(04);1.2(05);1.58(06)
	D(04)罐体直径(mm)	400(01);600(02);800(03);1000(04);1200(05);1400(06);1600(07);1800(08);2000(09);2200(10);2400(11);2600(12);2800(13);3000(14);3200(15);3400(16);3600(17)
	E(05)总容积	0.11(01);0.15(02);0.32(03);0.35(04);0.37(05);0.76(06);0.84(07);0.86(08);1.41(09);1.44(10);1.56(11);2.37(12);2.5(13);2.58(14);3.4(15);3.61(16);3.64(17);4.6(18);5.26(19);5.5(20);6.1(21);8.12(22);8.64(23)
	F(06)调节容积(m³)	0.05(01);0.11(02);0.26(03);0.52(04);0.8(05);1.1(06);1.7(07);2.85(08)
	G(07)材质	碳钢(01);不锈钢(02)
类别编码及名称	属性项	常用属性值
2331　消防工具		
类别编码及名称	属性项	常用属性值
233101　消防斧	A(01)形状	平斧(01);尖斧(02)
	B(02)规格	610(01);710(02);715(03);810(04);815(05);910(06)
类别编码及名称	属性项	常用属性值
233103　消火栓试压器	A(01)公称通径(mm)	DN50(01);DN65(02)
	B(02)压力等级(MPa)	1.0(01);1.6(02);2.5(03)
类别编码及名称	属性项	常用属性值
233105　消防软梯	A(01)材质	涤纶(01);尼龙(02)
	B(02)承重(kg)	400(01);450(02);500(03);1000(04)

类别编码及名称	属性项	常用属性值
233107　消防铁锹	A(01)形状	尖锹(01)
	B(02)长度(mm)	500(01);690(02);1000(03)

类别编码及名称	属性项	常用属性值
233109　其他消防工具	A(01)品种	安全绳(01);防毒面具(02);消防头盔(03);正压式空气呼吸器(04);防火手套(05);救生气垫(06);高楼救生缓降器(07);氧气呼吸器(08);气割机(09);机动锯(10);消防钩(11);消防铲(12);消防桶(13);消防应急包(14);警戒带(15);防化眼镜(16);消防胶靴(17);隔热服(18);防火衣(19);消防战斗服(20);消防腰带(21);扩音器(22);消防器材架(23);防爆毯(24);防火帽(25)
	B(02)规格	

类别编码及名称	属性项	常用属性值
2333　探测器		

类别编码及名称	属性项	常用属性值
233301　感烟探测器	A(01)产品类别	离子感烟式(01);光电感烟式(02);红外光束感烟式(03);吸气式烟雾探测式(04);气体探测器(05)
	B(02)结构形式	点型(01);线型(02)
	C(03)直径(mm)	100(01);104(02);105(03);106(04);117(05)
	D(04)高度(mm)	32(01);35(02);53(03);56(04);65(05)
	E(05)工作温度	−10~+50℃(01);−20~+65℃(02)
	F(06)工作电源	DC9V(01);DC12V(02);DC24V(03)

类别编码及名称	属性项	常用属性值
233303　感温探测器	A(01)产品类别	定温探测器(01);差温探测器(02);差定温探测器(03)
	B(02)结构形式	点型(01);线型(02)
	C(03)直径(mm)	98(01);100(02);104(03);105(04);106(05)
	D(04)高度(mm)	32(01);35(02);53(03);56(04);58(05)
	E(05)工作温度	−10~+50℃(01)
	F(06)工作电源	DC9V(01);DC12V(02);DC24V(03)

续表

类别编码及名称	属性项	常用属性值
2335 火灾报警、警报及消防联动控制装置		

类别编码及名称	属性项	常用属性值
233501 火灾报警控制器	A(01)设计使用要求	区域(01);集中(02);通用(03)
	B(02)线制	总线制(01);多线制(02)
	C(03)结构型式	壁挂式(01);机柜式(02);琴台式(03)
	D(04)温度	0～+40℃(01)
	E(05)外形尺寸	380mm×143mm×534mm(01);500mm×170mm×700mm(02);1273mm×1050mm×563mm(03)

类别编码及名称	属性项	常用属性值
233503 联动控制器	A(01)最大控制路数	8路(01);32路(02);64路(03)
	B(02)电源电压	DC24V(01)
	C(03)温度	0-45℃(01)

类别编码及名称	属性项	常用属性值
233505 气体灭火控制器	A(01)安装方式	壁挂(01)
	B(02)规格	

类别编码及名称	属性项	常用属性值
233507 可燃气体报警控制器	A(01)电源电压	DC15～DC24V(01)
	B(02)回路总数	1路(01)
	C(03)控制点数	128点(01)
	D(04)安装方式	壁挂(01)

类别编码及名称	属性项	常用属性值
233509 空气采样探测器	A(01)类型	二管制(01);四管制(02)
	B(02)规格	

类别编码及名称	属性项	常用属性值
2339 现场模块	A(01)品种	短路隔离器(01);手动报警按钮(02);监视模块(03);控制模块(04);直控模块(05);输出模块(06);输入模块(07);编码消火栓报警按钮(08);切换模块(09);输入输出模块(10);中继模块(11);模块箱(12);端子箱(13)
	B(02)工作电压	220(01);DC24(02)
	C(03)电流	静态≤0.5mA,报警≤3.5mA(01);监视电流≤0.5mA,动作电流≤3.5mA(02);动作电流≤25mA(03)

续表

类别编码及名称	属性项	常用属性值
	D(04)编码方式	电子编码(01);二进制八位拨码开关编码(02);非编码(03)
2339　现场模块	E(05)外形尺寸(mm)	89×89×47(01);89×89×48(02);92×92×48(03);155×97×40(04);265×255×87(05)
	F(06)温度	−10～+55℃(01)

类别编码及名称	属性项	常用属性值
2341　其他报警器材		

类别编码及名称	属性项	常用属性值
	A(01)种类	消火栓报警按钮、带电话插孔手动报警按钮、启停按钮(01)
	B(02)工作电压	DC24V(01)
234101　报警按钮	C(03)温度	−10～+55℃(01)
	D(04)外形尺寸	90mm * 90mm * 33mm(01);90mm * 122mm * 48.5mm(02);122mm * 95mm * 50mm(03);125mm * 150mm * 65mm(04)

类别编码及名称	属性项	常用属性值
	A(01)种类	
	B(02)工作电压	DC24V(01)
234103　气体指示灯	C(03)温度	−10～+55℃(01)
	D(04)外形尺寸	315.5mm * 113.5mm * 39.4mm(01);300mm * 26mm * 120mm(02)

类别编码及名称	属性项	常用属性值
	A(01)种类	火灾区域显示器(01);火灾图形显示器(02);火灾重复显示器(03)
	B(02)工作电压	DC24V(01)
234105　报警显示器	C(03)温度	0～+40℃(01);−10～50℃(02)
	D(04)外形尺寸	206mm * 115mm * 44mm(01);234mm * 142mm * 61mm(02);280mm * 200mm * 38mm(03);550mm * 460mm * 1715mm(04)

类别编码及名称	属性项	常用属性值
234107　声光报警器	A(01)类型	编码、非编码(01)
	B(02)温度	−10～+50℃(01)

184

类别编码及名称	属性项	常用属性值
234109 警铃	A(01)工作电压	DC22~26V(01)
	B(02)规格	

类别编码及名称	属性项	常用属性值
234111 联动电源	A(01)类型	壁挂式(01);入柜式(02)
	B(02)规格	

类别编码及名称	属性项	常用属性值
234113 机柜	A(01)类型	琴台式(01);立柜式(02)
	B(02)规格	

类别编码及名称	属性项	常用属性值
2343 消防通讯广播器材		

类别编码及名称	属性项	常用属性值
234301 消防广播主机	A(01)额定功率	150W(01);300W(02);500W(03)
	B(02)外形尺寸	482.6mm * 88.1mm * 305.0mm(01); 482.6mm * 345mm * 132.5mm(02)
	C(03)安装方式	

类别编码及名称	属性项	常用属性值
234303 消防广播音箱	A(01)额定功率	3W(01);6W(02);15W(03)
	B(02)外形尺寸	ϕ120mm(01);ϕ180mm(02);ϕ210mm(03);ϕ223mm(04);200mm * 110mm * 273mm(05)
	C(03)安装方式	壁挂(01);吸顶(02)

类别编码及名称	属性项	常用属性值
234305 消防广播录放盘	A(01)工作电压	DC24V(01)
	B(02)温度	0—40℃(01);—10~＋55℃(02)
	C(03)外形尺寸	482mm×255mm×88mm(01);482mm×89mm×255mm(02)

类别编码及名称	属性项	常用属性值
234307 消防广播扬声器	A(01)额定功率	1.5W(01);3W(02);6W(03)
	B(02)外形尺寸	ϕ158mm(01);ϕ172mm(02);ϕ199mm(03)
	C(03)安装方式	壁挂(01);吸顶(02)

续表

类别编码及名称	属性项	常用属性值
234309　广播功率放大器	A(01)额定输出功率	150W(01);300W(02);500W(03)
	B(02)电源电压	AC220V(01)

类别编码及名称	属性项	常用属性值
234311　电话总机	A(01)类型	总线制(01);多线制(02)
	B(02)电源电压	DC24V(01)

类别编码及名称	属性项	常用属性值
234313　电话分机	A(01)类型	总线制(01);多线制(02)
	B(02)外形尺寸(宽×高×厚)	80mm×210mm×40mm(01)

类别编码及名称	属性项	常用属性值
234315　电话插孔	A(01)类型	总线制(01);多线制(02)
	B(02)外形尺寸	

类别编码及名称	属性项	常用属性值
2345　其他消防器材及专用配件	A(01)品种	智能型探测器用底座(01);探头底座(02);通用底座(03);键盘抽屉(04);CRT面板(05);紧急启停按钮(06);手持编码器(07);终端盒(08);手动报警按钮(09);消防报警备用电源(10);地址码编码器(11);装饰盘(12);喷头装饰盘(13)
	B(02)规格	DN15(01);DN20(02);DN25(03);DN32(04);DN40(05);DN50(06);DN65(07);DN80(08);DN100(09);DN125(10);DN150(11);DN200(12);DN300(13);D120(14);D135(15);D155(16);D185(17);D210(18)
2501　光源	A(01)品种	LED(01);节能灯(02);白炽灯(03);荧光灯(04);卤钨灯(05);金卤灯(06);汞灯(07);钠灯(08);紫外线灯(09);PAR灯(10)
	B(02)额定电压	2(01);2.5(02);3(03);4(04);5(05);6(06);12(07);24(08);28(09);36(10);110(11);220(12);380(13)
	C(03)额定功率	0.1(01);0.3(02);0.5(03);1(04);2(05);3(06);4(07);5(08);6(09);7(10);8(11);9(12);10(13);11(14);12(15);13(16);14(17);15(18);16(19);18(20);20(21);23(22);24(23);25(24);28(25);30(26);35(27);36(28);40(29);45(30);50(31);60(32);70(33);80(34);90(35);100(36);120(37);125(38);150(39);200(40);250(41);400(42);450(43);500(44);600(45);800(46);1000(47);1800(48);2000(49);2500(50);4000(51);8000(52)

类别编码及名称	属性项	常用属性值
2501 光源	D(04)灯管形状	2Ⅱ(01);1Ⅱ(02);6U(03);8U(04);12U(05);蝶形(06);5U(07);全螺旋形(08);半螺旋形(09);3U(10);反射形(11);4U(12);球形(13);U形(14);2U(15);U(16);环形(17);直管(18);蘑菇型(19);蜡烛型(20);柱型(21);梨型(22);球型(23);荷花型(24);单端圆柱形(25);双端直管形(26);5Ⅱ(27);4Ⅱ(28);3Ⅱ(29)
	E(05)灯头形式	螺口式E27(01);T6(02);螺口式E40(03);插入式GY6.35(04);螺口式(05);插入式GX5.3(06);T5(07);螺口式E14(08);F5草帽或平头(09);直接引出式(10);插入式G8(11);F8零状灯头(12);U型(13);螺口式E11(14);蜡尾(15);螺口式E10(16);T12(17);插入式GZ4(18);T10(19);T8(20);插口式(21);T4(22);插入式GU5.3(23)
	F(06)控制方式	电感(01);电子(02);红外感应(03);声光控(04)

类别编码及名称	属性项	常用属性值
2502 光纤	A(01)品种	石英光纤(01);多成分玻璃光纤(02);塑料光纤(03);复合材料光纤(如塑料包层)(04);液体纤芯等(05);红外材料(06)
	B(02)光源	LED(01);LASER(02)
	C(03)芯数	8(01);16(02);18(03)
	D(04)包覆层	
	E(05)核心层直径 μm	
	F(06)模数	多模光纤(01);单模光纤(02)

类别编码及名称	属性项	常用属性值
2503 灯带	A(01)光源	钠灯(01);碘钨灯(02);荧光灯(03);白炽灯(04);氙灯(05);太阳能面板(06);光纤(07);卤钨灯(08);卤素灯(09);溴钨灯(10);LED灯(11);节能灯(12);紫外线灯(13);金属卤化物灯(14);汞灯(15);光纤(16)
	B(02)灯珠颗数	12(01);24(02);36(03);48(04)
	C(03)规格	
	D(04)功率(总)	3.6w(01)
	E(05)变压器形式	

续表

类别编码及名称	属性项	常用属性值
2505 吊灯(装饰花灯)	A(01)灯具造型	欧式烛台吊灯(01);水晶吊灯(02);中式吊灯(03);时尚吊灯(04)
	B(02)规格(灯径*灯长)	
	C(03)光源	LED(01);节能灯(02);白炽灯(03);荧光灯(04)
	D(04)灯罩材质	铁艺(01);铝合金(02);水晶(03);全铜(04);玻璃(05);木艺(06);树脂(07);云石(08);麻绳(09);藤艺(10);羊皮(11)
	E(05)灯珠数量	1(01);2(02);3(03);4(04);5(05);6(06);7(07);8(08);9(09);10(10);＞20(11)
	F(06)吊装方式	吊架式(01);软线式(02);吊链式(03);吊管式(04);吊杆式(05)
	G(07)表面处理	镀铜(01);镀铬(02);镀金(03);金属涂料(04);一般涂料(05)
类别编码及名称	属性项	常用属性值
2507 吸顶灯	A(01)灯具造型	方罩吸顶灯(01);圆球吸顶灯(02);尖扁吸顶灯(03);半圆球吸顶灯(04);半扁球吸顶灯(05);小长方罩吸顶灯(06)
	B(02)光源	LED(01);节能灯(02);白炽灯(03);荧光灯(04)
	C(03)灯罩材质	铁艺(01);铝合金(02);水晶(03);全铜(04);玻璃(05);木艺(06);树脂(07);云石(08);麻绳(09);藤艺(10);羊皮(11)
	D(04)照射面积	1m²(01);60m²(02);＞60m²(03)
	E(05)灯头(管)数量	2(01);3(02);4(03)
	F(06)规格(灯径×灯长)	铁艺(01);铝合金(02);水晶(03);全铜(04);玻璃(05);木艺(06);树脂(07);云石(08);麻绳(09);藤艺(10);羊皮(11)
	G(07)防护等级	IP0(01);IP1(02);IP2(03);IP3(04);IP4(05);IP5(06);IP6(07)
类别编码及名称	属性项	常用属性值
2509 壁灯	A(01)材质类型	铁艺(01);铝合金(02);水晶(03);全铜(04);玻璃(05);木艺(06);树脂(07);云石(08);麻绳(09);藤艺(10);羊皮(11)
	B(02)光源类型	LED(01);节能灯(02);白炽灯(03);荧光灯(04)

续表

类别编码及名称	属性项	常用属性值
2509 壁灯	C(03)色温	≤3000K(01);＞6000K(02)
	D(04)灯头数量	1(01);2(02);3(03);4(04);＞4(05)
	E(05)防护等级	IP0(01);IP1(02);IP2(03);IP3(04);IP4(05);IP5(06);IP6(07)
	F(06)表面处理	镀铜(01);镀铬(02);镀金(03);金属涂料(04);一般涂料(05)

类别编码及名称	属性项	常用属性值
2511 筒灯	A(01)品种	嵌入式筒灯(01);立式筒灯(02);横式筒灯(03);防雾筒灯(04);LED筒灯(05);嵌入式筒灯(06)
	B(02)灯体材质	铁艺(01);铝合金(02)
	C(03)光源	LED(01);荧光灯(02)
	D(04)灯头形式	螺口式 E40(01);螺口式 E14(02)
	E(05)规格	φ75(3")(01)
	F(06)功率(W)	2×60(01);2×13(02);2×18(03);1×13(04);2×13(05);2×18(06);8(07);5(08);3(09);11(10);1×11(11);1×14(12);9(13);13(14);1×18(15);1×60(16);2×26(17)

类别编码及名称	属性项	常用属性值
2515 格栅灯(荧光灯盘)	A(01)品种	嵌入式格栅灯(01);吸顶式格栅灯(02);吊装式格栅灯(03)
	B(02)光源类型	LED(01);荧光灯(02)
	C(03)导灯管数及功率	5W(01);8W(02);9W(03);14W(04);15W(05);16W(06);18W(07);20W(08);21W(09);28W(10);36W(11);＞36W(12)
	D(04)外型尺寸	
	E(05)反射、透光面材料	铝(01);不锈钢(02);镜面铝(03);波纹铝(04);喷塑(05)
	F(06)灯体材质	铁艺(01);铝合金(02)

类别编码及名称	属性项	常用属性值
2517 射灯	A(01)灯体材质	铁艺(01);铝合金(02)
	B(02)安装方式	嵌入式(01);吸顶式(02);吊装(03);壁灯(04);轨道灯(05)

续表

类别编码及名称	属性项	常用属性值
2517　射灯	C(03)光源	LED(01);节能灯(02);白炽灯(03);荧光灯(04)
	D(04)灯珠数量	1(01);2(02);3(03);>3(04)
	E(05)色温	≤3000K(01);>6000K(02)
	F(06)防护等级	IP55(01);IP65(02);IP67(03)
类别编码及名称	属性项	常用属性值
2519　台灯、落地灯	A(01)品种	护眼台灯(01);充电台灯(02);变色台灯(03);感应台灯(04)
	B(02)灯体材质	铁艺(01);铝合金(02);PVC(03);ABS(04)
	C(03)灯罩材质	铝合金(01);PVC(02);ABS(03)
	D(04)光源	LED(01);节能灯(02);白炽灯(03);荧光灯(04)
	E(05)灯珠数量	1(01);2(02);3(03);>3(04)
	F(06)色温	≤3000K(01);>6000K(02)
	G(07)开关类型	触摸(01);按钮(02);调光(03);遥控(04);拉线(05);脚踏(06)
	H(08)功率(w)	3(01);5(02);6(03);8(04);10(05);12(06);15(07);18(08);20(09)
	I(09)表面处理	金属涂料;镀铜;镀铬;镀金;一般涂料
类别编码及名称	属性项	常用属性值
2525　泛光灯、投光灯	A(01)品种	中光泛光灯(01);投光灯(02);窄光泛光灯(03);投光灯(04);宽光泛光灯(05);投光灯(06)
	B(02)灯体材质	铁艺(01);铝合金(02);铜(03)
	C(03)安装方式	嵌入式(01);吸顶式(02)
	D(04)光源	LED(01);节能灯(02);白炽灯(03);荧光灯(04);卤钨灯(05);金卤灯(06);高压汞灯(07);PAR灯(08);高压钠灯(09)
	E(05)灯珠数量	1(01);2(02);3(03);>3(04)
	F(06)色温(K)	2000(01);3000(02);4000(03);6000(04)
	G(07)防护等级	IP55(01);IP65(02);IP67(03)

续表

类别编码及名称	属性项	常用属性值
2527　地埋灯	A(01)品种	内控地埋灯(01);外控地埋灯(02)
	B(02)光源	荧光灯(01);LED(02)
	C(03)灯体形状	圆形(01);四方形(02);长方形(03);弧形型(04)
	D(04)灯珠数量	1(01);2(02);3(03);>3(04)
	E(05)功率(W)	1(01);3(02);5(03);10(04);15(05);20(06);25(07);30(08);36(09)
	F(06)防护等级	IP55(01);IP65(02);IP67(03)
类别编码及名称	属性项	常用属性值
2529　草坪灯	A(01)品种	欧式草坪灯(01);现代草坪灯(02);古典草坪灯(03);防盗草坪灯(04);工艺草坪灯(05)
	B(02)灯体材质	铁艺(01);铝合金(02);水晶(03);全铜(04);玻璃(05);木艺(06);树脂(07);云石(08)
	C(03)光源	LED(01);节能灯(02);白炽灯(03);荧光灯(04);卤钨灯(05);金卤灯(06);高压汞灯(07);PAR灯(08);高压钠灯(09)
	D(04)灯珠数量	1(01);2(02);3(03);>3(04)
	E(05)色温	≤3000K(01);>6000K(02)
	F(06)防护等级	IP55(01);IP65(02);IP67(03)
类别编码及名称	属性项	常用属性值
2531　轮廓装饰灯	A(01)品种	护栏管灯(01);台阶灯(02);地砖灯(03);线条灯(04);护栏板灯(05)
	B(02)发光颜色	白(01);暖白(02);黄(03);暖黄(04);红(05);蓝(06);绿(07);紫(08);七彩(09);红绿蓝三色(10)
	C(03)灯罩材质	水晶玻璃(01);铝(02);磨砂玻璃(03);玻璃(04);有机玻璃(05);聚合物(06);琉璃玻璃(07);喷砂玻璃(08);云石(09)
	D(04)电压	111V(01);240V(02);36V(03);24V(04);12V(05)
类别编码及名称	属性项	常用属性值
2533　庭院、广场、道路、景观灯	A(01)品种	路灯(01);地脚灯(02);高杆灯(03);低位灯(04);投射灯(05);下照灯(06);埋地灯(07);水下灯(08);太阳能灯(09);光纤灯(10)

类别编码及名称	属性项	常用属性值
2533　庭院、广场、道路、景观灯	B(02)灯体材质	铁艺(01);铝合金(02);水晶(03);全铜(04);玻璃(05);木艺(06);树脂(07);云石(08)
	C(03)光源	LED(01);节能灯(02);白炽灯(03);荧光灯(04);卤钨灯(05);金卤灯(06);高压汞灯(07);PAR灯(08);高压钠灯(09);太阳能灯(10);光纤灯(11)
	D(04)灯珠数量	1(01);2(02);3(03);>3(04)
	E(05)色温	3000K(01);3500K(02);4000K(03);5000K(04);5500K(05);6000K(06);6500K(07);7000K(08)
	F(06)功率(W)	10(01);15(02);20(03);40(04);80(05);150(06);200(07)
	G(07)防护等级	IP55(01);IP65(02);IP67(03)
类别编码及名称	属性项	常用属性值
2535　标志、应急灯	A(01)品种	安全出口指示灯(01);方向指示灯(02);楼层指示灯(03);应急照明灯(04)
	B(02)灯体材质	铁艺(01);铝合金(02);水晶(03);全铜(04);玻璃(05);木艺(06);树脂(07);云石(08)
	C(03)供电方式	自发光(01);交流电(02);集中控制(03)
	D(04)指示方向	左(01);右(02);左右(03)
	E(05)安装方式	壁装(01);嵌入(02);吊装(03);地埋(04)
	F(06)应急时间	90min(01)
	G(07)光源	LED(01);白炽灯(02)
	H(08)防护等级	IP55(01);IP65(02);IP67(03)
类别编码及名称	属性项	常用属性值
2536　航空障碍灯	A(01)品种	低光强航空障碍灯(01);中光强航空障碍灯(02);高光强航空障碍灯(03)
	B(02)灯体材质	铁艺(01);铝合金(02);水晶(03);全铜(04);玻璃(05);木艺(06);树脂(07);云石(08)
	C(03)型号	L-865　A型(01);L-864B型(02);L-856A型(03);L-857B型(04)
	D(04)应用位置	固定障碍(01);移动障碍物(02);机场接引飞机"跟随我"引导车(03)
	E(05)颜色	白色(01);红色(02);黄色(03);蓝色(04)

类别编码及名称	属性项	常用属性值
2537 信号灯	A(01)品种	方向指示信号灯(01);机动车道信号灯(02);人行横道信号灯(03);非机动车道信号灯(04)
	B(02)光源	金卤灯(01);高压钠灯(02);荧光节能灯(03);白炽灯(04);LED灯(05)
	C(03)灯体材质	铁艺(01);铝合金(02);水晶(03);全铜(04);玻璃(05);木艺(06);树脂(07);云石(08)
	D(04)防护等级	IP68(01);IP65(02);IP55(03)
类别编码及名称	属性项	常用属性值
2541 水下灯	A(01)品种	敞开式水下灯(01);封闭式水下灯(02);半封闭水下灯(03);高密封水下灯(04)
	B(02)结构分类	敞开式(01);封闭式(02);半封闭(03);高密封(04)
	C(03)外壳材质	塑料(01);铝合金(02);黄铜(03);不锈钢(04)
	D(04)光源	LED(01);节能灯(02);白炽灯(03);荧光灯(04);金卤灯(05)
	E(05)安装方式	湿壁龛(01);干壁龛(02)
	F(06)发光角度	5°(01);15°(02);20°(03);30°(04);60°(05);82°(06);100°(07);150°(08)
	G(07)防护等级	IP68(01);IP65(02);IP55(03)
类别编码及名称	属性项	常用属性值
2543 厂矿、场馆用灯	A(01)品种	天棚灯(01);三防灯(02)
	B(02)安装方式	嵌入式(01);吸顶式(02);吊装(03)
	C(03)光源类型	LED(01);节能灯(02);白炽灯(03);荧光灯(04);卤钨灯(05);金卤灯(06);高压汞灯(07);PAR灯(08);高压钠灯(09)
	D(04)灯头数量	1(01);2(02);3(03);＞3(04)
	E(05)功率(w)	35(01);50(02);65(03);80(04);100(05);120(06);250(07);400(08)
	F(06)色温	3000K(01);3500K(02);4000K(03);5000K(04);5500K(05);6000K(06);6500K(07);7000K(08)

类别编码及名称	属性项	常用属性值
2547 歌舞厅灯	A(01)品种	聚光灯(01);散光灯(02);效果灯(03)
	B(02)光源	节能灯管(01);高压钠灯(02);金卤灯(03)
	C(03)功率(W)	10(01);100(02);150(03);200(04)
	D(04)灯体材质	不锈钢(01);铝合金(02)
	E(05)防护等级	IP54(01);IP55(02);IP65(03);IP68(04)
类别编码及名称	属性项	常用属性值
2549 隧道灯	A(01)品种	集成光源隧道灯(01);电光源隧道灯(02)
	B(02)功率(W)	10(01);60(02);80(03);100(04);150(05);200(06);250(07);400(08)
	C(03)外壳材质	塑料(01);铝合金(02);黄铜(03);不锈钢(04)
	D(04)光源类型	LED(01);节能灯(02);白炽灯(03);荧光灯(04);金卤灯(05)
	E(05)安装方式	吸顶式(01);长支架壁式(02);短支架壁式(03)
	F(06)防护等级(IP)	IP54(01);IP65(02)
	G(07)发光角度	5°(01);15°(02);20°(03);30°(04);82°(05);100°(06);150°(07);60°/20×60°(08)
类别编码及名称	属性项	常用属性值
2551 灯头、灯座、灯罩	A(01)品种	灯头(01);灯座(02);灯罩(03)
类别编码及名称	属性项	常用属性值
2552 荧光灯支架	A(01)品类	单管荧光灯架(01);双管荧光灯架(02);三管荧光灯架(03);一体化荧光灯架(04)
	B(02)安装方式	嵌入式(01);吸顶式(02);吊装(03)
	C(03)外观	盒式(01);控罩式(02)
	D(04)功率(W)	6(01);8(02);10(03);12(04);14(05);16(06);18(07);20(08);22(09);26(10);28(11);35(12);40(13)
	E(05)灯管规格	T4(01);T5(02);T6(03);T8(04);T10(05);T12(06)

续表

类别编码及名称	属性项	常用属性值
2553 灯戗、灯伞、灯臂	A(01)品种	灯伞(01);灯戗(02);双弧灯臂(03);半弧灯具(04)
	B(02)材质	铝合金(01);不锈钢(02);钢(03)
	C(03)外形尺寸(mm)	150＊5＊1950(01);150＊5＊3010(02);150＊5＊3800(03)

类别编码及名称	属性项	常用属性值
2555 启辉器、镇流器	A(01)品种	荧光灯镇流器(01);高压汞灯镇流器(02);高压钠灯镇流器(03);金属卤化灯镇流器(04);电感镇流器(05);电子镇流器(06);荧光灯启辉器(07)
	B(02)功率(W)	20(01);30(02);40(03);50(04);70(05);80(06);100(07);150(08)
	C(03)防护等级	IP54(01)

类别编码及名称	属性项	常用属性值
2557 专用灯具电源	A(01)品种	LED灯饰灯具电源(01);模块电源(02);电源适配器(03);LED筒射灯模组(04);消防应急灯具专用应急电源(05)
	B(02)安装方式	壁挂式(01)
	C(03)防护等级	IP54(01)

类别编码及名称	属性项	常用属性值
2559 灯线及其附件	A(01)品种	LED灯线(01);HID灯线(02)
	B(02)规格	

类别编码及名称	属性项	常用属性值
2561 其他灯具及附件	A(01)品种	三防灯(01);防潮灯(02);灭蚊灯(03);吊线灯(04);生鲜灯(05);厨卫灯(06);灯片(07);灯链(08);镀锌圆钢吊杆(09);灯具吊杆(10)
	B(02)光源类型	节能灯管(01);高压钠灯(02);金卤灯(03)
	C(03)功率(W)	50(01);55(02);75(03)
	D(04)额定电压(V)	220(01)
	E(05)防护等级	IP54(01);IP65(02)

续表

类别编码及名称	属性项	常用属性值
2601 拉线开关	A(01)品种	单位单极拉线开关(01);两位双级拉线开关(02);单位双级拉线开关(03);两位单极拉线开关(04)
	B(02)额定电压(V)	38(01);125(02);220(03);250(04);380(05);500(06)
	C(03)额定电流(A)	2.5(01);4(02);6(03);10(04)

类别编码及名称	属性项	常用属性值
2603 扳把开关	A(01)品种	单联单控扳把开关(01);双联单控扳把开关(02);三联单控扳把开关(03);四联单控扳把开关(04)
	B(02)额定电压(V)	38(01);125(02);220(03);380(04)
	C(03)额定电流(A)	4(01);5(02);6(03);10(04);16(05);20(06)

类别编码及名称	属性项	常用属性值
2605 普通面板开关		

类别编码及名称	属性项	常用属性值
260501 琴键式开关	A(01)额定电压(V)	125(01);250(02)
	B(02)额定电流(A)	1(01);6(02);10(03);12(04);13(05);16(06);20(07)
	C(03)开关位数	单联(01);双联(02);三联(03);四联(04);五联(05);六联(06)
	D(04)外形尺寸(长*宽)mm	86*86(01);120*60(02)
	E(05)附带功能	两极加两极带接地插座(01);带荧光(02);带保险盒(03);带指示灯(04);带两极接地插座(05);带单联(06);两极接地插座(07);带保护门(08);两极接地插座(09);带荧光(10);两极接地插座(11);带接地插座(12);带两极插座(13);带 LED 指示灯(14);带荧光(15);带保护门(16);两极接地插座(17);带复位(18);带复位(19);带荧光(20);带荧光灯(21);带一位多用电源插座(22);带荧光(23);带保护门(24);两极带接地插座(25);带荧光(26);两极带接地插座(27);带保护门(28);两极带接地插座(29);两极带接地插座(30);带保护门两极接地插座(31);防溅(32);可关断(33);带多功能插座(34);带三极插座(35);带两三极插座(36)

续表

类别编码及名称	属性项	常用属性值
260503　按钮式开关	A(01)额定电压(V)	125(01);250(02)
	B(02)额定电流(A)	1(01);6(02);10(03);12(04);13(05);16(06);20(07)
	C(03)开关位数	单联(01);双联(02);三联(03);四联(04);五联(05);六联(06)
	D(04)外形尺寸(长 * 宽)mm	86 * 86(01);120 * 60(02)
	E(05)附带功能	两极加两极带接地插座(01);带荧光(02);带保险盒(03);带指示灯(04);带两极接地插座(05);带单联(06);两极接地插座(07);带保护门(08);两极接地插座(09);带荧光(10);两极接地插座(11);带接地插座(12);带两极插座(13);带 LED 指示灯(14);带荧光(15);带保护门(16);两极接地插座(17);带复位(18);带复位(19);带荧光(20);带荧光灯(21);带一位多用电源插座(22);带荧光(23);带保护门(24);两极带接地插座(25);带荧光(26);两极带接地插座(27);带保护门(28);两极带接地插座(29);两极带接地插座(30);带保护门两极接地插座(31);防溅(32);可关断(33);带多功能插座(34);带三极插座(35);带两三极插座(36)
类别编码及名称	属性项	常用属性值
260507　大跷板式开关	A(01)额定电压(V)	125(01);250(02)
	B(02)额定电流(A)	1(01);6(02);10(03);12(04);13(05);16(06);20(07)
	C(03)开关位数	单联(01);双联(02);三联(03);四联(04);五联(05);六联(06)
	D(04)外形尺寸(长×宽)mm	86×86(01);120×60(02)
	E(05)附带功能	两极加两极带接地插座(01);带荧光(02);带保险盒(03);带指示灯(04);带两极接地插座(05);带单联(06);两极接地插座(07);带保护门(08);两极接地插座(09);带荧光(10);两极接地插座(11);带接地插座(12);带两极插座(13);带 LED 指示灯(14);带荧光(15);带保护门(16);两极接地插座(17);带复位(18);带复位(19);带荧光(20);带荧光灯(21);带一位多用电源插座(22);带荧光(23);带保护门(24);两极带接地插座(25);带荧光(26);两极带接地插座(27);带保护门(28);两极带接地插座(29);两极带接地插座(30);带保护门两极接地插座(31);防溅(32);可关断(33);带多功能插座(34);带三极插座(35);带两三极插座(36)

续表

类别编码及名称	属性项	常用属性值
2607 调光面板开关		
类别编码及名称	属性项	常用属性值
260701 微电脑控制调光开关	A(01)额定电压(V)	8(01);220(02);250(03)
	B(02)额定电流(A)	100(01);200(02);300(03);400(04);500(05);600(06);630(07);650(08)
	C(03)开关位数	单联(01);双联(02);三联(03);四联(04)
	D(04)适用光源	白炽灯(01);节能荧光灯(02)
	E(05)附带功能	带开关(01);带LED指示灯(02);带指示灯(03);带开关(04);插座(05)
类别编码及名称	属性项	常用属性值
260703 琴键式调光开关	A(01)额定电压(V)	8(01);220(02);250(03)
	B(02)额定电流(A)	100(01);200(02);300(03);400(04);500(05);600(06);630(07);650(08)
	C(03)开关位数	单联(01);双联(02);三联(03);四联(04)
	D(04)适用光源	白炽灯(01);节能荧光灯(02)
	E(05)附带功能	带开关(01);带LED指示灯(02);带指示灯(03);带开关(04);插座(05)
类别编码及名称	属性项	常用属性值
260705 远红外线遥控调光开关	A(01)额定电压(V)	8(01);220(02);250(03)
	B(02)额定电流(A)	100(01);200(02);300(03);400(04);500(05);600(06);630(07);650(08)
	C(03)开关位数	单联(01);双联(02);三联(03);四联(04)
	D(04)适用光源	白炽灯(01);节能荧光灯(02)
	E(05)附带功能	带开关(01);带LED指示灯(02);带指示灯(03);带开关(04);插座(05)
类别编码及名称	属性项	常用属性值
260707 旋钮式调光开关	A(01)额定电压(V)	8(01);220(02);250(03)
	B(02)额定电流(A)	100(01);200(02);300(03);400(04);500(05);600(06);630(07);650(08)
	C(03)开关位数	单联(01);双联(02);三联(03);四联(04)
	D(04)适用光源	白炽灯(01);节能荧光灯(02)
	E(05)附带功能	带开关(01);带LED指示灯(02);带指示灯(03);带开关(04);插座(05)

类别编码及名称	属性项	常用属性值
2609　电子感应开关		
类别编码及名称	属性项	常用属性值
260901　远红外线感应开关	A(01)额定电压(V)	8(01);12(02);24(03);220(04);250(05)
	B(02)额定电流(A)	4(01);10(02);16(03)
	C(03)额定功率(W)	60(01);100(02);400(03);600(04);1000(05)
	D(04)外形尺寸(长*宽)mm	86*86(01);95*85*70(02);120*60(03)
	E(05)附带功能	带指示灯(01);带延时(02);带节能灯(03);带荧光灯(04);带电铃开关(05)
	F(06)延时时间	1~30s(01)
类别编码及名称	属性项	常用属性值
260903　人体感应开关	A(01)额定电压(V)	8(01);12(02);24(03);220(04);250(05)
	B(02)额定电流(A)	4(01);10(02);16(03)
	C(03)额定功率(W)	60(01);100(02);400(03);600(04);1000(05)
	D(04)外形尺寸(长*宽)mm	86*86(01);95*85*70(02);120*60(03)
	E(05)附带功能	带指示灯(01);带延时(02);带节能灯(03);带荧光灯(04);带电铃开关(05)
	F(06)延时时间	1~30s(01)
类别编码及名称	属性项	常用属性值
260905　光电感应开关	A(01)额定电压(V)	8(01);12(02);24(03);220(04);250(05)
	B(02)额定电流(A)	4(01);10(02);16(03)
	C(03)额定功率(W)	60(01);100(02);400(03);600(04);1000(05)
	D(04)外形尺寸(长*宽)mm	86*86(01);95*85*70(02);120*60(03)
	E(05)附带功能	带指示灯(01);带延时(02);带节能灯(03);带荧光灯(04);带电铃开关(05)
	F(06)延时时间	
类别编码及名称	属性项	常用属性值
260907　温度感应开关	A(01)额定电压(V)	8(01);12(02);24(03);220(04);250(05)
	B(02)额定电流(A)	4(01);10(02);16(03)
	C(03)额定功率(W)	60(01);100(02);400(03);600(04);1000(05)
	D(04)外形尺寸(长*宽)mm	86*86(01);95*85*70(02);120*60(03)
	E(05)附带功能	带指示灯(01);带延时(02);带节能灯(03);带荧光灯(04);带电铃开关(05)
	F(06)延时时间	1~30s(01)

类别编码及名称	属性项	常用属性值
260909　声光控开关	A(01)额定电压(V)	8(01);12(02);24(03);220(04);250(05)
	B(02)额定电流(A)	4(01);10(02);16(03)
	C(03)额定功率(W)	60(01);100(02);400(03);600(04);1000(05)
	D(04)外形尺寸(长＊宽)mm	86＊86(01);95＊85＊70(02);120＊60(03)
	E(05)附带功能	带指示灯(01);带延时(02);带节能灯(03);带荧光灯(04);带电铃开关(05)
	F(06)延时时间	1～30s(01)

类别编码及名称	属性项	常用属性值
260911　电磁感应开关	A(01)额定电压(V)	8(01);12(02);24(03);220(04);250(05)
	B(02)额定电流(A)	4(01);10(02);16(03)
	C(03)额定功率(W)	60(01);100(02);400(03);600(04);1000(05)
	D(04)外形尺寸(长＊宽)mm	86＊86(01);95＊85＊70(02);120＊60(03)
	E(05)附带功能	带指示灯(01);带延时(02);带节能灯(03);带荧光灯(04);带电铃开关(05)
	F(06)延时时间	1～30s(01)

类别编码及名称	属性项	常用属性值
260913　声控开关	A(01)额定电压(V)	8(01);12(02);24(03);220(04);250(05)
	B(02)额定电流(A)	4(01);10(02);16(03)
	C(03)额定功率(W)	60(01);100(02);400(03);600(04);1000(05)
	D(04)外形尺寸(长＊宽)mm	86＊86(01);95＊85＊70(02);120＊60(03)
	E(05)附带功能	带指示灯(01);带延时(02);带节能灯(03);带荧光灯(04);带电铃开关(05)
	F(06)延时时间	1～30s(01)

类别编码及名称	属性项	常用属性值
260915　触摸式开关	A(01)额定电压(V)	8(01);12(02);24(03);220(04);250(05)
	B(02)额定电流(A)	4(01);10(02);16(03)
	C(03)额定功率(W)	60(01);100(02);400(03);600(04);1000(05)
	D(04)外形尺寸(长＊宽)mm	86＊86(01);95＊85＊70(02);120＊60(03)
	E(05)附带功能	带指示灯(01);带延时(02);带节能灯(03);带荧光灯(04);带电铃开关(05)
	F(06)延时时间	1～30s(01)

续表

类别编码及名称	属性项	常用属性值
260917 光控开关	A(01)额定电压(V)	8(01);12(02);24(03);220(04);250(05)
	B(02)额定电流(A)	4(01);10(02);16(03)
	C(03)额定功率(W)	60(01);100(02);400(03);600(04);1000(05)
	D(04)外形尺寸(长*宽)mm	86*86(01);95*85*70(02);120*60(03)
	E(05)附带功能	带指示灯(01);带延时(02);带节能灯(03);带荧光灯(04);带电铃开关(05)
	F(06)延时时间	1~30s(01)
类别编码及名称	属性项	常用属性值
260919 按压式开关	A(01)额定电压(V)	8(01);12(02);24(03);220(04);250(05)
	B(02)额定电流(A)	4(01);10(02);16(03)
	C(03)额定功率(W)	60(01);100(02);400(03);600(04);1000(05)
	D(04)外形尺寸(长*宽)mm	86*86(01);95*85*70(02);120*60(03)
	E(05)附带功能	带指示灯(01);带延时(02);带节能灯(03);带荧光灯(04);带电铃开关(05)
	F(06)延时时间	1~30s(01)
类别编码及名称	属性项	常用属性值
2611 调速面板开关		
类别编码及名称	属性项	常用属性值
261101 防潭胶面调速开关	A(01)额定电压(V)	110(01);220(02);250(03)
	B(02)额定电流(A)	100(01);150(02);200(03);250(04);300(05);400(06);500(07)
	C(03)开关位数	单联(01);双联(02);三联(03);四联(04)
	D(04)外形尺寸(长*宽)mm	120*60(01);86*86(02)
261103 空调风量调节开关(机械式)	A(01)额定电压(V)	110(01);220(02);250(03)
	B(02)额定电流(A)	100(01);150(02);200(03);250(04);300(05);400(06);500(07)
	C(03)开关位数	单联(01);双联(02);三联(03);四联(04)
	D(04)外形尺寸(长*宽)mm	120*60(01);86*86(02)

续表

类别编码及名称	属性项	常用属性值
261105　电子风量调节开关	A(01)额定电压(V)	110(01);220(02);250(03)
	B(02)额定电流(A)	100(01);150(02);200(03);250(04);300(05);400(06);500(07)
	C(03)开关位数	单联(01);双联(02);三联(03);四联(04)
	D(04)外形尺寸(长 * 宽)mm	120 * 60(01);86 * 86(02)
类别编码及名称	属性项	常用属性值
2613　插卡取电开关		
类别编码及名称	属性项	常用属性值
261301　匙牌式(不带延时)	A(01)外形尺寸(长 * 宽)mm	120 * 60(01);86 * 86(02)
	B(02)额定电压(V)	8(01);220(02);250(03)
	C(03)额定电流(A)	10(01);16(02);25(03)
类别编码及名称	属性项	常用属性值
261303　匙牌式(带延时)	A(01)外形尺寸(长 * 宽)mm	120 * 60(01);86 * 86(02)
	B(02)额定电压(V)	8(01);220(02);250(03)
	C(03)额定电流(A)	10(01);16(02);25(03)
	D(04)延时时间(min)	1(01);3(02);5(03);10(04);15(05);20(06);25(07);30(08);35(09);40(10);45(11);50(12);55(13);60(14)
类别编码及名称	属性项	常用属性值
261305　光电式(不带延时)	A(01)外形尺寸(长 * 宽)mm	120 * 60(01);86 * 86(02)
	B(02)额定电压(V)	8(01);220(02);250(03)
	C(03)额定电流(A)	10(01);16(02);25(03)
类别编码及名称	属性项	常用属性值
261307　光电式(带延时)	A(01)外形尺寸(长 * 宽)mm	120 * 60(01);86 * 86(02)
	B(02)额定电压(V)	8(01);220(02);250(03)
	C(03)额定电流(A)	10(01);16(02);25(03)
	D(04)延时时间(min)	1(01);3(02);5(03);10(04);15(05);20(06);25(07);30(08);35(09);40(10);45(11);50(12);55(13);60(14)
类别编码及名称	属性项	常用属性值
261309　光控式插卡节能开关	A(01)外形尺寸(长 * 宽)mm	120 * 60(01);86 * 86(02)
	B(02)额定电压(V)	8(01);220(02);250(03)
	C(03)额定电流(A)	10(01);16(02);25(03)
	D(04)延时时间(min)	1(01);3(02);5(03);10(04);15(05);20(06);25(07);30(08);35(09);40(10);45(11);50(12);55(13);60(14)

类别编码及名称	属性项	常用属性值
261311　机械式	A(01)外形尺寸(长＊宽)mm	120＊60(01);86＊86(02)
	B(02)额定电压(V)	8(01);220(02);250(03)
	C(03)额定电流(A)	10(01);16(02);25(03)

类别编码及名称	属性项	常用属性值
2615　门铃、电铃开关		

类别编码及名称	属性项	常用属性值
261501　电铃开关	A(01)额定电压(V)	3(01);4(02);10(03);16(04);20(05)
	B(02)额定电流(A)	36(01);220(02);250(03)
	C(03)开关位数	双联(01);单联(02)
	D(04)外形尺寸(长＊宽)mm	86＊90(01);86＊86(02)
	E(05)附带功能	带荧光及"请勿打扰、请即清理"双指示(01);带"请勿打扰"指示(02);带荧光(03);带荧光及"请勿打扰"指示(04);带"请勿打扰、请即清理"双指示(05)

类别编码及名称	属性项	常用属性值
261503　按钮式门铃开关	A(01)额定电压(V)	3(01);4(02);10(03);16(04);20(05)
	B(02)额定电流(A)	36(01);220(02);250(03)
	C(03)开关位数	双联(01);单联(02)
	D(04)外形尺寸(长＊宽)mm	86＊90(01);86＊86(02)
	E(05)附带功能	带荧光及"请勿打扰、请即清理"双指示(01);带"请勿打扰"指示(02);带荧光(03);带荧光及"请勿打扰"指示(04);带"请勿打扰、请即清理"双指示(05)

类别编码及名称	属性项	常用属性值
261505　大跷板式门铃开关	A(01)额定电压(V)	3(01);4(02);10(03);16(04);20(05)
	B(02)额定电流(A)	36(01);220(02);250(03)
	C(03)开关位数	双联(01);单联(02)
	D(04)外形尺寸(长＊宽)mm	86＊90(01);86＊86(02)
	E(05)附带功能	带荧光及"请勿打扰、请即清理"双指示(01);带"请勿打扰"指示(02);带荧光(03);带荧光及"请勿打扰"指示(04);带"请勿打扰、请即清理"双指示(05)

续表

类别编码及名称	属性项	常用属性值
261507　触摸式门铃开关	A(01)额定电压(V)	3(01);4(02);10(03);16(04);20(05)
	B(02)额定电流(A)	36(01);220(02);250(03)
	C(03)开关位数	双联(01);单联(02)
	D(04)外形尺寸(长 * 宽)mm	86 * 90(01);86 * 86(02)
	E(05)附带功能	带荧光及"请勿打扰、请即清理"双指示(01);带"请勿打扰"指示(02);带荧光(03);带荧光及"请勿打扰"指示(04);带"请勿打扰、请即清理"双指示(05)

类别编码及名称	属性项	常用属性值
261509　单音门铃	A(01)额定电压(V)	3(01);4(02);10(03);16(04);20(05)
	B(02)额定电流(A)	36(01);220(02);250(03)
	C(03)开关位数	双联(01);单联(02)
	D(04)外形尺寸(长 * 宽)mm	86 * 90(01);86 * 86(02)
	E(05)附带功能	带荧光及"请勿打扰、请即清理"双指示(01);带"请勿打扰"指示(02);带荧光(03);带荧光及"请勿打扰"指示(04);带"请勿打扰、请即清理"双指示(05)

类别编码及名称	属性项	常用属性值
261511　双音门铃	A(01)额定电压(V)	3(01);4(02);10(03);16(04);20(05)
	B(02)额定电流(A)	36(01);220(02);250(03)
	C(03)开关位数	双联(01);单联(02)
	D(04)外形尺寸(长 * 宽)mm	86 * 90(01);86 * 86(02)
	E(05)附带功能	带荧光及"请勿打扰、请即清理"双指示(01);带"请勿打扰"指示(02);带荧光(03);带荧光及"请勿打扰"指示(04);带"请勿打扰、请即清理"双指示(05)

类别编码及名称	属性项	常用属性值
261513　音乐门铃	A(01)额定电压(V)	3(01);4(02);10(03);16(04);20(05)
	B(02)额定电流(A)	36(01);220(02);250(03)
	C(03)开关位数	双联(01);单联(02)
	D(04)外形尺寸(长 * 宽)mm	86 * 90(01);86 * 86(02)
	E(05)附带功能	带荧光及"请勿打扰、请即清理"双指示(01);带"请勿打扰"指示(02);带荧光(03);带荧光及"请勿打扰"指示(04);带"请勿打扰、请即清理"双指示(05)

续表

类别编码及名称	属性项	常用属性值
2617 自复位开关		

类别编码及名称	属性项	常用属性值
261701 自复位按板开关	A(01)额定电压(V)	36(01);250(02)
	B(02)额定电流(A)	4(01);10(02);20(03)
	C(03)开关位数	单联(01);双联(02);三联(03)
	D(04)控制电器数	单控(01);双控(02)
	E(05)外形尺寸(长*宽)mm	120*60(01);86*86(02)

类别编码及名称	属性项	常用属性值
261703 自复位按钮开关	A(01)额定电压(V)	36(01);250(02)
	B(02)额定电流(A)	4(01);10(02);20(03)
	C(03)开关位数	单联(01);双联(02);三联(03)
	D(04)控制电器数	单控(01);双控(02)
	E(05)外形尺寸(长*宽)mm	120*60(01);86*86(02)

类别编码及名称	属性项	常用属性值
2619 音量调节开关		

类别编码及名称	属性项	常用属性值
261901 旋转式档位音量调节开关	A(01)额定电压(V)	110(01);220(02)
	B(02)额定功率(W)	3(01);5(02)
	C(03)外形尺寸(长*宽)mm	120*60(01);86*86(02)

类别编码及名称	属性项	常用属性值
261903 触摸式音量调节开关	A(01)额定电压(V)	110(01);220(02)
	B(02)额定功率(W)	3(01);5(02)
	C(03)外形尺寸(长*宽)mm	120*60(01);86*86(02)

类别编码及名称	属性项	常用属性值
261905 按钮式档位音量调节开关	A(01)额定电压(V)	110(01);220(02)
	B(02)额定功率(W)	3(01);5(02)
	C(03)外形尺寸(长*宽)mm	120*60(01);86*86(02)

续表

类别编码及名称	属性项	常用属性值
2621　按钮开关	A(01)品种	带灯按钮(01);旋钮(02);紧停按钮(03)
	B(02)电源参数	8128A 250V AC(01);8(8) A 250V AC(02);12(10) A 250V AC(03);7A 250V AC(04);4A 125V AC(05);10A 250V AC(06);2A 250V AC(07);14A 125V AC(08)
	C(03)端子数	4P(01);3P(02);2P(03)
	D(04)截面形状	圆形(01);正方形(02);矩形(03);三角形(04)
	E(05)外形尺寸	
类别编码及名称	属性项	常用属性值
2626　其他控制开关	A(01)品种	带指示灯空调总开关(01);中途开关(02);一位风机调节盘开关(03);两位风机调节盘开关(04);空调总开关(05);电子式空调风机开关(06)
	B(02)额定电压(V)	220(01);250(02)
	C(03)额定电流(A)	16(01);30(02)
	D(04)外形尺寸	$\phi16$(01);$\phi20$(02)
类别编码及名称	属性项	常用属性值
2631　面板、边框、盖板	A(01)品种	面板框(01);插座防溅面板(02);开关防溅面板(03);开关及"请勿打扰"/"请即清理"指示(04);带荧光门铃及"请勿打扰"/"请即清理"指示(05);"请勿打扰"/"请即清理"指示(06);带荧光门铃开关及"请勿打扰"指示(07);请勿打扰面板(08);空白面板(09);安装面板(10)
	B(02)面板材质	水晶玻璃(01);铸铁(02);钢(03);塑料(04);铝合金(05)
	C(03)开关位数	双联四位(01);六联(02);五联(03);四联(04);双联三位(05);单联数位(06);单联三位(07);单联两位(08);双联六位(09);双联五位(10);单联空白(11)
	D(04)回路数	120×70(01);75×75(02);86×86(03);118×70(04);146×86(05)

续表

类别编码及名称	属性项	常用属性值
2633 开关、插座功能件	A(01)品种	门铃开关功能件(01);三相插座功能件(02);风扇开关功能件(03);单相插座功能件(04);定时器(05);插座防溅盒(06);"请即清理"指示功能件(07);"请勿打扰"指示功能件(08);调光开关功能件(09);多功能插座功能件(10)
	B(02)额定功率(W)	630(01);1000(02)
	C(03)开关控制电器数	双控(01);单控(02)
	D(04)插座承接形式	方脚三极(01);扁脚二极(02);扁脚三极(03);圆脚二极(04);圆脚三极(05)
	E(05)附带功能	带荧光(01)
	F(06)额定电压(V)	110(01);220(02);250(03);380(04)
	G(07)额定电流(A)	4(01);10(02);12(03);13(04);16(05);20(06);25(07);30(08)

类别编码及名称	属性项	常用属性值
2641 电源插座	A(01)品种	扁脚地面插座(01);万能插座(02);圆脚插座(03);扁脚插座(04);多用电源插座(05);三相四线地面插座(06);三相四线插座(07);扁圆脚插座(08);方脚插座(09);地面插座(10);成套插座(11)
	B(02)额定电压(V)	110(01);220(02);120/240(03);110/240(04);250(05);380(06);440(07)
	C(03)额定电流(A)	5(01);10(02);13(03);15(04);16(05);20(06);25(07);30(08);32(09)
	D(04)插座承接形式	一位三极(01);两、三极插座(02);三位二.三.三极(03);双联二.二极(04);二极插座(05);三联三.三.三极(06);三极插座(07);三位二.二.二极(08);四联二.二.二.三极(09);三十位插座(10);四联二.二.三.三极(11);四联二.三.三.三极(12);三位二.二.三极(13);一位二极插座(14);二位两极插座(15);多联(16)
	E(05)附带功能	带开关(01);带荧光(02);防溅(03);带熔丝管(04);带开关带LED指示(05);带保险盒(06);带指示灯(07);带保护门(08);带接地插座(09);带保护(10)
	F(06)额定功率(W)	2000(01);2500(02)
	G(07)外形尺寸(长×宽)	86×86(01);120×60(02)

续表

类别编码及名称	属性项	常用属性值
2643 刮须插座	A(01)品种	胡须插座(01)
	B(02)外形尺寸(长×宽)	86×86(01);120×60(02)
	C(03)额定电压(V)	110,240(01)
	D(04)额定电流(A)	10(01)
	E(05)额定功率(W)	800(01)

类别编码及名称	属性项	常用属性值
2645 电源插头	A(01)品种	三头单相插头(01);三相五极插头(02);三相四极插头(03);三相三极插头(04);两头单相插头(05)
	B(02)外形尺寸(长×宽)	120×60(01);86×86(02)
	C(03)额定电压	220(01);380(02);440(03)
	D(04)额定电流(A)	10(01);15(02);16(03);20(04);25(05);30(06);32(07)
	E(05)插口形式	扁圆脚(01);扁脚(02);方脚(03);圆脚(04)

类别编码及名称	属性项	常用属性值
2647 电源插座转换器	A(01)品种	七位三孔插座转换器(01);二位二孔、二位三孔插座转换器(02);二位二孔、三位三孔插座转换器(03);四位二孔插座转换器(04);五位三孔插座转换器(05);六位三孔插座转换器(06);三位二孔、一位三孔插座转换器(07);三位二孔、二位三孔插座转换器(08);三位二孔、三位三孔插座转换器(09);三位三孔插座转换器(10);一位二孔、三位三孔插座转换器(11);一位二孔、二位三孔插座转换器(12);一位二孔、一位三孔插座转换器(13);四位三孔插座转换器(14);三位二孔插座转换器(15);二位二孔插座转换器(16);二位三孔插座转换器(17);八位三孔插座转换器(18);二位二孔、一位三孔插座转换器(19)
	B(02)额定电压(V)	250(01)
	C(03)额定电流(A)	10(01);16(02)
	D(04)额定功率(W)	
	E(05)外形尺寸(长×宽×厚)	203×55×35(01);199×55×35(02);284×80×35(03);242×80×35(04);1200×80×35(05);160×55×35(06)

类别编码及名称	属性项	常用属性值
2649 其他开关	A(01)品种	点火开关(01)；脚踏踏开关(02)；转向开关(03)；水银开关(04)；万能转换开关(05)；密封开关(06)
	B(02)额定电流(A)	3(01)；15(02)
	C(03)端子数	2P(01)；3P(02)；4P(03)
	D(04)外形尺寸(长×宽)	150×130(01)；220×200(02)

类别编码及名称	属性项	常用属性值
2701 熔断器	A(01)品种	有填料管式熔断器 RT(01)；有填料封闭管式快速熔断器 RS(02)；无填料管式熔断器 RM(03)
	B(02)形状	跌落式熔断器(01)；瓷插式熔断器(02)；贴片式熔断器(03)；裹腹式熔断器(04)；平板式熔断器(05)；插片式熔断器(06)；铡刀刀式熔断器(07)；尖头管状熔断器(08)；平头管状熔熔断器(09)；螺旋式熔断器 RL(10)
	C(03)额定电压(V)	110(01)；220(02)；380(03)；500(04)；660(05)
	D(04)熔断器额定电流(A)	5(01)；6(02)；10(03)；15(04)；16(05)；20(06)；25(07)；30(08)；32(09)；40(10)；50(11)；60(12)；63(13)；80(14)；100(15)；125(16)；150(17)；160(18)；200(19)；250(20)；300(21)；320(22)；350(23)；400(24)；480(25)；500(26)；600(27)
	E(05)熔断体额定电流(A)	300(01)；63(02)；250(03)；224(04)；200(05)；160(06)；125(07)；100(08)；80(09)；5(10)；2(11)；4(12)；6(13)；10(14)；16(15)；20(16)；25(17)；32(18)；36(19)；40(20)；50(21)；1000(22)；800(23)；630500(24)；425(25)；400(26)；355(27)；315(28)
	F(06)适用范围	电器仪表用(01)；机床用(02)；电力用(03)；汽车用(04)

续表

类别编码及名称	属性项	常用属性值
2703　保险器材	A(01)品种	保险架(01);保险丝盒(02);保险盒端子(03);保险片(04);保险丝(05);保险盖(06);保险带(07)
	B(02)类型	防雷(01);型号40(02);型号30(03);型号20(04);低压(05);高压(06);型号50(07)
	C(03)公称工作电流	0.1(01);0.2(02);0.315(03);0.4(04);0.5(05);0.63(06);0.8(07);1.6(08);2(09);2.5(10);3.15(11);4(12);5(13);6.3(14);10(15);30(16);150(17);400(18)
	D(04)公称工作电压	32(01);60(02);125(03);220(04);250(05);300(06);500(07);600(08)
	E(05)材质	H65Y(01);PA66(02);聚碳酸(03);H62Y(04);青铜(05);ABS(06)

类别编码及名称	属性项	常用属性值
2705　避雷装置	A(01)品种	电源防雷插座(01);电源避雷箱(02);避震喉(03);电源引入防雷箱(04);三相电涌保护器(05);两级防雷箱(06);单级防雷箱(07);信号型避雷器(08);消雷装置(09);避雷带(10);避雷网(11);避雷针(12);电源避雷器(13);天馈线避雷器(14)
	B(02)类型	控制信号防雷器(01);防雷插排(02);电源防雷模块(03);同轴型信号防雷器(04);DB型信号防雷器(05);串联式单相电源防雷箱(06);三相箱式电源防雷箱(计数器)(07);三相电源防雷箱(08);钢管避雷针(09);三叉式铜质避雷针(10);球形单针避雷针(11);低压直流电源防雷器(12);圆钢避雷针(13);单相电源防雷箱(14);离子合金接地极(15);多合一防雷器(16)
	C(03)额定电压(V)	6(01);12(02);20(03);24(04);48(05);110(06);220(07);380(08)

类别编码及名称	属性项	常用属性值
2706　接地装置	A(01)品种	接地器材(01);地线装置(02);带状接地极(03);离子合金接地极(04);接地引下线(05);接地母线(06);接地极板(07);镀锌接地端子板(08);接地卡子(09)
	B(02)接地体材料	角钢(01);扁钢(02);钢管(03);钢筋(04)
	C(03)规格	双孔(01)

类别编码及名称	属性项	常用属性值
2707　漏电保护器材	A(01)品种	智能型框架式断路器(01);真空断路器(02);小型断路器(03);漏电断路器(04);塑料外壳断路器(05);脱扣器(06);漏电保护插座(07);漏电继电器(08);漏电保护开关(09);塑壳四级漏电断路器(10)
	B(02)脱扣装置类型	电磁式(01);电子式(02)
	C(03)额定电流(A)	20(01);32(02);40(03);50(04);63(05);400(06);500(07);630(08);700(09);800(10);1000(11);1250(12);1600(13);2000(14);2500(15);2900(16);3200(17);3600(18);4000(19)
	D(04)额定工作电压(V)	110(01);220(02);240/220(03);400/380(04);380(05);440(06);690(07)
	E(05)额定绝缘电压(V)	500(01);800(02)
	F(06)额定漏电电流(MA)	50(01);100(02);300(03);500(04)

类别编码及名称	属性项	常用属性值
2709　高压绝缘子	A(01)名称	盘形玻璃悬式绝缘子(01);高压针式绝缘子(02);户内外胶装结构支柱绝缘子(03);户内外胶装菱形支柱绝缘子(04);棒形悬式合成绝缘子(05);普通通盘式悬式瓷绝缘子(06);户外棒形支柱绝缘子(07);双层伞耐污悬式绝缘子(08);高压碟式绝缘子(09);钟罩型耐污悬式绝缘子(10)
	B(02)额定电压(kV)	6(01);10(02);20(03);35(04);66(05);110(06);220(07);330(08);500(09)
	C(03)强度等级(kN)	3.75(01);4(02);5(03);7.5(04);8(05);12.5(06);16(07);20(08);30(09)
	D(04)金属附件　地面形状	槽形连接(01);高圆形 GY(02);圆形 Y(03);方形 F(04);椭圆形 T(05);球面型(06);空气动力型(07);棒型(08);标准型(09);耐污型(10);直流型(11);地线型(12)
	E(05)额定机械拉伸负载(kN)	70(01);100(02);160(03);210(04);300(05);400(06);530(07)
	F(06)机械破坏荷载(kN)	20(01);70(02);80(03);100(04);120(05);160(06);210(07);300(08)

续表

类别编码及名称	属性项	常用属性值
2711 低压绝缘子	A(01)品种	PD 低压针式绝缘子(01);支柱绝缘子(02);ED 低压碟式绝缘子(03);G 鼓形绝缘子(04);EX 低压线轴式绝缘子(05);J 拉紧绝缘子(06);WX 电车绝缘子(07)
	B(02)机械破坏强度(kN)	2(01);4.5(02);4.9(03);6.8(04);7.8(05);9.8(06);11.7(07);11.8(08);14.7(09);19.6(10);44(11);45(12);54(13);70(14);90(15);100(16)
	C(03)工频电压-干闪(kV)	4(01);5(02);6(03);14(04);16(05);18(06);20(07);22(08);30(09);35(10);36(11)
	D(04)工频电压-湿闪(kV)	2.8(01);5(02);6(03);7(04);8(05);15(06)
	E(05)安装连接形式	M 木担直脚(01);T 铁担直脚(02);W 弯脚(03)
类别编码及名称	属性项	常用属性值
2713 绝缘穿墙套管、瓷套管	A(01)品格	导杆式穿墙瓷套管(01);直瓷管(02);母线式穿墙瓷套管(03);油油纸电容式穿墙套管(04)
	B(02)规格	100×145×218(01)
	C(03)额定电压(kV)	6(01);10(02);20(03);35(04);72(05);100(06)
	D(04)额定电流(A)	200(01);250(02);400(03);630(04);1000(05);1600(06);3150(07);4000(08)
	E(05)污秽等级	一般地区(01);1 级(02);2 级(03);3 级(04);中等地区(05);特重污区(06);重污区(07)
类别编码及名称	属性项	常用属性值
2715 瓷绝缘散材	A(01)品种	瓷珠(01);瓷撑板(02);瓷接头(03);瓷夹板(04);瓷片(05);瓷瓶(06);耐热电瓷环(07);瓷嘴子(08);硅胶片(09);陶瓷灭弧罩(10)
	B(02)类型	热镀单槽夹板(01);带钉瓷珠(02);串芯瓷珠(03);三眼双槽夹板(04);三眼个单槽夹板(05);热镀双槽夹板(06);冷镀单槽夹板(07);单路(08);双路(09)
	C(03)规格	40(01);50(02);64(03);76(04);150×150(05);300×200(06)

类别编码及名称	属性项	常用属性值
2717 绝缘布、绝缘带	A(01)品种	Pvc硅胶布(01);电气胶带(02);黄蜡布带(03);丝绸绝缘布(04);铝塑复合带(05);聚聚酯薄膜带(06);绝缘胶布带(07);黄漆布带(08);导热绝缘硅胶布(09);绝缘黑胶布(10);无纺布带(11);矽胶导热布(12)
	B(02)规格	铝基厚0.1mm(01);20mm×18mm(02);20mm×19mm(03);铝基厚0.15mm(04);铝基厚0.2mm(05);20mm×20m(06);38mm×57mm×15mm(07);45mm×80mm×17mm(08);45mm×85mm×18mm(09);20mm×10m(10);18mm×10m×0.13mm(11);20m/卷(12)
	C(03)包装方式	150卷/箱(01);120卷/箱(02);200卷/箱(03);400卷/箱(04);240卷/箱 160卷/箱(05);100卷/箱(06)
类别编码及名称	属性项	常用属性值
2719 绝缘板、绝缘箔	A(01)品种	衬垫云母板(01);耐高温云母板(02);电绝缘橡胶板(03);云母板(04);环氧树脂绝缘板(05);酚醛层压板(06);石墨板(07);绝缘箔(08);DMD复合绝缘箔(09);环氧树脂绝缘箔(10);绝缘钢纸板(11)
	B(02)规格	δ0.5(01);δ10(02);δ20(03);60×40×120(04);1220×1020(05);1000×2000(06);450×300×35(07);2000×1000×3(08);2000×1000×4(09);2000×1000×8(10);2000×1000×10(11)
类别编码及名称	属性项	常用属性值
2721 绝缘管	A(01)品种	环氧酚醛层压玻璃布管(01);玻璃布管(02);玻璃漆管(03);云母管(04);酚醛层压布管(05);酚醛层压纸管(06);无碱玻璃纤维纱编织成管(07)
	B(02)材质	硅树脂(01);酚醛树脂(02);环氧树脂(03)
	C(03)耐温(摄氏度)	A级(01);E级(02);180(03);300(04);155(05)
	D(04)型号	
	E(05)耐压(kV)	35(01)

续表

类别编码及名称	属性项	常用属性值
2723　绝缘棒	A(01)品种	尼龙棒(01)；炭精棒(02)；聚四氟乙烯棒(03)；环氧酚醛玻璃布棒(04)；酚醛品种棉布棒(05)；云母棒(06)；层压玻璃布棒(07)；酚醛层压布棒(08)；环氧玻璃布棒(09)
	B(02)型号	3721B(01)；3721(02)；3720(03)；3724(04)；3725(05)；3840(06)；G10(07)；FR4(08)；G11(09)；PTFE(10)；FR5(11)；Nylon(12)；3723(13)
	C(03)规格	ϕ10(01)

类别编码及名称	属性项	常用属性值
2725　其他绝缘材料	A(01)品种	高丽纸(01)；接地线板(02)；青壳纸(03)；磁环(04)；绝缘垫(05)；滤油纸(06)；玻化微珠(07)；塑料手套(08)；塑料雨罩(09)；复合丁晴(10)；螺栓绝缘外套(11)
	B(02)规格	δ2mm(01)；δ0.5mm(02)；δ0.3mm(03)；δ0.2mm(04)；δ0.15mm(05)；40×5×120mm(06)

类别编码及名称	属性项	常用属性值
2731　电热材料	A(01)品种	电炉丝(01)；电阻丝(02)；绕线电阻器(03)；碳合成电阻器(04)；金属膜电阻器(05)；金属氧化膜电阻器(06)
	B(02)材质	Cr20Ni80(01)；Crl5Ni60(02)；GH140(03)；铁铬铝合金(04)；镍铬合金(05)
	C(03)线径(mm)	0.1(01)；0.12(02)；0.15(03)；0.17(04)；0.19(05)；0.25(06)；0.27(07)
	D(04)使用电压(kV)	
	E(05)电阻率(Ω·cm)	$1.45 \times 10 \times (-6)$(01)

类别编码及名称	属性项	常用属性值
2801 裸电线	A(01)品种	LJ 铝绞线(01);LGJ 钢芯铝绞线(02);LGJQ 轻型钢芯铝绞线(03);LGJJ 加强型钢芯铝绞线(04);LGJK 扩径钢芯铝绞(05);LGJF 防腐钢芯铝绞线(06);TJ 铜绞线(07);镀锡铜绞线(08);LHAJ 铝合金绞线(09);LHBJ 钢芯铝合金绞线(10);TY 硬圆铜线(11);TM 铜母线(12);LM 铝母线(13);铝合金接触线(14);CT 钢母线(15);TB 铜扁线(16);TD 铜带(17);LY 圆铝线(18);LT 圆铜线(19);镀锡软圆铜线(20);镀银软圆铜线(21);镀镍软圆铜线(22);铝合金圆线(23);铝包钢圆线(24);铜包钢圆线(25)
	B(02)线芯材质	HL 铝合金(01);T 铜(02);T 铜芯(03);L 铝芯(04);G 铁芯(05)
	C(03)芯数	1(01);35(02);36(03);27(04);3＋3(05);7(06);6(07);2(08);30(09);34(10);33(11)
	D(04)标称截面(mm^2)	2(01);2.5(02);4(03);6(04);10(05);16(06);25(07);35(08);50(09);70(10);95(11)
	E(05)单线直径(mm)	0.1(01);0.12(02);0.16(03);0.2(04);0.25(05);0.3(06);0.4(07);0.5(08);0.63(09);0.75(10);1(11);1.6(12);2(13);2.5(14);4(15);6.3(16);10(17);16(18);25(19);35(20);40(21);50(22);63(23);70(24);80(25);95(26);100(27);120(28);125(29);160(30);185(31);200(32);250(33);315(34);400(35);500(36);630(37);800(38);1000(39)
	F(06)标称面积	120/7(01);95/20(02);95/15(03);70/40(04);70/10(05);50/30(06);50/8(07);35/6(08);25/4(09)
	G(07)软硬度	YB 半硬(01);YT 特硬(02);R 软(03);Y 硬(04)
	H(08)截面形状	G 双沟型(01);T 梯形(02);Y 圆形(03);B 扁形(04)

续表

类别编码及名称	属性项	常用属性值
2803 电气装备用电线电缆	A(01)品种	控制电线电缆(K)(01);矿用电线电缆(02);航空导线(03);公路车辆用低压电线(04);塑料绝缘软电线(05);橡皮绝缘电线(06);电梯电缆(07);信号电线电缆(08);电机电磁引接线(09);架空绝缘电线(JK)(10);船用电线电缆(11);地铁车辆用电缆(12);塑料绝缘电线(13);架空绝缘导线(14);阻燃塑料绝缘电线(15);阻燃塑料绝缘软电线(16)
	B(02)绝缘材料	F 氟塑料绝缘(01);Y 聚乙烯绝缘(02);V 聚氯乙烯绝缘(03);S 丝绝缘(04);XF 氯丁绝缘(05);XG 硅橡皮绝缘(06);B 棉纱编制绝缘(07);YJ 交联聚乙烯绝缘(08);X 橡皮绝缘(09);Q 漆绝缘(10);C 三醋酸纤维绝缘(11);交联聚烯烃绝缘(12);丁腈聚氯乙烯复合物绝缘(13)
	C(03)护套材料	棉纱或其他编织材料护套(01);32 细钢丝铠装聚氯乙烯护套(02);V 聚氯乙烯护套(03);V22 钢带铠装聚氯乙烯护套(04);E 聚烯烃护套(05);E22 钢带铠装聚烯烃护套(06);23 钢带铠装聚乙烯护套(07);33 细钢丝铠装聚乙烯护套(08);Y 聚乙烯护套(09);氯丁或其他合成胶护套(10)
	D(04)芯数	1(01);2(02);3(03);4(04);5(05);6(06);7(07);8(08);9(09);10(10);11(11);12(12);13(13);14(14);15(15);16(16);17(17);18(18);19(19);20(20);21(21);22(22);23(23);24(24);25(25);26(26);27(27);28(28);29(29);30(30);31(31);32(32);33(33);34(34);35(35);36(36);37(37);44(38);48(39);52(40);61(41);3+1(42);3+1+1(43);3+1+3(44);3+1+4(45);3+2(46);3+3(47);4+1(48)
	E(05)线芯材质	HL 铝合金(01);T 铜(02);T 铜芯(03);L 铝芯(04);G 铁芯(05)
	F(06)标称截面(mm^2)	0.06(01);0.08(02);0.1(03);0.12(04);0.2(05);0.3(06);0.4(07);0.5(08);0.6(09);0.75(10);0.8(11);1(12);1.5(13);2(14);2.5(15);4(16);6(17);8(18);10(19);16(20);18(21);25(22);35(23);50

类别编码及名称	属性项	常用属性值
2803　电气装备用电线电缆	F(06)标称截面(mm²)	(24);70(25);95(26);110(27);120(28);150(29);185(30);240(31);300(32);400(33);500(34);600(35);630(36);800(37)
	G(07)工作类型	ZC(阻燃 C 型)(01);防白蚁(02);双色(03);WL(无卤低烟)(04);ZC(阻燃 C 级)(05);P(编织屏蔽)(06);低烟低卤(07);铜带屏蔽(08);屏蔽(09);补偿型(10);WL(无卤低烟)NH(耐火)(11);ZR(阻燃)(12);普通型(13);NH(耐火)(14);防火阻燃型(B 级)(15);防火阻燃型(A 级)(16);耐油(17);耐寒耐温(18);耐磨(19);耐水(20);防老鼠(21);耐火 B 类(22);耐火 A 类(23)
	H(08)特性	B 扁平型(01);R 软结构(02);C 重型(03);Q 轻型(04);E 双层(05);G 高压(06);J 交流(07);R 柔软(08);Z 中型(09);P 编织屏蔽(10);P2 铜带屏蔽(11);圆形(12);B 干型(扇形)(13);S 绞型(14)
类别编码及名称	属性项	常用属性值
2805　电磁线	A(01)品种	薄膜绕包电磁线(01);纤维绕包电磁线(02);无机绝缘电磁线(03);漆包电磁线(04)
	B(02)标称直径	0.071(01);0.08(02);0.09(03);0.1(04);0.112(05);0.125(06);0.14(07);0.16(08);0.18(09);0.2(10);0.224(11);0.25(12);0.28(13);0.315(14);0.35(15)
	C(03)绝缘材料	YM 氧化膜绝缘(01);BM 玻璃膜绝缘(02);V 聚氯乙烯绝缘(03);Z 纸绝缘(04);ST 天然丝绝缘(05);M 棉纱绝缘(06);SB 玻璃丝绝缘(07);SR 人造丝绝缘(08)
	D(04)线芯材质	TWC 无磁性铜(01);HL 铝合金(02);L 铝(03);T 铜(04)
	E(05)绝缘特征	B 编制(01);J 加厚(02);N 自黏性(03);NF 耐冷冻(04);S 彩色(05);G 有机硅浸渍(06);E 双层(07);C 醋酸浸渍(08)
	F(06)线芯特征	J 绞制(01);D 带箔(02);Y 圆线(03);R 柔软(04);B 扁线(05)
	G(07)热级等级	50(01);80(02);110(03);130(04);150(05);155(06);180(07)
	H(08)绝缘漆种类	油性类漆 Y(省略)(01);聚酰胺酰亚胺 XY(02);聚酯亚胺漆 ZY(03);环氧漆 H(04);聚酰亚胺漆 Y(05);聚酰胺漆 X(06);聚氨酯类漆 A(07);缩醛类漆 Q(08);改性聚酯类漆 Z(G)(09);聚酯类漆 Z(10)

续表

类别编码及名称	属性项	常用属性值
2811　电力电缆	A(01)品种	塑料绝缘电力电缆(01);橡皮绝缘电力电缆(02)
	B(02)绝缘材料	V 聚氯乙稀绝缘(01);HE 乙丙橡胶绝缘(02);E 乙丙橡胶绝缘(03);X 橡皮绝缘(04);YJ 交联聚乙烯绝缘(05);Y 聚乙烯绝缘(06)
	C(03)护套材料	32 细钢丝铠装聚氯乙稀护套(01);V22 钢带铠装聚氯乙稀护套(02);A 挡潮层聚乙烯护套(03);V24 钢带铠装聚乙稀护套(04);V23 钢带铠装聚氯乙稀护套(05);V 聚氯乙稀护套(06);43 粗钢丝铠装聚乙稀护套(07);V42 粗钢丝铠装聚氯乙稀护套(08);E 聚稀烃护套(09);E22 钢带铠装聚稀烃护套(10);33 细钢丝铠装聚乙稀护套(11);F 氯丁胶　弹性体护套(12);Y 聚乙烯护套(13);V25 钢带铠装聚乙稀护套(14)
	D(04)内护层材料	L 铝护套(01);H 橡护套(02);Q 铅护套(03);V 聚氯乙烯护套(04);W 皱纹铝套(05)
	E(05)芯数	18(01);6(02);5(03);4(04);3(05);24(06);27(07);2(08);1(09);30(10);19(11);37(12);16(13);14(14);12(15);10(16);3+2(17);44(18);4+1(19);2+1(20);8(21);7(22);52(23);48(24);3+1(25)
	F(06)线芯材质	T 铜(01);HL 铝合金(02);T 铜芯(03);L 铝芯(04)
	G(07)标称截面(铝/钢)mm²	185/50(01);150/70(02);150/50(03);120/70(04);120/50(05);120/35(06);70/50(07);95/50(08);50(09);70(10);95/35(11);70/35(12);500/185(13);70/25(14);50/25(15);50/16(16);50/6(17);35/16(18);25/16(19);16/10(20);16/6(21);10/6(22);6/4(23);4/2.5(24);2.5/1.5(25);1.5/1(26);35/10(27);25/10(28);400/150(29);240/120(30);300/95(31);240/95(32);240/70(33);185/95(34);185/70(35);300/120(36);300/150(37);400/185(38);150/95(39)
	H(08)工作类型	ZC(阻燃 C 级)(01);ZD(阻燃 D 级)(02);ZA(阻燃 A 级)(03);ZB(阻燃 B 级)(04);DL 低烟无卤(05);WL 低烟无卤(06);普通型(07);防火阻燃型(A 级)(08);防火阻燃型(B 级)(09);补偿型(10);双色(11);低烟无卤(12);低烟低卤(13);防白蚁(14);NA(耐火 A 类)(15);NB(耐火 B 类)(16);金属屏蔽(17);防老鼠(18);耐油(19);耐寒(20);耐温(21);耐磨(22);NH(耐火)(23);ZR(阻燃)(24)

类别编码及名称	属性项	常用属性值
2811 电力电缆	I(09)额定电压(KV)	0.45/0.75（01）；0.6/1（02）；0.3/0.5（03）；1.8/3(04)；6/10(05)；0.33(06)；0.22(07)；0.11(08)；18/30(09)；1(10)；8.7/10(11)；10(12)；0.5(13)；0.35(14)；12/20(15)；3.6/6(16)；8.7/15(17)；0.25(18)；26/35(19)
	J(10)工作温度(℃)	70(01)；105(02)；90(03)
类别编码及名称	属性项	常用属性值
2813 充油及油浸纸绝缘电力电缆	A(01)品种	油浸纸绝缘电力电缆(01)
	B(02)绝缘及特征	CYZ 充油油浸纸(01)；FZ 分相油浸纸(02)；FD 不滴流油浸纸(03)；FC 滤尘用油浸纸(04)
	C(03)外护套材料	22—钢带铠装聚氯乙烯外护套(01)；23—钢带铠装聚乙烯外护套(02)；32—细钢丝铠装(03)；聚氯乙烯外护套(04)；33—细钢丝铠装(05)；聚乙烯外护套(06)；42—粗钢丝铠装(07)；聚氯乙烯外护套(08)；43—粗钢丝铠装(09)；聚外护套材料乙烯外护套(10)；02—聚氯乙烯护套(11)；03—聚乙烯护套(12)；20—钢带铠装(13)；21—钢带铠装纤维层护套(14)；30—细圆钢丝铠装(15)；31—细圆钢丝铠装纤维层护套 40—粗圆钢丝铠装(16)；41—粗圆钢丝铠装纤维层护套(17)
	D(04)内护层材料	H 橡护套(01)；L 铝护套(02)；Q 铅护套(03)；V 聚氯乙烯护套(04)
	E(05)加强层材料及形式	铅包铜带径向(01)；铅包不锈钢带径向(02)；铅包铜带径(03)；纵向(04)；铅包不锈钢带径(05)；纵向(06)
	F(06)额定电压(KV)	6/6(01)；8.7/10(02)；3.6/6(03)；0.6/1(04)
	G(07)芯数	2(01)；1(02)；3(03)；4(04)；3+1(05)
	H(08)线芯材质	T 铜芯(01)；L 铝芯(02)；F6 六分裂铜芯(03)
	I(09)标称截面(mm²)	16(01)；25(02)；35(03)；50(04)；70(05)；95(06)；120(07)；150(08)；180(09)；185(10)；240(11)；270(12)；300(13)；400(14)；500(15)；600(16)；630(17)；680(18)；800(19)；920(20)

续表

类别编码及名称	属性项	常用属性值
2813　充油及油浸纸绝缘电力电缆	J(10)工作类型	NH(耐火);普通型;耐火 A 类;防白蚁;低烟无卤;防火阻燃型(A 级);ZR(阻燃);低烟低卤;耐磨;耐温;耐寒;耐油;金属屏蔽;耐火 B 类;防老鼠;双色;补偿型;防火阻燃型(B 级)
	K(11)特性	CY 充油(01);C 滤尘(02);F 分相(03);D 不滴流(04)
	L(12)工作温度(℃)	90(01);70(02);105(03)
类别编码及名称	属性项	常用属性值
2823　通信电缆	A(01)型号	HYA（01）;HYFA（02）;HYPA（03）;HYA23（04）;HYA53（05）;HYA553（06）;HYAT(07);HYFAT(08);HYPAT(09);HYAT23(10);HYFAT23(11);HYPAT23（12）;HYAT53（13）;HYFAT53（14）;HYPAT53（15）;HYAT553（16）;HYFAT553(17);HYPAT553(18);HYAT33(19);HYAT43(20);HYAC(21);HYAGC(22);HYAG(23);HYFAG(24);HYPAG（25）;HYATG（26）;HYFATG（27）;HYPATG（28）;HYATG23（29）;HYFATG23（30）;HYPATG23（31）;HYATG53(32);HYFATG53(33);HYPATG53(34);HYATG553(35);HYFATG553(36);HYPATG553(37);HYATG33(38);HYATG43(39)
	B(02)对数	5(01);10(02);15(03);20(04);25(05);30(06);50（07）;100（08）;200（09）;300(10);400(11);500(12);600(13);800(14);900(15);1000（16）;1200（17）;1600（18）;1800(19);2000(20);2400(21);2700(22);3000(23);3300(24);3600(25)
	C(03)标称直径(mm²)	0.32(01);0.4(02);0.5(03);0.6(04);0.7(05);0.8(06);0.9(07)
类别编码及名称	属性项	常用属性值
2825　光纤光缆	A(01)品种	GS 通信用设备内光缆(01);GY 通信用室(野)外光缆(02);GH 通信用海底光缆(03);GT 通信用特殊光缆(04);GM 通信用移动式光缆(05);GJ 通信用室(局)内光缆(06)

类别编码及名称	属性项	常用属性值
2825　光纤光缆	B(02)光缆结构	Z 阻燃式结构(01);层绞式结构(02);T 填充式结构(03);B 扁平结构(04);C 自承式结构(05);X 中心管式结构(06);G 骨架槽结构(07);D 光纤带结构(08);X 中心束管式(09);J 光纤紧套被覆结构(10);S 光纤松套被覆结构(11)
	C(03)敷设方式	架空(01);管道(02);直埋(03);水下(04);管道架空(05)
	D(04)护套材料	V 聚氯乙烯(01);G 钢(02);L 铝(03);E 聚酯弹性体(04);U 聚氨酯(05);A 铝带-聚乙烯粘结护层(06);Y 聚乙烯(07);F 氟塑料(08);S 钢带-聚乙烯粘结护层(09);W 夹带钢丝的钢带-聚乙烯粘结护层(10);Q 铅(11);PE 护套(12)
	E(05)芯数	1(01);2(02);4(03);6(04);8(05);10(06);12(07);14(08);16(09);18(10);20(11);24(12);30(13);32(14);36(15);48(16);60(17);64(18);84(19);108(20)
	F(06)加强构件	G 金属重型加强构件(01);F 非金属加强构件(02);金属加强构件(03)
类别编码及名称	属性项	常用属性值
2827　信号电缆	A(01)品种	铁路信号电缆(01);水质监测信号电缆(02);铁路综合细低电容信号电缆(03);仪表信号电缆(04);同轴电缆(05);矿用信号电缆(06)
	B(02)绝缘材料	V 聚乙烯绝缘(01)
	C(03)外护套材料	A 综合护套(01);V 聚氯乙烯(02);22 钢带铠装(03)
	D(04)内护层材料	H 橡护套(01);聚乙烯(02);L 铝护套(03);Q 铅护套(04);V 聚氯乙烯护套(05)
	E(05)内护层材料特征	P 屏蔽层(01)
	F(06)敷设方式	架空(01);管道(02);直埋(03);水下(04);管道架空(05);架空(06);穿管(07)
	G(07)芯数	4(01);6(02);8(03);9(04);12(05);14(06);16(07);19(08);21(09);24(10);28(11);30(12);33(13);37(14);42(15);44(16);48(17);52(18);56(19);61(20)

续表

类别编码及名称	属性项	常用属性值
2827　信号电缆	H(08)线芯材质	T 铜(01);G 钢(铁)(02);HL 铝合金(03);L 铝(04)
	I(09)标称对数	8(01);9(02);10(03);12(04);14(05);16(06);19(07);21(08);24(09);28(10);30(11);33(12);37(13);42(14);48(15);52(16);56(17);61(18);144(19);2(20);4(21);6(22)
	J(10)标称直径	1.0(01);0.5(02);1.2(03)
	K(11)工作类型	ZR(阻燃)(01);普通型(02);低烟无卤(03);防火阻燃型(B级)(04);耐温(05);低烟无卤(06);金属屏蔽(07);耐火 B 类(08);耐火 A 类(09);防白蚁(10);阻火阻燃型(A级)(11);防老鼠(12);耐油(13);耐寒(14);NH(耐火)(15);耐磨(16);双色(17);补偿型(18)

类别编码及名称	属性项	常用属性值
2829　同轴通信电缆	A(01)品种	单芯射频同轴电缆(01);对称射频同轴电缆(02);全密封型射频同轴电缆(03);实心聚乙烯绝缘射频同轴电缆(04);实心聚四氟乙烯绝缘射频同轴电缆(05);发泡聚乙烯绝缘射频同轴电缆(06);半柔射频同轴电缆(07)
	B(02)绝缘材料	YP 带皮泡沫聚烯烃绝缘(01);XG 硅橡皮绝缘(02);V 聚烯烃绝缘(03);Y 聚乙烯绝缘(04);YJ 交联聚乙烯绝缘(05);X 橡皮绝缘(06);XF 氯丁绝缘(07);B 聚苯乙烯绝缘(08);F 聚四氟乙烯(09);C 三醋酸纤维绝缘(10);YF 泡沫聚烯烃绝缘(11);Z 纸绝缘(12)
	C(03)外护套材料	23 双层钢带绕包聚乙烯护套(01);聚氯乙烯(02);53 单层皱纹钢带纵包聚乙烯护套(03);43 单层粗钢丝绕包聚乙烯护套(04);33 单层细钢丝绕包聚乙烯护套(05)
	D(04)内护层材料	Q 铅护套(01);L 铝护套(02);H 橡护套(03);V 聚氯乙烯护套(04)
	E(05)内护层材料特征	自承式(01);挡潮层(02);隔离式(03);非填充式(04);填充式(05)
	F(06)敷设方式	架空(01);管道(02);直埋(03);水下(04);管道架空(05)

类别编码及名称	属性项	常用属性值
2829 同轴通信电缆	G(07)标称对数	2(01);5(02);10(03);20(04);30(05);50(06);100(07);200(08);300(09);400(10);500(11);600(12);800(13);900(14);1000(15);1200(16);1600(17);1800(18);2000(19);2400(20);2700(21);3000(22);3300(23);3600(24)
	H(08)标称直径(mm)	0.6(01);0.5(02);0.4(03);0.8(04);0.32(05)
	I(09)线芯材质	HL 铝合金(01);T 铜(02);L 铝(03);G 钢(铁)(04)
类别编码及名称	属性项	常用属性值
2831 计算机用电缆	A(01)品种	网络电缆(01);DJ 电子计算机用电缆(02)
	B(02)绝缘材料	Y 聚乙烯绝缘(01);V 聚氯乙烯绝缘(02);VD 低烟低卤聚烯烃(03);E 低烟无卤聚氯乙烯(04);F46 绝缘(05);YJ 交联聚乙烯(06)
	C(03)屏蔽材料	P3 铝/塑复合膜绕包(01);P2 铜带绕包(02);P1 镀镀锡铜丝编制(03);P 对绞铜丝编织屏蔽(04)
	D(04)外护套材料	A 综合护套(01);22 钢带铠装(02);V 聚氯乙烯护套(03)
	E(05)标称截面(mm²)	0.06(01);0.08(02);0.12(03);0.2(04);0.5(05);0.75(06);1(07);1.5(08)
	F(06)标称对数	1(01);2(02);3(03);4(04);5(05);6(06);7(07);8(08);9(09);10(10);12(11);14(12);16(13);19(14);24(15);25(16);27(17);30(18);33(19);36(20);37(21);43(22);44(23);48(24);50(25);52(26);56(27);61(28);75(29);91(30);100(31)
	G(07)额定电压(V)	250(01);300/380(02);450/750(03);300/500(04);500(05)
	H(08)工作类型	耐火 A 类(01);耐火 B 类(02);阻燃(ZR)(03);金属屏蔽(04);低烟无卤(05);防白蚁(06);耐油(07);耐寒(08);耐温(09);耐磨(10);补偿型(11);双色(12);防火阻燃型(ZC级)(13);防火阻燃型(ZB级)防火阻燃型(ZA级)(14);普通型(15);防老鼠(16)

续表

类别编码及名称	属性项	常用属性值
2833　弱电线路连接附件	A(01)品种	光纤配线架(01)；理线架(02)；网络配线架(03)；接头(04)
	B(02)接头形式	BNC(01)；RJ45(02)；RJ11(03)；F型(04)；VGA(05)

类别编码及名称	属性项	常用属性值
2841　特种电缆	A(01)品种	防火电缆(01)；感温电缆(02)；热电偶补偿电缆(03)
	B(02)芯数	1(01)；2(02)；3(03)；4(04)；3+1(05)；5(06)；3+2(07)；4+1(08)；6(09)；7(10)；8(11)；10(12)；12(13)；14(14)；16(15)；19(16)；24(17)；27(18)；30(19)；37(20)；44(21)；48(22)；52(23)
	C(03)对数	1(01)；2(02)；3(03)；4(04)；5(05)；6(06)；7(07)；8(08)；9(09)；10(10)；12(11)；14(12)；16(13)；19(14)
	D(04)绝缘材料	Y聚乙烯绝缘(01)；X橡皮绝缘(02)；XF氯丁绝缘(03)；XG硅橡皮绝缘(04)；B聚苯乙烯绝缘(05)；F聚四氟乙烯(06)；C三醋酸纤维绝缘(07)；Z纸绝缘(08)；YF泡沫聚烯烃绝缘(09)；YP带皮泡沫聚烯烃绝缘(10)；V聚烯烃绝缘(11)；YJ交联聚乙烯绝缘(12)
	E(05)护套材料	F聚全氟乙丙烯(01)；V聚氯乙烯(02)；G硅橡胶(03)
	F(06)屏蔽材料	铜丝编制(01)；铜塑复合带绕包或铜带绕包(02)；铝塑复合带绕包(03)
	G(07)导体种类	多股(01)；七股(02)；单股(03)
	H(08)线芯材质	L铝(01)；HL铝合金(02)；T铜(03)；G钢(铁)(04)
	I(09)标称截面(mm^2)	

类别编码及名称	属性项	常用属性值
2843　其他电线电缆	A(01)品种	矿用电缆(01)；SC熔接尾纤(02)；防水电缆(03)；接续材料(04)
	B(02)线芯材质	裸圆铜线(01)
	C(03)绝缘材料	聚乙烯(01)
	D(04)护套材料	聚氯乙烯(01)
	E(05)工作类型	

类别编码及名称	属性项	常用属性值
290101　钢制电缆桥架	A(01)类型	梯级式电缆桥架(T)(01);组合式电缆桥架(ZH)(02);槽式电缆桥架(C)电缆桥架(03);托盘式电缆桥架(P)(04)
	B(02)型式	有散热孔托盘(01);无散热孔托盘(02);梯架(03)
	C(03)表面处理	热浸镀锌(01);电镀锌(02);喷涂粉末(03);涂漆或烤漆(04);双金属复合涂层(05);其他(06)
	D(04)规格	2000 * 60 * 40 * 1.0(01);2000 * 60 * 50 * 1.0(02);2000 * 60 * 60 * 1.0(03);2000 * 60 * 80 * 1.0(04);2000 * 60 * 100 * 1.0(05);2000 * 60 * 150 * 1.0(06);2000 * 60 * 200 * 1.0(07);2000 * 80 * 40 * 1.0(08);2000 * 80 * 50 * 1.0(09);2000 * 80 * 60 * 1.0(10);2000 * 80 * 80 * 1.0(11);2000 * 80 * 100 * 1.0(12);2000 * 80 * 150 * 1.0(13);2000 * 80 * 200 * 1.0(14);2000 * 100 * 40 * 1.0(15);2000 * 100 * 50 * 1.0(16);2000 * 100 * 60 * 1.0(17);2000 * 100 * 80 * 1.0(18);2000 * 100 * 100 * 1.0(19);2000 * 100 * 150 * 1.0(20);2000 * 100 * 200 * 1.0(21);2000 * 150 * 40 * 1.0(22);2000 * 150 * 50 * 1.0(23);2000 * 150 * 60 * 1.0(24);2000 * 150 * 80 * 1.0(25);2000 * 150 * 100 * 1.0(26);2000 * 150 * 150 * 1.0(27);2000 * 150 * 200 * 1.0(28);2000 * 200 * 40 * 1.2(29);2000 * 200 * 50 * 1.2(30);2000 * 200 * 60 * 1.2(31);2000 * 200 * 80 * 1.2(32);2000 * 200 * 100 * 1.2(33);2000 * 200 * 150 * 1.2(34);2000 * 200 * 200 * 1.2(35);2000 * 250 * 40 * 1.2(36);2000 * 250 * 50 * 1.2(37);2000 * 250 * 60 * 1.2(38);2000 * 250 * 80 * 1.2(39);2000 * 250 * 100 * 1.2(40);2000 * 250 * 150 * 1.2(41);2000 * 250 * 200 * 1.2(42);2000 * 300 * 40 * 1.2(43);2000 * 300 * 50 * 1.2(44)

续表

类别编码及名称	属性项	常用属性值
290103　铝合金电缆桥架	A(01)类型	梯级式电缆桥架(T)(01);组合式电缆桥架(ZH)(02);槽式电缆桥架(C)电缆桥架(03);托盘式电缆桥架(P)(04)
	B(02)型式	有散热孔托盘(01);无散热孔托盘(02);梯架(03)
	C(03)表面处理	热浸镀锌(01);电镀锌(02);喷涂粉末(03);涂漆或烤漆(04);双金属复合涂层(05);其他(06)
	D(04)规格	2000＊200＊100(01);2000＊300＊100(02);2000＊400＊100(03);2000＊200＊200(04);2000＊300＊200(05);2000＊400＊200(06)

类别编码及名称	属性项	常用属性值
290105　玻璃钢电缆桥架	A(01)类型	梯级式电缆桥架(T)(01);组合式电缆桥架(ZH)(02);槽式电缆桥架(C)电缆桥架(03);托盘式电缆桥架(P)(04)
	B(02)型式	有散热孔托盘(01);无散热孔托盘(02);梯架(03)
	C(03)表面处理	热浸镀锌(01);电镀锌(02);喷涂粉末(03);涂漆或烤漆(04);双金属复合涂层(05);其他(06)
	D(04)规格	2000＊200＊100(01);2000＊300＊100(02);2000＊400＊100(03);2000＊200＊200(04);2000＊300＊200(05);2000＊400＊200(06)

类别编码及名称	属性项	常用属性值
2902　电缆桥架连接件及附件		

类别编码及名称	属性项	常用属性值
290201　电缆桥架弯头	A(01)表面处理	热浸镀锌(01);电镀锌(02);喷涂粉末(03);涂漆或烤漆(04);双金属复合涂层(05);其他(06)
	B(02)型式	有散热孔托盘(01);无散热孔托盘(02);梯架(03)

类别编码及名称	属性项	常用属性值
290201　电缆桥架弯头	C(03)规格	100＊40(01)；100＊50(02)；100＊60(03)；100＊80(04)；100＊100(05)；100＊150(06)；100＊200(07)；150＊40(08)；150＊50(09)；150＊60(10)；150＊80(11)；150＊100(12)；150＊150(13)；150＊200(14)；200＊40(15)；200＊50(16)；200＊60(17)；200＊80(18)；200＊100(19)；200＊150(20)；200＊200(21)；250＊40(22)；250＊50(23)；250＊60(24)；250＊80(25)；250＊100(26)；250＊150(27)；250＊200(28)；300＊40(29)；300＊50(30)；300＊60(31)；300＊80(32)；300＊100(33)；300＊150(34)；300＊200(35)；350＊40(36)；350＊50(37)；350＊60(38)；350＊80(39)；350＊100(40)；350＊150(41)；350＊200(42)；400＊40(43)；400＊50(44)；400＊60(45)；400＊80(46)；400＊100(47)；400＊150(48)；400＊200(49)；450＊40(50)；450＊50(51)；450＊60(52)；450＊80(53)；450＊100(54)；450＊150(55)；450＊200(56)；500＊40(57)；500＊50(58)；500＊60(59)；500＊80(60)；500＊100(61)；500＊150(62)；500＊200(63)；600＊40(64)；600＊50(65)；600＊60(66)；600＊80(67)；600＊100(68)；600＊150(69)；600＊200(70)；800＊40(71)；800＊50(72)；800＊60(73)；800＊80(74)；800＊100(75)；800＊150(76)；800＊200(77)

类别编码及名称	属性项	常用属性值
290203　电缆桥架盖板	A(01)表面处理	热浸镀锌(01)；电镀锌(02)；喷涂粉末(03)；涂漆或烤漆(04)；双金属复合涂层(05)；其他(06)
	B(02)型式	直线连接板(01)；伸缩连接板(02)
	C(03)规格	2000＊60＊40(01)；2000＊60＊50(02)；2000＊60＊60(03)；2000＊60＊80(04)；2000＊60＊100(05)；2000＊60＊150(06)；2000＊60＊200(07)；2000＊80＊40(08)；2000＊80＊50(09)；2000＊80＊60(10)；2000＊80＊80(11)；2000＊80＊100(12)；2000＊80＊150(13)；2000＊80＊200(14)；2000＊100＊40(15)；2000＊100＊50(16)；

类别编码及名称	属性项	常用属性值
290203　电缆桥架盖板	C(03)规格	2000＊100＊60(17)；2000＊100＊80(18)；2000＊100＊100(19)；2000＊100＊150(20)；2000＊100＊200(21)；2000＊150＊40(22)；2000＊150＊50(23)；2000＊150＊60(24)；2000＊150＊80(25)；2000＊150＊100(26)；2000＊150＊150(27)；2000＊150＊200(28)

类别编码及名称	属性项	常用属性值
290205　电缆桥架引下件	A(01)表面处理	热浸镀锌(01)；电镀锌(02)；喷涂粉末(03)；涂漆或烤漆(04)；双金属复合涂层(05)；其他(06)
	B(02)型式	有散热孔托盘(01)；无散热孔托盘(02)；梯架(03)
	C(03)规格	60＊40(01)；60＊50(02)；60＊60(03)；60＊80(04)；60＊100(05)；60＊150(06)；60＊200(07)；80＊40(08)；80＊50(09)；80＊60(10)；80＊80(11)；80＊100(12)；80＊150(13)；80＊200(14)；100＊40(15)；100＊50(16)；100＊60(17)；100＊80(18)；100＊100(19)；100＊150(20)；100＊200(21)；150＊40(22)；150＊50(23)；150＊60(24)；150＊80(25)；150＊100(26)；150＊150(27)；150＊200(28)；200＊40(29)；200＊50(30)；200＊60(31)；200＊80(32)；200＊100(33)；200＊150(34)；200＊200(35)；250＊40(36)；250＊50(37)；250＊60(38)；250＊80(39)；250＊100(40)；250＊150(41)；250＊200(42)；300＊40(43)；300＊50(44)；300＊60(45)

类别编码及名称	属性项	常用属性值
290207　其他桥架附件	A(01)品种	吊框(01)；二通(02)；横梁(03)；吊杆(04)；四通(05)；三通(06)；弯通(07)；异径接头(08)；盖板(09)；垂直引上架(10)；引下装置(11)；管接头(12)；压板(13)；隔板(14)；导板(15)；护罩(16)；调节片(17)；托臂(18)；支架(19)；底座(20)；立柱(21)
	B(02)材质	钢制(01)；铝制(02)
	C(03)规格	

类别编码及名称	属性项	常用属性值
2903　线槽		
类别编码及名称	属性项	常用属性值
290301　钢制普通线槽	A(01)表面处理	热浸镀锌(01);电镀锌(02);喷涂粉末(03);涂漆或烤漆(04);双金属复合涂层(05);其他(06)
	B(02)型式	有隔板(01);无隔板(02)
	C(03)规格	2000×60×40×1.0(01);2000×60×50×1.0(02);2000×60×60×1.0(03);2000×60×80×1.0(04);2000×60×100×1.0(05);2000×60×150×1.0(06);2000×60×200×1.0(07);2000×80×40×1.0(08);2000×80×50×1.0(09);2000×80×60×1.0(10);2000×80×80×1.0(11);2000×80×100×1.0(12);2000×80×150×1.0(13);2000×80×200×1.0(14);2000×100×40×1.0(15);2000×100×50×1.0(16);2000×100×60×1.0(17);2000×100×80×1.0(18);2000×100×100×1.0(19);2000×100×150×1.0(20)
类别编码及名称	属性项	常用属性值
290303　钢制地面线槽	A(01)表面处理	热浸镀锌(01);电镀锌(02);喷涂粉末(03);涂漆或烤漆(04);双金属复合涂层(05);其他(06)
	B(02)型式	封闭(01);开口(02)
	C(03)规格	2000×50×25×ϕ42×600(01);2000×50×40×ϕ42×600(02);2000×70×25×ϕ42×600(03);2000×70×40×ϕ42×600(04);2000×100×25×ϕ42×600(05);2000×100×40×ϕ42×600(06);2000×150×25×ϕ42×600(07);2000×150×40×ϕ42×600(08);2000×230×25×ϕ42×600(09);2000×230×40×ϕ42×600(10);2000×50×25×ϕ88×600(11)

续表

类别编码及名称	属性项	常用属性值
290305 玻璃钢线槽	A(01)表面处理	热浸镀锌(01);电镀锌(02);喷涂粉末(03);涂漆或烤漆(04);双金属复合涂层(05);其他(06)
	B(02)型式	封闭(01);开口(02)
	C(03)规格	2000×200×100(01);2000×300×100(02);2000×400×100(03);2000×200×200(04);2000×300×200(05);2000×400×200(06)

类别编码及名称	属性项	常用属性值
290307 铝合金线槽	A(01)规格(mm):L(长)×B(宽)×H(高)	2000×200×100(01);2000×300×100(02);2000×400×100(03);2000×200×200(04);2000×300×200(05);2000×400×200(06)

类别编码及名称	属性项	常用属性值
290309 PVC线槽	A(01)形式	开口(01);封闭(02)
	B(02)规格(mm):L(长)×B(宽)×H(高)	2000×20×12(01);2000×20×20(02);2000×25×12.5(03);2000×25×25(04);2000×30×15(05);2000×30×30(06);2000×40×20(07);2000×40×25(08);2000×40×30(09);2000×40×40(10);2000×50×20(11);2000×50×25(12);2000×50×30(13);2000×50×40(14)
	C(03)散热孔	有孔(01);无孔(02)

类别编码及名称	属性项	常用属性值
2904 线槽连接件及附件		

类别编码及名称	属性项	常用属性值
290401 钢制普通线槽弯头	A(01)品种	水平30°弯通(01);水平45°弯通(02);水平60°弯通(03);水平90°弯通(04);30°上弯通(05);45°上弯通(06);60°上弯通(07);90°上弯通(08);30°下弯通(09);45°下弯通(10);60°下弯通(11);90°下弯通(12);三通(13);四通(14);终端头(15)

类别编码及名称	属性项	常用属性值
290401　钢制普通线槽弯头	B(02)表面处理	热浸镀锌(01)；电镀锌(02)；喷涂粉末(03)；涂漆或烤漆(04)；双金属复合涂层(05)；其他(06)
	C(03)型式	有隔板(01)；无隔板(02)
	D(04)横撑	有横撑(01)；无横撑(02)
	E(05)型式	直线连接板(01)；伸缩连接板(02)
	F(06)规格	60 * 40(01)；60 * 50(02)；60 * 60(03)；60 * 80(04)；60 * 100(05)；60 * 150(06)；60 * 200(07)；80 * 40(08)；80 * 50(09)；80 * 60(10)；80 * 80(11)；80 * 100(12)；80 * 150(13)；80 * 200(14)；100 * 40(15)；100 * 50(16)；100 * 60(17)；100 * 80(18)；100 * 100(19)；100 * 150(20)；100 * 200(21)；150 * 40(22)；150 * 50(23)；150 * 60(24)；150 * 80(25)；150 * 100(26)；150 * 150(27)；150 * 200(28)；200 * 40(29)；200 * 50(30)；200 * 60(31)；200 * 80(32)；200 * 100(33)；200 * 150(34)；200 * 200(35)

类别编码及名称	属性项	常用属性值
290403　钢制普通线槽连接板	A(01)品种	水平 30°弯通(01)；水平 45°弯通(02)；水平 60°弯通(03)；水平 90°弯通(04)；30°上弯通(05)；45°上弯通(06)；60°上弯通(07)；90°上弯通(08)；30°下弯通(09)；45°下弯通(10)；60°下弯通(11)；90°下弯通(12)；三通(13)；四通(14)；终端头(15)
	B(02)规格	2000 * 60 * 40(01)；2000 * 60 * 50(02)；2000 * 60 * 60(03)；2000 * 60 * 80(04)；2000 * 60 * 100(05)；2000 * 60 * 150(06)；2000 * 60 * 200(07)；2000 * 80 * 40(08)；2000 * 80 * 50(09)；2000 * 80 * 60(10)；2000 * 80 * 80(11)；2000 * 80 * 100(12)；2000 * 80 * 150(13)；2000 * 80 * 200(14)

类别编码及名称	属性项	常用属性值
290405　钢制地面线槽弯头	A(01)品种	水平 30°弯通(01)；水平 45°弯通(02)；水平 60°弯通(03)；水平 90°弯通(04)；终端头(05)
	B(02)型式	封闭(01)；开口(02)
	C(03)表面处理	热浸镀锌(01)；电镀锌(02)；喷涂粉末(03)；涂漆或烤漆(04)；双金属复合涂层(05)；其他(06)

续表

类别编码及名称	属性项	常用属性值
290405　钢制地面线槽弯头	D(04)规格	50＊25(01)；50＊40(02)；70＊25(03)；70＊40(04)；100＊25(05)；100＊40(06)；150＊25(07)；150＊40(08)；230＊25(09)；230＊40(10)；150＊60(11)；200＊60(12)；250＊60(13)；300＊60(14)

类别编码及名称	属性项	常用属性值
290407　钢制地面线槽连接板	A(01)品种	
	B(02)型式	封闭(01)；开口(02)
	C(03)表面处理	热浸镀锌(01)；电镀锌(02)；喷涂粉末(03)；涂漆或烤漆(04)；双金属复合涂层(05)；其他(06)
	D(04)规格	2000＊50＊25(01)；2000＊50＊40(02)；2000＊70＊25(03)；2000＊70＊40(04)；2000＊100＊25(05)；2000＊100＊40(06)；2000＊150＊25(07)；2000＊150＊40(08)；2000＊230＊25(09)；2000＊230＊40(10)；3000＊50＊25(11)；3000＊50＊40(12)；3000＊70＊25(13)；3000＊70＊40(14)；3000＊100＊25(15)；3000＊100＊40(16)；3000＊150＊25(17)；3000＊150＊40(18)；3000＊230＊25(19)；3000＊230＊40(20)；2000＊150＊60(21)；2000＊200＊60(22)；2000＊250＊60(23)；2000＊300＊60(24)

类别编码及名称	属性项	常用属性值
290409　钢制地面线槽盖板	A(01)表面处理	热浸镀锌(01)；电镀锌(02)；喷涂粉末(03)；涂漆或烤漆(04)；双金属复合涂层(05)；其他(06)
	B(02)规格	2000＊150＊60(01)；2000＊200＊60(02)；2000＊250＊60(03)；2000＊300＊60(04)

类别编码及名称	属性项	常用属性值
290411　钢制地面线槽分线盒	A(01)表面处理	热浸镀锌(01)；电镀锌(02)；喷涂粉末(03)；涂漆或烤漆(04)；双金属复合涂层(05)；其他(06)
	B(02)规格	50＊25(01)；50＊40(02)；70＊25(03)；70＊40(04)；100＊25(05)；100＊40(06)；150＊25(07)；150＊40(08)；230＊25(09)；230＊40(10)；2根＊50＊25(11)；2根＊50＊40(12)；2根＊70＊25(13)；2根＊70＊40(14)；2根＊100＊25(15)；2根＊100＊40(16)；(100＋50)＊25(17)；(100＋50)＊40(18)；(100＋70)＊25(19)；(100＋70)＊40(20)；3根＊50＊25(21)；3根＊50＊40(22)；3根＊70＊25(23)；3根＊70＊40(24)；(2根＊70＋1根＊50)＊25(25)；(2根＊70＋1根＊50)＊40(26)；150＊60(27)；200＊60(28)；250＊60(29)；300＊60(30)

232

类别编码及名称	属性项	常用属性值
290413 钢制地面线槽支架	A(01)型式	单槽支架(01);双槽支架(02);三槽支架(03)
	B(02)规格	50 * 25(01);50 * 40(02);70 * 25(03);70 * 40(04);100 * 25(05);100 * 40(06);150 * 25(07);150 * 40(08);230 * 25(09);230 * 40(10);2根 * 50 * 25(11);2根 * 50 * 40(12);2根 * 70 * 25(13);2根 * 70 * 40(14);2根 * 100 * 25(15);2根 * 100 * 40(16);(100+50) * 25(17);(100+50) * 40(18);(100+70) * 25(19);(100+70) * 40(20);3根 * 50 * 25(21);3根 * 50 * 40(22);3根 * 70 * 25(23);3根 * 70 * 40(24);(2根 * 70+1根 * 50) * 25(25);(2根 * 70+1根 * 50) * 40(26);150 * 60(27);200 * 60(28);250 * 60(29);300 * 60(30)

类别编码及名称	属性项	常用属性值
290415 钢制地面线槽出线栓	A(01)形状	圆形(01);方形(02)
	B(02)型式	翻弹式(01);翻盖式(02);旋转面盖(03)
	C(03)用途	单相三极插座(01);三相四极插座(02);双联二(03);三极插座(04);电话插座(05);电脑插座(06);电话电脑并联插座(07);电视插孔(08);话筒插孔(09)

类别编码及名称	属性项	常用属性值
2905 母线槽及其连接件		

类别编码及名称	属性项	常用属性值
290501 封闭母线槽	A(01)表面处理	阻燃(01);耐火(02)
	B(02)型式	空气绝缘型(01);密集型(02)
	C(03)供电方式	三相五线制(01);三相四线制(02)
	D(04)规格(额定电流)	100A(01);250A(02);400A(03);630A(04);800A(05);1000A(06);1250A(07);1600A(08);2000A(09);250A0(10);3150A(11);4000A(12)
	E(05)防护等级	IP54(01);IP55(02);IP56(03);IP65(04);IP66(05);IP67(06);IP68(07)

续表

类别编码及名称	属性项	常用属性值
290503　照明母线槽	A(01)规格（额定电流）	20A(01)；40A(02)
	B(02)表面处理	普通(01)；阻燃(02)；耐火(03)

类别编码及名称	属性项	常用属性值
290505　封闭母线槽分支插接箱	A(01)表面处理	耐火(01)；阻燃(02)
	B(02)型式	空气绝缘型(01)；密集型(02)
	C(03)供电方式	三相五线制(01)；三相四线制(02)
	D(04)规格（额定电流）	100A(01)；250A(02)；400A(03)；630A(04)；800A(05)；1000A(06)；1250A(07)；1600A(08)；2000A(09)；250A0(10)；3150A(11)；4000A(12)
	E(05)防护等级	IP54(01)；IP55(02)；IP56(03)；IP65(04)；IP66(05)；IP67(06)；IP68(07)

类别编码及名称	属性项	常用属性值
290507　封闭母线槽弯头	A(01)品种	水平90°弯头(01)；垂直90°弯头(02)
	B(02)表面处理	耐火(01)；阻燃(02)
	C(03)型式	空气绝缘型(01)；密集型(02)
	D(04)供电方式	三相五线制(01)；三相四线制(02)
	E(05)规格（额定电流）	100A(01)；250A(02)；400A(03)；630A(04)；800A(05)；1000A(06)；1250A(07)；1600A(08)；2000A(09)；250A0(10)；3150A(11)；4000A(12)
	F(06)防护等级	IP54(01)；IP55(02)；IP56(03)；IP65(04)；IP66(05)；IP67(06)；IP68(07)

类别编码及名称	属性项	常用属性值
290509　封闭母线槽伸缩节	A(01)表面处理	耐火(01)；阻燃(02)
	B(02)型式	空气绝缘型(01)；密集型(02)
	C(03)供电方式	三相五线制(01)；三相四线制(02)
	D(04)规格（额定电流）	100A(01)；250A(02)；400A(03)；630A(04)；800A(05)；1000A(06)；1250A(07)；1600A(08)；2000A(09)；250A0(10)；3150A(11)；4000A(12)
	E(05)防护等级	IP54(01)；IP55(02)；IP56(03)；IP65(04)；IP66(05)；IP67(06)；IP68(07)

类别编码及名称	属性项	常用属性值
290511　封闭母线槽终端头	A(01)表面处理	阻燃(01);耐火(02)
	B(02)型式	空气绝缘型(01);密集型(02)
	C(03)供电方式	三相五线制(01);三相四线制(02)
	D(04)规格(额定电流)	100A(01);250A(02);400A(03);630A(04);800A(05);1000A(06);1250A(07);1600A(08);2000A(09);250A0(10);3150A(11);4000A(12)
	E(05)防护等级	IP54(01);IP55(02);IP56(03);IP65(04);IP66(05);IP67(06);IP68(07)
类别编码及名称	属性项	常用属性值
2906　电线、电缆套管及其管件		
类别编码及名称	属性项	常用属性值
290601　焊接钢管	A(01)公称直径(mm)	10(01);15(02);20(03);25(04);32(05);40(06);50(07);65(08);80(09);100(10);125(11);150(12);200(13);250(14);300(15);400(16)
	B(02)壁厚(mm)	2.2(01);2.5(02);2.75(03);3.0(04);3.25(05);3.5(06);4.0(07)
类别编码及名称	属性项	常用属性值
290603　镀锌钢管	A(01)公称直径(mm)	10(01);15(02);20(03);25(04);32(05);40(06);50(07);65(08);80(09);100(10);125(11);150(12);200(13);250(14);300(15);400(16)
	B(02)壁厚(mm)	2.8(01);3.3(02);3.5(03);4.0(04);4.3(05);4.5(06);4.8(07);5.0(08);5.5(09)
类别编码及名称	属性项	常用属性值
290604　套接扣压式镀锌钢管	A(01)公称直径	
	B(02)壁厚	
类别编码及名称	属性项	常用属性值
290605　套接紧定式镀锌钢管	A(01)公称直径(mm)	16(01);20(02);25(03);32(04);40(05);50(06)
	B(02)壁厚	1.5(01);1.6(02)

235

类别编码及名称	属性项	常用属性值
290606　PVC线管	A(01)公称直径(mm)	16(01);20(02);25(03);32(04);40(05)
	B(02)壁厚(mm)	1.0(01);1.2(02);1.25(03);1.4(04);1.5(05);1.6(06);1.8(07);1.9(08);2.0(09);2.4(10)

类别编码及名称	属性项	常用属性值
290607　普通穿线金属软管	A(01)公称直径(mm)	10(01);12(02);15(03);17(04);20(05);24(06);25(07);30(08);32(09);38(10);40(11);50(12);63(13);76(14);83(15);101(16)
	B(02)壁厚(mm)	

类别编码及名称	属性项	常用属性值
290609　包塑穿线金属软管	A(01)公称直径(mm)	15(01);20(02);25(03);32(04);40(05);50(06)
	B(02)壁厚(mm)	

类别编码及名称	属性项	常用属性值
290611　焊接钢管套筒接头	A(01)公称直径(mm)	10(01);15(02);20(03);25(04);32(05);40(06);50(07);65(08);80(09);100(10);125(11);150(12);200(13);250(14);300(15);400(16)
	B(02)壁厚(mm)	2.2(01);2.5(02);2.75(03);3.0(04);3.25(05);3.5(06);4.0(07)

类别编码及名称	属性项	常用属性值
290613　热镀锌钢管直管接头	A(01)公称直径(mm)	10(01);15(02);20(03);25(04);32(05);40(06);50(07);65(08);80(09);100(10);125(11);150(12);200(13);250(14);300(15);400(16)
	B(02)壁厚(mm)	2.8(01);3.3(02);3.5(03);4.0(04);4.3(05);4.5(06);4.8(07);5.0(08);5.5(09)

类别编码及名称	属性项	常用属性值
290615　热镀锌钢管锁扣	A(01)外径(mm)	10(01);15(02);20(03);25(04);32(05);40(06);50(07);65(08);80(09);100(10);125(11);150(12);200(13);250(14);300(15);400(16)
	B(02)壁厚(mm)	

类别编码及名称	属性项	常用属性值
290617　热镀锌钢管锁母	A(01)公称直径(mm)	10(01);15(02);20(03);25(04);32(05);40(06);50(07);65(08);80(09);100(10);125(11);150(12);200(13);250(14);300(15);400(16)
	B(02)壁厚(mm)	
类别编码及名称	属性项	常用属性值
290619　热镀锌钢管接地卡	A(01)公称直径(mm)	10(01);15(02);20(03);25(04);32(05);40(06);50(07);65(08);80(09);100(10);125(11);150(12);200(13);250(14);300(15);400(16)
	B(02)壁厚(mm)	
类别编码及名称	属性项	常用属性值
290621　套接紧定式镀锌钢管连接套管	A(01)套管内径(mm)	16(01);20(02);25(03);32(04);40(05);50(06)
	B(02)总长度(mm)	55(01);60(02);75(03);95(04);120(05)
类别编码及名称	属性项	常用属性值
290623　套接紧定式镀锌钢管螺纹接头	A(01)接头内径(mm)	16(01);20(02);25(03);32(04);40(05);50(06)
	B(02)总长度(mm)	45(01);50(02);60(03);80(04)
	C(03)螺纹长度(mm)	10(01);15(02)
类别编码及名称	属性项	常用属性值
290625　套接紧定式镀锌钢管爪型螺母	A(01)接头内径(mm)	16(01);20(02);25(03);32(04);40(05);50(06)
	B(02)总长度(mm)	45(01);50(02);60(03);80(04)
	C(03)螺纹长度(mm)	10(01);15(02)
类别编码及名称	属性项	常用属性值
290627　套接扣压式镀锌钢管直管接头	A(01)接头内径(mm)	16(01);20(02);25(03);32(04);40(05)
	B(02)总长度(mm)	55(01);75(02);95(03)
类别编码及名称	属性项	常用属性值
290629　套接扣压式镀锌钢管弯管接头	A(01)弯管外径(mm)	16(01);20(02);25(03);32(04);40(05)
	B(02)弯曲半径(mm)	64(01);80(02);96(03);100(04);120(05);128(06);150(07);160(08);192(09);240(10)
	C(03)直管长度(mm)	25(01);35(02);45(03)

续表

类别编码及名称	属性项	常用属性值
290631　套接扣压式镀锌钢管螺纹接头	A(01)接头内径(mm)	16(01);20(02);25(03);32(04);40(05)
	B(02)总长度(mm)	40(01);50(02);55(03)
	C(03)螺纹长度(mm)	10(01);12(02)

类别编码及名称	属性项	常用属性值
290633　PVC管直管接头	A(01)公称直径(mm)	16(01);20(02);25(03);32(04);40(05)
	B(02)壁厚(mm)	1.0(01);1.2(02);1.25(03);1.4(04);1.5(05);1.6(06);1.8(07);1.9(08);2.0(09);2.4(10)

类别编码及名称	属性项	常用属性值
290635　普通穿线金属软管接头	A(01)公称直径(mm)	10(01);12(02);15(03);17(04);20(05);24(06);25(07);30(08);32(09);38(10);40(11);50(12);63(13);76(14);83(15);101(16)
	B(02)壁厚(mm)	

类别编码及名称	属性项	常用属性值
290637　钢管护口	A(01)材质	PVC(01);橡胶(02)
	B(02)规格(mm)	10(01);12(02);15(03);17(04);20(05);24(06);25(07);30(08);32(09);38(10);40(11);50(12);63(13);76(14);83(15);101(16)

类别编码及名称	属性项	常用属性值
290639　钢管管卡	A(01)品种	离墙码(01);鞍形管卡(02);圆形管卡(03)
	B(02)规格(mm)	10(01);15(02);16(03);20(04);25(05);32(06);40(07);50(08);65(09);80(10)

类别编码及名称	属性项	常用属性值
2907　电缆头		

类别编码及名称	属性项	常用属性值
290701　热缩式电缆头	A(01)品种	终端头(01);中间头(02);光纤终端头(03);成套终端头(04);成套中间头(05)
	B(02)使用条件	户内(01);户外(02)
	C(03)电压等级	1kV(01);6kV(02);10kV(03);35kV(04)
	D(04)芯数	1(01);3(02);4(03);5(04)
	E(05)截面(mm²)	1.5(01);2.5(02);4(03);6(04);10(05);16(06);20(07);25(08);35(09);50(10);70(11);95(12);120(13);150(14);185(15);240(16);300(17);400(18);500(19);600(20);630(21);800(22)

238

类别编码及名称	属性项	常用属性值
290703　冷缩式电缆头	A(01)品种	终端头(01);中间头(02)
	B(02)使用条件	户内(01);户外(02)
	C(03)电压等级	1kV(01);6kV(02);10kV(03);35kV(04)
	D(04)芯数	3(01);4(02);5(03)
	E(05)截面(mm²)	10(01);16(02);25(03);35(04);50(05);70(06);95(07);120(08);150(09);185(10);240(11);300(12);400(13);500(14);600(15);630(16);800(17)
类别编码及名称	属性项	常用属性值
290705　矿物电缆头	A(01)品种	终端头(01);中间头(02)
	B(02)截面	25(01);35(02);50(03);70(04);95(05);120(06);150(07);185(08);240(09)
	C(03)形式	刚性(01);柔性(02)
类别编码及名称	属性项	常用属性值
290707　预分支电缆头	A(01)品种	终端头(01);中间头(02)
	B(02)截面	25(01);35(02);50(03);70(04);95(05);120(06);150(07);185(08);240(09)
类别编码及名称	属性项	常用属性值
290709　浇筑式电缆头	A(01)品种	终端头(01);中间头(02)
	B(02)截面	25(01);35(02);50(03);70(04);95(05);120(06);150(07);185(08);240(09)
类别编码及名称	属性项	常用属性值
2909　接线端子		
类别编码及名称	属性项	常用属性值
290901　铜接线端子	A(01)品种	接线端子(01);接续管(02)
	B(02)型式	开口(01);闭口(OT)(02)
	C(03)芯线截面积(mm²)	2.5(01);4(02);6(03);10(04);16(05);20(06);25(07);35(08);50(09);70(10);95(11);120(12);150(13);185(14);240(15);300(16);400(17);500(18);600(19);630(20);800(21)
	D(04)电流	10A(01);20A(02);30A(03);40A(04);50A(05);60A(06);80A(07);100A(08);150A(09);200A(10);250A(11);300A(12);400A(13);500A(14);600A(15);800A(16);1000A(17)

类别编码及名称	属性项	常用属性值
290903　铝接线端子	A(01)品种	接线端子(01);接续管(02)
	B(02)型式	开口(01);闭口(OT)(02)
	C(03)芯线截面积(mm²)	4(01);6(02);10(03);16(04);25(05);35(06);50(07);70(08);95(09);120(10);150(11);185(12);240(13);300(14);400(15);500(16);600(17);630(18);800(19)

类别编码及名称	属性项	常用属性值
290905　铜铝接线端子	A(01)品种	接线端子(01);接续管(02)
	B(02)型式	开口(01);闭口(OT)(02)
	C(03)芯线截面积(mm²)	4(01);6(02);10(03);16(04);25(05);35(06);50(07);70(08);95(09);120(10);150(11);185(12);240(13);300(14);400(15);500(16);600(17);630(18);800(19)

类别编码及名称	属性项	常用属性值
2911　接线盒(箱)	A(01)品种	铁制灯头盒(01);分线盒(02);铁制接线盒(03);木制接线盒(04);钢制接线盒(05);铝制接线盒(06);塑料接线盒(07);塑料灯头盒(08);塑料接线箱(09);塑制接线箱(10);开关盒(11);接线盒(12);接线箱(13);光缆终端盒(14);光缆接头盒(15);过线(路)盒(16);穿线盒(17);吊盒(18)
	B(02)性能	防溅式(01);阻燃(02);防爆式(03)
	C(03)安装方式	暗装(01);明装(02)
	D(04)形状	八角(01);方形(02);圆形(03)
	E(05)规格	86型(01);118型(02);120型(03);135型(04)
	F(06)外形尺寸	65×65(01);75×75×50(02);75×75×80(03);75×75×40(04);110×110(05);65×95×55(06);64×58×37(07);135×75×80(08);200×200(09);300×300(10);110×110×60(11);100×100(12);75×75×60(13);135×75×60(14);70×70×25(15);50×50×25(16);135×75×70(17);135×75×50(18)

类别编码及名称	属性项	常用属性值
2913　母线金具	A(01)品种	NWP 户外平放型硬母线固定金具(01)；MWL 户外立放型硬母线固定金具(02)；MCN 户内槽型/MCW 户外槽型硬母线固定金具(03)；MCD 槽行吊挂/MCG 槽槽型间隔垫硬母线固定金具(04)；MGG 管形母线固定金具(05)；MGT 管形母线线 T 接金具(06)；MGZ 终端金具(07)；MGF 管形母线封头(08)；MGJ 管形母线支架(09)；MDG 单母线固定金具(10)；MSG 双母线固定金具(11)；MRJ 软母线间隔棒(12)
	B(02)适用母线宽度(mm)	63(01)；70(02)；80(03)；100(04)；125(05)；150(06)；175(07)
	C(03)适用支柱绝缘子螺径	M10(01)；M16(02)
	D(04)适用母线(mm)	$\phi80/74$（01）；$\phi120/112$（02）；$\phi130/116$（03）；$\phi150/136$（04）；$\phi100/90$（05）；$\phi90/80$（06）
	E(05)使用导线截面(mm)	185(01)；240(02)；300(03)；400(04)；500(05)；630(06)；1200(07)
类别编码及名称	属性项	常用属性值
2915　变电金具	A(01)品种	T 形线夹(01)；设备线夹(02)
	B(02)类型	TL 螺螺栓型 T 型线夹(01)；SY 压缩型设备线夹(02)；SYG 压缩型铜铝过渡设备线夹(03)；SL 螺栓型设备线夹(04)；SLG 螺栓型铜铝过渡设备线夹(05)；TY 压缩缩型 T 型线夹(06)
	C(03)适用导线：母线/引下线(截面)(mm²)	$70\sim95/35\sim50$（01）；$70\sim95/70\sim95$（02）；$35\sim50/35\sim50$（03）
	D(04)适用导线：外径(mm)	70(01)；50(02)；40(03)；32(04)；25(05)；2220(06)；19(07)；18.1(08)；18(09)；17.5(10)；16(11)；15(12)；14.5(13)；14(14)；10.8(15)；9.6(16)；7.5(17)
类别编码及名称	属性项	常用属性值
2917　线路金具	A(01)品种	悬垂线夹(01)；耐张线夹(02)；连接金具(03)；避雷线悬垂线夹(04)；接续金具(05)；保护金具(06)；拉线金具(07)；穿刺线夹(08)；出线金具(09)

类别编码及名称	属性项	常用属性值
2917　线路金具	B(02)类型	铝包带(01);JXC型安普线夹(02);套接管(03);钳接管(04);跨径并沟线夹(05);NL.D型耐张线夹(06);平行挂板(07);钢线卡子(08);拉线用U型挂环(09);NLY型线夹(10);UT型线夹(11);楔形线夹(12);重垂线(13);悬重锤及附件(14);均压屏蔽环(15);预绞线(16);间隔棒(17);防振锤FD型(18);FG型(19)
	C(03)适用绞线直径范围(包含缠物)(mm)	$21.0\sim26.0$(01);$23.0\sim33.0$(02);$11.0\sim13.0$(03);$7.1\sim13.0$(04);$5.0\sim7.0$(05);$13.1\sim21.0$(06);$23.0\sim43.0$(07);$5.0\sim10$(08);$10.1\sim14$(09);$14.1\sim18$(10)
	D(04)使用绞线截面(mm^2)	35(01);50(02);70(03);95(04);100(05);120(06);135(07);150(08);240(09)
	E(05)适用绞线外径(mm)	6(01);7.8(02);9(03);11(04);13(05);14(06);15(07);20(08);25(09);32(10)
	F(06)主线(mm^2)	$120\sim240$(01);$16\sim50$(02);$16\sim95$(03);$25\sim95$(04);$50\sim120$(05);$185\sim300$(06);$120\sim400$(07);$95\sim240$(08);$70\sim240$(09);$50\sim185$(10);$50\sim150$(11);$35\sim150$(12);$35\sim120$(13);$4\sim25$(14);$6\sim35$(15)
	G(07)支线(mm^2)	$95\sim240$(01);$35\sim95$(02);$35\sim120$(03);$25\sim95$(04);$35\sim150$(05);$50\sim150$(06);$16\sim70$(07);$6\sim35$(08);$16\sim95$(09);$1.5\sim10$(10);$6\sim16$(11);$2.5\sim35$(12);$95\sim185$(13);$150\sim240$(14)
	H(08)穿刺深度(mm)	
	I(09)标称电流(A)	
类别编码及名称	属性项	常用属性值
2919　电杆、塔	A(01)品种	水泥电杆(01);铁塔(02);混凝土圆电杆(03);钢制灯杆(04);铁制灯杆(05);导电杆(06)
	B(02)材质	水泥(01);混凝土(02);木电杆(03);铁制灯杆(04)
	C(03)形状	环状(01)
	D(04)梢径×长度	

续表

类别编码及名称	属性项	常用属性值
2921 杆塔固定件	A(01)品种	接杆(01);端子板(02);接地环(03);帮桩(04);挂板(05);U形环(06);心形环(07);拉线棍(08);背板(09);拉环(10);拉棒(11);拉线地锚(12);拉线盘(13);托箍(14);底盘(15);拉扣(16);连扳(17);槽钢台架(18);抱箍(19);拉板(20);卡盘(21);保护板(22)
	B(02)规格	16×1040(01);ϕ12×1800(02);ϕ16×550(03);ϕ16×670(04);ϕ16×760(05);ϕ16×710(06);ϕ16×960(07);ϕ16×1040(08);双孔(09)

类别编码及名称	属性项	常用属性值
2923 杆塔支撑横担及附件	A(01)品种	保险器架(01);紧线垫(02);开关架(03);垫铁(04);低压担(05);顶担(06);母线担(07);保险器担(08);角钢支撑(09);角钢刀间担(10);角钢立担(11);角钢桥担(12);角钢母线担(13);角钢保险器担(14);刀闸背板(15);刀闸架(16);角龂横铁(17);立铁(18);槽铁(19);角钢横担(20);角铁横担(21);瓷横担(22);玻璃钢横担(23);弯铁(24);木横担(25);扁钢横担(26);槽钢横担(27);撑撑铁(28);托龂(29);元宅龂(30);扁钢卡子(31);铁皮箍(32)
	B(02)安装形式	侧横担(01);交叉横担(02);正横担(03);复合横担(04)
	C(03)规格	25×4(01);ϕ16×2000(02);50×5×230(03);63×6×570(04);63×6×650(05);63×6×350(06);63×6×280(07);63×6×50(08);10×2700(09);10×2500(10);10×2000(11);63×6×565(12);63×6×410(13);63×6×370(14);50×6×1110(15);50×5×1800(16);50×5×1270(17);50×5×910(18);50×5×770(19);50×5×2230(20);50×5×2140(21);50×5×1420(22);63×6×1700(23);60×6×1600(24);50×6×1200(25);50×5(26);ϕ16×1800(27);ϕ16×1500(28);80×8×3200(29);80×8×3000(30)
	D(04)电压(kV)	0.22(01);0.38(02);10(03);35(04)
	E(05)表面处理	镀锌(01)

243

续表

类别编码及名称	属性项	常用属性值
2925　线路连接附件	A(01)品种	标桩(01);槽板(02);夹板(03);电缆头套(04);引入盒(05);保护罩(06);保护盒(07);告警器(08);木垫(09);接线柱(10);终端电缆盒(11);终端头(12);连接头(13);信号器(14);外护套(15);直管接头(16);瓷撑板(17);接头保护盒(18);伸缩头(19);电缆防雷装置(20);人字木(21);电缆支架(22);连板(23);拖沟(24);卡钩(25);卡子(26);电缆挂钩(27);铝合金专用卡件(28);光纤连接盘(29);电缆吊挂(30)
	B(02)型号	204-1(01);206-140×4×200(02);20640×4×230(03);204-263×6100(04);KT-5(05);KT-4(06);KT-3(07);KT-2(08);KT-1(09);HZ-6(10);HZ-20(11);HZ-12(12);HZ-0(13)
	C(03)规格	50(01);φ15mm(02);内径:24mm(03);内径:26mm(04);φ8mm(05);φ16mm(06);φ25mm(07);内径:14mm(08);φ45mm(09);φ20mm(10);φ55mm(11);φ70mm(12);240(13);内径:12mm(14);内径:18mm(15);40×5×120(16);φ65mm(17);内径:16.5mm(18);内径:15mm(19);φ50mm(20);φ40mmφ32mm(21);φ35mm(22);95(23);内径:19.5mm(24);205(25);内径:21mm(26);2×35(27);3×35(28);3×50(29);3×100(30)

类别编码及名称	属性项	常用属性值
2927　其他线路敷设材料	A(01)品种	交叉互联箱(01);滑触线拉紧装置(02);滑触线支持器(03);拉线箱(04);滑触线伸缩器(05);刚体滑触线(06);安全滑触线(07);接线盒盖(08);线路牵拉机(09);线缆牵引堵油管(10);铜接管(11)
	B(02)材质	铸铁(01);不锈锈钢(02);铝合金(03);铜(04);塑料外壳(05)
	C(03)载流量(A)	80(01);500(02);300(03);130(04);150(05);200(06);800(07);400(08);13001600(09);50(10)
	D(04)极防护等级	IP54(01);IP13(02);IP23(03)
	E(05)规格	16(01);25(02);35(03);50(04);70(05);75(06);85(07);95(08);120(09);150(10);240(11);300(12);400(13);630(14);800(15);70×3×500(16);50×3×400(17);40×3×300(18);30×3×300(19);120×60×50(20)

244

类别编码及名称	属性项	常用属性值
3001　视频监控系统器材		
类别编码及名称	属性项	常用属性值
300101　摄像机	A(01)品种	枪式摄像机(01);半球摄像机(02);球型摄像机(03);一体化摄像机(04);网络摄像机(05);微型摄像机(06);云台式摄像机(07);高速智能摄像机(08);红外摄像机(09);微光摄像机(10);X光摄像机(11);水下摄像机(12);人脸识别摄像机(13);全景摄像机(14);电梯摄像机(15)
	B(02)产品参数	
类别编码及名称	属性项	常用属性值
300103　镜头	A(01)品种	定焦自动光圈镜头(01);定焦手动光圈镜头(02);变焦电动光圈镜头(03);变焦自动光圈镜头(04);小孔镜头(05)
	B(02)产品参数	
类别编码及名称	属性项	常用属性值
300105　支架	A(01)安装方式	吊装(01);壁装(02);立式(03)
	B(02)产品参数	
类别编码及名称	属性项	常用属性值
300107　显示器	A(01)品种	19寸(01);21寸(02);26寸(03);32寸(04);42寸(05);55寸(06);60寸(07);100寸(08)
	B(02)产品参数	
类别编码及名称	属性项	常用属性值
300109　网络控制设备	A(01)品种	智能分析服务器(01);视频管理服务器(02);流媒体服务器(03);数据管理服务器(04)
	B(02)产品参数	
类别编码及名称	属性项	常用属性值
300111　网络存储设备	A(01)品种	265路(01);512路(02);1024路(03)
	B(02)产品参数	
类别编码及名称	属性项	常用属性值
300113　视频服务器	A(01)品种	300路(01);500路(02);1000路(03)
	B(02)产品参数	
类别编码及名称	属性项	常用属性值
3003　入侵报警系统器材		

续表

类别编码及名称	属性项	常用属性值
300301　入侵报警探测器	A(01)品种	门磁开关(01);窗磁开关(02);脚踏开关(03);手动开关(04);铁门开关(05);压力开关(06);行程开关(07);卷闸开关(08);隐藏式开关(09);主动红外探测器(10);被动红外探测器(11);红外幕帘探测器(12);红外微波双鉴探测器(13);复合探测器(14);微波探测器(15);超声波探测器(16);激光探测器(17);玻璃破碎探测器(18);震动探测器(19);驻波探测器(20);报警探测器(21);泄漏电缆探测器(22);感应式探测器(23);地音探测器(24);次声探测器(25);电子围栏(26)
	B(02)产品参数	
类别编码及名称	属性项	常用属性值
300303　报警控制器	A(01)品种	总线式报警控制器(01);多线式报警控制器(02);网络型报警控制器(03)
	B(02)路数	32路(01);64路(02);128路(03);256路(04)
	C(03)产品参数	
类别编码及名称	属性项	常用属性值
300305　延长器	A(01)品种	总线延长器(01)
	B(02)产品参数	
类别编码及名称	属性项	常用属性值
300307　入侵报警显示设备	A(01)品种	报警灯(01);警铃(02);报警警号(03);报警电子地图(04)
	B(02)产品参数	
类别编码及名称	属性项	常用属性值
300309　扩展设备	A(01)品种	自动拨号器(01);无线发射器(02);无线接收器(03);总线扩展器(04)
	B(02)产品参数	
类别编码及名称	属性项	常用属性值
3005　电子巡更系统(无线)器材	A(01)品种	巡更点(01);巡检器(02);控制设备(03)
	B(02)产品参数	
类别编码及名称	属性项	常用属性值
3007　门禁系统		

类别编码及名称	属性项	常用属性值
300701　读卡器	A(01)品种	带键盘读卡器(01)；不带键盘读卡器(02)
	B(02)产品参数	
类别编码及名称	属性项	常用属性值
300703　人体特征识别设备	A(01)品种	采集器(01)；识别器(02)
	B(02)产品参数	
类别编码及名称	属性项	常用属性值
300705　门禁控制器	A(01)品种	单路(01)；4路(02)；8路(03)；16路(04)
	B(02)产品参数	
类别编码及名称	属性项	常用属性值
300707　锁	A(01)品种	电磁锁(01)；电控锁(02)；密码锁(03)；机电一体锁(04)；非联网酒店锁(05)
	B(02)产品参数	
类别编码及名称	属性项	常用属性值
300709　可视对讲门铃	A(01)品种	
	B(02)产品参数	
类别编码及名称	属性项	常用属性值
300711　出门按钮	A(01)材质	塑胶(01)；锌合金(02)；不锈钢(03)
	B(02)触发方式	机械触发(01)；红外触发(02)；感应触发(03)
	C(03)产品参数	
类别编码及名称	属性项	常用属性值
300712　门禁卡	A(01)品种	磁卡(ID卡)(01)；射频卡(IC卡)(02)；CPU卡(03)；Wiegand卡(04)；复合卡(05)
	B(02)产品参数	
类别编码及名称	属性项	常用属性值
3009　停车场管理系统器材		
类别编码及名称	属性项	常用属性值
300901　出、入口设备	A(01)品种	出入口控制器(01)；车辆检测器(02)；远距离读卡设备(03)；自动出卡(票)设备(04)；车辆识别装置(05)；收费显示屏(06)
	B(02)产品参数	
类别编码及名称	属性项	常用属性值
300903　道闸	A(01)品种	直杆型(01)；曲杆型(02)；折叠型(03)；栅栏型(04)
	B(02)产品参数	

续表

类别编码及名称	属性项	常用属性值
300907　缴费设备	A(01)品种	自助缴费设备(01)
	B(02)产品参数	

类别编码及名称	属性项	常用属性值
300909　车位指示设备	A(01)品种	车位指示器(01);车位探测器(02);车位指示灯(03);车位巡检器(04)
	B(02)产品参数	

类别编码及名称	属性项	常用属性值
3011　LED显示及大屏拼接系统器材	A(01)品种	室内LED显示屏(01);室外LED显示屏(02)
	B(02)产品参数	

类别编码及名称	属性项	常用属性值
3013　安全检查器材		

类别编码及名称	属性项	常用属性值
301301　通道式X射线安全检查设备	A(01)品种	大型(01);中型(02)
	B(02)通道数	单通道(01);双通道(02)
	C(03)外形尺寸(mm)	1700×809×655.5(01);1700×1200×775(02);1800×1800×1155(03)
	D(04)产品参数	

类别编码及名称	属性项	常用属性值
301303　安检门	A(01)品种	
	B(02)产品参数	

类别编码及名称	属性项	常用属性值
301305　液体检查仪	A(01)品种	台式(01);便携式(02)
	B(02)产品参数	

类别编码及名称	属性项	常用属性值
301307　炸药探测仪	A(01)品种	便携式(01)
	B(02)产品参数	

类别编码及名称	属性项	常用属性值
301309　防爆球、防爆毯	A(01)品种	
	B(02)产品参数	

类别编码及名称	属性项	常用属性值
301311　手持金属探测仪	A(01)探测方式	接近方式(01);掠过方式(02)
	B(02)产品参数	

类别编码及名称	属性项	常用属性值
301313　鞋内金属探测仪	A(01)探测方式	
	B(02)产品参数	

续表

类别编码及名称	属性项	常用属性值
301315 危险物品存储罐	A(01)品种	
	B(02)产品参数	

类别编码及名称	属性项	常用属性值
301317 车底视频检测镜	A(01)品种	
	B(02)产品参数	

类别编码及名称	属性项	常用属性值
301319 软管内窥镜	A(01)品种	
	B(02)产品参数	

类别编码及名称	属性项	常用属性值
301321 辅助设备	A(01)品种	腰挂式扩音器(01);软质客流引导带(02);硬质客流引导带(03);阅图工作站围挡(04);开包工作台(05)
	B(02)产品参数	

类别编码及名称	属性项	常用属性值
301323 升降柱	A(01)品种	气压(01);液压(02);机电(03)
	B(02)产品参数	

类别编码及名称	属性项	常用属性值
301325 阻车器	A(01)品种	全自动(01);半自动(02);手动(03)
	B(02)产品参数	

类别编码及名称	属性项	常用属性值
3015 电话交换设备器材	A(01)品种	程控交换机(01);电话组线箱(02);电话中途箱(03);电话机(04);来电显示器(05)
	B(02)产品参数	

类别编码及名称	属性项	常用属性值
3017 无线对讲系统器材	A(01)品种	中继器(01);无线接收设备(02);无线发射设备(03);无线对讲控制器(04);数字式对讲机(05)
	B(02)产品参数	

类别编码及名称	属性项	常用属性值
3021 公共广播系统器材		

续表

类别编码及名称	属性项	常用属性值
302101　广播控制设备	A(01)品种	功放(01);编码器(02);解码器(03);广播控制器(04);音乐播放器(05);数字调谐器(06);信号转换器(07);智能接口模块(08);强切电源设备(09)
	B(02)产品参数	

类别编码及名称	属性项	常用属性值
302103　广播前端设备	A(01)品种	嵌入式扬声器(01);壁装式扬声器(02);广场式杆装扬声器(03);草地式扬声器(04);音量控制器(05);寻呼话筒(06)
	B(02)产品参数	

类别编码及名称	属性项	常用属性值
3023　有线电视系统器材	A(01)品种	分支器(01);分配器(02);放大器(03);转换器(04);终端面板(05)
	B(02)产品参数	

类别编码及名称	属性项	常用属性值
3025　卫星电视接收系统器材		

类别编码及名称	属性项	常用属性值
302501　卫星天线	A(01)规格	0.6m(01);1.2m(02);1.8m(03);2.4m(04);3.6m(05);5m(06)

类别编码及名称	属性项	常用属性值
302503　数字式调制解调器	A(01)路数	单路(01);4路(02)

类别编码及名称	属性项	常用属性值
302505　混合器	A(01)产品参数	

类别编码及名称	属性项	常用属性值
302507　终结电阻	A(01)产品参数	

类别编码及名称	属性项	常用属性值
302509　功分器	A(01)产品参数	

类别编码及名称	属性项	常用属性值
302511　高频头	A(01)产品参数	

类别编码及名称	属性项	常用属性值
302513　光转换器	A(01)产品参数	

类别编码及名称	属性项	常用属性值
302515　网关服务器	A(01)产品参数	

类别编码及名称	属性项	常用属性值
3027 综合布线系统器材		
类别编码及名称	属性项	常用属性值
302701 标准网络配线架	A(01)品种	24 口(01);48 口(02);96 口(03)
	B(02)产品参数	
类别编码及名称	属性项	常用属性值
302703 19″110 网络配线架	A(01)品种	25 对(01);50 对(02);100 对(03);200 对(04)
	B(02)产品参数	
类别编码及名称	属性项	常用属性值
302705 理线器	A(01)品种	
	B(02)产品参数	
类别编码及名称	属性项	常用属性值
302707 42U 标准机柜	A(01)品种	
	B(02)产品参数	
类别编码及名称	属性项	常用属性值
302709 标准光纤配线架	A(01)品种	12 口(01);24 口(02)
	B(02)产品参数	
类别编码及名称	属性项	常用属性值
302711 光纤接线盒	A(01)品种	4 路(01);8 路(02);12 路(03);24 路(04)
	B(02)产品参数	
	C(03)产品参数	
类别编码及名称	属性项	常用属性值
302713 信息面板	A(01)品种	单口(01);双口(02);四口(03);连接插孔(04)
	B(02)产品参数	
类别编码及名称	属性项	常用属性值
302715 语音模块	A(01)品种	
	B(02)产品参数	
类别编码及名称	属性项	常用属性值
302717 数据模块	A(01)品种	
	B(02)产品参数	
类别编码及名称	属性项	常用属性值
302719 光纤模块(桌面接口)	A(01)品种	
	B(02)产品参数	

类别编码及名称	属性项	常用属性值
302721　光耦合器	A(01)品种	
	B(02)产品参数	

类别编码及名称	属性项	常用属性值
302723　网络跳线	A(01)品种	
	B(02)产品参数	

类别编码及名称	属性项	常用属性值
302725　光纤跳线	A(01)品种	
	B(02)产品参数	

类别编码及名称	属性项	常用属性值
302727　尾纤	A(01)品种	
	B(02)产品参数	10m单头(01);10m双头(02)

类别编码及名称	属性项	常用属性值
3029　网络数据交换系统器材	A(01)品种	核心交换机(01);交换机(02);网络扩展卡(03);路由器(04);防火墙(05);光纤模块(06);交换机专用电源(07);堆叠电缆(08);网络管理(09);业务管理组件(10);网桥(11);服务器(12)
	B(02)产品参数	

类别编码及名称	属性项	常用属性值
3031　无线网络系统器材	A(01)品种	无线接入点(无线发射器)(01);无线网络控制器(02);无线网络管理(03)
	B(02)产品参数	

类别编码及名称	属性项	常用属性值
3033　其他计算机器材	A(01)品种	扫描仪(01);绘图仪(02);微处理通信控制器(03);转换器(04);适配器(05);打印机(06);工作站(07);光盘(08)
	B(02)产品参数	5″(01)

类别编码及名称	属性项	常用属性值
3035　楼宇自控系统器材	A(01)品种	数据控制器(DDC)(01);控制器扩展器(02);中央管理器(03);接口转换器(04);网络控制引擎(05);隔离器(06);远传控制器(07);气体压力开关(08);风管型温湿度传感器(09);水管型压力传感器(10);水管型温湿度传感器(11);空气质量传感器(12);流量计(13);远端模块(14);变风量控制器(15);氢气探测器(16);液体流量开关(17);防霜冻开关(18);压差变送器(19);液位变送器(20);室外传感器外罩(21)
	B(02)产品参数	

类别编码及名称	属性项	常用属性值
3037 能源计量、远程抄表系统器材	A(01)品种	数据采集器(01);远程抄表主机(02);信号采集智能终端(03);读表器(04);电量变送器(05);编码模块(06);智能计量表(07);服务器(08)
	B(02)产品参数	
类别编码及名称	属性项	常用属性值
3039 智能照明系统器材	A(01)品种	控制模块(01);数据采集器(02);中继器(03);管理服务器(04);管理软件(05)
	B(02)产品参数	
类别编码及名称	属性项	常用属性值
3041 会议及扩声系统器材	A(01)品种	音响(01);功放(02);解码器(03);时序电源(04);数字式音频处理器(05);代表单元(06);主席单元(07);均衡器(08);表决器(09);数字调音台(10);RGB矩阵(11);AV矩阵(12);VGA分配器(13);数字会议主机(14);无线话筒发射器(15);无线话筒接收器(16);数字式调音台(17);桌面用鹅颈话筒(18);投影幕(19);投影机(20);投影机升降架(21);调光台(22);换色器控制台(23);信号分配器(24);比较器(25);离线编辑器(26);换色器(27);调光硅箱(28);柜(29)
	B(02)产品参数	
类别编码及名称	属性项	常用属性值
3043 信息发布系统器材	A(01)品种	控制终端(含软件)(01);采集卡(02);触摸查询一体机(03);数字媒体客户端(04);客户端软件(05);路线连接器(06)
	B(02)产品参数	
类别编码及名称	属性项	常用属性值
3101 琉璃砖	A(01)品种	琉璃砖(01);琉璃花心(02);琉璃面砖(03);琉璃檐砖(04);琉璃直檐(05)
	B(02)规格	150×150×60(01)
类别编码及名称	属性项	常用属性值
3103 琉璃瓦件	A(01)品种	板瓦(01);筒瓦(02);脊(03);吻头(04);帽(05);滴水(06)
	B(02)规格	225×215×10(01);192×108×60(02)

续表

类别编码及名称	属性项	常用属性值
3105 琉璃人、兽材料	A(01)品种	正吻(01)；垂兽(02)；龙(03)；凤(04)；狮子(05)；麒麟(06)；獬豸(07)；天马(08)
	B(02)规格	

类别编码及名称	属性项	常用属性值
3107 其他琉璃仿古材料	A(01)品种	
	B(02)规格	

类别编码及名称	属性项	常用属性值
3109 黏土砖	A(01)品种	城砖(01)；地趴砖(02)；停泥砖(03)；四丁砖(04)
	B(02)规格	240×115×53(01)；260×130×60(02)；300×150×70(03)

类别编码及名称	属性项	常用属性值
3111 黏土瓦件	A(01)品种	板瓦(01)；筒瓦(02)；勾头(03)；滴头(04)；正当沟(05)；斜当沟(06)；托泥当沟(07)；吻下当沟(08)；平口条(09)；压当条合角吻(10)；蹬脚瓦(11)；博通脊(12)；挂尖(13)
	B(02)规格	192×108×60(01)

类别编码及名称	属性项	常用属性值
3113 黏土人、兽材料	A(01)品种	套兽(01)；走兽(02)；仙人(03)；三仙盘子(04)；列角盘子(05)；升头(06)；川头(07)；戗通脊(08)；戗兽座(09)；戗兽(10)；垂通脊(11)；垂兽座(12)；垂兽(13)；正通脊(14)；群色条(15)；大群色(16)；黄道(17)；赤脚通脊(18)；吻座(19)；正吻(20)；鸱吻(21)
	B(02)规格	

类别编码及名称	属性项	常用属性值
3115 其他黏土仿古材料	A(01)品种	
	B(02)规格	

类别编码及名称	属性项	常用属性值
3117 仿古油饰、彩绘材料	A(01)品种	银珠(01)；精梳麻(02)；砖灰(03)；血料(04)；面粉(05)；陶瓷浮雕(06)；壁画(07)；画笔(08)；墨汁(09)；颜料粉(10)；钛金粉(11)；灰油(12)
	B(02)规格	
	C(03)材质	

类别编码及名称	属性项	常用属性值
3119　裱糊材料	A(01)品种	亚麻子油(01);草纸(02);道林纸(03);隔电纸(04);红钢纸(05);黄板纸(06);滤油纸(07);美纹纸(08);保防纸(09);青壳纸(10);透明薄膜胶纸(11)
	B(02)规格	60×300(01);85×300(02)
	C(03)材质	

类别编码及名称	属性项	常用属性值
3121　木制仿古材料	A(01)品种	木桁条(01);木连机(02);木枋子(03)
	B(02)规格	
	C(03)树种	

类别编码及名称	属性项	常用属性值
3123　其他仿古材料	A(01)品种	
	B(02)规格	
	C(03)材质	

类别编码及名称	属性项	常用属性值
3201　乔木	A(01)植物名称	樟树(01);紫檀(02);马尾松木(03);柚木(04);山楂(05);梨(06);苹果(07);毛白杨(08);垂柳(09);立柳(10);洋槐(11)
	B(02)胸径(cm)	3～5cm(01);5～8cm(02);8～12cm(03);12～15cm(04);15～20cm(05);20～30cm(06);30～50cm(07);50cm 以上(08)
	C(03)株高(cm)	3～5m(01);5～8m(02);8～10m(03);10～15m(04);15～20m(05);20m 以上(06)
	D(04)土球直径(cm)	30～50cm(01);50～80cm(02);80～120cm(03);120cm 以上(04)
	E(05)土球深度(cm)	30～50cm(01);50～80cm(02);80～120cm(03);120cm 以上(04)
	F(06)冠幅(cm)	10～30cm(01);30～50cm(02);50～80cm(03);80cm 以上(04)
	G(07)生长年限	1～2 年(01);3～5 年(02);5～10 年(03);10～20 年(04);20～50 年(05);50 年以上(06)
	H(08)包装方式	裸根(01);土球(软包装)(02);木箱(硬包装)袋装盆栽(03)
	I(09)主枝数	12 支以上;10 支以上;5 支以上;4 支以上;3 支以上;15 支以上;2 支以上

类别编码及名称	属性项	常用属性值
3203　灌木	A(01)植物名称	栀子花(01);碧桃(02);榆叶梅(03);珍珠梅(04);丁香(05);金丝桃(06);连翘(07);紫薇(08);海仙花(09);金银木(10);紫荆(11)
	B(02)胸径(cm)	1～3cm(01);3～5cm(02);5～8cm(03);8～12cm(04);12～15cm(05);15～20cm(06);20～30cm(07);30～50cm(08);50cm以上(09)
	C(03)株高(cm)	0.3～0.5m(01);0.5～0.8m(02);0.8～1.2m(03);1.2～1.5m(04);1.5m以上(05)
	D(04)土球直径(cm)	10～20cm(01);20～30cm(02);30～50cm(03);50～80cm(04);80～120cm(05);120cm以上(06)
	E(05)土球深度(cm)	10～20cm(01);20～30cm(02);30～50cm(03);50～80cm(04);80～120cm(05);120cm以上(06)
	F(06)冠幅(cm)	30～50cm(01);50～80cm(02);80cm以上(03)
	G(07)生长年限	1～2年(01);3～5年(02);5～10年(03);10～20年(04);20～50年(05);50年以上(06)
	H(08)包装方式	裸根(01);土球(软包装)(02);木箱(硬包装)袋装盆栽(03)
	I(09)主枝数	12支以上;10支以上;5支以上;4支以上;3支以上;15支以上;2支以上

类别编码及名称	属性项	常用属性值
3205　藤本植物	A(01)植物名称	紫藤(01);地锦(02);常春藤(03);爬山虎(04);扶芳藤(05);茑萝(06);油麻藤(07)
	B(02)枝干长度	0.5～1.0m(01);1.0～1.5m(02);1.54～2.0m(03);1.0～20m(04);2.0～2.5m(05);2.5～3.0m(06);3.0～3.5m(07)
	C(03)土球直径(cm)	10～20cm(01);20～30cm(02);30～50cm(03);50～80cm(04);80～120cm(05);120cm以上(06)
	D(04)土球深度(cm)	10～20cm(01);20～30cm(02);30～50cm(03);50～80cm(04);80～120cm(05);120cm以上(06)

类别编码及名称	属性项	常用属性值
3205　藤本植物	E(05)生长年限	1～2年(01);3～5年(02);5～10年(03);10～20年(04);20～50年(05);50年以上(06)
	F(06)包装方式	裸根(01);土球(软包装)(02);木箱(硬包装)袋装盆栽(03)
	G(07)包装类型	1斤(01);2斤(02);3斤(03);5斤(04);7斤(05);9斤(06)

类别编码及名称	属性项	常用属性值
3207　地被植物	A(01)植物名称	大滨菊(01);洒金蜘蛛抱蛋(02);宽叶韭(03);赤颈散(04);紫红钓钟柳(05);金娃娃萱草(06);红花萱草(07);柳叶马鞭草(08);西班牙薰衣草(09);黄金艾蒿(10);五彩鱼腥草(11);无毛紫露草(12);山桃草(13);多花筋骨草(14)
	B(02)株高(cm)	0.1～0.3m(01);0.3～0.5m(02);0.5～0.8m(03);0.8～1.2m(04);1.2～1.5m(05);1.5m以上(06)
	C(03)土球直径(cm)	10cm(01);20cm(02);30cm(03)
	D(04)土球深度(cm)	10cm(01);20cm(02);30cm(03)
	E(05)面积	
	F(06)包装方式	裸根(01);土球(软包装)(02);木箱(硬包装)袋装盆栽(03)
	G(07)包装类型	1斤(01);2斤(02);3斤(03);5斤(04);7斤(05);9斤(06);3寸盆(07);5寸盆(08);7寸盆(09);9寸盆(10)

类别编码及名称	属性项	常用属性值
3209　棕榈科植物	A(01)植物名称	水椰(01);琼棕(02);矮琼棕(03);龙棕(04);董棕(05);霸王棕(06);布迪椰子(07);大王椰子(08);棕榈(09);扇子棕榈(10);槟榔(11)
	B(02)地径	15～17cm(01);18～20cm(02);21～24cm(03);25～27cm(04);28～30cm(05);31～33cm(06);31～35cm(07);36～40cm(08);41～45cm(09);46～50cm(10);50cm以上(11)
	C(03)株高(cm)	1～3m(01);3～5m(02);5～8m(03);8～10m(04);10～15m(05);15～20m(06);20m以上(07)

类别编码及名称	属性项	常用属性值
3209 棕榈科植物	D(04)净干高度	3～5m(01);5～8m(02);8～10m(03);10～15m(04);15～20m(05);20m 以上(06)
	E(05)土球直径(cm)	30～50cm(01);50～80cm(02);80～120cm(03);120cm 以上(04)
	F(06)土球高度(cm)	30～50cm(01);50～80cm(02);80～120cm(03);120cm 以上(04)
	G(07)生长年限	1～2 年(01);3～5 年(02);5～10 年(03);10～20 年(04);20～50 年(05);50 年以上(06)
	H(08)包装方式	裸根(01);土球(软包装)(02);木箱(硬包装)袋装盆栽(03)

类别编码及名称	属性项	常用属性值
3211 观赏竹类	A(01)植物名称	红竹(01);紫竹(02);佛肚竹(03);小琴丝(04);金镶玉竹(05);南天竹(06)
	B(02)母竹株高(m)	0.8～1.0(01);1～1.2(02);1.2～1.5(03);1.5～1.8(04);1.8～2.0(05);2.0～2.5(06);2.5～3.0(07);3.0～3.5(08);3.5～4.0(09);4.0～4.5(10);4.5～5.0(11);5.0 以上(12)
	C(03)土球直径(cm)	30(01);40(02);50(03);60(04)
	D(04)土球深度(cm)	20(01);30(02);40(03);50(04);60(05)
	E(05)根系规格(cm)	10～30(01);30～50(02);50～80(03);80 以上(04)

类别编码及名称	属性项	常用属性值
3213 花卉	A(01)植物名称	红竹(01);紫竹(02);佛肚竹(03);小琴丝(04);金镶玉竹(05);南天竹(06);菊花(07);芍药(08);荷兰菊(09);水草(10);睡莲(11);荷花(12)
	B(02)苗高(cm)	30(01);35(02);40(03);45(04);50(05);55(06);60(07);65(08);70(09);80(10);90(11);100(12)
	C(03)土球直径(cm)	30(01);40(02);50(03);60(04)
	D(04)土球深度(cm)	20(01);30(02);40(03);50(04);60(05)
	E(05)冠幅(cm)	30(01);40(02);50(03);60(04);70(05);80(06);100(07)
	F(06)生长年限	一年(01);两年(02);多年生(03)

续表

类别编码及名称	属性项	常用属性值
3217　盆景	A(01)品种	树木盆景(01);水石盆景(02);微型盆景(03);壁挂盆景(04);花草盆景(05);水旱盆景(06);异型盆景(07)
	B(02)树桩高(cm)	5~10(01);10~15(02);15~20(03)
	C(03)长度	0~10(01);10~40(02);40~80(03);80~150(04);150 以上(05)

类别编码及名称	属性项	常用属性值
3221　园林雕塑	A(01)品种	木雕(01);石雕(02);骨雕(03);漆雕(04);贝雕(05);根雕(06);冰雕(07);泥雕(08);面雕(09);陶瓷雕塑(10);石膏像(11)
	B(02)形态描述	人像(01);鱼像(02);山水(03)
	C(03)规格	

类别编码及名称	属性项	常用属性值
3223　假山、观景石	A(01)品种	塑石假山(01);太湖石假山(02);吸水石(03)
	B(02)形态描述	
	C(03)规格	

类别编码及名称	属性项	常用属性值
3225　喷泉	A(01)品种	壁泉(01);涌泉(02);间歇泉(03);旱地泉(04);跳泉(05);雾化喷泉(06);小品喷泉(07);复合喷泉(08)
	B(02)柱高(m)	7m(01);10m(02)
	C(03)图案	人物造型(01);园林造型(02)

类别编码及名称	属性项	常用属性值
3227　化肥、农药、杀虫剂	A(01)品种	石油乳剂(01);除虫脲(02);DDV(03);氧化乐果(04);铁灭克(05);三氧杀螨醇(06);磷化铝(07);速灭杀丁(08);粉绣宁乳剂(09);锌硫磷(10);菊杀乳油(11);敌杀死(12);百菌清(13);麻渣(14);矮壮素(15);甲托(16);齐螨素(17);高脂膜(18)
	B(02)规格型号	

类别编码及名称	属性项	常用属性值
3229　种植土	A(01)品种	花坛土(01);草坪土(02);容器栽植土(03)
	B(02)土壤粒级(mm)	3~2(01);2~1(02);1~0.5(03);0.5~0.25(04);0.25~0.2(05);0.2~0.1(06)

续表

类别编码及名称	属性项	常用属性值
3229 种植土	C(03)pH 值	5.0～7.5(01);6.5～7.5(02)
	D(04)容量(g/cm³)	1.2(01);1.3(02);1.5(03)
	E(05)土壤质地	砂土类(01);壤土类(02);黏壤土类(03);黏土类(04)

类别编码及名称	属性项	常用属性值
3230 园艺资材	A(01)品种	绿化植被毯(01);花架(02);花盆(03);种子带(04);植生袋(05);GYX(06);椰毯(07)
	B(02)规格	3寸盆(01);5寸盆(02);7寸盆(03);9寸盆(04)

类别编码及名称	属性项	常用属性值
3232 浇水喷头	A(01)品种	固定式喷灌喷头(01);旋转式喷灌喷头(02)
	B(02)工作压力	低压(01);中压(02);高压(03)
	C(03)喷体方式	反作用式(01);摇臂式(02);叶轮式(03)
	D(04)流量(L/H)	36(01);40(02);50(03);60(04);70(05);100(06);200(07)
	E(05)射程(m)	4.6～10.7(01);7.0～15.2(02);5.7～16.8(03);11.6～19.8(04);11.9～21.6(05);17.4～24.7(06)

类别编码及名称	属性项	常用属性值
3233 苗木检修、栽培器材	A(01)品种	喷雾喷粉机(01);草坪剪草机(02);绿篱修剪机(03);旋转式高枝剪(04);油锯(05)
	B(02)规格	38型(01);46型(02);42型(03);50型(04);60型(05)

类别编码及名称	属性项	常用属性值
3235 其他园林绿化器材	A(01)品种	
	B(02)规格	

类别编码及名称	属性项	常用属性值
3301 钢结构制作件	A(01)品种	轻钢(01);钢托架(02);吊车梁(03);钢制动梁(04);钢板桩(05);钢管桩(06);穿墙密封架(07);钢护筒(08);钢筋扎头底板(09)
	B(02)材质	碳钢(01);低合金钢(02);不锈钢(03)
	C(03)单体重量(t)	1(01);2(02);3(03);4(04);5(05);6(06);10(07)
	D(04)屋架跨度(m)	3(01);4(02);5(03);6(04);7(05);8(06);9(07)

类别编码及名称	属性项	常用属性值
3305 铸铁及铁构件	A(01)品种	铁柜(01);铸铁盖板(02);铁盖板(03);铁箱(04);铸铁树池(05);信报箱(06);垃圾箱(07);L型铁件(08)

续表

类别编码及名称	属性项	常用属性值
3305　铸铁及铁构件	B(02)规格	1.25m(01)；1.5m(02)；12 户(03)；18 户(04)；420/360(05)；(12＋12)×6×0.15(06)

类别编码及名称	属性项	常用属性值
3307　压力容器构件	A(01)品种	汽水分离器(01)；运容器(02)；蒸汽分汽缸(03)；空气分汽筒(04)
	B(02)材质	碳钢(01)；有色金属(02)；非金属(03)
	C(03)规格	D450(01)
	D(04)容积(m³)	0.1(01)；0.2(02)；0.3(03)

类别编码及名称	属性项	常用属性值
3309　漏斗	A(01)品种	方形钢漏斗(01)；圆形钢漏斗(02)；方形不锈钢漏斗(03)；圆形不锈钢漏斗(04)
	B(02)规格	DN50(01)；DN60(02)；DN75(03)；DN90(04)；DN200(05)
	C(03)容量(L)	7(01)；10(02)；20(03)；30(04)；50(05)
	D(04)材质	不锈钢(01)；塑料(02)；碳钢(03)；铸铁(04)；陶瓷(05)

类别编码及名称	属性项	常用属性值
3311　水箱	A(01)品种	组装式水箱(01)；整体式水箱(02)
	B(02)材质	玻璃钢(01)；不锈诩(02)；掀瓷(03)；掀瓷钢板(04)；热镀锌钢板(05)；SMC 组合型玻璃钢(06)
	C(03)规格 L×B×H(m)	1.0×1.5×2(01)；1.0×1.5×2(02)；1.5×1.5×2(03)；1.5×1.5×2.5(04)；1.5×1.5×1.5(05)；1.5×2.5×1.0(06)
	D(04)公称容积(m³)	1(01)；1.5(02)；2(03)；3(04)；4(05)；4.5(06)

类别编码及名称	属性项	常用属性值
3321　变形缝装置	A(01)变形缝构造特征	金属盖板型(01)；金属卡锁型(02)；承重型(03)；双列嵌平型(04)；单列嵌平型(05)；防震型(06)；地缝型(07)
	B(02)适用部位	地坪(01)；内墙(02)；外墙(03)；吊顶(04)；屋面(05)
	C(03)宽度(mm)	30(01)；50(02)；70(03)；100(04)
	D(04)材质	铝合金(01)；橡胶(02)；不锈钢(03)；紫铜(04)

续表

类别编码及名称	属性项	常用属性值
3323　翻边短管	A(01)品种	不锈钢翻边短管(01)；铸铁翻边短管(02)；铝翻边短管(03)；铜翻边短管(04)
	B(02)连接形式	快装(01)；焊接(02)；螺纹(03)
	C(03)规格	DN15(01)；DN20(02)；DN32(03)；DN40(04)；DN50(05)；DN65(06)；DN80(07)；DN100(08)；DN125(09)；DN150(10)

类别编码及名称	属性项	常用属性值
3331　木质加工件	A(01)品种	圆木木屋架(01)；方木木屋架(02)；方木檩木(03)；圆木檩木(04)；圆木柱(05)；方木柱(06)；木楼梯(07)；圆木梁(08)；方木梁(09)
	B(02)规格	跨度(m)10(01)；15(02)；20(03)；25 长度(m)2(04)；3(05)；4(06)

类别编码及名称	属性项	常用属性值
3333　机械设备安装用加工件	A(01)品种	垫铁(01)；垫板(片)(02)；压板(03)；固定(04)；连接板(05)；垫圈(06)；挡板(07)；弯板(08)
	B(02)特种类型	钩头成对斜垫铁(01)；平垫铁(02)；n 型垫板(03)；接ника垫板(04)；止退垫(05)；圆罗母止退垫(06)；弹性垫片(07)；双孔固定板(08)；单孔固定板(09)；工字型连接板(10)；钢轨连接板(11)；专用螺母垫圈(12)
	C(03)材质	铸铁(01)；钢(02)；塑料(03)；铝制(04)
	D(04)规格	60×250(01)；60×280(02)；60×300(03)；60×340(04)

类别编码及名称	属性项	常用属性值
3335　装置设备附件	A(01)品种	人孔(01)；透光孔排泄孔/管(02)；排污管(03)；放水管(04)；测量孔测量管(05)；清扫孔(06)；通气孔(07)；填料密封装置(08)；进出料口(09)；料位控制器(10)；油罐专用附件(11)
	B(02)规格	DN500(01)；DN600(02)；DN800(03)

类别编码及名称	属性项	常用属性值
3339　预制烟囱、烟道	A(01)品种	烟囱(01)；烟道(02)
	B(02)规格	φ600mm×20m(01)；320mm×500mm×30m(02)；400mm×450mm×30m(03)

续表

类别编码及名称	属性项	常用属性值
3339 预制烟囱、烟道	C(03)材质	铁质(01);石棉(02);陶质(03);不锈钢(04)
	D(04)结构形式	自立式(01);拉索式(02);套筒式(03);单筒式(04);多管式(05)
3401 电极材料	A(01)品种	石墨电极(01);碳电极(02);镁阳极(03);金属氧化物电极(04);钍钨极棒(05)
	B(02)材料型号	EDM-3(01);EDm200(02);TTK50(03)
	C(03)规格(直径)	200(01);250(02);300(03);350(04);400(05)
类别编码及名称	属性项	常用属性值
3403 火工材料	A(01)品种	炸药(01);火雷管(02);电雷管(03);引爆线(索)(04)
	B(02)成分	硝酸铵类(01);硝化甘油类(02)
	C(03)规格	ϕ32(01);ϕ90(02);MS-1(03);MS-2(04);MS-3(05);MS-4(06);MS-5(07)
类别编码及名称	属性项	常用属性值
3405 纸、笔	A(01)品种	打印纸(01);红蓝铅笔(02);色粉笔(03);铅笔(04);毛笔(05)
	B(02)规格	A3(01);A4(02);2H(03);HB(04);2B(05)
类别编码及名称	属性项	常用属性值
3407 劳保用品	A(01)品种	劳保服装(01);防护口罩(02);手套(03);劳保鞋(04);安全帽(05);工作帽(06);安全带(07);绳防水(08);防尘产品(09);劳保用面罩(10);眼镜(11)
	B(02)用途	电焊服装(01);劳动服装(02);防毒口罩(03);消防短筒手套(04);橡胶绝缘手套(05);消防胶靴(06)
	C(03)规格	
类别编码及名称	属性项	常用属性值
3409 零星施工用料	A(01)品种	踢脚线挂件(01);施工线(02);夹子(03);泥桶(04);胶扫把(05);清洁球(06);水桶(07);垃圾桶(08)
	B(02)规格	按照对应的品种列举(01)
类别编码及名称	属性项	常用属性值
3411 水、电、煤炭、木柴	A(01)品种	水(01);电(02);煤炭(03);木柴(04)
	B(02)用途	工业用(01);民用(02)
	C(03)规格	Q5000(01);Q6500(02)

续表

类别编码及名称	属性项	常用属性值
3413 号牌、铭牌	A(01)品种	指示牌(01);工地铭牌(02);端子号牌(03);线号套管(04)
	B(02)规格(长×宽)	
	C(03)材质	不锈钢(01);木质(02);碳钢(03)

类别编码及名称	属性项	常用属性值
3501 模板	A(01)品种	钢框木(竹)胶合板模板(01);木模板(02);组合钢模板(03);竹胶板模板(04);塑胶模板(05);塑料模板(06);玻璃钢模板(07);胶合板模板(08);铝合金模板(09);复合木模板(10)
	B(02)规格(mm)	2440×1220×18(01);1830×195×165(02);1830×915×18(03)
	C(03)结构类型	壳模板(01);梁模板(02);基础模板(03);柱模板(04);楼板模板(05);楼梯模板(06);墙模板(07);烟囱模板(08);桥梁墩台模板(09)
	D(04)施工方法	固定式模板(01);移动式模板(02);现场拆装式模板(03)
	E(05)质量等级	优质品(01);一等品(02);合格品(03)
	F(06)环保等级	E0(01);E1(02);E2(03)

类别编码及名称	属性项	常用属性值
3502 模板附件	A(01)品种	轻型槽钢型钢楞(01);矩形钢管型钢楞(02);圆钢管型钢楞(03);L型插销(04);固定角(05);阴角(06);碟形扣件(07);3形扣件(08);紧固螺栓(09);钩头螺栓(10);U型卡(11);圆钢管型柱箍(12);槽钢型柱箍(13);角钢型柱箍(14);C-22型(15);C-18型钢支柱(16);C-27型(17);平面可调桁架(18);曲面可变桁架(19);钢管支架(20);门式支架(21);轧制槽钢型钢楞(22);内卷边槽钢型钢楞(23);木支撑(24);钢模板连接件(25)
	B(02)规格	E1512(01);E1515(02);J0009(03);E1015(04);J0012(05);J0015(06);E1509(07);E1012(08);Y1006(09);Y1012(10);Y1015(11);ϕ6.0(12);ϕ8.0(13)
	C(03)类型	模板连接件(01);模板支撑件(02)

类别编码及名称	属性项	常用属性值
3503　脚手架及其配件	A(01)品种	脚手架组合配套件-可调顶托(01)；木脚手架(02)；拖座(03)；底座(04)；铝合金管脚手架(05)；竹脚手架(06)；钢管脚手架(07)；内管接头(08)；脚手板(09)；脚轮(10)；竹跳板(11)；爬梯(12)；脚手架组合配套件-可调底座(13)；脚手杆(14)；脚手架扣件(15)；挡脚板(16)
	B(02)类型	爬升式脚手架(01)；碗扣式(02)；顶板(03)；剪力墙(04)；框架柱支撑(05)；桥式(06)；悬挂式(07)；门式(08)；多立柱式(09)；扣件式(10)
	C(03)规格	400×110(01)；3000×3000(02)；δ3.25(03)；δ3.0(04)；δ2.75(05)；780×118(06)；780×110(07)；600×118(08)；500×110(09)；ϕ48(10)

类别编码及名称	属性项	常用属性值
3505　围护、运输类周转材料	A(01)品种	彩色钢板瓦(01)；轻轨(02)；枕木(03)；安全网(04)
	B(02)材质	高密度聚乙烯(01)
	C(03)型号	
	D(04)规格	安全网：1.8×6(01)

类别编码及名称	属性项	常用属性值
3507　胎具、模具类周转材料	A(01)品种	液压钳模具(01)；脱模器(02)；开孔器模具(03)；穴模(04)
	B(02)材质	木(01)；塑料(02)；钢(03)
	C(03)型号	240型(01)；B型(02)；300型(03)；A型(04)；120型(05)
	D(04)规格	16(01)；20(02)；22(03)；26(04)；27(05)；32(06)；34(07)；39(08)；43(09)；51(10)；TV28×5×70(11)

类别编码及名称	属性项	常用属性值
3508　活动板房	A(01)品种	折叠式活动房屋(01)；板式结构活动房屋(02)；活动板房(03)
	B(02)墙体及屋面材料材质	彩钢板防火板覆面聚苯乙烯泡沫塑料夹芯复合板(01)；石棉瓦(02)；双面彩钢板覆面聚苯乙烯泡沫塑料夹芯复合板(03)
	C(03)规格(mm)	3650×5450×2600(01)

类别编码及名称	属性项	常用属性值
3508　活动板房	D(04)支架材料	槽钢(01);H型钢(02);热轧C型钢(03)
	E(05)结构形式	轻钢骨架(01);型钢骨架(02);钢木骨架(03)

类别编码及名称	属性项	常用属性值
3509　其余周转材料	A(01)品种	铁锨柄(01);手卷墨斗(02);梯子(03);木抹子(04);吊装带(05);工具箱(06);破筛子(07);土筛子(08);电笔(09);套管搬子(10);内六角扳子(11);七件装内六角匙(12);扳子(13);改锥(14);水桶(15);乙炔瓶(16);氧气瓶(17);桩帽(18);钢围令(19);垫木(20)
	B(02)规格	2T＊2M(01);1T＊2M(02);3T＊6M(03);5T＊2M(04);5T＊3M(05);5T＊5M(06);3T＊3M(07);4T＊10M(08)

类别编码及名称	属性项	常用属性值
3511　手动工具	A(01)品种	圆嘴钳(01);扁嘴钳(02);尖嘴钳(03);弯嘴钳(04);挡圈钳(05);扳手(06);旋具(07);锤(08);斧(09);冲子(10);压线刀(11);鲤鱼钳(12);钢钎(13);钢丝钳(14);大力钳(15);鸭嘴钳(16);平嘴钳(17)
	B(02)类型	两用扳手(01);什锦锤(02);斩口锤(03);圆冲子(04);尖冲子(05);木工斧(06);多用斧(07);套筒扳手(08);内六角扳手(09);厨房斧(10);劈柴斧(11);采伐斧(12);活动扳手(13);六方冲子(14);四方冲子(15);半圆头冲子(16);单头呆扳手(又称开口扳手)(17);双头呆扳手(18);单头梅花扳手(19);双头梅花扳手(20);扭力扳手(21);一字槽螺钉旋具(22);十字槽螺钉旋具(23);多用螺钉旋具(24);夹柄螺钉旋具(25);螺旋棘轮螺钉旋具(26);内六角花形螺钉旋具(27);十字形机用螺钉旋杆(28);圆头锤(29)
	C(03)长度(mm)	110(01);130(02);150(03);160(04);165(05);175(06);180(07);200(08)

类别编码及名称	属性项	常用属性值
3511 手动工具	D(04)开口宽度(mm)	13(01);12(02);11(03);10(04);38(05);40(06);52(07);60(08);9(09);72(10);8(11);7(12);6(13);5.5(14);80(15);82(16);86(17);114(18);70(19);22(20);21(21);20(22);19(23);18(24);17(25);23(26);24(27);25(28);26(29);27(30);28(31);29(32);30(33);3.2*4(34);4*5(35);5*5.5(36);5.5*7(37);6*7(38);7*8(39);8*9(40);8*10(41);9*11(42);10*11(43);10*12(44);16(45);15(46);14(47)
	E(05)重量(kg)	0.7(01);0.9(02);1.1(03);1.3(04);1.6(05);1.8(06);2(07);2.2(08);2.4(09)
类别编码及名称	属性项	常用属性值
3513 手动起重工具	A(01)品种	手动葫芦(01);千斤顶(02)
	B(02)滑轮直径	
	C(03)适用钢丝绳直径	
	D(04)起重量	
	E(05)标准起升高度	
类别编码及名称	属性项	常用属性值
3515 气动工具	A(01)品种	装配作业气动工具(01);金属切削气动工具(02)
	B(02)类型	气动铆钉枪(01);枪柄气动锯(02);直柄气动锯(03);气动T型钉射钉枪(04);气动圆头射钉枪(05);气动圆盘射钉枪(06);气动码钉射钉枪(07);气动转盘射钉枪(08);手持式凿岩机(09);气动锤(10);气动压铆机(11);气动拉铆枪(12);气动捣固机(13);气镐(14);环柄式气铲(15);枪柄式气铲(16);弯柄式气铲(17);直柄式气铲(18);冲击式气扳机(19);气螺刀(20);枪柄式气动旋具(21);直柄式气动旋具(22);枪柄式气动攻丝机(23);直柄式气动攻丝机(24);气剪刀(25);侧柄式气钻(26);枪柄式气钻(27);直柄式气钻(28)
	C(03)功率(kW)	0.17(01);0.19(02);0.2(03);0.29(04);0.66(05);1.07(06);1.24(07);2.87(08)

类别编码及名称	属性项	常用属性值
3515　气动工具	D(04)转速(r/min)	70(01);110(02);180(03);260(04);300(05);360(06);400(07);550(08);600(09);700(10);900(11);1000(12);1100(13);1800(14)
	E(05)工作气压(MPa)	0.4(01);0.45(02);0.63(03);0.7(04);0.75(05);0.85(06)
	F(06)铆钉直径	M58(01);M12(02);M14(03);M76(04);M16(05);M78(06);M18(07);M24(08);M100(09);M20(10);M56(11);M45(12);M42(13);M30(14);M32(15);M5(16);M2(17);M6(18);M1.6(19);M8(20);M22(21);M10(22)
	G(07)耗气量(L/s)	7(01);13.1(02);15(03);16(04);16.3(05);19(06);20(07);21(08);26(09);27.0(10);37.5(11)
	H(08)冲击频率(HZ)	8(01);10(02);13(03);14(04);15(05);18(06);20(07);24(08);25(09);28(10);35(11);45(12);60(13)
类别编码及名称	属性项	常用属性值
3517　电动工具	A(01)品种	金属切削电动工具(01);砂磨电动工具(02);装配作业电动工具(03)
	B(02)类型	冲击电钻(01);电动套丝机(02);电动扳手(03);电动胀管机(04);电锤(05);双刃电剪刀(06);磁座钻(07);电冲剪(08);电钻(09);电喷枪(10);手持式电剪刀(11);电动刀锯(12);电动攻丝机(13);可移式型材切割机(14);焊接机(15);箱座式型材切割机(16);电动焊缝坡口机(17);电动自攻旋具(18);电动锤钻(19);电动管道清理机(20);充电式电钻旋具(21);电动拉铆枪(22);电动石材切割机(23);电动旋具(24)
	C(03)额定电压(V)	220(01)
	D(04)额定输入功率(W)	480(01);680(02)
类别编码及名称	属性项	常用属性值
3519　土木工具	A(01)品种	木工工具(01);瓦工工具(02);土石方工具(03);园艺工具(04)

类别编码及名称	属性项	常用属性值
3519　土木工具	B(02)类型	电动曲线锯(01);砍刀(02);铲(03);月牙铲(04);钢叉(05);锄头(06);喷雾器(07);手锯(08);高枝剪(09);桑枝剪(10);稀果剪(11);整篱剪(12);剪枝剪(13);木工多用机(14);电动木工修边机(15);电动雕刻机(16);电动木工凿眼机(17);电动木工开槽机(18);木工电钻(19);木材斜断机(20);角向切入式电锯(21);电动圆盘穿梭锯(22);电链锯(23);电圆锯(24);电刨(25);羊角锤(26);整齿器(27);锯锉(28);夹背锯(29);鸡尾锯(30);手锯板(31);木工钻(32);弓摇钻(33);木锉(34);劈柴斧(35);采伐斧(36);木工斧(37);木工夹(38);木工台虎钳(39);手用木工凿(40);铁柄刨刀(41);绕刨(42);槽刨刀(43)
	C(03)规格	锯片规格:15cm(01);20cm(02);25cm(03)
类别编码及名称	属性项	常用属性值
3521　钳工工具	A(01)品种	手扳钻(01);扳手(02);普通台虎钳(03);多用台虎钳(04);桌虎钳(05);手虎钳(06);钢锯架(07);钳工锉刀(08);整形锉(什锦锉)(09);三角锯锉(10);菱形锉(11);刀锉(12);锡锉(13);铝锉(14);錾子(15);手摇钻(16);手摇台钻(17);划规(18);长划规(19);划线盘(20);弓形夹(21);拔销器(22);刮刀(23);顶拔器(24);台钳(25);普通螺纹丝锥(26);管螺纹丝锥(27);滚丝轮(28);挫丝板(29)
	B(02)类型	平角刮刀(01);三爪顶拔器(02);手用普通螺纹丝锥(03);机用普通螺纹丝锥(04);钳工尖头扁锉(05);钳工方锉(06);钳工三角锉(07);钳工半圆锉(08);钳工圆锉(09);手持式手摇钻(10);两爪顶拔器(11);圆柱管螺纹丝锥(12);圆锥管螺纹丝锥(13);半圆刮刀(14);三角刮刀(15);胸压式手摇钻(16);转盘式普通台虎钳(17);钢板制调节式锯架(18);钢板制固定式锯架(19);普通式划规(20);钢管制调节式锯架(21);钢管制固定式锯架(22)

续表

类别编码及名称	属性项	常用属性值
3521　钳工工具	C(03)钳口宽度(mm)	35(01)
	D(04)开口度(mm)	32(01);35(02);45(03);55(04);60(05);75(06);80(07);90(08);100(09);115(10);125(11);150(12);200(13)

类别编码及名称	属性项	常用属性值
3523　水暖工具	A(01)品种	扩管器(01);弯管机(02);管子割刀(03);管子台虎钳(04);管子夹钳(05);水管钳(06);水泵钳(07);管子钳(08);管子扳手(09);管子铰板(10);整圆器(11);管剪(12);热熔器(13);弯管器(14);接紧器(15)
	B(02)类型	普通管子钳(01);链条管子钳(02)
	C(03)规格	100(01);120(02);140(03);150(04);160(05);180(06);200(07);225(08);250(09);270(10);300(11);320(12);350(13);400(14);430(15);450(16);500(17);600(18);900(19);1200(20)

类别编码及名称	属性项	常用属性值
3525　电工工具	A(01)品种	测电器(01);普通电工钳(02);断线钳(03);冷轧线钳(04);电工刀(05);冷压线钳(06);压线钳(07);紧线钳(08)
	B(02)长度	105(01);115(02);150(03);160(04);180(05);200(06);250(07);300(08);350(09)
	C(03)额定电压	
	D(04)额定输出功率	

类别编码及名称	属性项	常用属性值
3527　测量工具	A(01)品种	卷尺(01);皮尺(02);游标卡尺(03);角尺(04);万能角尺(05);塞尺(06);钢平尺(07);铸铁平尺(08);方形角尺(09);90度角尺(10);千分尺(11);电子数显卡厚卡尺(12);电子数显深度卡尺(13);电子数显高度卡尺(14);卡厚游标卡尺(15);深度游标卡尺(16);高度游标卡尺(17);电子数显卡尺(18);带表卡尺(19);木折尺(20);弹簧外卡钳(21);弹簧内卡钳(22);内外卡钳(23);纤维卷尺(24);钢卷尺(25);钢直尺(26);塔尺(27)
	B(02)游标读数值/指示表分度值	0.01(01);0.02(02);0.05(03);20(04);25(05);32(06)

续表

类别编码及名称	属性项	常用属性值
3527 测量工具	C(03)标称长度(mm)	100(01);125(02);150(03);200(04);550(05);1500(06);2000(07);3000(08);3500(09);30000(10);50000(11);100000(12);170×85×20(13)
	D(04)测量范围	0～125(01);0～150(02);0～200(03);0～300(04);0～500(05);0～1000(06)
	E(05)测量模数范围	1～26(01);5～50(02)

类别编码及名称	属性项	常用属性值
3529 衡器	A(01)品种	天平(01);配料秤(02);自动秤(03);电子皮带秤(04);吊秤(05);袖珍手秤(06);弹簧度盘秤(07);电子计价秤(08);案秤(09);电子台秤(10);台秤(11)
	B(02)承受板(台)mm	340×320(01);355×333(02);400×300(03);550×350(04);600×450(05);750×500(06);800×600(07);1000×800(08)
	C(03)称盘直径(mm)	250(01);270(02)
	D(04)铊的规格(KG/个)	0/1(01);0.1/1(02);0.2/1(03);0.5/1(04);1/1(05);2/1(06);5/1(07);20/1(08);25/1(09);50/1(10);100/1(11);200/1(12)
	E(05)最大称重(kg)	2(01);3(02);4(03);6(04);15(05);30(06);50(07);60(08);100(09);150(10);300(11);500(12);600(13);1000(14)
	F(06)刻度值(G)	0.05(01);0.20(02);1(03);2(04);5(05);10(06);20(07);25(08);50(09);100(10);200(11);500(12)
	G(07)电压(V)	220(01)

类别编码及名称	属性项	常用属性值
3533 实验室用工器具	A(01)品种	试验瓶(01);比重瓶(02);烧瓶(03);量瓶(04);试剂瓶(05);烧杯(06);量杯(07)
	B(02)规格	

类别编码及名称	属性项	常用属性值
3541 其他工器具	A(01)品种	手动钻机刀具(01);液压钻机刀具(02);仓库周转底排子(03);热熔器(04);钢丝刷(05)
	B(02)规格	DN40(01);DN15(02);DN600(03);DN300(04);DN32(05);DN50(06);1200×1000(07)

续表

类别编码及名称	属性项	常用属性值
3601　道路管井、沟、槽等构件	A(01)品种	道路井圈(01);井盖(02);井环盖(03);混凝土装配式预制井体(04);井盖座(05);混凝土排水沟槽(06);排水箅子(07);钢筋混凝土滤水井管(08);钢制井管(09);水泥石棉井管(10);铸铁井管(11)
	B(02)材质	铸铁(01);钢筋混凝土(02);混凝土(03);再生树脂复合材料(04);钢纤维混凝土(05);聚合物基复合材料(06)
	C(03)规格	320×500×18(01);490×500×18(02);ϕ300(03);ϕ360(04);ϕ400(05);ϕ500(06);ϕ600(07);DN40(08);DN400(09)
	D(04)荷载等级(t)	6(人行道)(01);10(超轻型)(02);15(轻型)(03);21(中型)(04);36(重型)(05);40(加强型)(06);50(超重型)(07);轻型(08);大口径(09)

类别编码及名称	属性项	常用属性值
3603　土工格栅	A(01)品种	单向塑料土工格栅(01);双向塑料土工格栅(02);涤纶土工格栅(03);玻璃纤维土工格栅(04);钢塑土工格栅(05);复合土工格栅(06)
	B(02)格栅规格(m)	4×20(01);4×30(02);4×50(03)
	C(03)网孔规格(mm)	40×33(01);40×40(02)

类别编码及名称	属性项	常用属性值
3605　路面砖	A(01)品种	普通路面砖(01);渗水砖(02);盲人步行砖(03);树池砖(04)
	B(02)材质	混凝土(01);水泥(02);陶瓷(03)
	C(03)规格	250×150×50(01);250×200×50(02);250×250×50(03);250×300×50(04)
	D(04)抗压强度	CC30(01);CC35(02);CC40(03);CC50(04);CC60(05)

类别编码及名称	属性项	常用属性值
3607　路面天然石构件	A(01)品种	侧缘石(01);路缘石(02);路牙石(03)
	B(02)规格	100×300×495(01);120×250×497(02);120×350×495(03);500×300×120(04)

类别编码及名称	属性项	常用属性值
3609　广场砖	A(01)材质	瓷质(01);瓷质仿麻石(02);混凝土(03);花岗岩(04)

续表

类别编码及名称	属性项	常用属性值
3609 广场砖	B(02)规格	60×60×13(01);108×108×15(02);118×110×18(03)
	C(03)图案	拼图(01);不拼图(02)

类别编码及名称	属性项	常用属性值
3611 防撞装置	A(01)品种	橡胶防撞条(01);防撞扶手(02);防撞桶(03);防撞杠(04);防撞开关(05)
	B(02)规格	500×500(01);500×1000(02);580×800(03);580×820(04);900×900(05)

类别编码及名称	属性项	常用属性值
3613 隔离装置	A(01)品种	固定隔离桩(01);活动隔离桩(02);链杆标志柱(03);隔离护栏(04)
	B(02)规格	φ90×500(01);φ110×500(02);750mm(03)

类别编码及名称	属性项	常用属性值
3621 交通(安全)标志	A(01)品种	交通标志牌(板)(01);轮廓标(02);道口标(03);弹性导标杆(04);端子号牌(05)
	B(02)用途	禁止通行标志(01);交通指示标志(02);限速牌(03)
	C(03)规格	800×800(01);150×70×50(02);500×150(03)

类别编码及名称	属性项	常用属性值
3623 车位锁	A(01)品种	O型车位锁(01);K型车位锁(02);遥控车位锁(03);三角形型车位锁(04);大钳式车位锁(05)
	B(02)规格	500×700mm(01);500×600mm(02);1150×250mm(03);1000×250mm(04)

类别编码及名称	属性项	常用属性值
3625 交通岗亭	A(01)品种	彩钢板岗亭(01);不锈钢岗亭(02);玻璃钢保安房(03);铝塑板岗亭(04)
	B(02)规格	1200×1500×2400(mm)(01);1500×2200×2400(mm)(02);1850×550×980(mm)(03);2200×1500×2400(mm)(04);2500×1500×2400(mm)(05)

类别编码及名称	属性项	常用属性值
3627 护栏、防护栏、隔离栅	A(01)品种	护栏(01);隔离栅(02)
	B(02)材质	铝合金(01);玛钢类(球墨铸铁)(02);碳钢(03);不锈钢(04);塑钢(05);锌钢(06)
	C(03)表面处理	全自动静电粉末喷涂(即喷塑)(01);喷漆(02);电镀锌(03)

273

续表

类别编码及名称	属性项	常用属性值
3627 护栏、防护栏、隔离栅	D(04)规格	分别描述网格尺寸(01);钢丝直径(02);护栏高度(03);立柱间距(04)

类别编码及名称	属性项	常用属性值
3629 其他交通设施	A(01)品种	塑料道钉(01);铸铝道钉(02);车轮定位器(03);室内广角镜(04);橡胶减速带(05);橡胶护墙角(06);橡胶路椎(07);塑料路(08)
	B(02)规格	50cm(01);60cm(02);70cm(03)

类别编码及名称	属性项	常用属性值
3631 路桥接口材料	A(01)品种	板式橡胶支座(01);盆式橡胶支座(02);QZ橡胶球型支座(03);伸缩缝(04);变形缝(05);成品支座(06)
	B(02)支座形式	四氟矩形滑板板式(GJZ)(01);圆形(GYZ)(02);球冠圆板式(03);圆板坡形(04)
	C(03)规格	
	D(04)型号	GPZ(01);GPZ(Ⅱ)(02);GPZ(KZ)(03)
	E(05)位移形式(方向)	固定(GD)(01);单向活动(DX)(02);双向活动(SX)(03);纵向 ZX(04)
	F(06)材质种类	丁腈橡胶(NRB)(01);氟橡胶(FKM)(02);硅橡胶(VMQ)(03);乙丙橡胶(EPDM)(04);氯丁橡胶(CR)(05);丁基橡胶(BU)(06);聚四氟乙烯(PTFE)(07);天然橡胶(NR)(08)
	G(07)竖向承载力(KN)	1000(01);1500(02);2000(03);2500(04);3000(05);4000(06);5000(07);6000(08);7000(09);8000(10);9000(11);10000(12);12500(13);15000(14);17500(15);20000kN(16)

类别编码及名称	属性项	常用属性值
3701 钢轨	A(01)品种	钢轨(重轨)(01);起重机轨(02);轻轨(03)
	B(02)材质	U71Mn(01);U75V(02);900A(03);U76NbRE(04);U71Cu(05);Q71Mn(06);U70MnSi(07);Q253(08);55Q(09)
	C(03)总长度	5m(01);6m(02);7m(03);8m(04);9m(05);10m(06);12m(07)
	D(04)比重	38kg(01);43kg(02);45kg(03);50kg(04);60kg(05)

274

类别编码及名称	属性项	常用属性值
3705 轨枕(岔枕)	A(01)品种	普通轨枕(01);岔枕(02);桥枕(03)
	B(02)材质	木质轨枕(01);混凝土轨枕(02);塑料轨枕(03)
	C(03)规格(宽度×厚度)	16×22(01);14.5×20(02);16×24(03)
	D(04)长度	2.5m(01)
	E(05)级别	Ⅰ型(01);Ⅱ型(02);Ⅲ型(03)

类别编码及名称	属性项	常用属性值
3707 道岔	A(01)品种	交叉渡线(01);复式交分道岔(02);浮放道岔(03);单开道岔(04);双开道岔(对称道岔)(05)
	B(02)材质	混凝土(01);木质(02)
	C(03)代号	9♯(01);12♯(02);18♯(03);24♯(04);42♯(05);50♯(06)
	D(04)比重	60kg(01);75kg(02)

类别编码及名称	属性项	常用属性值
3708 鱼尾板	A(01)适用钢轨比重	8kg(01);9kg(02);12kg(03);15kg(04);18kg(05);22kg(06);24kg(07);30kg(08);38kg(09);43kg(10);50kg(11);60kg(12);QU70(13);QU80(14);QU100(15);QU120(16)
	B(02)规格(长×宽×厚)	
	C(03)材质	球墨铸铁(01);Q235轧制(02);Q235锻造(03)

类别编码及名称	属性项	常用属性值
3709 轨道用辅助材料	A(01)品种	调节器(01);防爬器托架(02);挡车器(03);钢轨距杆(04);轨枕包套(05);钢轨扣件(06);底座(07);道闸拉杆(08);锚固底座(09);钢垫板(10)
	B(02)用途	调节器(01);桥面用(02);桥头用托架(03);接线盒托架(04);馈电单元托架(05);信号机托架(06);车体接地板托架(07);挡车器(08);月牙式挡车器(09);滑动式挡车器(10)
	C(03)规格	调节器:±500(01);±1000(02)防爬器:60kg(03);50kg(04);43kg(05)

275

续表

类别编码及名称	属性项	常用属性值
3711　轨道用工器具	A(01)品种	手板钻(01)；双规阻车器(02)；单轨阻车器(03)；液压弯轨机(04)；立式扳道器(05)；齿条式起道机(06)
	B(02)规格	990×555×183(01)
	C(03)参数描述	弯轨机最大弯轨力矩：88kn・m；油缸直径：70mm；质量：100kg(01)
类别编码及名称	属性项	常用属性值
3721　道口信号器材	A(01)品种	道口信号机(01)；道口控制盘(02)；道口收发器(03)；道口控制箱(04)；道口闪光器(05)；设备支架(06)；电动栏木(07)；语言报警器(08)；道口器材箱(09)
	B(02)用途	色等信号灯镀锌梯子(01)；LED信号机镀锌梯子(02)；机柱用镀锌梯子(03)；色灯信号机镀锌梯子(04)；LED信号机镀锌梯子(05)；雷达设备安装支架(06)；加速度计安装支架(07)；车载天线安装支架(08)
	C(03)规格	8.5m(01)；11m(02)
类别编码及名称	属性项	常用属性值
3723　信号线路连接附件	A(01)品种	接触线固定夹板(01)；接地膨胀连接板(02)；头挂环(03)；接头扣板(04)；中间扣板(05)；电缆托板(三线)(06)；电缆托板(07)；托板托架(08)；电缆固定架(09)；固定底座(10)；跳线肩架(11)；铜连接板(12)；避雷器连接板(13)；电缆固定夹(14)；电缆固定夹板(15)；磨制光纤连接器材(16)
	B(02)规格	标称截面为257mm²(01)
	C(03)材质	木质(01)；不锈钢(02)；陶瓷(03)
类别编码及名称	属性项	常用属性值
3725　车载定位装置	A(01)品种	腕臂(01)；支柱装配配件(02)；正定位(03)；反定位腕臂(04)；正定位悬挂(05)；定位环(06)；定位钩(07)；定位管(08)；定位线夹(09)
	B(02)规格	
	C(03)材质	铝(01)；钢制(02)；不锈钢(03)
	D(04)外部形状	A型(01)；B型(02)

类别编码及名称	属性项	常用属性值
3727 其他轨道信号器材	A(01)品种	接地模块(01);接线模块(02);卡接式接线模块(03);接地极(04);模拟盘(05);匹配单元(06)
	B(02)规格	500×400×60(01)
	C(03)材质	铜(01);铜银合金(02);高强度铜银合金(03);铜锡合金(04);铜镁合金(05);高强度铜镁合金(06)

类别编码及名称	属性项	常用属性值
3731 车载设备配线装置	A(01)品种	ATP/ATO 车载设备配线及连接电缆(01);车载测速校准设备配线连接电缆(02);车载天线设备配线及连接电缆(03);司机操作显示单元设备配线及连接电缆(04)
	B(02)规格	

类别编码及名称	属性项	常用属性值
3733 接触网零配件	A(01)品种	吊弦(01);承力索(02);水平拉杆(03);悬式绝缘子串(04);棒式绝缘子(05);水泥支柱(06);钢柱(07);钢筋混凝土支柱(08)
	B(02)规格	
	C(03)材质	木质(01);不锈钢(02);陶瓷(03)

类别编码及名称	属性项	常用属性值
5001 成套通风空调装置	A(01)品种	溴冷机中央空调(01);水冷柜机(02);冷冻水洁净式恒温恒湿机(03);冷冻除湿机(04);冰蓄冷中央空调(05);空气源热泵家用中央空调(06);风冷热泵中央空调(07);地温中央空调(08);带冷源的洁净式恒温恒湿机(09);除湿机(10)
	B(02)制冷量	25(01);30(02);35(03);40(04);50(05);70(06);80(07);100(08);110(09);130(10)
	C(03)制热量	25(01);30(02);35(03);40(04);50(05);70(06);80(07);100(08);110(09);160(10)
	D(04)制冷工况	循环水室外热交换器进/出水温度.10/-(01);循环水室外热交换器进/出水温度.12/7(02);依据欧洲 EN4511 标准制冷测试条件:室外干球 35℃湿球 24℃(03);.室内进水12℃出水 7℃(04);冷冻水进水温度 12℃(05);冷冻水出水温度 15℃(06);冷却水进水温度 7℃(07);冷却水出水温度 20℃(08)

类别编码及名称	属性项	常用属性值
5001　成套通风空调装置	E(05)制热工况	循环水室外热交换器进/出水温度 30/35 (01);冷冻水进水温度 15℃(02);冷冻水出水温度 40℃(03);冷却水进水温度 10℃ (04);冷却水出水温度 45℃(05)
	F(06)制冷剂	氟利昂 R12(01);氟利昂 R134a(02); R410A(03);氟利昂 R22(04)
	G(07)外形尺寸	
类别编码及名称	属性项	常用属性值
5003　空调器	A(01)品种	分体台式空调器(01);分体落地式空调器 (02);分体壁挂式调器(03);分体柜式空调器(04);分体吸顶式空调器(05);分体嵌入式空调器(06);超薄型吊顶式空调机组 (07);窗式空调器(08);组合式空调机(09);多联体空调机(10);整体立柜式空调机 (11);机房专用空调机(12);恒温恒湿空调机(13);户用制冷主机(14)
	B(02)类型	
	C(03)制冷量	1～5(01);5～10(02);10～20(03);20～50(04);50～100(05);100～200(06)
	D(04)制热量	1～5(01);5～10(02);10～20(03);20～50(04);50～100(05);100～200(06);大于 200(07)
	E(05)风量	380(01);420(02);450(03);480(04);500～800(05);880(06);900(07);990(08);1150(09);1200～2000(10)
	F(06)电源	单相 220V(01);三相 380V(02);50Hz (03)
	G(07)产品功率	1.0(01);1.5(02);2.0(03);2.5(04);3.0 (05);4.0(06);4.5(07);5.0(08);6.0(09);8.0(10);10(11);12(12);14(13);16(14);18(15);20(16);22(17);24(18)
	H(08)安装方式	吊顶式(01);落地式(02);墙上式(03);窗式(04);组装式(05)
	I(09)供热方式	热泵式(01);电热式(02);热煤式(03)
类别编码及名称	属性项	常用属性值
5005　冷热水机组		

类别编码及名称	属性项	常用属性值
500501　压缩式冷水机组	A(01)冷却方式	水冷式(01);风冷式(02)
	B(02)压缩形式	活塞式(01);离心式(02);螺杆式(03)
	C(03)制冷剂	R134a：350(01);475(02);600kW(03) R410a：30(04);65(05);130kW(06)
类别编码及名称	属性项	常用属性值
500503　吸收式冷水机组	A(01)获取热量途径	蒸气热水式(01);直燃式(02)
	B(02)产品参数	
类别编码及名称	属性项	常用属性值
500505　水地源热泵	A(01)形式	干式(01);满液式(02)
	B(02)制冷剂	
类别编码及名称	属性项	常用属性值
500507　风冷冷水机组	A(01)压缩机	螺杆式冷水机组(01);涡旋式冷水机组(02)
	B(02)温度控制	低温工业冷水机(01);常温冷水机(02)
类别编码及名称	属性项	常用属性值
500509　水冷冷水机组	A(01)压缩机	螺杆式冷水机组(01);涡旋式冷水机组(02)
	B(02)温度控制	低温工业冷水机(01);常温冷水机(02)
类别编码及名称	属性项	常用属性值
5006　冷却塔		
类别编码及名称	属性项	常用属性值
500601　逆流式冷却塔	A(01)进出口水温	35×30(01);37×32(02);37.5×32(03); 37.6×32(04);37.7×32(05);38×32(06); 39×32(07);40×32(08);42×32(09);45×32(10)
	B(02)外形	圆形(01);方形(02)
	C(03)外部环境湿球温度	26(01);27(02);28(03);29(04)
类别编码及名称	属性项	常用属性值
500603　横流式冷却塔	A(01)进出口水温	35/30(01);37/32(02);37.5/32(03); 37.6/32(04);37.7/32(05);38/32(06);39/32(07);40/32(08);42/32(09);45/32(10)
	B(02)外形	圆形(01);方形(02)
	C(03)外部环境湿球温度	26(01);27(02);28(03);29(04)
类别编码及名称	属性项	常用属性值
5009　压缩机		

类别编码及名称	属性项	常用属性值
500901　活塞式压缩机	A(01)排量	微型（＜1m³/min）(01)；小型（1～10m³/min）(02)；中型（10～100m³/min）(03)；大型（＞1000m³/min）(04)
	B(02)排气压力	低压（0.294～0.98MPa）(01)；中压（0.98～9.8MPa）(02)；高压（9.8～98MPa）(03)；超高压（＞98MPa）(04)
	C(03)冷却方式	风冷(01)；水冷(02)

类别编码及名称	属性项	常用属性值
500903　离心式压缩机	A(01)排气压力	低压压缩机(3～10表压)(01)；中压压缩机(10～100表压)(02)；高压压缩机(100～1000表压)(03)；超高压压缩机（＞1000表压)(04)
	B(02)结构形式	水平剖分型离心式压缩机(01)；筒型离心式压缩机(02)；多轴型离心式压缩机(03)
	C(03)活塞的压缩	单作用压缩机(01)；双作用压缩机(02)；多缸单作用压缩机(03)；多缸双作用压缩机(04)

类别编码及名称	属性项	常用属性值
5011　空气幕		

类别编码及名称	属性项	常用属性值
501101　贯流式空气幕	A(01)送风方向	上送式(01)；侧送式(02)；下送式(03)
	B(02)产品尺寸	900×215×193(01)；1200×215×193(02)；1500×215×193(03)
	C(03)风量	1200m³/h(01)；1650m³/h(02)；2300m³/h(03)
	D(04)功率	130w(01)；140w(02)；180w(03)

类别编码及名称	属性项	常用属性值
501103　离心式空气幕	A(01)送风方向	上送式(01)；侧送式(02)；下送式(03)
	B(02)产品尺寸	900×215×193(01)；1200×215×193(02)；1500×215×193(03)
	C(03)风量	1200m³/h(01)；1650m³/h(02)；2300m³/h(03)
	D(04)功率	130w(01)；140w(02)；180w(03)

类别编码及名称	属性项	常用属性值
501105　轴流式空气幕	A(01)送风方向	上送式(01)；侧送式(02)；下送式(03)
	B(02)产品尺寸	900×215×193(01)；1200×215×193(02)；1500×215×193(03)

续表

类别编码及名称	属性项	常用属性值
501105 轴流式空气幕	C(03)风量	1200m³/h(01);1650m³/h(02);2300m³/h(03)
	D(04)功率	130w(01);140w(02);180w(03)
类别编码及名称	属性项	常用属性值
5013 空气加热、冷却器		
类别编码及名称	属性项	常用属性值
501301 空气冷却器	A(01)换热管型式	套片式(01);绕片式(02);轧片式(03);镶嵌片式(04);焊片式(05)
	B(02)基管材料	钢管(01);铜管(02);铝管(03);复合管(04)
	C(03)助片材料	钢片(01);铜片(02);铝片(03)
类别编码及名称	属性项	常用属性值
501303 空气加热器	A(01)换热管型式	套片式(01);绕片式(02);轧片式(03);镶嵌片式(04);焊片式(05)
	B(02)基管材料	钢管(01);铜管(02);铝管(03);复合管(04)
	C(03)助片材料	钢片(01);铜片(02);铝片(03)
类别编码及名称	属性项	常用属性值
501305 空气冷却、加热两用空气换热器	A(01)换热管型式	套片式(01);绕片式(02);轧片式(03);镶嵌片式(04);焊片式(05)
	B(02)基管材料	钢管(01);铜管(02);铝管(03);复合管(04)
	C(03)助片材料	钢片(01);铜片(02);铝片(03)
类别编码及名称	属性项	常用属性值
5015 换热器(蒸发器、冷凝器)		
类别编码及名称	属性项	常用属性值
501501 管式换热器	A(01)结构形式	固定管板式(01);浮头式(02);"U"型管式(03)
	B(02)介质	蒸汽(01);水(02);弱腐蚀性化工原料(03)
	C(03)流体流动形式	并流(01);逆流(02);错流(03)
	D(04)材质	金属(01);陶瓷(02);石墨(03);玻璃(04)
类别编码及名称	属性项	常用属性值
501503 板式换热器	A(01)结构形式	螺旋板式(01);平板式(02);伞板式(03);板壳式(04)
	B(02)板型	MH(01);MV(02);BH(03);BV(04);H(05);V(06)

类别编码及名称	属性项	常用属性值
501503　板式换热器	C(03)板片材质	不锈钢(01)；钛(02)；镍(03)；哈氏合金(04)
	D(04)接管直径/mm	50(01)；65(02)；80(03)；100(04)；125(05)；150(06)；200(07)；250(08)；300(09)；350(10)；400(11)；500(12)

类别编码及名称	属性项	常用属性值
501505　扩展表面式换热器	A(01)结构形式	板翅式(01)；管翅式(02)

类别编码及名称	属性项	常用属性值
501507　蓄热式换热器	A(01)形式	回旋式(01)；固定式(02)；室式(03)

类别编码及名称	属性项	常用属性值
5017　空调配件	A(01)品种	液位开关(01)；液体压差开关(02)；空气压差开关(03)；传感器(04)；电动二通阀(05)；三通阀(06)；水流开关(07)
	B(02)阀体材质	铸铁(01)；碳钢(02)；塑料(03)；陶瓷(04)
	C(03)工作压力	
	D(04)接口尺寸	15(01)；20(02)；25(03)；32(04)；40(05)；50(06)

类别编码及名称	属性项	常用属性值
5019　诱导器	A(01)品种	全空气诱导器(01)；空气-水诱导器(02)
	B(02)转速	420(01)；580(02)；720(03)
	C(03)诱导风量	648(01)；780(02)；900(03)；920(04)
	D(04)流量	400(01)；600(02)；900(03)；3800(04)
	E(05)出口风速	11.6(01)；14(02)；16(03)
	F(06)功率	120(01)；180(02)；200(03)；250(04)；370(05)
	G(07)水盘接口	24(01)；32(02)
	H(08)噪音	52(01)；53(02)；54(03)；56(04)；57(05)
	I(09)风道数	单参数系统(01)；双参数系统(02)
	J(10)送风量	定风量系统(01)；变风量系统(02)
	K(11)空气来源	全新风(01)；再循环，回风式(02)
	L(12)控制要求	全空气空调系统(01)；热风采暖系统(02)

类别编码及名称	属性项	常用属性值
5023　喷雾器	A(01)品种	卧式喷雾室(01)；立式喷雾室(02)
	B(02)形式	单极喷水室(01)；双极喷水室(02)

续表

类别编码及名称	属性项	常用属性值
5025 净化过滤设备	A(01)品种	空气净化过滤器(01)
	B(02)净化效果	粗效(01);中效(02);高中效(03);亚高效(04);高效(05);超高效(06)
	C(03)过滤工具	过滤网(01);活性炭(02);光触煤(TIO2)(03);负离子(04);静电除尘(05);紫外线(06)

类别编码及名称	属性项	常用属性值
5027 其他	A(01)品种	
	B(02)型号	

类别编码及名称	属性项	常用属性值
5029 通风机		

类别编码及名称	属性项	常用属性值
502901 离心式通风机	A(01)品种	通风机(01);鼓风机(02);压缩风机(03)
	B(02)用途	排尘排灰(01);输送煤粉(02);防腐蚀(03);工业炉吹风(04);冷却塔通风(05);一般通风换气(06);耐高温(07);防爆炸(08);矿井通风(09);电站锅炉引风(10);电站锅炉通风(11);特殊用途(12)
	C(03)传动方式	无轴承电机直联传动(01);悬臂支承皮带轮在轴承中间传动(02);悬臂支承皮带轮在轴承外侧传动(03);悬臂支承联轴器传动(04);双支承皮带轮在外侧传动(05);双支承联轴器传动(06)
	D(04)风机进口形式	双侧吸入(01);单侧吸入(02);二级串联吸入(03)
	E(05)叶轮直径(mm)	100(01);112(02);125(03);140(04);160(05);180(06);200(07);224(08);250(09);280(10);315(11);355(12);400(13);450(14);500(15);550(16);630(17);710(18);800(19);900(20);1000(21);1120(22);1250(23);1400(24);1600(25);1800(26);2000(27)
	F(06)风量(m/h)	4500m^3/h 以下(01);123000 以上(02)
	G(07)转速	960(01);1450(02);2900(03);4000(04)
	H(08)压力与风量特征比值	72 大风量(01);68 中风量(02);26 低风量(03);19 低风量(04);12 低风量(05)
	I(09)功率(kw)	7.5(01);18.5(02);22(03);5.5(04);3(05);2.2(06);1.5(07);1.1(08);0.75(09);0.55(10);0.4(11);0.37(12);0.25(13);0.2(14);0.18(15);0.09(16);0.04(17);55(18);0.003(19);0.01(20)

类别编码及名称	属性项	常用属性值
502903　轴流式通风机	A(01)品种	通风机(01);鼓风机(02);压缩风机(03)
	B(02)传动方式	电动机直联(01);皮带轮(02);联轴器(03)
	C(03)转速	960(01);1450(02);2900(03);4000(04)
	D(04)叶轮直径	300mm(01);400mm(02);500mm(03);700mm(04);1000mm(05);1600mm(06);2000mm(07)
	E(05)风量(m/h)	8900以下(01);140000以上(02)
	F(06)功率(kW)	0.003(01);0.01(02);0.04(03);0.09(04);0.18(05);0.2(06);0.25(07);0.37(08);0.4(09);0.75(10);1.5(11);2.2(12);5.5(13);7.5(14);18.5(15);22(16);55(17)
类别编码及名称	属性项	常用属性值
5031　鼓风机	A(01)品种	轴流式鼓风机(01);混流式鼓风机(02);离心式鼓风机(03);横流式鼓风机(04)
	B(02)转速	580(01);730(02);980(03);1250(04);1450(05);2500(06);2800(07);2900(08);3150(09)
	C(03)风量	
	D(04)流量	15(01);20(02);30(03);40(04);160(05);350(06);405(07);660(08)
	E(05)功率(kW)	0.75(01);1.1(02);1.5(03);2.2(04);3(05);4(06);5.5(07);7.5(08);11(09);15(10);18.5(11);22(12);30(13)
	F(06)压力(风压)	29.4(01);39.2(02);49(03);58.5(04);68.6(05);78.4(06)
类别编码及名称	属性项	常用属性值
5033　吊风扇、壁扇	A(01)品种	吸顶扇(01);吊风扇(02);壁扇(03)
	B(02)电压	220V(01);380V(02)
	C(03)叶轮数量	3(01);4(02);5(03);6(04)
	D(04)叶轮长度	7200mm(01);6100mm(02);5500mm(03);3000mm(04);2000mm(05);1200mm(06);1050mm(07);900mm(08);700mm(09);500mm(10);400mm(11)
类别编码及名称	属性项	常用属性值
5035　排气扇、换气扇	A(01)品种	排气扇(01);换气扇(02)

续表

类别编码及名称	属性项	常用属性值
5035　排气扇、换气扇	B(02)电压	280V(01);380V(02)
	C(03)风量(m/h)	
	D(04)功率(kw)	0.75(01);1(02);1.5(03)
	E(05)传动方式	皮带式(01);马达直接式(02)
	F(06)叶片数量	5(01);6(02);7(03)
	G(07)转速	

类别编码及名称	属性项	常用属性值
5037　台扇、落地扇	A(01)品种	台扇(01);落地扇(02)
	B(02)功率	≤60W(01)
	C(03)风挡	长久风(01);高速风(02);中速风(03);低速风(04);睡眠风(05)

类别编码及名称	属性项	常用属性值
5039　变速器		

类别编码及名称	属性项	常用属性值
503901　有级式变速器	A(01)传动方式	齿轮传动(01);具有若干个定值传动比(02)
	B(02)品种	轴线固定式变速器(01);轴线旋转式变速器(02)

类别编码及名称	属性项	常用属性值
503903　无级式变速器	A(01)传动方式	液力变矩器(01);可变直径的带传动(02);直流串励电动机(03)
	B(02)实现方式	液力变矩式五级变速器(01);机械式无极变速器(02);电力式无级变速(03)
	C(03)品种	机械式无级变速器(01);金属带式无级变速器(02)
	D(04)定义	由液力变矩器和齿轮式有级变速器组成的液力机械式变速器(01)

类别编码及名称	属性项	常用属性值
503905　综合式变速器	A(01)品种	

类别编码及名称	属性项	常用属性值
5041　其他通风器材	A(01)品种	VAV变风量末端装置(01);风机箱(02);控制装置(03);不锈钢外气口(04)

类别编码及名称	属性项	常用属性值
5043　风机盘管		

续表

类别编码及名称	属性项	常用属性值
504301　卧式暗装风机盘管	A(01)风量(m/h)	340(01);510(02);680(03);850(04);1020(05);1170(06);1360(07);1700(08);2040(09);2380(10)
	B(02)盘管数	2排管(01);3排管(02)
	C(03)制式	两管制(01);四管制(02)
	D(04)静压	12Pa(01);30Pa(02);50Pa(03)
	E(05)额定供热量(w)	3120(01);4850(02);5900(03);7300(04);8650(05);9850(06);11800(07);14500(08);17200(09)

类别编码及名称	属性项	常用属性值
504303　四面出风风机盘管	A(01)风量(m/h)	580(01);680(02);850(03);1020(04);1360(05);1700(06);2040(07);2380(08)
	B(02)盘管数	2排管(01);3排管(02)
	C(03)制式	两管制(01);四管制(02)
	D(04)静压	12Pa(01);30Pa(02);50Pa(03)
	E(05)额定供热量(w)	3120(01);4850(02);5900(03);7300(04);8650(05);9850(06);11800(07);14500(08);17200(09)

类别编码及名称	属性项	常用属性值
504305　立式明装风机盘管	A(01)风量(m/h)	340(01);510(02);680(03);850(04);1020(05);1170(06);1360(07);1700(08);2040(09);2380(10)
	B(02)盘管数	2排管(01);3排管(02)
	C(03)制式	两管制(01);四管制(02)
	D(04)静压	12Pa(01);30Pa(02);50Pa(03)
	E(05)额定供热量(w)	3120(01);4850(02);5900(03);7300(04);8650(05);9850(06);11800(07);14500(08);17200(09)

类别编码及名称	属性项	常用属性值
504307　卧式明装风机盘管	A(01)风量(m/h)	340(01);510(02);680(03);850(04);1020(05);1170(06);1360(07);1700(08);2040(09);2380(10)
	B(02)盘管数	2排管(01);3排管(02)
	C(03)制式	两管制(01);四管制(02)
	D(04)静压	12Pa(01);30Pa(02);50Pa(03)
	E(05)额定供热量(w)	3120(01);4850(02);5900(03);7300(04);8650(05);9850(06);11800(07);14500(08);17200(09)

类别编码及名称	属性项	常用属性值
5101　离心式水泵	A(01)品种	潜水排污泵(01);清水泵(02);屏蔽泵(03);排水泵(04);管道泵(05);冲压泵(06);锅炉给水泵(07);热水循环泵(08);凝结水泵(09);消防泵(10);单级离心泵(11);多级离心泵(12)
	B(02)吸入口直径	15(01);20(02);25(03);32(04);40(05);50(06);65(07);80(08);100(09);125(10);150(11);200(12);250(13);300(14)
	C(03)排出口直径	15 及以下(01);20(02);25(03);32(04);40(05);50(06);65(07);80(08);100(09);125(10);150(11)
	D(04)叶轮名义直径	125(01);160(02);200(03);250(04)
	E(05)流量	2(01);3(02);3.75(03);4(04);5(05);6(06);6.3(07);7.5(08);8(09);9(10);10(11);12.5(12);15(13);25(14);30(15);36(16);50(17);54(18);60(19);100(20);120(21);200(22);240(23);400(24);460(25)
	F(06)转速	970(01);1450(02);1500(03);2900(04);3000(05)
	G(07)扬程	4.6(01);5.0(02);5.35(03);5.4(04);5.6(05);6.8(06);7.0(07);7.2(08);7.5(09);8.0(10);8.5(11);8.8(12);9.2(13);10(14);12(15);12.5(16);13.1(17);14(18);18(19);18.5(20);19.4(21);19.5(22);20(23);21(24);21.8(25);22(26);22.5(27);28(28);29.6(29);30(30);32(31);34.3(32);35(33);36(34);40(35);43(36);44(37);47(38);48(39);50(40);52.5(41);53(42);60(43);70(44);78(45);78.5(46);80(47);82(48);84(49);90(50);110(51);120(52);123(53);125(54);127(55);128(56)
	H(08)电动机功率	0.55(01);0.75(02);1.0(03);1.5(04);2.2(05);3(06);4(07);5.5(08);7.5(09);11(10);15(11);18.5(12);22(13);30(14);37(15);45(16);55(17);75(18);90(19);110(20)
	I(09)泵级	单级(01);多极(02)

类别编码及名称	属性项	常用属性值
5101　离心式水泵	J(10)结构形式	潜水泵(01);自吸式泵(02);屏蔽泵(03);立式筒型泵(04);磁力泵(05);软轴泵(06);管道泵(07);液下泵(08);高速泵(09)
	K(11)吸入方式	双吸(01);单吸(02)

类别编码及名称	属性项	常用属性值
5103　离心式油泵	A(01)品种	通用油泵(01);油浆泵(02);液态烃泵(03);热油泵(＞200℃)(04);冷油泵(≤200℃)(05);高压油泵(06)
	B(02)吸入口直径	40(01);50(02);60(03);200(04);250(05)
	C(03)叶轮直径	126(01);145(02);150(03);165(04);178(05);180(06);204(07);217(08);230(09);278(10)
	D(04)流量	6.25(01);12.5(02);25(03);50(04);100(05);180(06)
	E(05)转速	1450(01)
	F(06)扬程	60(01);80(02);100(03);120(04);200(05);240(06)
	G(07)电动机功率	0.2(01);1.5(02);2.2(03);3(04);4(05);5(06);5.5(07);7.5(08);11(09);18.5(10);30(11);55(12)
	H(08)泵级	单级(01);多极(02)
	I(09)结构形式	自吸式泵(01);高速泵(02);立式筒型泵(03);磁力泵(04);屏蔽泵(05);管道泵(06);软轴泵(07)
	J(10)吸入方式	单吸(01);多吸(02)

类别编码及名称	属性项	常用属性值
5105　离心式耐腐蚀泵	A(01)品种	耐腐蚀非金属泵(01);耐腐蚀金属泵(02)
	B(02)吸入口直径	25(01);32(02);40(03);50(04);65(05);80(06);100(07)
	C(03)排出口直径	20(01);25(02);32(03);40(04);50(05);65(06);80(07)
	D(04)流量	110(01);180(02);220(03);240(04);280(05);450(06);800(07);1500(08)
	E(05)扬程	15(01);20(02);25(03);32(04)
	F(06)电动机功率	1.1(01);2.2(02);4(03);5.5(04);7.5(05);15(06);22(07)
	G(07)泵体材质	合金钢(01);不锈钢(02);铸钢(03)

类别编码及名称	属性项	常用属性值
5105　离心式耐腐蚀泵	H(08)结构形式	自吸式泵(01);立式筒型泵(02);高速泵(03);软轴泵(04);磁力泵(05);潜水泵(06);液下泵(07);屏蔽泵(08);管道泵(09)
类别编码及名称	属性项	常用属性值
5107　离心式杂质泵	A(01)品种	砂泵(01);泥浆泵(02);渣浆泵(03);糖汁泵(04);煤水泵(05);胶粒泵(06);灰渣泵(07);污水泵(08)
	B(02)吸入口直径	32(01);65(02);100(03);150(04);200(05);250(06);300(07);400(08);600(09);800(10);900(11);1200(12);1400(13)
	C(03)排出口直径	25(01);50(02);80(03);100(04);150(05);200(06);250(07);500(08);600(09);800(10);1000(11);1200(12)
	D(04)叶轮直径	204(01);265(02);300(03);340(04);410(05);420(06);450(07);635(08);750(09);850(10);900(11);965(12)
	E(05)流量	7(01);27(02);85(03);140(04);170(05);300(06);340(07);480(08);560(09);950(10);1000(11);1450(12);1650(13);2700(14);3900(15);4500(16);7200(17);10800(18);16500(19)
	F(06)转速	1450(01)
	G(07)扬程	9.5(01);11(02);13(03);13.5(04);14(05);14.5(06);15(07);16(08);17(09);18(10);20(11);22(12);25(13);25.5(14);26(15);27(16);28(17);30(18);43(19);44(20);45(21);55(22);65(23);100(24)
	H(08)电动机功率	4(01);7.5(02);15(03);22(04);30(05);45(06);55(07);160(08)
	I(09)泵轴位置	卧式(01);立式(02);悬臂式(03)
类别编码及名称	属性项	常用属性值
5109　轴流泵	A(01)品种	潜水轴流泵(01);循环轴流泵(02)
	B(02)排出口直径	700(01);900(02);1000(03);1200(04);1400(05);1600(06);2000(07)
	C(03)流量	4795(01);5580(02);5724(03);5850(04);5851(05);7200(06);8352(07);8496(08);8658(09);9756(10);10080(11);11520(12)

续表

类别编码及名称	属性项	常用属性值
5109 轴流泵	D(04)转速	250(01);290(02);365(03);366(04);480(05);585(06);730(07)
	E(05)扬程	3(01);4(02);5(03);5.4(04);5.5(05);5.6(06);6.5(07);6.7(08);7.23(09);7.31(10);8.1(11);9.5(12);12(13)
	F(06)电动机功率	0.75(01);1.5(02);2.2(03);3.0(04);3.1(05)
	G(07)比转速	700(01);850(02);1000(03);1250(04);1251(05)
	H(08)泵轴位置	贯流式(01);卧式(02);立式(03);斜式(04)
	I(09)叶片调节形式	固定叶片式(01);Q—全调节(02);B—半调节(03)

类别编码及名称	属性项	常用属性值
5110 混流泵	A(01)品种	蜗壳式混流泵(01);立式混流泵(02)
	B(02)吸入口直径	100(01);150(02);200(03);250(04);300(05);400(06);500(07);700(08)
	C(03)排出口直径	600(01);700(02);900(03);1200(04);1400(05);1600(06);1800(07);2000(08);2200(09)
	D(04)流量	90(01);180(02);230(03);340(04);360(05);450(06);500(07);650(08);710(09);720(10);745(11);780(12);1000(13);1035(14);1260(15);1400(16);1880(17);1980(18);2492(19)
	E(05)转速	250(01);580(02);730(03);870(04);980(05);1100(06);1360(07);1450(08);1600(09);1850(10);2900(11)
	F(06)扬程	3.9(01);4(02);5(03);5.5(04);6.8(05);7.0(06);7.1(07);8(08);8.2(09);9.8(10);10(11);11.6(12);12.2(13);12.3(14);14.3(15);18(16)
	G(07)电动机功率	5.5(01);7.5(02);11(03);18.5(04);22(05);30(06);37(07);45(08);55(09);75(10);100(11);160(12)
	H(08)汽蚀余量	2.7(01);4(02);6(03)

类别编码及名称	属性项	常用属性值
5111　旋涡泵	A(01)品种	W 型旋涡泵(01);WZ 型自吸旋涡泵(02);WX 型离心旋涡泵(03)
	B(02)吸入口直径	15(01);20(02);25(03);32(04);40(05);50(06);65(07)
	C(03)叶轮直径	6(01);8(02);13(03);14(04);16(05);19(06);24(07);26(08);150(09)
	D(04)流量	0.36(01);0.72(02);1.44(03);2.88(04);5.4(05);9.00(06);14.4(07)
	E(05)转速	1450(01);2900(02)
	F(06)扬程	14(01);15(02);20(03);25(04);40(05);45(06);50(07);65(08);70(09);75(10);90(11);130(12);140(13);150(14);180(15)
	G(07)比转速	7(01);8(02);9(03);10(04);12(05);14(06);23(07);26(08);31(09);36(10)
	H(08)效率	15(01);22(02);23(03);27(04);30(05);32(06);33(07);34(08);36(09);39(10)
	I(09)结构形式	卧式旋涡泵(01);直联旋涡泵(02);立式旋涡泵(03)
类别编码及名称	属性项	常用属性值
5113　往复泵	A(01)品种	计量往复泵(01);柱塞泵往复泵(02);活塞泵往复泵(03);真空往复泵(04);隔膜泵往复泵(05)
	B(02)活塞直径	36(01);50(02);80(03);100(04);160(05);210(06);250(07)
	C(03)活塞行程	100(01);120(02);150(03)
	D(04)额定流量	0.25(01);0.4(02);0.5(03);0.63(04);0.75(05);0.8(06);1.00(07);1.25(08);1.60(09);2.00(10);2.50(11);3.15(12);4.00(13);5.00(14);6(15);6.30(16);8.00(17);10.00(18);12.5(19);16.0(20);20.0(21);25.0(22);31.5(23);40(24);50(25);63(26);80(27);100(28);125(29);160(30)
	E(05)电动机功率	1450/2.2(01);1450/3(02);1450/4(03);1450/5.5(04);1450/7.5(05);1450/11(06)
	F(06)额定输入功率	2.03(01);2.05(02);2.06(03);2.07(04);2.09(05);2.10(06);2.56(07);2.58(08);2.59(09);2.61(10);2.63(11);2.65(12);6.55(13);6.57(14);6.61(15);6.65(16);6.66(17);6.78(18);6.86(19);8.27(20);8.32(21);8.42(22);8.45(23);8.54(24);8.57(25);8.78(26);8.97(27);9.14(28)

续表

类别编码及名称	属性项	常用属性值
5113　往复泵	G(07)额定排出压力	4(01);5(02);6.3(03);8(04);10(05);12.5(06);16(07);20(08);25(09);31.5(10);40(11);50(12);63(13);80(14);100(15);105(16)
	H(08)往复次数	37(01);45(02);47(03);65(04);73(05);94(06);130(07)
	I(09)驱动方式	电动机(01);汽轮机(02);内燃机(03)
类别编码及名称	属性项	常用属性值
5115　转子泵	A(01)品种	凸轮式转子泵(01);轴向柱塞式转子泵(02);径向柱塞式转子泵(03);齿轮转子泵(04);环流活塞式转子泵(05);滑片式转子泵(06);单螺杆转子泵(07);双螺杆转子泵(08);三螺杆转子泵(09)
	B(02)转子直径	17(01);21(02);26(03);34(04);42(05);52(06)
	C(03)进出口口径	25(01);32(02);40(03);50(04);65(05);80(06);100(07);125(08)
	D(04)吸入法兰通径	32(01);40(02);50(03);65(04);80(05);100(06)
	E(05)流量	0.6(01);1.0(02);1.6(03);2.4(04);2.5(05);3.3(06);3.7(07);4(08);5(09);6(10);6.3(11);8(12);9.8(13);12(14);15(15);16(16);20(17);25(18);25.5(19);30(20);40(21)
	F(06)转速	910(01);940(02);960(03);970(04);1000(05);1250(06);1390(07);1420(08);1440(09);1500(10);2000(11);2400(12);3000(13)
	G(07)电机功率	0.75(01);1.1(02);1.5(03);2.2(04);3(05);4(06);5.5(07);7.5(08);11(09);15(10)
	H(08)轴功率	0.82(01);1.18(02);1.6(03);1.94(04);2.33(05);2.4(06);3.26(07);3.49(08);3.82(09);4.08(10);4.74(11);5(12);5.73(13);5.93(14);7.25(15);7.78(16);9.72(17);11.88(18)
	I(09)压力	3.6(01);3.0(02);2.4(03);1.8(04);1.2(05);0.6(06)
类别编码及名称	属性项	常用属性值
5117　计量泵	A(01)品种	高温计量泵(01);高黏度计量泵(02);气动计量泵(03);机械隔膜式计量泵(04);柱塞式计量泵(05);液压隔膜式计量泵(06)

类别编码及名称	属性项	常用属性值
5117　计量泵	B(02)额定流量	0.47(01);0.6(02);0.9(03);1.10(04);1.20(05);1.8(06);2(07);2.36(08);3(09);3.78(10);4.72(11);6(12);9(13);10.72(14);12(15);15(16);15.77(17);20(18);30(19);50(20)
	C(03)电源	220V50HZ(01)
	D(04)电机功率	30(01);35(02);42(03);65(04);70(05);88(06);92(07);160(08);250(09);550(10)
	E(05)最大压力	3(01);4.0(02);4.2(03);5(04);6.0(05);9.8(06);10.7(07);15.2(08);16(09);26.7(10);27(11);57(12);67.5(13);68.9(14);96.5(15);144.5(16)
	F(06)接口尺寸	15(01);25(02)
	G(07)程次数	7(01);13(02);24(03);25(04);37(05);48(06);49(07);51(08);70(09);71(10);73(11);95(12);114(13);143(14);178(15)
类别编码及名称	属性项	常用属性值
5119　真空泵	A(01)品种	回转式真空泵(01);射流式真空泵(02);水环悬臂式真空泵(03);往复式真空泵(04);直联式真空泵(05);旋片式真空泵(06)
	B(02)吸入口直径	10(01);15(02);20(03);25(04);32(05);50(06);65(07);70(08);75(09);80(10);105(11);125(12);200(13)
	C(03)排出口直径	70(01);125(02);150(03)
	D(04)转速	300(01);310(02);335(03);350(04);730(05);975(06);1450(07)
	E(05)电机功率	0.18(01);0.25(02);0.4(03);0.6(04);1.1(05);2.2(06);4.0(07);5.5(08);7.5(09);11(10);15(11);18.5(12);22(13)
	F(06)抽气速率	0.5(01);1(02);2(03);4(04);8(05);15(06);25(07);30(08);70(09);100(10);150(11);200(12);205(13);300(14);304(15)
类别编码及名称	属性项	常用属性值
5123　射流泵	A(01)品种	液体射流泵(01);气体射流泵(02)
	B(02)流量	50(01);55(02);60(03)
	C(03)扬程	30(01);35(02);40(03);45(04)
	D(04)功率	300(01);460(02);600(03);750(04)

续表

类别编码及名称	属性项	常用属性值
5123 射流泵	E(05)外形尺寸	385×160×205(01);390×182×230(02);435×188×200(03)

类别编码及名称	属性项	常用属性值
5125 气体扬水泵	A(01)品种	
	B(02)流量	
	C(03)转速	
	D(04)扬程	
	E(05)功率	

类别编码及名称	属性项	常用属性值
5127 水锤泵	A(01)品种	交流水锤泵站(01);直流水锤泵站(02)
	B(02)流量	
	C(03)转速	
	D(04)扬程	
	E(05)电机功率	
	F(06)汽蚀余量 NPSH	
	G(07)效率	

类别编码及名称	属性项	常用属性值
5129 电磁泵	A(01)品种	电磁泵(01)
	B(02)吸程	0.3(01)
	C(03)流量	20(01);85(02);90(03);100(04);110(05);180(06)
	D(04)转速	
	E(05)扬程	2(01)
	F(06)额定电压	12(01);24(02);100(03);110(04);120(05);220(06);230(07)
	G(07)功率	15(01)
	H(08)压力	0.15(01);0.2(02);0.25(03)

类别编码及名称	属性项	常用属性值
5131 水轮泵	A(01)品种	水轮泵(01)
	B(02)流量	
	C(03)转速	
	D(04)扬程	
	E(05)电动机功率	

续表

类别编码及名称	属性项	常用属性值
5133 其他泵	A(01)品种	隔膜泵(01);过滤泵(02);污水提升器(03);手摇泵(04);水轮泵(05);柱塞泵(06)
	B(02)流量	100(01)
	C(03)转速	5(01)
	D(04)扬程	
	E(05)电动机功率	2.2(01);3(02);4(03);5.5(04);7.5(05);11(06);15(07);18.5(08);22(09);37(10);75(11)

类别编码及名称	属性项	常用属性值
5135 泵专用配件	A(01)品种	密封(01);轴(02);叶轮(03);底阀(04);自动耦合泵导轨(05);深水泵扬水管(06);泵管(07)
	B(02)直径	110(01);125(02);160(03);185(04);235(05);250(06);314(07)
	C(03)材质	不锈钢(01);碳钢(02)
	D(04)型式	双列向心球轴承(01);单列向心球轴承(02);机械密封(03);填料密封(04);单向推力球轴承(05)

类别编码及名称	属性项	常用属性值
5139 供水设备	A(01)品种	恒压供水设备(01);消防兼生活变频调速供水设备(02);生活变频调速供水设备(03);无塔供水设备(04);无负压供水设备(05)
	B(02)供水管径	65(01);80(02);100(03);125(04);150(05);200(06)
	C(03)罐规格	ϕ600×1200(01);ϕ800×1500(02);ϕ500×1500(03);ϕ600×1500(04);ϕ1000×2000(05);ϕ1200×2300(06);ϕ1400×2600(07);ϕ1800×260(08);ϕ600(09);ϕ800(10);ϕ1000(11)
	D(04)流量/供水量	8(01);12(02);13(03);16(04);22(05);24(06);26(07)
	E(05)主泵扬程	22(01);27(02);30(03);32(04);34(05);36(06);38(07);40(08);41(09);44(10);45(11);46(12);50(13);52(14);53(15);54(16);58(17);60(18);61(19);65(20);67(21);70(22);73(23);75(24);80(25);81(26);82(27);90(28);92(29);93(30);94(31);95(32);100(33);101(34);109(35);111(36);118(37);122(38);124(39);130(40);141(41)

续表

类别编码及名称	属性项	常用属性值
5139　供水设备	F (06)小泵扬程	60(01);75(02);80(03);90(04);105(05)
	G (07)主泵功率	1.5(01);2.2(02);3(03);3.0(04);4(05);5.5(06);7.5(07);11(08);15(09);18.5(10);22(11);30(12)
	H (08)工作压力	0.3(01);0.45(02);0.6(03);0.75(04);1.1(05);1.2(06)
	I (09)参考户数	2000(01);1000(02);1500(03);800(04);600(05);450(06);300(07);130(08)

类别编码及名称	属性项	常用属性值
5141　供水控制柜	A (01)品种	变频恒压供水控制柜(01);带双电源切换变频恒压生活水泵控制柜(02);带双电源切换消防水泵控制柜(03);排污水泵控制箱(04)
	B (02)外形尺寸	600×500×200(01);800×600×250(02)
	C (03)电频功率	7.5(01);11(02);15(03);18.5(04);22(05);30(06);37(07);45(08);55(09);75(10);90(11);110(12);132(13);160(14);200(15);220(16);280(17)
	D (04)额定电流	4.4(01);7.4(02);15(03);17(04);22(05);25(06);30(07);32(08);48(09);65(10);80(11);90(12);157(13);180(14);214(15);256(16);307(17);385(18);430(19);525(20)
	E (05)用途	排污(01);消防(02);生活(03)
	F (06)操作方式	手动(01);电动(02)
	G (07)控制方式	恒压控制(01);上下限压力控制(02)
	H (08)恒压精度	≤0.01MPa(01)
	I (09)防护等级	IP40(01)

类别编码及名称	属性项	常用属性值
5201　热水器、开水炉	A (01)品种	电开水炉(01);即热式电热水器(02);强制排气式燃气快速热水器(03);燃气开水炉(04);燃气容积式热水器(05);燃油热水器(06);太阳热水器(07);蒸汽开水炉(08);贮水式电热水器(09);室外式燃气快速热水器(10)
	B (02)电源(电压/频率)	220V/50Hz(01);380V/50Hz(02)

续表

类别编码及名称	属性项	常用属性值
5201　热水器、开水炉	C（03）额定电流	30（01）
	D（04）功率	1.2（01）；1.5（02）；2（03）；2.5（04）；4（05）；6（06）；8（07）；9（08）；12（09）；18（10）；24（11）；30（12）；36（13）；45（14）；54（15）；75（16）；120（17）；240（18）
	E（05）工作压力	0.02（01）；0.025（02）；0.04（03）；0.05（04）；0.098（05）；0.2（06）；0.5（07）；0.6（08）；0.75（09）；0.8（10）
	F（06）容量 L	5（01）；6（02）；10（03）；15（04）；20（05）；30（06）；40（07）；50（08）；60（09）；65（10）；80（11）；90（12）；100（13）；110（14）；120（15）；135（16）；150（17）；180（18）；195（19）；200（20）；220（21）
	G（07）开水量	15（01）；30（02）；50（03）；80（04）；100（05）；120（06）；200（07）；300（08）；400（09）；500（10）；700（11）；830（12）；1000（13）；1250（14）；1400（15）；1500（16）；1600（17）；1800（18）；1875（19）；2000（20）；2500（21）；3000（22）；3750（23）；5000（24）；6250（25）；7500（26）
	H（08）燃气消耗量	10.20（01）；14.3（02）；21.75（03）
	I（09）热效率	75（01）；80（02）；85（03）；89（04）；91（05）；92（06）；98（07）；99.5（08）
类别编码及名称	属性项	常用属性值
5203　沸水器	A（01）品种	燃气沸水器（01）；太阳能沸水器（02）；电沸水器（03）
	B（02）电源（电压/频率）	110V/60Hz（01）；220V/50Hz（02）
	C（03）容积 L	40（01）；60（02）；90（03）；120（04）；150（05）；190（06）；200（07）；250（08）；300（09）；322（10）
	D（04）使用燃气种类	液化石油气（01）；天燃气（02）
	E（05）燃气消耗量	0.6（01）；1.2（02）；4.4（03）；8.8（04）
	F（06）热效率	70（01）
	G（07）外形尺寸	600×700×1600（01）；600×700×1700（02）

续表

类别编码及名称	属性项	常用属性值
5207　热交换器	A（01）品种	板翅式换热器（01）；半即热式热交换器（02）；立式容积式热交换器（03）；汽-水换热器（小型单管式）（04）；弯管式换热器（05）；卧式容积式热交换器（06）；直管式换热器（07）；填料函式换热器（08）；喷淋式蛇管换热器（09）；螺旋板式换热器（10）；螺旋板换热器（11）；夹套式换热器（12）；浮头式换热器、冷凝器（13）；多套管换热器（14）；单套管换热器（15）；翅片管换热器（16）；沉浸式蛇管换热器（17）；波纹板换热器（18）；板式换热器（19）
	B（02）公称直径	325（01）；400（02）；500（03）；600（04）；800（05）
	C（03）换热管规格	2.5×1.5（01）；2.5×2（02）；3.4×2（03）；7×2（04）；14×2（05）；16×2（06）；19×1.25（07）；19×2（08）；26×2（09）；30×2（10）；45×4（11）；50×4（12）；75×4（13）；80×4（14）；95×4（15）；换热管长度1500（16）；换热管长度2000（17）；换热管长度2500（18）；换热管长度3000（19）；换热管长度4500（20）；换热管长度6000（21）；换热管长度9000（22）
	D（04）换热管长度	
	E（05）板片/管材质	不锈钢（01）；低合金钢（02）；镍（03）；钛（04）
	F（06）工作压力	0.25（01）；0.6（02）；1.0（03）；1.6（04）；2.5（05）；4.0（06）；6.4（07）
	G（07）板片形状	球形（01）；人字波纹形（02）；竖波纹形（03）；斜波纹形（04）；水平平直波纹形（05）；BR10型（06）
类别编码及名称	属性项	常用属性值
5209　采暖炉	A（01）品种	电采暖炉（01）；燃气采暖炉（02）；燃油采暖炉（03）；燃煤采暖炉（04）
	B（02）电源	220V/50Hz（01）；380V/50Hz（02）
	C（03）功率	3（01）；4（02）；6（03）；8（04）；9（05）；12（06）；15（07）；18（08）；24（09）；30（10）
	D（04）工作压力	1.6（01）；2.0（02）；2.8（03）

类别编码及名称	属性项	常用属性值
5209 采暖炉	E（05）燃气种类	煤气(01)；天然气(02)；液化石油气(03)
	F（06）燃气耗量	1～3(01)；3～5(02)；天然气 0.1Nm³/kWh(03)；液化气 0.03Nm³/kWh(04)
	G（07）热效率	55(01)；58(02)；89(03)；95(04)；98(05)；99(06)
	H（08）供暖面积	70～80m²(01)；90～120m²(02)；130～220m²(03)；160～190m²(04)；200～230m²(05)；200～300m²(06)；300m² 以上(07)
	I（09）外形尺寸	33×13×49(01)；80×40×27(02)；66×33×24(03)；66×33×23(04)；66×33×22(05)；41×29×84(06)；48×22×13(07)

类别编码及名称	属性项	常用属性值
5213 其他水暖设备	A（01）品种	换热水箱(01)；浴霸(02)
	B（02）型号	

类别编码及名称	属性项	常用属性值
5221 锅炉	A（01）品种	电热水锅炉(01)；燃煤热水锅炉(02)；燃油热水锅炉(03)；燃气燃油热水锅炉(04)
	B（02）额定热功率	30(01)；35(02)；36(03)；60(04)；100(05)；120(06)；150(07)；200(08)；240(09)；350(10)；700(11)；2800(12)；4200(13)；5600(14)；7000(15)
	C（03）额定压力	0.098(01)；0.5(02)；0.6(03)；0.7(04)；0.8(05)；0.9(06)；1.0(07)；1.25(08)；1.6(09)；2.0(10)；2.5(11)
	D（04）燃料消耗（燃煤/燃油/燃气)/电	1～5(01)；6～10(02)；11～20(03)；21～50(04)
	E（05）蒸发量	0.03(01)；0.05(02)；0.1(03)；0.2(04)；0.3(05)；0.5(06)；0.6(07)；1.0(08)；1.5(09)；2.0(10)；2.1(11)；2.5(12)；3.0(13)；3.5(14)；4.0(15)；4.5(16)；5.0(17)；6.0(18)；7.0(19)；8.0(20)；9.0(21)；10.0(22)；12.0(23)；15.0(24)；20.0(25)；25.0(26)；30.0(27)；35.0(28)；40.0(29)；45.0(30)；50.0(31)；60.0(32)；70.0(33)；80.0(34)；90.0(35)；100.0(36)
	F（06）给水温度	60(01)；80(02)；90(03)；105(04)

类别编码及名称	属性项	常用属性值
5221　锅炉	G（07）出水/回水温度	60/10（01）；85/60（02）；85/65（03）；95/70（04）；100/70（05）；115/70（06）
	H（08）电源	220V/50Hz（01）；380V/50Hz（02）
	I（09）用途	

类别编码及名称	属性项	常用属性值
5229　其他锅炉设备	A（01）品种	补水箱（01）；定压罐（02）；燃油燃烧器（03）
	B（02）规格	ϕ159（01）；ϕ162（02）；ϕ300×2772（03）；ϕ200×2772（04）；ϕ300×2478（05）；ϕ350×2978（06）

类别编码及名称	属性项	常用属性值
5301　水处理成套设备	A（01）品种	pcc水质处理站（01）；超声波灭藻设备（02）；离子群处理机组（03）；旁流水处理系统（04）；中水处理设备（05）；中水净化器（06）
	B（02）进出口管径	15（01）；20（02）；25（03）；32（04）；40（05）；50（06）；65（07）；80（08）；100（09）；120（10）；125（11）；150（12）；200（13）；250（14）；300（15）；350（16）；400（17）；450（18）；500（19）；600（20）；700（21）；800（22）
	C（03）适应水量	15（01）；40（02）；55（03）；70（04）；90（05）；110（06）；130（07）；140（08）；190（09）；260（10）；320（11）；420（12）；500（13）；600（14）；760（15）；850（16）；1000（17）；1300（18）；1350（19）；1600（20）；1850（21）；2200（22）；2500（23）；2900（24）；3450（25）；3500（26）；4150（27）；4700（28）
	D（04）功率	292（01）；294（02）；332（03）；352（04）；630（05）；650（06）；680（07）；750（08）；800（09）；862（10）；980（11）；1100（12）；1200（13）；1230（14）；1450（15）
	E（05）工作压力	1.0（01）；1.6（02）
	F（06）外形尺寸	

类别编码及名称	属性项	常用属性值
5305　水软化设备	A（01）品种	组合式软水设备（01）；自动软水器（02）；永磁软水器（03）；阴阳离子交换器（04）；阴离子交换器（05）；阳离子交换器（06）；盐溶解器（07）；取样冷却器（08）；钠离子交换软水器（09）
	B（02）公称直径	

类别编码及名称	属性项	常用属性值
5305　水软化设备	C（03）产水量	0.5（01）；1（02）；2（03）；3（04）；4（05）；6（06）；8（07）；10（08）；12（09）；15（10）；16（11）；20（12）；22（13）；28（14）；30（15）；36（16）；48（17）；50（18）；60（19）；90（20）；110（21）；165（22）
	D（04）本体材质	不锈钢（01）；钢衬胶（02）；有机玻璃（03）
	E（05）树脂罐个数	单罐3个（01）；单罐/2个（02）；单罐/4个（03）；单罐/6个（04）；单罐/8个（05）
	F（06）树脂填装量	37/75（01）；70/75（02）；100/125（03）；150/175（04）；225/250（05）；250/350（06）；300/500（07）；500/750（08）；700/1000（09）；900/800（10）；1000（11）；1200（12）；1800（13）；2400（14）；3100（15）；4800（16）；7200（17）
	G（07）盐罐个数	1（01）；2（02）；3（03）
	H（08）盐耗	12/10kg（01）；24/25kg（02）；36/50kg（03）；40/71kg（04）；47/93kg（05）；50/77kg（06）；56/93kg（07）；80/93kg（08）；92/50kg（09）；110/75kg（10）；144/90kg（11）；175/110kg（12）；247/150kg（13）；350/200kg（14）；300kg（15）；400kg（16）；600kg（17）
	I（09）外形尺寸	
类别编码及名称	属性项	常用属性值
5307　水垢处理设备	A（01）品种	反冲过滤电子水处理器（01）；隔爆型电子式水处理器（02）；低压电场电子式水处理器（03）；高压静电场电子式水处理器（04）；高频电磁场电子式水处理器（05）；内磁水处理器（06）；棒式电子式水处理器（07）；普通电子式水处理器（08）；综合水处理器（09）；超声波水垢处理器（10）
	B（02）进出口管径	10（01）；15（02）；20（03）；25（04）；32（05）；40（06）；50（07）；65（08）；80（09）；100（10）；125（11）；150（12）；200（13）；250（14）；300（15）；350（16）；400（17）；450（18）；500（19）；600（20）；700（21）；800（22）；900（23）；1000（24）；1200（25）；1400（26）

类别编码及名称	属性项	常用属性值
5307　水垢处理设备	C（03）处理水量	15(01);20(02);30(03);40(04);50(05);60(06);70(07);80(08);100(09);120(10);140(11);180(12);260(13);330(14);420(15);600(16);850(17);1000(18);1300(19);1600(20);1850(21);2500(22);3500(23);4700(24);5000(25)
	D（04）功率	9(01);12(02);15(03);20(04);25(05);30(06);40(07);45(08);50(09);60(10);68(11);80(12);100(13);120(14);150(15);180(16);200(17);250(18);300(19);350(20);400(21);500(22);600(23);700(24);800(25);900(26);950(27);1000(28)
	E（05）本体材质	碳钢(01);不锈钢(02)
	F（06）工作压力	0.5(01);1(02);1.6(03);2(04)
	G（07）外形尺寸	360×200×240(01);500×300×320(02)
类别编码及名称	属性项	常用属性值
5309　灭菌消毒、加药装置	A（01）品种	臭氧自洁消毒器/发生器(01);臭氧发生器(02);次氯酸钠发生器(03);微电解自洁消毒器(04);加药装置(05);紫外线消毒器(06);二氧化氯消毒器(07)
	B（02）适用水量	0.5(01);1(02);2(03);3(04);4(05);5(06);8(07);10(08);15(09);20(10);30(11);40(12);50(13);60(14);80(15);150(16);200(17);500(18);1000(19);5000(20);10000(21);20000(22)
	C（03）发生量	2.5(01);5(02);10(03);15(04);20(05);25(06);40(07);50(08);75(09);100(10);150(11);200(12);300(13);400(14);500(15);600(16);800(17);1000(18);5000(19);10000(20);20000(21)
	D（04）加药量	20(01);50(02);100(03);200(04);300(05);400(06)
	E（05）功率	0.04(01);0.085(02);0.12(03);0.17(04);0.24(05);0.3(06);0.31(07);0.42(08);0.45(09);0.48(10);0.5(11);0.6(12);0.65(13);0.7(14);0.72(15);0.96(16);1(17);1.2(18);1.92(19);2.4(20);3.6(21);4(22);4.8(23);7.2(24);9.6(25)

类别编码及名称	属性项	常用属性值
5309 灭菌消毒、加药装置	F(06)外形尺寸	450×450×1400(01);500×500×1450(02);900×500×1780(03);1400×500×800(04);1400×700×350(05);1400×1200×900(06);2000×500×1900(07);2000×1000×1900(08);ϕ450×1000(09)
类别编码及名称	属性项	常用属性值
5311 过滤设备	A(01)品种	网式过滤器(01);滤芯式过滤器(02);介质过滤器(03)
	B(02)进出口管径	15(01);20(02);25(03);32(04);40(05);50(06);80(07);100(08);150(09);200(10);250(11);300(12);350(13);400(14);450(15);500(16);600(17);700(18);800(19)
	C(03)处理水量	0.5(01);1(02);2(03);3(04);4(05);5(06);6(07);7(08);7.5(09);8(10);10(11);12(12);14(13);15(14);16(15);20(16);26(17);30(18);36(19);38(20);40(21);48(22);50(23);60(24);65(25);70(26);80(27);90(28);100(29);120(30);140(31);150(32);160(33);260(34);300(35);400(36);420(37);600(38);800(39);850(40);1000(41);1100(42);1300(43);1850(44);2500(45);3500(46);4700(47)
	D(04)本体材质	玻璃缸(01);不锈钢(02);碳钢(03)
	E(05)工作压力	0.6(01);1(02);1.6(03);2.5(04)
	F(06)过滤介质	编织滤网(01);不锈钢网滤芯(02);冲孔滤网(03);多层(04);果壳(05);活性炭(06);活性炭滤芯(07);其他滤芯(08);契型滤网(09);烧结滤芯(10);塑料滤芯(11);陶粒(12);纤维滤芯(13);纤维球(14);砂(15);煤(16)
	G(07)过滤精度	3(01);5(02);10(03);15(04);20(05);50(06);100(07);150(08);200(09)
	H(08)结构型式	L型(01);Y型(02);I型(03);压力式(04)
	I(09)反冲洗型式	自动反冲洗(01);手动反冲洗(02)
	J(10)外形尺寸	

续表

类别编码及名称	属性项	常用属性值
5313 膜与膜设备	A (01)品种	超滤膜及装置(01);反渗透膜及装置(02);电渗析(离子交换膜)器(03);纳滤膜及装置(04);微滤膜及装置(05)
	B (02)型式	卷式(01);筒式(02);板式(03);中空式(04)
	C (03)进出口管径进水出水	
	D (04)产水量	≤0.1(01);≤1.8(02);≤2.73(03);≤10(04);≤18(05);≤32(06);123(07)
	E (05)膜组件尺寸	$\phi64\times530$(01);$\phi100\times1020$(02);$\phi200\times1020$(03)
	F (06)功率	0.8(01);1.5(02);3.7(03);7.5(04);20(05);30(06)
	G (07)本体材质	玻璃缸(01);塑料(02);碳钢(03);不锈钢(04)
	H (08)进水管径(mm)	
	I (09)出水管径(mm)	
	J (10)工作压力(MPa)	
类别编码及名称	属性项	常用属性值
5315 曝气设备	A (01)品种	旋流式曝气器(01);旋混式曝气器(02);橡胶微孔曝气器(03);陶瓷微孔曝气器(04);射流式水下曝气机(05);伞形叶轮表面曝气机(06);离心式水下曝气机(07);聚合物曝气器(08);导管式表面曝气机(09);泵式叶轮表面曝气机(10)
	B (02)充氧量	0.26(01)
	C (03)转速	1470(01);2900(02)
	D (04)电机功率	5.5(01);7.5(02);15(03);22(04)
	E (05)进气量	10(01);22(02);35(03);50(04);75(05);85(06);100(07);160(08);200(09);260(10);320(11)
	F (06)形式	平面形(01);球冠形(02);蝶形(03)
	G (07)外形尺寸	$\phi178$(01);$\phi192$(02);$\phi200$(03);$\phi260$(04);$\phi300$(05);$\phi600\times3000\times633$(06)

类别编码及名称	属性项	常用属性值
5317 气浮设备	A(01)品种	加压溶气气浮设备(01);叶轮气浮设备(02);扩散气浮设备(03);射流溶气气浮设备(04);溶气真空气浮设备(05);电解气浮设备(06);组合式气浮设备(07);水泵吸水管吸气气浮设备(08)
	B(02)型式	普通式(01);浅层式(02)
	C(03)处理量	5(01);10(02);15(03);20(04);30(05);34(06);40(07);50(08);60(09);80(10);90(11);100(12);120(13);180(14);210(15);260(16);300(17);390(18);480(19);590(20);710(21);880(22)
	D(04)水力停留时间	3～5min(01)
	E(05)驱动电机功率	0.55(01);1.5(02);2(03);2.5(04);3(05);4(06)
	F(06)加药搅拌功率	0.74(01);1(02);1.5(03);2.2(04)
	G(07)溶气系统功率	7(01);9(02);17(03);21(04);24(05);30(06);45(07);46.5(08)

类别编码及名称	属性项	常用属性值
5319 除气设备	A(01)品种	全自动真空脱气机(01);除碳器(鼓风填料式)(02);真空除氧器(03);钢屑除氧器(04);大气热力式除氧器(05);二氧化碳除氧器(06);除氧水箱(07)
	B(02)本体材质	304(01);316L(02);Q235衬胶(03);不锈钢(04)
	C(03)工作压力	1.6以下(01);1.6以上(02)
	D(04)工作温度	
	E(05)填料高度	
	F(06)直径	ϕ300(01);ϕ350(02);ϕ400(03);ϕ500(04)
	G(07)除氧水箱容积	150(01);300(02)

类别编码及名称	属性项	常用属性值
5321 除污除砂排泥设备	A(01)品种	行车式刮泥机、吸泥机(01);链板式刮泥机、吸泥机(02);周边传动式刮泥机、吸泥机(03);螺旋输送式刮泥机、吸泥机(04);门形抓斗式除砂机(05);离心除砂器(06);单臂回转式抓斗除砂(07);链斗式除砂机(08);桁车泵吸式除砂机(09);螺旋式水砂分离器(10);中心传动式刮泥机、吸泥机(11);旋流式水砂分离器(12);排污扩容器(13)

续表

类别编码及名称	属性项	常用属性值
5321 除污除砂排泥设备	B(02)适用池径	8(01);10(02);12(03);14(04);16(05);18(06);20(07);25(08);30(09);35(10);40(11);50(12)
	C(03)适用池深	2.5(01);3(02);3.5(03);4(04);4.5(05)
	D(04)线速度	2(01)
	E(05)驱动功率	0.5(01);1.5(02);2.2(03);3(04)
	F(06)出水量(流量)	
	G(07)进出口直径	

类别编码及名称	属性项	常用属性值
5323 污泥脱水设备	A(01)型式	
	B(02)湿污泥处理量(m/h)	
	C(03)功率(kW)	带式(01);板式(02);离心式(03)
	D(04)滤带宽度	
	E(05)外形尺寸	

类别编码及名称	属性项	常用属性值
5327 生化反应器	A(01)品种	一体化污水处理设备(01)
	B(02)型式	好氧(01);厌氧(02)
	C(03)工艺	MBR(01);SBR(02);接触氧化(03);CASS(04);A/O(05);A/A/O(06)
	D(04)处理水量	5(01);10(02);20(03);30(04)
	E(05)本体材质	不锈钢(01);碳钢(02);玻璃钢(03)

类别编码及名称	属性项	常用属性值
5329 油水分离装置	A(01)材质	碳钢(01);不锈钢(02)
	B(02)加热方式	蒸汽加热(01);电加热(02)
	C(03)额定处理量(m/h)	0.05(01);0.1(02);0.2(03);0.25(04);0.3(05);0.4(06);0.5(07);0.6(08);0.8(09);1(10);2(11);4(12);6(13);8(14);10(15);20(16);25(17);40(18);50(19);60(20);100(21);800(22)
	D(04)排油方式	溢流(01);自动(02);手动(03)
	E(05)分离精度	0.3mg/L(01);0.5mg/L(02);5mg/L(03)
	F(06)外形尺寸(mm)	900×450×1000(01);1000×500×1000(02);2200×1200×2250(03)

类别编码及名称	属性项	常用属性值
5330 毛发聚集器	A (01)材质	316L不锈钢(01);碳钢(02)
	B (02)主体规格	
	C (03)接管口径	30(01);50(02);80(03);100(04);140(05);170(06);220(07)
	D (04)最大流量	30(01);50(02);80(03);100(04);140(05);170(06);220(07)
	E (05)主体高度	500(01);550(02);600(03);650(04);700(05);800(06);900(07)
类别编码及名称	属性项	常用属性值
5331 填料	A (01)品种	蜂窝管(斜管)(01);球形多面体填料(02);半软性填料(03);内置式悬浮填料(网格球形填料)(04);复合型填料(05);软性纤维填料(06);蜂窝管(直管)(07);环形多面体填料(08)
	B (02)形状	球形(01);环形(02);丝状(03);多面空心(04);弹性立体(05)
	C (03)材质	陶瓷(01);聚烯烃(02);合成纤维(03);各种塑料(04);PP(05)
	D (04)比表面积	
	E (05)空隙率	≥97(01)
	F (06)材料比重	0.92(01);2.8(02);3.1(03);3.2(04);3.4(05)
	G (07)规格	ϕ35(01);ϕ50(02);ϕ70(03);ϕ80(04);ϕ150(05)
类别编码及名称	属性项	常用属性值
5333 过滤材料	A (01)品种	磁铁矿滤料(01);沸石滤料(02);硅藻土(03);果壳滤料(04);活性炭滤料(05);卵石垫层滤料(06);石灰石滤料(07);石英砂滤料(08);陶瓷滤料(09);无烟煤滤料(10);纤维滤料(11);纤维球滤料(12);锰砂(13)
	B (02)粒度	4~8目(01)
	C (03)厚度	
	D (04)比表面积	650(01)
	E (05)堆积密度	0.7(01);1(02);1.8(03);2.8(04);85(05)
	F (06)粒径范围	ϕ1.5~3.0(01);ϕ4~8.0(02)

续表

类别编码及名称	属性项	常用属性值
5337　除尘设备	A (01)品种	PW 型除尘器(01);SG 型除尘器(02);磁力除尘设备(03);袋式除尘器(04);惯性除尘器(05);静电除尘设备(06);颗粒除尘设备(07);离心除尘设备(08);双涡旋除尘器(09);洗涤式除尘设备(10);旋风除尘器(11);油网滤尘器(12);重力除尘设备(13)
	B (02)处理风量	
	C (03)过滤风速	2.62(01);2.66(02);3.05(03);3.3(04);3.33(05);3.4(06);3.48(07);20(08);56.7(09);58(10)
	D (04)过滤面积	4(01);7(02);10(03);12(04);18(05);27(06);36(07);45(08);54(09);63(10);72(11);93(12);99(13);124(14);500(15);600(16)
	E (05)滤袋数量	1(01);2(02);24(03);72(04);96(05);128(06);160(07);192(08);256(09);320(10);384(11);448(12);512(13)
	F (06)外形尺寸	$\phi1770\times4980(01)$
类别编码及名称	属性项	常用属性值
5339　垃圾处理设施	A (01)品种	垃圾破碎机(01);破袋机(02)
	B (02)破碎粒度	$30\times40mm(01)$
	C (03)处理量	2(01);3(02);4(03);5(04);6(05);8(06);10(07);12(08);20(09);30(10);50(11)
	D (04)总功率	7.5(01);10(02);11(03);15(04);30(05);40(06);50(07);60(08);70(09);80(10);100(11)
	E (05)结构型式	固定(01);移动式(02)
	F (06)驱动型式	液压(01);机械(02)
	G (07)外形尺寸	$2750\times1800\times1235(01);9250\times2280\times6700(02)$
类别编码及名称	属性项	常用属性值
5343　环保厕所	A (01)品种	免水冲打包式卫生间(01);泡沫封闭式卫生间(02);循环水环保生态卫生间(03)
	B (02)房体材质	不锈钢板(01);金属雕花板(02);彩钢板(03);塑钢板(04)
	C (03)外形尺寸	$668\times555\times190(01)$

续表

类别编码及名称	属性项	常用属性值
5345　噪声防护设施	A（01）品种	防噪声屏（01）
	B（02）隔音量	铝合金板（01）；钢筋混凝土板（02）；不锈钢（03）；彩色钢板（04）；碳素聚酯板（05）
	C（03）屏板材质	10（01）；20（02）；30（03）；45（04）

类别编码及名称	属性项	常用属性值
5347　其他环保设备	A（01）品种	输送机（01）；水锤消除器（02）
	B（02）规格	DN15（01）；DN20（02）；DN25（03）；DN40（04）；FU 型（05）；SCG 系列（06）；TD 系列（07）；DJ-Ⅱ 型（08）；TYDS/TYS（09）；DY（10）

类别编码及名称	属性项	常用属性值
5401　冷藏、冷冻柜（库）	A（01）品种	雪柜（01）；冷库（02）；冰柜（03）；电冰箱（04）
	B（02）外形尺寸	945×600×805（01）
	C（03）电源	220V/50Hz（01）
	D（04）功率	
	E（05）制冷方式	冷气自然对流式（01）；冷气强制循环式（02）
	F（06）有效容积	198538（01）
	G（07）能效等级	
	H（08）结构类型	双门（01）；单门（02）；六门（03）；四门（04）

类别编码及名称	属性项	常用属性值
5403　展示柜、保鲜柜	A（01）品种	保鲜工作台（01）；保鲜展示柜（02）；风幕柜（03）
	B（02）外形尺寸	
	C（03）电源	220V/50Hz（01）；380V/50Hz（02）
	D（04）功率	
	E（05）制冷方式	

类别编码及名称	属性项	常用属性值
5405　餐柜	A（01）品种	贮藏柜（01）；吊柜（02）；纱网贮藏柜（03）；陈列柜（04）；食品柜（05）
	B（02）外形尺寸	
	C（03）材质	不锈钢（01）；亚克力（02）；玻璃（03）

续表

类别编码及名称	属性项	常用属性值
5407　餐架	A（01）品种	整板式四层货架（01）；蒸笼架（02）；条格式四层货架（03）；台上明架（04）；台面立架（05）；四层炒勺架（06）；热水器架（07）；褂鸭架（08）；吊架（09）
	B（02）外形尺寸	
	C（03）材质	玻璃（01）；不锈钢（02）；亚克力（03）

类别编码及名称	属性项	常用属性值
5409　餐车	A（01）品种	插盘餐车（01）；活盘餐车（02）；拉门调料车（03）；馒头架子车（04）；三层餐车（05）；周转车（06）；早茶车（07）；收碗车（08）；暖瓶车（09）；馒头专用架车（10）；两层餐车（11）；客房（12）；简易调料车（13）；残食车（14）；保温餐车（15）
	B（02）外形尺寸	
	C（03）材质	不锈钢（01）

类别编码及名称	属性项	常用属性值
5415　洗碗机	A（01）品种	超声波洗碗机（01）；传送带式洗碗机（02）；柜式洗碗机（03）；台式洗碗机（04）
	B（02）外形尺寸	
	C（03）功率	
	D（04）洗涤方式	
	E（05）干燥方式	
	F（06）杀菌方式	
	G（07）洗净度	

类别编码及名称	属性项	常用属性值
5417　消毒柜	A（01）品种	电热消毒柜（01）；臭氧消毒柜（02）；臭氧加紫外线消毒柜（03）；组合型食具消毒柜（04）；蒸汽消毒柜（05）
	B（02）外形尺寸	
	C（03）功率（kW）	
	D（04）容积	
	E（05）消毒温度	
	F（06）消毒方式	
	G（07）烘干方式	

续表

类别编码及名称	属性项	常用属性值
5419 洗刷台、洗涮柜	A (01)品种	墩布池(01);洗涮柜(02);洗刷台(03)
	B (02)外形尺寸	
	C (03)槽数	单槽(01);双槽(02);多槽(03)
	D (04)材质	玻璃(01);不锈钢(02);亚克力(03)

类别编码及名称	属性项	常用属性值
5421 盆台	A (01)品种	单星盆台(01);双星盆台(02)
	B (02)外形尺寸	
	C (03)材质	不锈钢(01);玻璃(02);亚克力(03)

类别编码及名称	属性项	常用属性值
5423 操作台、操作柜	A (01)品种	残食台(污碟台)(01);抽屉调理台(02);立上操作台(03);立上调理台(04);双面门调理台(单面门、双面门)(05);宰杀台(06);四格保温售饭台(07);双层操作台(整板式)(08);双层操作台(下条格式)(09);面案工作台(10);快餐售饭台(11);调料平台(12);打荷台(13);传菜台(14)
	B (02)外形尺寸	1200×7750×800(01);1500×900×800(02);900×600×800(03)
	C (03)抽屉数	单抽屉(01);双抽屉(02);三抽屉(03);四抽屉(04);六抽屉(05)
	D (04)材质	不锈钢(01);亚克力(02)

类别编码及名称	属性项	常用属性值
5425 小型食品加工机械	A (01)品种	绞肉机(01);饺子机(02);立式和面机(03);面条机(04);切肉机(05);揉面机(06);食品搅拌机(07);土豆去皮机(08);万能搅拌机(09);卧式和面机(10);元宵机(11);分离式磨浆机(12);豆奶机(13)
	B (02)外形尺寸	800×742×810(01);1146×1000×942(02);1500×750×900(03);1590×740×890(04)
	C (03)电压(V)	220(01);380(02)
	D (04)功率(kW)	0.75(01);1.1(02);1.5(03);2.2(04);3(05);4(06);7.5(07)

续表

类别编码及名称	属性项	常用属性值
5427 炉具	A(01)品种	烤猪炉(01);烤鸭炉(02);汤锅炉(03);煲仔炉(04);蒸炉(05);微波炉(06);万用炉(07);电热扒炉(08);电炸炉(09);肠粉炉(10);不锈钢定型饼炉(11)
	B(02)电压	220(01);380(02)
	C(03)功率	1.9(01);3(02)
	D(04)材质	不锈钢(01)

类别编码及名称	属性项	常用属性值
5429 灶具	A(01)品种	铸铁炉盘64灶(01);西餐不锈钢六眼灶(02);单眼煤气灶(03);单眼低汤灶(04);双眼煤气灶(05);双眼低汤灶(06);三眼中餐灶(07);三眼鼓风灶(08);四眼中餐灶(09);四眼砂锅灶(10);五眼中餐灶(11);五眼鼓风灶(12);六眼中餐灶(13);六眼西餐灶(14);六眼砂锅灶(15);六头煲仔炉(16);八眼砂锅灶(17);双头平灶(18);双头大锅灶(19);两炒一温灶(20);两炒两温灶(21);大锅灶(22);炒炉(23);不锈钢烤箱灶(24);不锈钢定型蒸箱(25);不锈钢定型蒸锅(26)
	B(02)外形尺寸	708×388×R80(01);1200×650×450(02);1200×800×810(03);1100×1000×820(04);1200×1130×810(05);660×360×4×R40(06)
	C(03)炉头规格	4寸(01);5寸(02)
	D(04)燃料	二气通用(01);三气通用(02);天然气(03);煤气(04);液化(05)
	E(05)耗气量	1.2(01);1.5(02);1.8(03);2(04);2.2(05)

类别编码及名称	属性项	常用属性值
5431 烤箱及蒸具	A(01)品种	电烤箱(01);蒸饭柜(02);独立风道(03);单层烤箱(04);双层烤箱(05);三层烤箱(06);单门电气两用蒸箱(07);单门燃气蒸箱(08);电气两用双门蒸箱(09);海鲜蒸箱(10);新型单门燃气蒸箱(11);电饭煲(12)
	B(02)外形尺寸	595×385×368(01);595×595×520(02);700×600×1000(03)
	C(03)功率	

续表

类别编码及名称	属性项	常用属性值
5433 餐桌、餐椅	A（01）品种	餐桌（01）；餐椅（02）
	B（02）外形尺寸	
	C（03）材质	不锈钢（01）；木质（02）

类别编码及名称	属性项	常用属性值
5437 吸油烟机	A（01）品种	抽油烟机（01）
	B（02）外形尺寸	
	C（03）电压	220（01）
	D（04）功率	180（01）；189（02）；200（03）；220（04）；260（05）

类别编码及名称	属性项	常用属性值
5441 大型厨房设备	A（01）品种	配餐柜台和盘碟架（01）；洗碗机和垃圾处理设备（02）；食品传送和上菜设备（03）；食品制备和烹调设备（04）；食品和饮料销售机（05）；除冷藏室以外的食品存储设备（06）；餐饮设备内的洗涤盆（07）
	B（02）外形尺寸	

类别编码及名称	属性项	常用属性值
5443 其他排烟设备	A（01）品种	油烟净化器（01）；静电油烟过滤器（02）；带装饰板式排烟罩（03）；排烟罩（04）
	B（02）外形尺寸	680×600×475（01）
	C（03）型号	

类别编码及名称	属性项	常用属性值
5501 成套配电装置	A（01）品种	高压成套配电柜（01）；组合型成套箱式变电站（02）；集装箱式配电室（03）；操作机构（04）；延长轴（05）
	B（02）配电装置形式	

类别编码及名称	属性项	常用属性值
5503 电气屏类		

类别编码及名称	属性项	常用属性值
550301 低压配电屏（柜）	A（01）结构类型	固定式（01）；抽屉式（02）；固定分隔式（03）
	B（02）功能类型	配电（01）；马达控制中心（02）；无功补偿（03）；变频软启（04）
	C（03）额定电压	交流：400V（01）；690V（02）；直流：110V（03）；220V（04）；750V（05）；1500V（06）

续表

类别编码及名称	属性项	常用属性值
550301 低压配电屏（柜）	D（04）额定电流	400（01）；630A（02）；1000A（03）；1250（04）；1600A（05）；2000（06）；2500A（07）；3200A（08）；4000A（09）；5000A（10）；6300A（11）
	E（05）防护等级	IP20（01）；IP30（02）；IP40（03）；IP42（04）；IP4（05）；IP54（06）；IP55（07）
	F（06）短路耐受电流	30kA（01）；50kA（02）；80kA（03）；100kA（04）

类别编码及名称	属性项	常用属性值
550303 直流屏	A（01）额定输入电压	交流：380V（01）
	B（02）额定输出电压	直流：220V（01）；110V（02）
	C（03）额定容量	20（01）；40（02）；65（03）；100AH（04）；200AH（05）；300AH（06）；500AH（07）；−3000AH（08）

类别编码及名称	属性项	常用属性值
550305 信号屏	A（01）额定电压	110V（01）；220V（02）
	B（02）最大采集数	16（01）；32（02）；48（03）；64（04）；128（05）

类别编码及名称	属性项	常用属性值
5505 电气柜类		

类别编码及名称	属性项	常用属性值
550501 高压开关柜	A（01）结构类型	固定式（01）；移开式（02）
	B（02）功能类型	进线（01）；出线（02）；计量（03）；无功补偿（04）
	C（03）额定电压	交流：12kV（01）；24kV（02）；40kV（03）
	D（04）额定电流	630A（01）；1250A（02）；1600A（03）；2000（04）；2500A（05）；3200A（06）；4000A（07）；5000A（08）
	E（05）短时耐受电流	25kA（01）；31.5kA（02）；40kA（03）；50kA（04）

类别编码及名称	属性项	常用属性值
550503 高压环网柜	A（01）结构类型	气体绝缘（共箱，分3I，4I，5I，6I）（01）；固体绝缘（02）；空气绝缘（开关气包）可扩展（03）
	B（02）额定电压	交流：12kV（01）；24kV（02）；40kV（03）
	C（03）额定电流	630（01）；1250（02）
	D（04）短时耐受电流	20kA（01）；25kA（02）

续表

类别编码及名称	属性项	常用属性值
550505　高压电缆分接箱	A（01）防护等级	IP40（01）；IP44（02）；IP54（03）；IP55（04）
	B（02）额定电压	交流：12kV（01）
	C（03）额定电流	交流：630A，1250A（01）

类别编码及名称	属性项	常用属性值
5507　预装式（箱式）变电站	A（01）结构类型	预装式（01）；美式（02）；欧式（03）
	B（02）结构材料	金属（01）；非金属（02）
	C（03）额定电压	交流：12kV（01）；24kV（02）；40kV（03）
	D（04）额定电流	400A（01）；630A（02）；1000A（03）；1250A（04）；1600A（05）；2000A（06）；2500A（07）；3200A（08）；4000A（09）
	E（05）变压器容量	100kVA（01）；160kVA（02）；200kVA（03）；250kVA（04）；315kVA（05）；400kVA（06）；500kVA（07）；630kVA（08）；800kVA（09）；1000kVA（10）；1250kVA（11）；1600kVA（12）；2000kVA（13）；2500kVA（14）；3150kVA（15）；4000kVA（16）；5000kVA（17）

类别编码及名称	属性项	常用属性值
5509　配电箱		

类别编码及名称	属性项	常用属性值
550901　动力配电箱	A（01）结构类型	挂墙（01）；入墙（02）；落地（03）
	B（02）使用环境	户内（01）；户外（02）
	C（03）额定电压	交流：400V（01）；690V（02）
	D（04）额定电流	交流：25A（01）；32A（02）；63A（03）；100A（04）；125A（05）；160A（06）；200A（07）；250A（08）；400A（09）；630A（10）
	E（05）箱体材料	金属（01）；绝缘（02）
	F（06）防护等级	IP20（01）；IP30（02）；IP40（03）；IP42（04）；IP44（05）；IP54（06）

类别编码及名称	属性项	常用属性值
550903　照明配电箱	A（01）结构类型	挂墙（01）；入墙（02）；落地（03）
	B（02）使用环境	户内（01）；户外（02）
	C（03）额定电压	交流400V（01）；交流690V（02）
	D（04）额定电流	交流：25A（01）；32A（02）；63A（03）；100A（04）；125A（05）；160A（06）；200A（07）；250（08）；400（09）；630（10）

续表

类别编码及名称	属性项	常用属性值
550903 照明配电箱	E(05)箱体材料	金属(01);绝缘(02)
	F(06)防护等级	IP20(01);IP30(02);IP40(03);IP42(04);IP44(05);IP54(06)

类别编码及名称	属性项	常用属性值
550905 端子箱	A(01)结构类型	挂墙(01);入墙(02);落地(03)
	B(02)使用环境	户内(01);户外(02)
	C(03)额定电压	交流:400V(01);690V(02)
	D(04)额定电流	交流:25A(01);32A(02);63A(03);100A(04);125A(05);160A(06);200A(07);250(08);400(09);630(10)
	E(05)箱体材料	金属(01);绝缘(02)
	F(06)防护等级	IP20(01);IP30(02);IP40(03);IP42(04);IP44(05);IP54(06);IP55(07)

类别编码及名称	属性项	常用属性值
550907 电视电话箱(弱电)	A(01)结构类型	挂墙(01);入墙(02);落地(03)
	B(02)使用环境	户内(01);户外(02)
	C(03)额定电压	交流:400V(01);690V(02)
	D(04)额定电流	交流:25A(01);32A(02);63A(03);100A(04);125A(05);160A(06);200A(07);250(08);400(09);630(10)
	E(05)箱体材料	金属(01);绝缘(02)
	F(06)防护等级	IP20(01);IP30(02);IP40(03);IP42(04);IP44(05);IP54(06);IP55(07)

类别编码及名称	属性项	常用属性值
550909 低压Ⅱ接箱	A(01)结构类型	挂墙(01);入墙(02);落地(03)
	B(02)使用环境	户内(01);户外(02)
	C(03)额定电压	交流:400V(01);690V(02)
	D(04)额定电流	交流:25A(01);32A(02);63A(03);100A(04);125A(05);160A(06);200A(07);250(08);400(09);630(10)
	E(05)箱体材料	金属(01);绝缘(02)
	F(06)防护等级	IP20(01);IP30(02);IP40(03);IP42(04);IP44(05);IP54(06);IP55(07)

类别编码及名称	属性项	常用属性值
550911　电表箱	A（01）结构类型	挂墙（01）；入墙（02）；落地（03）
	B（02）使用环境	户内（01）；户外（02）
	C（03）额定电压	交流：400V（01）；690V（02）
	D（04）额定电流	交流：25A（01）；32A（02）；63A（03）；100A（04）；125A（05）；160A（06）；200A（07）；250（08）；400（09）；630（10）
	E（05）箱体材料	金属（01）；绝缘（02）
	F（06）防护等级	IP20（01）；IP30（02）；IP40（03）；IP42（04）；IP44（05）；IP54（06）；IP55（07）
类别编码及名称	属性项	常用属性值
5513　配电开关		
类别编码及名称	属性项	常用属性值
551301　隔离开关	A（01）使用环境	户内（01）；户外（02）
	B（02）结构类型	常规（01）；单柱（02）；双柱（03）
	C（03）灭弧方式	空气（01）；产气（02）；压气（03）；真空（04）；SF6（05）；油浸（06）
	D（04）额定电压	交流：400V（01）；690V（02）；1000V，12kV（03）；直流：220V（04）；750V（05）；1000V（06）；1500V（07）
	E（05）额定电流	交流：100A（01）；250A（02）；400A（03）；630A（04）；1250A（05）；1600A（06）；2000A（07）；2500A（08）
类别编码及名称	属性项	常用属性值
551303　负荷开关	A（01）使用环境	户内（01）；户外（02）
	B（02）结构类型	常规（01）；单柱（02）；双柱（03）
	C（03）灭弧方式	空气（01）；产气（02）；压气（03）；真空（04）；SF6（05）；油浸（06）
	D（04）额定电压	交流：400V（01）；690V（02）；1000V，12kV（03）；直流：220V（04）；750V（05）；1000V（06）；1500V（07）
	E（05）额定电流	交流：100A（01）；250A（02）；400A（03）；630A（04）；1250A（05）；1600A（06）；2000A（07）；2500A（08）
类别编码及名称	属性项	常用属性值
5515　断路器		

类别编码及名称	属性项	常用属性值
551501　高压真空断路器	A（01）使用环境	户内（01）；户外（02）
	B（02）结构类型	常规（01）；单柱（02）；双柱（03）
	C（03）灭弧方式	空气（01）；真空（02）；气体绝缘（03）
	D（04）额定电压	交流：400V（01）；690V（02）；12kV（03）；24kV（04）；40kV（05）；直流：220V（06）；750V（07）；1500V（08）
	E（05）额定电流	16A（01）；32A（02）；63A（03）；100A（04）；160A（05）；250A（06）；400A（07）；630A（08）；1250A（09）；1600A（10）；2500A（11）；3200A（12）；4000A（13）；5000A（14）；6300A（15）
类别编码及名称	属性项	常用属性值
551503　高压户外柱上断路器	A（01）使用环境	户内（01）；户外（02）
	B（02）结构类型	常规（01）；单柱（02）；双柱（03）
	C（03）灭弧方式	空气（01）；真空（02）；气体绝缘（03）
	D（04）额定电压	交流：400V（01）；690V（02）；12kV（03）；24kV（04）；40kV（05）；直流：220V（06）；750V（07）；1500V（08）
	E（05）额定电流	16A（01）；32A（02）；63A（03）；100A（04）；160A（05）；250A（06）；400A（07）；630A（08）；1250A（09）；1600A（10）；2500A（11）；3200A（12）；4000A（13）；5000A（14）；6300A（15）
类别编码及名称	属性项	常用属性值
551505　低压框架断路器	A（01）使用环境	户内（01）；户外（02）
	B（02）结构类型	常规（01）；单柱（02）；双柱（03）
	C（03）灭弧方式	空气（01）；真空（02）；气体绝缘（03）
	D（04）额定电压	交流：400V（01）；690V（02）；12kV（03）；24kV（04）；40kV（05）；直流：220V（06）；750V（07）；1500V（08）
	E（05）额定电流	16A（01）；32A（02）；63A（03）；100A（04）；160A（05）；250A（06）；400A（07）；630A（08）；1250A（09）；1600A（10）；2500A（11）；3200A（12）；4000A（13）；5000A（14）；6300A（15）

类别编码及名称	属性项	常用属性值
551507　低压塑壳断路器	A（01)使用环境	户内(01)；户外(02)
	B（02)结构类型	常规(01)；单柱(02)；双柱(03)
	C（03)灭弧方式	空气(01)；真空(02)；气体绝缘(03)
	D（04)额定电压	交流:400V(01)；690V(02)；12kV(03)；24kV(04)；40kV(05)；直流:220V(06)；750V(07)；1500V(08)
	E（05)额定电流	16A(01)；32A(02)；63A(03)；100A(04)；160A(05)；250A(06)；400A(07)；630A(08)；1250A(09)；1600A(10)；2500A(11)；3200A(12)；4000A(13)；5000A(14)；6300A(15)
类别编码及名称	属性项	常用属性值
551509　低压微型断路器	A（01)使用环境	户内(01)；户外(02)
	B（02)结构类型	常规(01)；单柱(02)；双柱(03)
	C（03)灭弧方式	空气(01)；真空(02)；气体绝缘(03)
	D（04)额定电压	交流:400V(01)；690V(02)；12kV(03)；24kV(04)；40kV(05)；直流:220V(06)；750V(07)；1500V(08)
	E（05)额定电流	16A(01)；32A(02)；63A(03)；100A(04)；160A(05)；250A(06)；400A(07)；630A(08)；1250A(09)；1600A(10)；2500A(11)；3200A(12)；4000A(13)；5000A(14)；6300A(15)
类别编码及名称	属性项	常用属性值
551511　直流断路器	A（01)使用环境	户内(01)；户外(02)
	B（02)结构类型	常规(01)；单柱(02)；双柱(03)
	C（03)灭弧方式	空气(01)；真空(02)；气体绝缘(03)
	D（04)额定电压	交流:400V(01)；690V(02)；12kV(03)；24kV(04)；40kV(05)；直流:220V(06)；750V(07)；1500V(08)
	E（05)额定电流	16A(01)；32A(02)；63A(03)；100A(04)；160A(05)；250A(06)；400A(07)；630A(08)；1250A(09)；1600A(10)；2500A(11)；3200A(12)；4000A(13)；5000A(14)；6300A(15)

类别编码及名称	属性项	常用属性值
5517 互感器		

类别编码及名称	属性项	常用属性值
551701 高压电压互感器	A(01)使用环境	户内(01);户外(02)
	B(02)绝缘方式	油浸(01);环氧树脂(02);气体(03)
	C(03)额定电压	400V(01);690V(02);12kV(03);24kV(04);40kV(05)
	D(04)一次额定电流	15A(01);30A(02);50A(03);75A(04);100A(05);200A(06);400A(07);500A(08);1000A(09);1500A(10);2000A(11);2500A(12);3000A(13);4000A(14);5000A(15)
	E(05)精度等级	0.1(01);0.2(02);0.5(03);1.0(04);3.0(05);0.2S(06);0.5S(07);3P(08);6P(09);5P(10);10P(11)

类别编码及名称	属性项	常用属性值
551703 高压电流互感器	A(01)使用环境	户内(01);户外(02)
	B(02)绝缘方式	油浸(01);环氧树脂(02);气体(03)
	C(03)额定电压	400V(01);690V(02);12kV(03);24kV(04);40kV(05)
	D(04)一次额定电流	15A(01);30A(02);50A(03);75A(04);100A(05);200A(06);400A(07);500A(08);1000A(09);1500A(10);2000A(11);2500A(12);3000A(13);4000A(14);5000A(15)
	E(05)精度等级	0.1(01);0.2(02);0.5(03);1.0(04);3.0(05);0.2S(06);0.5S(07);3P(08);6P(09);5P(10);10P(11)

类别编码及名称	属性项	常用属性值
551705 低压电压互感器	A(01)使用环境	户内(01);户外(02)
	B(02)绝缘方式	油浸(01);环氧树脂(02);气体(03)
	C(03)额定电压	400V(01);690V(02);12kV(03);24kV(04);40kV(05)
	D(04)一次额定电流	15A(01);30A(02);50A(03);75A(04);100A(05);200A(06);400A(07);500A(08);1000A(09);1500A(10);2000A(11);2500A(12);3000A(13);4000A(14);5000A(15)

续表

类别编码及名称	属性项	常用属性值
551705　低压电压互感器	E（05）精度等级	0.1(01)；0.2(02)；0.5(03)；1.0(04)；3.0(05)；0.2S(06)；0.5S(07)；3P(08)；6P(09)；5P(10)；10P(11)

类别编码及名称	属性项	常用属性值
551707　低压电流互感器	A（01）使用环境	户内(01)；户外(02)
	B（02）绝缘方式	油浸(01)；环氧树脂(02)；气体(03)
	C（03）额定电压	400V(01)；690V(02)；12kV(03)；24kV(04)；40kV(05)
	D（04）一次额定电流	15A(01)；30A(02)；50A(03)；75A(04)；100A(05)；200A(06)；400A(07)；500A(08)；1000A(09)；1500A(10)；2000A(11)；2500A(12)；3000A(13)；4000A(14)；5000A(15)
	E（05）精度等级	0.1(01)；0.2(02)；0.5(03)；1.0(04)；3.0(05)；0.2S(06)；0.5S(07)；3P(08)；6P(09)；5P(10)；10P(11)

类别编码及名称	属性项	常用属性值
5519　调压器、稳压器		

类别编码及名称	属性项	常用属性值
551901　自耦调压器	A（01）绝缘方式	空气(01)；油浸(02)
	B（02）相数	单相(01)；三相(02)
	C（03）输入电压	220V(01)；380V(02)；176～264V(03)；304～456V(04)
	D（04）输出电压	0～250V(01)；0～430V(02)；220V(03)；380V(04)
	E（05）额定容量	3kVA(01)；5kVA(02)；10kVA(03)；15kVA(04)；20kVA(05)；30kVA(06)；100(07)；120kVA(08)

类别编码及名称	属性项	常用属性值
551903　交流稳压器	A（01）绝缘方式	空气(01)；油浸(02)
	B（02）相数	单相(01)；三相(02)
	C（03）输入电压	220V(01)；380V(02)；176～264V(03)；304～456V(04)
	D（04）输出电压	0～250V(01)；0～430V(02)；220V(03)；380V(04)
	E（05）额定容量	3kVA(01)；5kVA(02)；10kVA(03)；15kVA(04)；20kVA(05)；30kVA(06)；100(07)；120kVA(08)

续表

类别编码及名称	属性项	常用属性值
551905　直流稳压器	A(01)绝缘方式	空气(01);油浸(02)
	B(02)相数	单相(01);三相(02)
	C(03)输入电压	220V(01);380V(02);176～264V(03);304～456V(04)
	D(04)输出电压	0～250V(01);0～430V(02);220V(03);380V(04)
	E(05)额定容量	3kVA(01);5kVA(02);10kVA(03);15kVA(04);20kVA(05);30kVA(06);100(07);120kVA(08)
类别编码及名称	属性项	常用属性值
5521　电抗器、电容器		
类别编码及名称	属性项	常用属性值
552101　干式电抗器	A(01)绝缘方式	非包封干式(01);油浸(02)
	B(02)额定电压	交流:400V(01);480V(02);690V(03);750(04);1140(05);7.2(06);12kV(07);24kV(08);40kV(09)
	C(03)额定电流	6(01);12(02);18(03);33(04);45(05);60(06);110(07);180(08);220(09);260(10);320(11);500(12);800(13);1000(14);1600(15);2000(16);3000(17);5000(18);8000(19);10000A(20)
	D(04)额定容量	10kVAR(01);15(02);20(03);25(04);30(05);35(06);40(07);45(08);50(09);60(10);70(11);80(12);90(13);100(14);150(15);200(16);300(17);400(18);500kVAR(19)
类别编码及名称	属性项	常用属性值
552103　油浸式电抗器	A(01)绝缘方式	非包封干式(01);油浸(02)
	B(02)额定电压	交流:400V(01);480V(02);690V(03);750(04);1140(05);7.2(06);12kV(07);24kV(08);40kV(09)
	C(03)额定电流	6(01);12(02);18(03);33(04);45(05);60(06);110(07);180(08);220(09);260(10);320(11);500(12);800(13);1000(14);1600(15);2000(16);3000(17);5000(18);8000(19);10000A(20)

类别编码及名称	属性项	常用属性值
552103　油浸式电抗器	D(04)额定容量	10kVAR(01);15(02);20(03);25(04);30(05);35(06);40(07);45(08);50(09);60(10);70(11);80(12);90(13);100(14);150(15);200(16);300(17);400(18);500kVAR(19)
类别编码及名称	属性项	常用属性值
552105　平波电抗器	A(01)绝缘方式	非包封干式(01);油浸(02)
	B(02)额定电压	交流:400V(01);480V(02);690V(03);750(04);1140(05);7.2(06);12kV(07);24kV(08);40kV(09)
	C(03)额定电流	6(01);12(02);18(03);33(04);45(05);60(06);110(07);180(08);220(09);260(10);320(11);500(12);800(13);1000(14);1600(15);2000(16);3000(17);5000(18);8000(19);10000A(20)
	D(04)额定容量	10kVAR(01);15(02);20(03);25(04);30(05);35(06);40(07);45(08);50(09);60(10);70(11);80(12);90(13);100(14);150(15);200(16);300(17);400(18);500kVAR(19)
类别编码及名称	属性项	常用属性值
552107　电容器	A(01)绝缘方式	非包封干式(01);油浸(02)
	B(02)额定电压	交流:400V(01);480V(02);690V(03);750(04);1140(05);7.2(06);12kV(07);24kV(08);40kV(09)
	C(03)额定电流	6(01);12(02);18(03);33(04);45(05);60(06);110(07);180(08);220(09);260(10);320(11);500(12);800(13);1000(14);1600(15);2000(16);3000(17);5000(18);8000(19);10000A(20)
	D(04)额定容量	10kVAR(01);15(02);20(03);25(04);30(05);35(06);40(07);45(08);50(09);60(10);70(11);80(12);90(13);100(14);150(15);200(16);300(17);400(18);500kVAR(19)
类别编码及名称	属性项	常用属性值
5523　接触器		

续表

类别编码及名称	属性项	常用属性值
552301　高压真空接触器	A（01）灭弧方式	空气(01)；真空(02)
	B（02）额定电压	交流：400 V(01)；690V(02)；6000V(03)；12kV(04)；直流：220V（05）；750V（06）；1500V(07)
	C（03）额定电流	16A(01)；32A(02)；63A(03)；100A(04)；160A(05)；250A（06）；400A（07）；630A（08）；1250A(09)；1600A(10)；2000A(11)；2500A(12)

类别编码及名称	属性项	常用属性值
552303　低压接触器	A（01）灭弧方式	空气(01)；真空(02)
	B（02）额定电压	交流：400 V(01)；690V(02)；6000V(03)；12kV(04)；直流：220V（05）；750V（06）；1500V(07)
	C（03）额定电流	16A(01)；32A(02)；63A(03)；100A(04)；160A(05)；250A（06）；400A（07）；630A（08）；1250A(09)；1600A(10)；2000A(11)；2500A(12)

类别编码及名称	属性项	常用属性值
552305　直流接触器	A（01）灭弧方式	空气(01)；真空(02)
	B（02）额定电压	交流：400 V(01)；690V(02)；6000V(03)；12kV(04)；直流：220V（05）；750V（06）；1500V(07)
	C（03）额定电流	16A(01)；32A(02)；63A(03)；100A(04)；160A(05)；250A（06）；400A（07）；630A（08）；1250A(09)；1600A(10)；2000A(11)；2500A(12)

类别编码及名称	属性项	常用属性值
5525　启动器		

类别编码及名称	属性项	常用属性值
552501　手动启动器	A（01）使用环境	户内(01)；户外(02)
	B（02）额定电压	交流：220V(01)；400V(02)；690V(03)
	C（03）额定容量	0.55kW（01）；1.1kW（02）；3kW（03）；5.5kW(04)；7.5kW(05)；11kW(06)；16kW(07)；22kW(08)；30kW(09)；37kW（10）；45kW（11）；55kW（12）；75kW（13）；90kW（14）；110kW（15）；132kW（16）；160(17)；220(18)；250(19)；315W(20)

续表

类别编码及名称	属性项	常用属性值
552501 手动启动器	D（04）防护等级	IP20（01）；IP30（02）；IP40（03）；IP42（04）；IP44（05）；IP54（06）；IP55（07）
	E（05）相数	单相（01）；三相（02）

类别编码及名称	属性项	常用属性值
552503 星三角启动器	A（01）使用环境	户内（01）；户外（02）
	B（02）额定电压	交流：220V（01）；400V（02）；690V（03）
	C（03）额定容量	0.55kW（01）；1.1kW（02）；3kW（03）；5.5kW（04）；7.5kW（05）；11kW（06）；16kW（07）；22kW（08）；30kW（09）；37kW（10）；45kW（11）；55kW（12）；75kW（13）；90kW（14）；110kW（15）；132kW（16）；160（17）；220（18）；250（19）；315W（20）
	D（04）防护等级	IP20（01）；IP30（02）；IP40（03）；IP42（04）；IP44（05）；IP54（06）；IP55（07）
	E（05）相数	单相（01）；三相（02）

类别编码及名称	属性项	常用属性值
552505 软启动器	A（01）使用环境	户内（01）；户外（02）
	B（02）额定电压	交流：220V（01）；400V（02）；690V（03）
	C（03）额定容量	0.55kW（01）；1.1kW（02）；3kW（03）；5.5kW（04）；7.5kW（05）；11kW（06）；16kW（07）；22kW（08）；30kW（09）；37kW（10）；45kW（11）；55kW（12）；75kW（13）；90kW（14）；110kW（15）；132kW（16）；160（17）；220（18）；250（19）；315W（20）
	D（04）防护等级	IP20（01）；IP30（02）；IP40（03）；IP42（04）；IP44（05）；IP54（06）；IP55（07）
	E（05）相数	单相（01）；三相（02）

类别编码及名称	属性项	常用属性值
5527 电气控制器		

类别编码及名称	属性项	常用属性值
552701 交流凸轮控制器	A（01）使用环境	普通（01）；防水（02）；耐高温（03）
	B（02）结构类型	按钮（01）；旋转（02）；直动（03）；微动（04）；滚轮（05）
	C（03）额定电压	交流：110V（01）；220V（02）；380V（03）；直流：12V（04）；24V（05）；110V（06）；220V（07）

类别编码及名称	属性项	常用属性值
552703 主令控制器	A（01）使用环境	普通（01）；防水（02）；耐高温（03）
	B（02）结构类型	按钮（01）；旋转（02）；直动（03）；微动（04）；滚轮（05）
	C（03）额定电压	交流：110V（01）；220V（02）；380V（03）；直流：12V（04）；24V（05）；110V（06）；220V（07）
类别编码及名称	属性项	常用属性值
552705 行程开关	A（01）使用环境	普通（01）；防水（02）；耐高温（03）
	B（02）结构类型	按钮（01）；旋转（02）；直动（03）；微动（04）；滚轮（05）
	C（03）额定电压	交流：110V（01）；220V（02）；380V（03）；直流：12V（04）；24V（05）；110V（06）；220V（07）
类别编码及名称	属性项	常用属性值
552707 主令开关	A（01）使用环境	普通（01）；防水（02）；耐高温（03）
	B（02）结构类型	按钮（01）；旋转（02）；直动（03）；微动（04）；滚轮（05）
	C（03）额定电压	交流：110V（01）；220V（02）；380V（03）；直流：12V（04）；24V（05）；110V（06）；220V（07）
类别编码及名称	属性项	常用属性值
5529 继电器		
类别编码及名称	属性项	常用属性值
552901 电压继电器	A（01）额定电压	交流：12V（01）；36V（02）；100V（03）；127（04）；220V（05）；400V（06）；直流：12V（07）；24V（08）；48V（09）；110V（10）；220V（11）
	B（02）控制类型	电子（01）；电磁（02）
类别编码及名称	属性项	常用属性值
552903 电流继电器	A（01）额定电压	交流：12V（01）；36V（02）；100V（03）；127（04）；220V（05）；400V（06）；直流：12V（07）；24V（08）；48V（09）；110V（10）；220V（11）
	B（02）控制类型	电子（01）；电磁（02）
类别编码及名称	属性项	常用属性值
552905 中间继电器	A（01）额定电压	交流：12V（01）；36V（02）；100V（03）；127（04）；220V（05）；400V（06）；直流：12V（07）；24V（08）；48V（09）；110V（10）；220V（11）
	B（02）控制类型	电子（01）；电磁（02）

续表

类别编码及名称	属性项	常用属性值
552907　信号继电器	A(01)额定电压	交流:12V(01);36V(02);100V(03);127(04);220V(05);400V(06);直流:12V(07);24V(08);48V(09);110V(10);220V(11)
	B(02)控制类型	电子(01);电磁(02)

类别编码及名称	属性项	常用属性值
552909　温度继电器	A(01)额定电压	交流:12V(01);36V(02);100V(03);127(04);220V(05);400V(06);直流:12V(07);24V(08);48V(09);110V(10);220V(11)
	B(02)控制类型	电子(01);电磁(02)

类别编码及名称	属性项	常用属性值
552911　时间继电器	A(01)额定电压	交流:12V(01);36V(02);100V(03);127(04);220V(05);400V(06);直流:12V(07);24V(08);48V(09);110V(10);220V(11)
	B(02)控制类型	电子(01);电磁(02)

类别编码及名称	属性项	常用属性值
552913　差动继电器	A(01)额定电压	交流:12V(01);36V(02);100V(03);127(04);220V(05);400V(06);直流:12V(07);24V(08);48V(09);110V(10);220V(11)
	B(02)控制类型	电子(01);电磁(02)

类别编码及名称	属性项	常用属性值
5530　中继器	A(01)品种	
	B(02)接口特性	
	C(03)传输介质	
	D(04)传输距离	
	E(05)传输速率	
	F(06)防护等级	

类别编码及名称	属性项	常用属性值
5531　电阻器、分流器	A(01)品种	碳膜电阻器(01);金属膜电阻器(02);金属氧化膜电阻器(03);合成膜电阻器(04);分流器(05)
	B(02)额定功率	10W(01);15(02);20(03);30(04);40(05);50(06);80(07);100(08);350(09);500(10);600(11);1200(12);2000(13);2500W(14)
	C(03)额定电流	5A(01);10(02);20(03);30(04);40(05);50(06);100(07);160(08);350(09);500(10);1000A(11)

327

续表

类别编码及名称	属性项	常用属性值
5533 电磁器件	A(01)品种	牵引电磁铁(01);直动电磁铁(02);启动电磁铁(03)
	B(02)结构形式	拍合式(01);螺管式(02);E型(03)
	C(03)额定电压	交流 36V(01);220V(02);380V;直流 220V(03)
	D(04)额定功率	0.2kW(01);0.4(02);3.2(03);3.9(04);5.8(05);7(06);11.9(07);15.6(08);19.8(09);22.427.9(10);33.9(11);54(12);110kW(13)
类别编码及名称	属性项	常用属性值
5535 整流器	A(01)品种	二极管整流器(01);晶闸管整流器(02);高频开关整流器(03)
	B(02)输入电压	交流:220V(01);380V(02)
	C(03)输出电压	直流:48V(01);110V(02);220V(03)
	D(04)输出电流	5A(01);10A(02);20A(03);30A(04);50A(05);60A(06);80A(07);100A(08)
类别编码及名称	属性项	常用属性值
5539 电笛、电铃	A(01)品种	防爆型电铃(01);防爆型电笛(02);普通型电铃(03);普通型电笛(04)
	B(02)使用环境	普通(01);防爆(02)
	C(03)工作形式	电磁(01);电动(02);电子(03)
	D(04)额定电压	交流 36(01);220;直流 24(02);110(03);220(04)
类别编码及名称	属性项	常用属性值
5541 蓄电池及附件	A(01)品种	碱性蓄电池(01);固定密封铅酸蓄电池(02);免维护铅酸电池(03)
	B(02)使用材料	碱性(01);铅酸(02)
	C(03)标称电压	1.2V(01);2V(02);6V(03);12V(04)
	D(04)额定容量	1.3(01);2.6(02);4(03);5.5(04);7.5(05);10(06);20(07);40(08);50(09);75(10);100(11);150(12);200(13);300(14);400(15);500(16);600(17);800(18);1000(19);2000(20);3000AH(21)

续表

类别编码及名称	属性项	常用属性值
5543　变压器		

类别编码及名称	属性项	常用属性值
554301　油浸变压器	A（01）使用材料	硅钢(01)；非晶合金(02)
	B（02）绝缘方式	油浸(01)；环氧树脂(02)；非包封干式(03)
	C（03）一次额定电压	12kV(01)；24kV(02)；40kV(03)
	D（04）二次额定电压	400V(01)；690V(02)；0.72kV(03)；12kV(04)
	E（05）额定容量	30kVA(01)；50kVA(02)；100kVA(03)；160kVA(04)；200kVA(05)；250kVA(06)；315kVA(07)；400kVA(08)；500kVA(09)；630kVA(10)；800kVA(11)；1000kVA(12)；1250kVA（13）；1600kVA（14）；2000kVA（15）；2500kVA（16）；3150kVA（17）；4000kVA(18)；5000(19)；6300(20)；8000(21)；10000(22)；12500(23)；16000(24)；20000kVA(25)
	F（06）绝缘等级	A(01)；E(02)；B(03)；F(04)；H级(05)

类别编码及名称	属性项	常用属性值
554303　非包封干式变压器	A（01）使用材料	硅钢(01)；非晶合金(02)
	B（02）绝缘方式	油浸(01)；环氧树脂(02)；非包封干式(03)
	C（03）一次额定电压	12kV(01)；24kV(02)；40kV(03)
	D（04）二次额定电压	400V(01)；690V(02)；0.72kV(03)；12kV(04)
	E（05）额定容量	30kVA(01)；50kVA(02)；100kVA(03)；160kVA(04)；200kVA(05)；250kVA(06)；315kVA(07)；400kVA(08)；500kVA(09)；630kVA(10)；800kVA(11)；1000kVA(12)；1250kVA（13）；1600kVA（14）；2000kVA（15）；2500kVA（16）；3150kVA（17）；4000kVA(18)；5000(19)；6300(20)；8000(21)；10000(22)；12500(23)；16000(24)；20000kVA(25)
	F（06）绝缘等级	A(01)；E(02)；B(03)；F(04)；H级(05)

类别编码及名称	属性项	常用属性值
554305　环氧树脂绝缘变压器	A（01）使用材料	硅钢（01）；非晶合金（02）
	B（02）绝缘方式	油浸（01）；环氧树脂（02）；非包封干式（03）
	C（03）一次额定电压	12kV（01）；24kV（02）；40kV（03）
	D（04）二次额定电压	400V（01）；690V（02）；0.72kV（03）；12kV（04）
	E（05）额定容量	30kVA（01）；50kVA（02）；100kVA（03）；160kVA（04）；200kVA（05）；250kVA（06）；315kVA（07）；400kVA（08）；500kVA（09）；630kVA（10）；800kVA（11）；1000kVA（12）；1250kVA（13）；1600kVA（14）；2000kVA（15）；2500kVA（16）；3150kVA（17）；4000kVA（18）；5000（19）；6300（20）；8000（21）；10000（22）；12500（23）；16000（24）；20000kVA（25）
	F（06）绝缘等级	A（01）；E（02）；B（03）；F（04）；H级（05）
类别编码及名称	属性项	常用属性值
554307　非晶合金变压器	A（01）使用材料	硅钢（01）；非晶合金（02）
	B（02）绝缘方式	油浸（01）；环氧树脂（02）；非包封干式（03）
	C（03）一次额定电压	12kV（01）；24kV（02）；40kV（03）
	D（04）二次额定电压	400V（01）；690V（02）；0.72kV（03）；12kV（04）
	E（05）额定容量	30kVA（01）；50kVA（02）；100kVA（03）；160kVA（04）；200kVA（05）；250kVA（06）；315kVA（07）；400kVA（08）；500kVA（09）；630kVA（10）；800kVA（11）；1000kVA（12）；1250kVA（13）；1600kVA（14）；2000kVA（15）；2500kVA（16）；3150kVA（17）；4000kVA（18）；5000（19）；6300（20）；8000（21）；10000（22）；12500（23）；16000（24）；20000kVA（25）
	F（06）绝缘等级	A（01）；E（02）；B（03）；F（04）；H级（05）
类别编码及名称	属性项	常用属性值
554309　整流变压器	A（01）使用材料	硅钢（01）；非晶合金（02）
	B（02）绝缘方式	油浸（01）；环氧树脂（02）；非包封干式（03）

类别编码及名称	属性项	常用属性值
554309　整流变压器	C（03）一次额定电压	12kV（01）；24kV（02）；40kV（03）
	D（04）二次额定电压	400V（01）；690V（02）；0.72kV（03）；12kV（04）
	E（05）额定容量	30kVA（01）；50kVA（02）；100kVA（03）；160kVA（04）；200kVA（05）；250kVA（06）；315kVA（07）；400kVA（08）；500kVA（09）；630kVA（10）；800kVA（11）；1000kVA（12）；1250kVA（13）；1600kVA（14）；2000kVA（15）；2500kVA（16）；3150kVA（17）；4000kVA（18）；5000（19）；6300（20）；8000（21）；10000（22）；12500（23）；16000（24）；20000kVA（25）
	F（06）绝缘等级	A（01）；E（02）；B（03）；F（04）；H级（05）
类别编码及名称	属性项	常用属性值
5545　电动机	A（01）品种	交流电动机（01）；直流电动机（02）
	B（02）电源级数	单相（01）；三相（02）
	C（03）电机结构	同步电动机（01）；异步电动机（02）；电磁式直流电动机（03）；永磁式直流电动机（04）；直流电动机（有刷）（05）；直流电动机（无刷）（06）
	D（04）转子结构	笼型感应电动机（01）；绕线转子感应电动机（02）；他激（03）；并激（04）；串激（05）
	E（05）绝缘等级	A（01）；E（02）；B（03）；F（04）；H级（05）
	F（06）额定转速	高速（01）；低速（02）；恒速（03）；调速（04）
	G（07）防护等级	IP（00,20,30,40,42,44,54,55）（01）
	H（08）电机功率	0.18kW（01）；0.25kW（02）；0.37kW（03）；0.55kW（04）；0.75kW（05）；1.1kW（06）；1.5kW（07）；2.2kW（08）；3kW（09）；4kW（10）；5.5kW（11）；7.5kW（12）；11kW（13）；15kW（14）；18.5kW（15）；22kW（16）；30kW（17）；37kW（18）；45kW（19）；55kW（20）；75kW（21）；90kW（22）；110kW（23）；132kW（24）；160kW（25）；200kW（26）；250kW（27）；315kW（28）
	I（09）使用环境	防爆；常规
类别编码及名称	属性项	常用属性值
5547　发电机		

续表

类别编码及名称	属性项	常用属性值
554701 柴油发电机	A(01)输出功率	2kW(01);3.3kW(02);5.6kW(03);10(04);20kW(05);30kW(06);40kW(07);50kW(08);75kW(09);90kW(10);100kW(11);120kW(12);130kW(13);150kW(14);180kW(15);200kW(16);220kW(17);260kW(18);300kW(19);340kW(20);360kW(21);400kW(22);450kW(23);480kW(24);500kW(25);550kW(26);600kW(27);700kW(28);800kW(29);1000kW(30);1200kW(31);1500kW(32);1600kW(33);1800kW(34)
	B(02)额定电压	400V/230V(01);0.63kV(02);11kV(03);18kV(04)
	C(03)额定频率	50Hz(01)
	D(04)绝缘等级	A(01);E(02);B(03);F(04);H级(05)

类别编码及名称	属性项	常用属性值
554703 水流发电机	A(01)输出功率	2kW(01);3.3kW(02);5.6kW(03);10(04);20kW(05);30kW(06);40kW(07);50kW(08);75kW(09);90kW(10);100kW(11);120kW(12);130kW(13);150kW(14);180kW(15);200kW(16);220kW(17);260kW(18);300kW(19);340kW(20);360kW(21);400kW(22);450kW(23);480kW(24);500kW(25);550kW(26);600kW(27);700kW(28);800kW(29);1000kW(30);1200kW(31);1500kW(32);1600kW(33);1800kW(34)
	B(02)额定电压	400V/230V(01);0.63kV(02);11kV(03);18kV(04)
	C(03)额定频率	50Hz(01)
	D(04)绝缘等级	A(01);E(02);B(03);F(04);H级(05)

类别编码及名称	属性项	常用属性值
554705 汽轮发电机	A(01)输出功率	2kW(01);3.3kW(02);5.6kW(03);10(04);20kW(05);30kW(06);40kW(07);50kW(08);75kW(09);90kW(10);100kW(11);120kW(12);130kW(13);150kW(14);180kW(15);200kW(16);220kW(17);260kW(18);300kW(19);340kW(20);360kW(21);400kW(22);450kW(23);480kW(24);500kW(25);550kW(26);600kW(27);700kW(28);800kW(29);1000kW(30);1200kW(31);1500kW(32);1600kW(33);1800kW(34)

类别编码及名称	属性项	常用属性值
554705　汽轮发电机	B（02）额定电压	400V/230V（01）；0.63kV（02）；11kV（03）；18kV（04）
	C（03）额定频率	50Hz（01）
	D（04）绝缘等级	A（01）；E（02）；B（03）；F（04）；H级（05）

类别编码及名称	属性项	常用属性值
554707　直流发电机	A（01）输出功率	2kW（01）；3.3kW（02）；5.6kW（03）；10（04）；20kW（05）；30kW（06）；40kW（07）；50kW（08）；75kW（09）；90kW（10）；100kW（11）；120kW（12）；130kW（13）；150kW（14）；180kW（15）；200kW（16）；220kW（17）；260kW（18）；300kW（19）；340kW（20）；360kW（21）；400kW（22）；450kW（23）；480kW（24）；500kW（25）；550kW（26）；600kW（27）；700kW（28）；800kW（29）；1000kW（30）；1200kW（31）；1500kW（32）；1600kW（33）；1800kW（34）
	B（02）额定电压	400V/230V（01）；0.63kV（02）；11kV（03）；18kV（04）
	C（03）额定频率	50Hz（01）
	D（04）绝缘等级	A（01）；E（02）；B（03）；F（04）；H级（05）

类别编码及名称	属性项	常用属性值
5548　电能储能式系列	A（01）品种（单头、双头）	
	B（02）输出功率	

类别编码及名称	属性项	常用属性值
5549　其他电气设备	A（01）品种	C45轨道插座（01）；C45轨道插座多用（02）；变压器固定压板（03）；变压器综测仪（04）；测试插头（05）；齿轮加热器（06）；齿圈加热器（07）；道轨（08）；电机壳加热器（09）；电力参数变送器（10）；端子箱（11）；固定器（12）；开关箱固定板（13）；扩音通话柱（14）；模块箱（15）；轴承加热器（16）；自耦装置（17）；防雨箱专用插头（18）；电缆敷设牵引头（19）；电缆敷设滚轮（20）；电缆敷设转向导轮（21）
	B（02）规格	50GAK（01）；100GAK（02）；150GAK（03）；200GAK（04）；250GAK（05）；300GAK（06）；3P10A（07）；3P15A（08）；80GAK（09）；SL30H-1（10）；SL30H-DJ1（11）；SL30K-2（12）；SL30K-C1（13）；4×50（14）

续表

类别编码及名称	属性项	常用属性值
5601　乘客电梯		

类别编码及名称	属性项	常用属性值
560101　曳引驱动有机房乘客电梯	A（01）额定速度（m/s）	0.50（01）；0.63（02）；0.75（03）；1.00（04）；1.50（05）；1.60（06）；1.75（07）；2.00（08）；2.50（09）；3.00（10）；3.50（11）；4.00（12）；5.00（13）；6.00（14）
	B（02）额定载重量（kg）	320（01）；400（02）；450（03）；600/630（04）；750/800（05）；900（06）；1000（07）；1050（08）；1150（09）；1275（10）；1350（11）；1600（12）；1800（13）；2000（14）
	C（03）乘客人数（人）	4（01）；5（02）；6（03）；8（04）；10（05）；12（06）；13（07）；14（08）；15（09）；17（10）；18（11）；21（12）；24（13）；26（14）
	D（04）层站数	2/2（01）；n/n（02）
	E（05）最大提升高度（m）	依据制造商生产能力而定（01）
	F（06）轿厢高度（mm）	2200（01）；2300（02）；2400（03）
	G（07）层门高度（mm）	2000（01）；2100（02）
	H（08）开门型式	中分式门（01）；旁开式门（02）
	I（09）开门宽度（mm）	700（01）；800（02）；900（03）；1000（04）；1100（05）
	J（10）轿厢门型式	单侧开门（01）；前后开门（贯通门）（02）
	K（11）供电电源	直流供电（01）；交流供电（02）
	L（12）顶层高度（mm）	3600（01）；3700（02）；3800（03）；4000（04）；4200（05）；4300（06）；4400（07）；5000（08）；5200（09）；5500（10）；5700（11）；6200（12）
	M（13）底坑深度（mm）	1400（01）；1600（02）；1750（03）；2200（04）；3200（05）；3400（06）；3800（07）；4000（08）
	N（14）控制方式	并联（01）；群控（02）；集选（03）

类别编码及名称	属性项	常用属性值
560103　曳引驱动无机房乘客电梯	A（01）额定速度（m/s）	0.50（01）；0.63（02）；0.75（03）；1.00（04）；1.50（05）；1.60（06）；1.75（07）；2.00（08）；2.50（09）
	B（02）额定载重量（kg）	320（01）；400（02）；450（03）；600/630（04）；750/800（05）；900（06）；1000（07）；1050（08）；1275（09）；1150（10）；1350（11）

334

类别编码及名称	属性项	常用属性值
560103　曳引驱动无机房乘客电梯	C（03）乘客人数（人）	4(01)；5(02)；6(03)；8(04)；10(05)；12(06)；13(07)；14(08)；15(09)；17(10)；18(11)
	D（04）层站数	2/2(01)；n/n(02)
	E（05）最大提升高度（m）	依据制造商生产能力而定(01)
	F（06）轿厢高度（mm）	2200(01)；2300(02)
	G（07）层门高度（mm）	2000(01)；2100(02)
	H（08）开门型式	中分式门(01)；旁开式门(02)
	I（09）开门宽度（mm）	700(01)；800(02)；900(03)；1000(04)；1100(05)
	J（10）轿厢门型式	单侧开门(01)；前后开门（贯通门）(02)
	K（11）供电电源	直流供电(01)；交流供电(02)
	L（12）顶层高度（mm）	3600（01）；3700（02）；3800（03）；4000（04）；4200（05）；4300（06）；4400（07）；4750（08）
	M（13）底坑深度（mm）	1400(01)；1600(02)；1750(03)；2000(04)
	N（14）控制方式	并联(01)；集选(02)；群控(03)
类别编码及名称	属性项	常用属性值
560105　液压驱动乘客电梯	A（01）额定速度（m/s）	0.4(01)；0.5(02)；0.63(03)；0.75(04)；1.00(05)
	B（02）额定载重量（kg）	320（01）；400（02）；450（03）；600/630（04）；750/800（05）；900（06）；1000（07）；1050(08)；1150(09)；1275(10)；1350(11)；1600(12)；1800(13)；2000(14)
	C（03）乘客人数（人）	4(01)；5(02)；6(03)；8(04)；10(05)；12(06)；13(07)；14(08)；15(09)；17(10)；18(11)；21(12)；24(13)；26(14)
	D（04）层站数	2/2(01)；n/n(02)
	E（05）最大提升高度（m）	依据制造厂生产能力而定(01)
	F（06）轿厢高度（mm）	2200(01)；2300(02)；2400(03)
	G（07）层门高度（mm）	2000(01)；2100(02)
	H（08）开门型式	中分式门(01)；旁开式门(02)
	I（09）开门宽度（mm）	700(01)；800(02)；900(03)；1000(04)；1100(05)
	J（10）轿厢门型式	单侧开门(01)；前后开门（贯通门）(02)

续表

类别编码及名称	属性项	常用属性值
560105　液压驱动乘客电梯	K (11)供电电源	直流供电(01);交流供电(02)
	L (12)顶层高度(mm)	3600(01);3700(02);3800(03);4200(04)
	M (13)底坑深度(mm)	1400(01)
	N (14)控制方式	并联(01);集选(02);群控(03)
	O (15)顶升型式	间接作用式(侧顶式、背包式)(01);直接作用式(直顶式)(02)

类别编码及名称	属性项	常用属性值
5603　载货电梯		

类别编码及名称	属性项	常用属性值
560301　曳引驱动有机房载货电梯	A (01)额定速度(m/s)	0.25(01);0.40(02);0.50(03);0.63(04);1.00(05);1.60(06);1.75(07);2.50(08)
	B (02)额定载重量(kg)	630(01);1000(02);1600(03);2000(04);2500(05);3000(06);3500(07);4000(08);5000(09)
	C (03)层站数	2/2(01);n/n(02)
	D (04)最大提升高度(m)	依据制造商生产能力而定(01)
	E (05)轿厢高度(mm)	2100(01);2500(02);2700(03);3000(04)
	F (06)层门高度(mm)	2100(01);2500(02);2700(03);3000(04)
	G (07)开门型式	中分式门(01);旁开式门(02)
	H (08)开门宽度(mm)	800(01);900(02);1000(03);1100(04);1200(05);1400(06);1500(07);1600(08);1700(09);1800(10);2000(11)
	I (09)轿厢门型式	单侧开门(01);前后开门(贯通门)(02)
	J (10)供电电源	直流供电(01);交流供电(02)
	K (11)顶层高度(mm)	3700(01);4200(02);4500(03);4600(04);5000(05);5100(06);5200(07);5250(08);5500(09);5650(10);5700(11);6150(12)
	L (12)底坑深度(mm)	1400(01);1600(02);1800(03);2400(04)
	M (13)控制方式	下集选(01);并联(02);集选(03)

续表

类别编码及名称	属性项	常用属性值
560303　曳引驱动无机房载货电梯	A（01）额定速度（m/s）	0.50（01）；1.00（02）；1.60（03）
	B（02）额定载重量（kg）	1600（01）；2000（02）；2500（03）；3000（04）；3500（05）；4000（06）；4500（07）；5000（08）
	C（03）层站数	2/2（01）；n/n（02）
	D（04）最大提升高度（m）	依据制造商生产能力而定（01）
	E（05）轿厢高度（mm）	2100（01）；2500（02）；2700（03）；3000（04）
	F（06）层门高度（mm）	2100（01）；2500（02）；2700（03）；3000（04）
	G（07）开门型式	中分式门（01）；旁开式门（02）
	H（08）开门宽度（mm）	800（01）；900（02）；1000（03）；1100（04）；1200（05）；1400（06）；1500（07）；1600（08）；1700（09）；1800（10）；2000（11）
	I（09）轿厢门型式	单侧开门（01）；前后开门（贯通门）（02）
	J（10）供电电源	直流供电（01）；交流供电（02）
	K（11）顶层高度（mm）	3900（01）；4100（02）；4200（03）；4300（04）
	L（12）底坑深度（mm）	1400（01）；1500（02）；1800（03）；2000（04）；2100（05）
	M（13）控制方式	下集选（01）；并联（02）；集选（03）
类别编码及名称	属性项	常用属性值
560305　强制驱动载货电梯	A（01）额定速度（m/s）	0.25（01）；0.40（02）；0.50（03）；0.63（04）；1.00（05）
	B（02）额定载重量（kg）	630（01）；1000（02）；1600（03）；2000（04）
	C（03）层站数	2/2（01）；n/n（02）
	D（04）最大提升高度（m）	依据制造商生产能力而定（01）
	E（05）轿厢高度（mm）	2100（01）；2500（02）；2700（03）；3000（04）
	F（06）层门高度（mm）	2100（01）；2500（02）；2700（03）；3000（04）
	G（07）开门型式	中分式门（01）；旁开式门（02）
	H（08）开门宽度（mm）	800（01）；900（02）；1000（03）；1100（04）；1200（05）；1400（06）；1500（07）；1600（08）；1700（09）；1800（10）；2000（11）
	I（09）轿厢门型式	单侧开门（01）；前后开门（贯通门）（02）
	J（10）供电电源	直流供电（01）；交流供电（02）
	K（11）顶层高度（mm）	3600（01）；3700（02）；3800（03）；4200（04）
	L（12）底坑深度（mm）	1400（01）
	M（13）控制方式	下集选（01）；并联（02）；集选（03）

类别编码及名称	属性项	常用属性值
560307　液压驱动载货电梯	A（01）额定速度（m/s）	0.4（01）；0.5（02）
	B（02）额定载重量（kg）	630（01）；1000（02）；1600（03）；2000（04）；2500（05）；3000（06）；3500（07）；4000（08）；4500（09）；5000（10）
	C（03）层站数	2/2（01）；n/n（02）
	D（04）最大提升高度（m）	依据制造商生产能力而定（01）
	E（05）轿厢高度（mm）	2100（01）；2500（02）；2700（03）；3000（04）
	F（06）层门高度（mm）	2100（01）；2500（02）；2700（03）；3000（04）
	G（07）开门型式	中分式门（01）；旁开式门（02）
	H（08）开门宽度（mm）	800（01）；900（02）；1000（03）；1100（04）；1200（05）；1400（06）；1500（07）；1600（08）；1700（09）；1800（10）；2000（11）
	I（09）轿厢门型式	单侧开门（01）；前后开门（贯通门）（02）
	J（10）供电电源	直流供电（01）；交流供电（02）
	K（11）顶层高度（mm）	3600（01）
	L（12）底坑深度（mm）	1400（01）
	M（13）控制方式	直流供电（01）；交流供电（02）
	N（14）顶升型式	直接作用式（直顶式）（01）；间接作用式（侧顶式、背包式）（02）

类别编码及名称	属性项	常用属性值
5605　杂物电梯		

类别编码及名称	属性项	常用属性值
560501　曳引驱动有机房杂物电梯	A（01）额定速度（m/s）	0.25（01）；0.40（02）；1.00（03）
	B（02）额定载重量（kg）	40（01）；100（02）；200（03）；250（04）；300（05）
	C（03）层站数	2/2（01）；n/n（02）
	D（04）最大提升高度（m）	依据制造商生产能力而定（01）
	E（05）轿厢高度（mm）	不得超过1200（01）
	F（06）层门高度（mm）	不得超过1200（01）
	G（07）开门型式	工作台式（窗式）中分式门（01）；落地式（地平式）中分式门（02）；落地式（地平式）平开式门（03）
	H（08）开门宽度（mm）	600（01）；800（02）；1000（03）；1200（04）
	I（09）轿厢门型式	单侧开门（01）；前后开门（贯通门）（02）

续表

类别编码及名称	属性项	常用属性值
560501　曳引驱动有机房杂物电梯	J（10）供电电源	直流供电（01）；交流供电（02）
	K（11）顶层高度（mm）	≥2800（01）
	L（12）底坑深度（mm）	700（01）；800（02）；900（03）；1000（04）
	M（13）控制方式	厅外按钮操作（01）

类别编码及名称	属性项	常用属性值
560503　曳引驱动无机房杂物电梯	A（01）额定速度（m/s）	0.25（01）；0.40（02）；1.00（03）
	B（02）额定载重量（kg）	40（01）；100（02）；200（03）；250（04）；300（05）
	C（03）层站数	2/2（01）；n/n（02）
	D（04）最大提升高度（m）	依据制造商生产能力而定（01）
	E（05）轿厢高度（mm）	不得超过1200（01）
	F（06）层门高度（mm）	不得超过1200（01）
	G（07）开门型式	工作台式（窗式）中分式门（01）；落地式（地平式）中分式门（02）；落地式（地平式）平开式门（03）
	H（08）开门宽度（mm）	600（01）；800（02）；1000（03）；1200（04）
	I（09）轿厢门型式	单侧开门（01）；前后开门（贯通门）（02）
	J（10）供电电源	直流供电（01）；交流供电（02）
	K（11）顶层高度（mm）	≥2800（01）
	L（12）底坑深度（mm）	700（01）；800（02）；900（03）；1000（04）
	M（13）控制方式	厅外按钮操作（01）

类别编码及名称	属性项	常用属性值
560505　强制驱动杂物电梯	A（01）额定速度（m/s）	0.25（01）；0.40（02）；1.00（03）
	B（02）额定载重量（kg）	40（01）；100（02）；200（03）；250（04）；300（05）
	C（03）层站数	2/2（01）；n/n（02）
	D（04）最大提升高度（m）	依据制造商生产能力而定（01）
	E（05）轿厢高度（mm）	不得超过1200（01）
	F（06）层门高度（mm）	不得超过1200（01）
	G（07）开门型式	工作台式（窗式）中分式门（01）；落地式（地平式）中分式门（02）；落地式（地平式）平开式门（03）
	H（08）开门宽度（mm）	600（01）；800（02）；1000（03）；1200（04）

续表

类别编码及名称	属性项	常用属性值
560505　强制驱动杂物电梯	I（09）轿厢门型式	单侧开门（01）；前后开门（贯通门）（02）
	J（10）供电电源	直流供电（01）；交流供电（02）
	K（11）顶层高度（mm）	≥2800（01）
	L（12）底坑深度（mm）	700（01）；800（02）；900（03）；1000（04）
	M（13）控制方式	厅外按钮操作（01）

类别编码及名称	属性项	常用属性值
560507　液压驱动杂物电梯	A（01）额定速度（m/s）	0.25（01）；0.40（02）；1.00（03）
	B（02）额定载重量（kg）	40（01）；100（02）；200（03）；250（04）；300（05）
	C（03）层站数	2/2（01）；n/n（02）
	D（04）最大提升高度（m）	依据制造商生产能力而定（01）
	E（05）轿厢高度（mm）	不得超过1200（01）
	F（06）层门高度（mm）	不得超过1200（01）
	G（07）开门型式	工作台式（窗式）中分式门（01）；落地式（地平式）中分式门（02）；落地式（地平式）平开式门（03）
	H（08）开门宽度（mm）	600（01）；800（02）；1000（03）；1200（04）
	I（09）轿厢门型式	单侧开门（01）；前后开门（贯通门）（02）
	J（10）供电电源	直流供电（01）；交流供电（02）
	K（11）顶层高度（mm）	≥2800（01）
	L（12）底坑深度（mm）	700（01）；800（02）；900（03）；1000（04）
	M（13）控制方式	厅外按钮操作（01）
	N（14）顶升型式	直接作用式（直顶式）（01）；间接作用式（侧顶式、背包式）（02）

类别编码及名称	属性项	常用属性值
5609　客货电梯		

类别编码及名称	属性项	常用属性值
560901　曳引驱动有机房客货电梯	A（01）额定速度（mm）	0.5（01）；0.63（02）；0.75（03）；1.00（04）；1.50（05）；1.60（06）；1.75（07）；2.00（08）；2.50（09）；3.00（10）；3.50（11）；4.00（12）；5.00（13）；6.00（14）
	B（02）额定载重量（kg）	320（01）；400（02）；450（03）；600/630（04）；750/800（05）；900（06）；1000/1050（07）；1150（08）；1275（09）；1350（10）；1600（11）；1800（12）；2000（13）

340

续表

类别编码及名称	属性项	常用属性值
560901　曳引驱动有机房客货电梯	C（03）乘客人数（人）	8(01)；13(02)；21(03)；26(04)
	D（04）层站数	2/2(01)；n/n(02)
	E（05）最大提升高度（m）	依据制造商生产能力而定(01)
	F（06）轿厢高度（mm）	2000（01）；2100（02）；2200（03）；2300（04）；2500(05)；2700(06)；3000(07)
	G（07）层门高度（mm）	2000(01)；2100(02)
	H（08）开门型式	中分式门(01)；旁开式门(02)
	I（09）开门宽度（mm）	800(01)；900(02)；1000(03)；1100(04)；1200(05)
	J（10）轿厢门型式	单侧开门(01)；前后开门（贯通门）(02)
	K（11）供电电源	交流供电(01)；直流供电(02)
	L（12）顶层高度（mm）	3700（01）；4200（02）；4500（03）；4600（04）；5000(05)；5100(06)；5200(07)；5250（08）；5500（09）；5650（10）；5700（11）；6150（12）
	M（13）底坑深度（mm）	1400(01)；1600(02)；1800(03)；2000(04)
	N（14）控制方式	集选(01)；并联(02)
类别编码及名称	属性项	常用属性值
560903　曳引驱动无机房客货电梯	A（01）额定速度（m/s）	0.50（01）；1.00（02）；1.60（03）；1.75（04）；2.00(05)；2.50(06)
	B（02）额定载重量（kg）	630(01)；1000(02)；1600(03)；2000(04)
	C（03）乘客人数（人）	8(01)；13(02)；21(03)；26(04)
	D（04）层站数	2/2(01)；n/n(02)
	E（05）最大提升高度（m）	依据制造商生产能力而定(01)
	F（06）轿厢高度（mm）	2200（01）；2300（02）；2400（03）；2500（04）；2700(05)；3000(06)
	G（07）层门高度（mm）	2000(01)；2100(02)
	H（08）开门型式	中分式门(01)；旁开式门(02)
	I（09）开门宽度（mm）	800(01)；900(02)；1000(03)；1100(04)；1200(05)
	J（10）轿厢门型式	单侧开门(01)；前后开门（贯通门）(02)
	K（11）供电电源	交流供电(01)；直流供电(02)
	L（12）顶层高度（mm）	3700（01）；4200（02）；4500（03）；4600（04）；5000(05)；5100(06)；5200(07)；5500（08）
	M（13）底坑深度（mm）	1400(01)；1600(02)；1750(03)；2200(04)
	N（14）控制方式	集选(01)；并联(02)

续表

类别编码及名称	属性项	常用属性值
560905　液压驱动客货电梯	A（01）额定速度(mm)	0.40(01)；0.50(02)；1.00(03)
	B（02）额定载重量(kg)	630(01)；1000(02)；1600(03)；2000(04)；2500(05)；3000(06)；3500(07)；4000(08)；5000(09)
	C（03）乘客人数(人)	8(01)；13(02)；21(03)；26(04)；33(05)；40(06)；46(07)；53(08)；66(09)
	D（04）层站数	2/2(01)；n/n(02)
	E（05）最大提升高度(m)	依据制造商生产能力而定(01)
	F（06）轿厢高度(mm)	2200（01）；2300（02）；2400（03）；2500（04）；2700(05)；3000(06)
	G（07）层门高度(mm)	2000(01)；2100(02)
	H（08）开门型式	中分式门(01)；旁开式门(02)
	I（09）开门宽度(mm)	800(01)；900(02)；1000(03)；1100(04)；1200(05)
	J（10）轿厢门型式	单侧开门(01)；前后开门（贯通门）(02)
	K（11）供电电源	交流供电(01)；直流供电(02)
	L（12）顶层高度(mm)	3800(01)；4200(02)；3700(03)；3600(04)
	M（13）底坑深度(mm)	1400(01)
	N（14）控制方式	集选(01)；并联(02)
	O（15）顶升型式	直接作用式（直顶式）(01)；间接作用式（侧顶式、背包式）(02)

类别编码及名称	属性项	常用属性值
5611　医用电梯		

类别编码及名称	属性项	常用属性值
561101　曳引驱动有机房医用电梯	A(01)额定速度(m/s)	1.00（01）；1.50（02）；1.60（03）；1.75（04）；2.00（05）；2.50（06）
	B(02)额定载重量(kg)	1275(01)；1600(02)；2000(03)；2500(04)
	C(03)乘客人数(人)	17(01)；21(02)；26(03)；33(04)
	D(04)层站数	2/2(01)；n/n(02)
	E(05)最大提升高度(m)	依据制造商生产能力而定(01)
	F(06)轿厢高度(mm)	2200(01)；2300(02)；2400(03)
	G(07)层门高度(mm)	2100(01)
	H(08)开门型式	中分式门(01)；旁开式门(02)
	I(09)开门宽度(mm)	1000(01)；1100(02)；1200(03)

续表

类别编码及名称	属性项	常用属性值
561101　曳引驱动有机房医用电梯	J(10) 轿厢门型式	前后开门(贯通门)(01);单侧开门(02)
	K(11) 供电电源	直流供电(01);交流供电(02)
	L(12) 顶层高度(mm)	4000(01);4200(02);5200(03);5000(04);4400(05);4300(06);3800(07);3700(08);5500(09)
	M(13) 底坑深度(mm)	1400(01);1600(02);1750(03);2200(04)
	N(14) 控制方式	并联(01);集选(02);群控(03)
类别编码及名称	属性项	常用属性值
561103　曳引驱动无机房医用电梯	A(01) 额定速度(m/s)	1.00(01);1.50(02);1.60(03);1.75(04);2.00(05);2.50(06)
	B(02) 额定载重量(kg)	1275(01);1600(02);2000(03);2500(04)
	C(03) 乘客人数(人)	17(01);21(02);26(03);33(04)
	D(04) 层站数	2/2(01);n/n(02)
	E(05) 最大提升高度(m)	依据制造商生产能力而定(01)
	F(06) 轿厢高度(mm)	2200(01);2300(02);2400(03)
	G(07) 层门高度(mm)	2100(01)
	H(08) 开门型式	中分式门(01);旁开式门(02)
	I(09) 开门宽度(mm)	1000(01);1100(02);1200(03)
	J(10) 轿厢门型式	单侧开门(01);前后开门(贯通门)(02)
	K(11) 供电电源	直流供电(01);交流供电(02)
	L(12) 顶层高度(mm)	4000(01);3800(02);3700(03);4200(04);5500(05);5200(06);5000(07);4400(08);4300(09)
	M(13) 底坑深度(mm)	1400(01);2200(02);1750(03);1600(04)
	N(14) 控制方式	并联(01);集选(02);群控(03)
类别编码及名称	属性项	常用属性值
561105　液压驱动医用电梯	A(01) 额定速度(mm)	0.40(01);0.50(02);1.00(03)
	B(02) 额定载重量(kg)	1275(01);1600(02);2000(03);2500(04)
	C(03) 乘客人数(人)	17(01);21(02);26(03);33(04)
	D(04) 层站数	2/2(01);n/n(02)
	E(05) 最大提升高度(m)	依据制造商生产能力而定(01)
	F(06) 轿厢高度(mm)	2200(01);2300(02);2400(03)
	G(07) 层门高度(mm)	2100(01)

续表

类别编码及名称	属性项	常用属性值
561105　液压驱动医用电梯	H(08) 开门型式	中分式门(01);旁开式门(02)
	I(09) 开门宽度(mm)	1000(01);1100(02);1200(03)
	J(10) 轿厢门型式	前后开门(贯通门)(01);单侧开门(02)
	K(11) 供电电源	交流供电(01);直流供电(02)
	L(12) 顶层高度(mm)	4200(01);4000（02）;3700（03）;3600(04);3800(05)
	M(13) 底坑深度(mm)	1400(01)
	N(14) 控制方式	并联(01);集选(02)
	O(15) 顶升型式	直接作用式(直顶式)(01);间接作用式(侧顶式、背包式)(02)

类别编码及名称	属性项	常用属性值
5613　观光电梯		

类别编码及名称	属性项	常用属性值
561301　曳引驱动有机房观光电梯	A(01) 额定速度(m/s)	1.00(01);1.50(02);1.60(03);1.75(04);2.00(05)
	B(02) 额定载重量(kg)	1000(01)
	C(03) 乘客人数(人)	13(01)
	D(04) 层站数	2/2(01);n/n(02)
	E(05) 最大提升高度(m)	依据制造商生产能力而定(01)
	F(06) 轿厢高度(mm)	2200(01);2300(02);2400(03)
	G(07) 层门高度(mm)	2100(01)
	H(08) 开门型式	中分式门(01);旁开式门(02)
	I(09) 开门宽度(mm)	900(01);1000(02)
	J(10) 轿厢门型式	前后开门(贯通门)(01);单侧开门(02)
	K(11) 供电电源	交流供电(01);直流供电(02)
	L(12) 顶层高度(mm)	5000（01）;5200（02）;5500（03）;4400(04);4300(05);4200(06)
	M(13) 底坑深度(mm)	1750(01);1600(02);1400(03);2200(04)
	N(14) 控制方式	集选(01);并联(02);群控(03)

类别编码及名称	属性项	常用属性值
561303　曳引驱动无机房观光电梯	A(01) 额定速度(m/s)	1.00(01);1.50(02);1.60(03);1.75(04);2.00(05)
	B(02) 额定载重量(kg)	1000（01）;1150（02）;1350（03）;1600(04);1800(05);2000(06)

类别编码及名称	属性项	常用属性值
561303　曳引驱动无机房观光电梯	C(03) 乘客人数（人）	13(01)；15(02)；18(03)；21(04)；24(05)；26(06)
	D(04) 层站数	2/2(01)；n/n(02)
	E(05) 最大提升高度(m)	依据制造商生产能力而定(01)
	F(06) 轿厢高度(mm)	2200(01)；2300(02)；2400(03)
	G(07) 层门高度(mm)	2100(01)；2200(02)
	H(08) 开门型式	中分式门(01)；旁开式门(02)
	I(09) 开门宽度(mm)	900(01)；1000(02)；1100(03)；1200(04)；1300(05)
	J(10) 轿厢门型式	前后开门（贯通门）(01)；单侧开门(02)
	K(11) 供电电源	直流供电(01)；交流供电(02)
	L(12) 顶层高度(mm)	4200（01）；5500（02）；5200（03）；5000（04）；4400(05)；4300(06)
	M(13) 底坑深度(mm)	1400(01)；2200(02)；1750(03)；1600(04)
	N(14) 控制方式	并联(01)；集选(02)；群控(03)
类别编码及名称	**属性项**	**常用属性值**
561305　液压驱动观光电梯	A(01) 额定速度(mm)	0.50(01)；1.00(02)
	B(02) 额定载重量(kg)	1000，1150（01）；1350（02）；1600（03）；1800(04)；2000(05)
	C(03) 乘客人数（人）	13(01)；15(02)；18(03)；21(04)；24(05)；26(06)
	D(04) 层站数	2/2(01)；n/n(02)
	E(05) 最大提升高度(m)	依据制造商生产能力而定(01)
	F(06) 轿厢高度(mm)	2200(01)；2300(02)；2400(03)
	G(07) 层门高度(mm)	2100(01)
	H(08) 开门型式	中分式门(01)；旁开式门(02)
	I(09) 开门宽度(mm)	900(01)；1000(02)；1100(03)；1200(04)；1300(05)
	J(10) 轿厢门型式	单侧开门(01)；前后开门（贯通门）(02)
	K(11) 供电电源	交流供电(01)；直流供电(02)
	L(12) 顶层高度(mm)	4200(01)；3800(02)；4000(03)
	M(13) 底坑深度(mm)	1400(01)
	N(14) 控制方式	集选(01)；并联(02)
	O(15) 顶升型式	直接作用式（直顶式）(01)；间接作用式（侧顶式、背包式）(02)

续表

类别编码及名称	属性项	常用属性值
5617　非商用汽车电梯		

类别编码及名称	属性项	常用属性值
561701　曳引驱动非商用汽车电梯	A(01) 额定速度(m/s)	0.50(01);1.00(02)
	B(02) 额定载重量(kg)	3200(01);5000(02)
	C(03) 乘客人数(人)	42(01);66(02)
	D(04) 层站数	2/2(01);n/n(02)
	E(05) 最大提升高度(m)	依据制造商生产能力而定(01)
	F(06) 轿厢高度(mm)	2200（01）;2300（02）;2400（03）;2500（04）;2700(05);3000(06)
	G(07) 层门高度(mm)	2100（01）;2200（02）;2300（03）;2400（04）;2700(05);3000(06)
	H(08) 开门型式	中分式门(01);旁开式门(02)
	I(09) 开门宽度(mm)	2500(01);2700(02);3000(03)
	J(10) 轿厢门型式	单侧开门(01);前后开门(贯通门)(02)
	K(11) 供电电源	直流供电(01);交流供电(02)
	L(12) 顶层高度(mm)	4200(01)
	M(13) 底坑深度(mm)	1400(01)
	N(14) 控制方式	集选(01);并联(02)

类别编码及名称	属性项	常用属性值
561703　液压驱动非商用汽车电梯	A(01) 额定速度(mm)	0.25(01);0.50(02);1.00(03)
	B(02) 额定载重量(kg)	3200(01);5000(02)
	C(03) 乘客人数(人)	42(01);66(02)
	D(04) 层站数	2/2(01);n/n(02)
	E(05) 最大提升高度(m)	依据制造商生产能力而定(01)
	F(06) 轿厢高度(mm)	2200（01）;2300（02）;2400（03）;2500（04）;2700(05);3000(06)
	G(07) 层门高度(mm)	2100（01）;2200（02）;2300（03）;2400（04）;2700(05);3000(06)
	H(08) 开门型式	中分式门(01);旁开式门(02)
	I(09) 开门宽度(mm)	2500(01);2700(02);3000(03)
	J(10) 轿厢门型式	前后开门(贯通门)(01);单侧开门(02)
	K(11) 供电电源	直流供电(01);交流供电(02)
	L(12) 顶层高度(mm)	3800(01);4200(02)
	M(13) 底坑深度(mm)	1400(01)
	N(14) 控制方式	并联(01);集选(02)
	O(15) 顶升型式	直接作用式(直顶式)(01);间接作用式(侧顶式、背包式)(02)

续表

类别编码及名称	属性项	常用属性值
5619　自动扶梯		

类别编码及名称	属性项	常用属性值
561901　普通型自动扶梯	A(01) 额定速度(m/s)	0.50(01);0.65(02);0.75(03)
	B(02) 最大输送能力(人/h)	0.60m 宽:3600(01);4400(02);4900(03); 0.80m 宽:4800(04);5900(05);6600(06); 1.00m宽:6000(07);7300(08);8200(09)
	C(03) 倾斜角度(°)	27.3(01);30(02);35(03)
	D(04) 提升高度(m)	6m 以下(01)
	E(05) 梯级宽度(mm)	0.60(01);0.80(02);1.00(03)

类别编码及名称	属性项	常用属性值
561903　公共交通型自动扶梯	A(01) 额定速度(m/s)	0.50(01);0.65(02);0.75(03)
	B(02) 最大输送能力(人/h)	0.60m 宽:3600(01);4400(02);4900(03); 0.80m 宽:4800(04);5900(05);6600(06); 1.00m宽:6000(07);7300(08);8200(09)
	C(03) 倾斜角度(°)	30(01);35(02)
	D(04) 提升高度(m)	6m 以上(01)
	E(05) 梯级宽度(mm)	1000(01)

类别编码及名称	属性项	常用属性值
5621　家用电梯		

类别编码及名称	属性项	常用属性值
562101　曳引驱动有机房家用电梯	A(01) 额定速度(m/s)	0.30(01);0.40(02)
	B(02) 额定载重量(kg)	250(01);320(02);400(03)
	C(03) 乘客人数(人)	3(01);4(02);5(03)
	D(04) 层站数	2/2(01);3/3(02);4/4(03);5/5(04)
	E(05) 最大提升高度(m)	不应超过 12m(01)
	F(06) 轿厢高度(mm)	2200(01);2300(02);2400(03)
	G(07) 层门高度(mm)	2000(01);2100(02)
	H(08) 开门型式	中分式门(01);旁开式门(02);手动门(03)
	I(09) 开门宽度(mm)	600(01);700(02);800(03);900(04); 1000(05)
	J(10) 轿厢门型式	前后开门(贯通门)(01);单侧开门(02)
	K(11) 供电电源	交流供电(01)
	L(12) 顶层高度(mm)	3600(01)
	M(13) 底坑深度(mm)	1400(01)
	N(14) 控制方式	集选(01)

续表

类别编码及名称	属性项	常用属性值
562103 曳引驱动无机房家用电梯	A(01) 额定速度(m/s)	0.30(01);0.40(02)
	B(02) 额定载重量(kg)	250(01);320(02);400(03)
	C(03) 乘客人数(人)	3(01);4(02);5(03)
	D(04) 层站数	2/2(01);3/3(02);4/4(03);5/5(04)
	E(05) 最大提升高度(m)	不应超过12m(01)
	F(06) 轿厢高度(mm)	2200(01);2300(02);2400(03)
	G(07) 层门高度(mm)	2000(01);2100(02)
	H(08) 开门型式	中分式门(01);旁开式门(02);手动门(03)
	I(09) 开门宽度(mm)	600(01);700(02);800(03);900(04);1000(05)
	J(10) 轿厢门型式	单侧开门(01);前后开门(贯通门)(01)
	K(11) 供电电源	交流供电(01)
	L(12) 顶层高度(mm)	4000(01)
	M(13) 底坑深度(mm)	1400(01)
	N(14) 控制方式	集选(01)
类别编码及名称	属性项	常用属性值
562105 强制驱动有机房家用电梯	A(01) 额定速度(m/s)	0.30(01);0.40(02)
	B(02) 额定载重量(kg)	250(01);320(02);400(03)
	C(03) 乘客人数(人)	3(01);4(02);5(03)
	D(04) 层站数	2/2(01);3/3(02);4/4(03);5/5(04)
	E(05) 最大提升高度(m)	不应超过12m(01)
	F(06) 轿厢高度(mm)	2200(01);2300(02);2400(03)
	G(07) 层门高度(mm)	2000(01);2100(02)
	H(08) 开门型式	中分式门(01);旁开式门(02);手动门(03)
	I(09) 开门宽度(mm)	600(01);700(02);800(03);900(04);1000(05)
	J(10) 轿厢门型式	前后开门(贯通门)(01);单侧开门(02)
	K(11) 供电电源	交流供电(01)
	L(12) 顶层高度(mm)	3600(01)
	M(13) 底坑深度(mm)	1400(01)
	N(14) 控制方式	集选(01)

类别编码及名称	属性项	常用属性值
562107　强制驱动无机房家用电梯	A(01) 额定速度(m/s)	0.30(01);0.40(02)
	B(02) 额定载重量(kg)	250(01);320(02);400(03)
	C(03) 乘客人数(人)	3(01);4(02);5(03)
	D(04) 层站数	2/2(01);3/3(02);4/4(03);5/5(04)
	E(05) 最大提升高度(m)	不应超过12m(01)
	F(06) 轿厢高度(mm)	2200(01);2300(02);2400(03)
	G(07) 层门高度(mm)	2000(01);2100(02)
	H(08) 开门型式	中分式门(01);旁开式门(02);手动门(03)
	I(09) 开门宽度(mm)	600(01);700(02);800(03);900(04);1000(05)
	J(10) 轿厢门型式	单侧开门(01);前后开门(贯通门)(02)
	K(11) 供电电源	交流供电(01)
	L(12) 顶层高度(mm)	4000(01)
	M(13) 底坑深度(mm)	1400(01)
	N(14) 控制方式	集选(01)
类别编码及名称	属性项	常用属性值
562109　螺杆驱动别墅电梯	A(01) 额定速度(m/s)	0.30(01);0.40(02)
	B(02) 额定载重量(kg)	250(01);320(02);400(03)
	C(03) 乘客人数(人)	3(01);4(02);5(03)
	D(04) 层站数	2/2(01);3/3(02);4/4(03);5/5(04)
	E(05) 最大提升高度(m)	不得超过12m(01)
	F(06) 轿厢高度(mm)	2200(01);2300(02);2400(03)
	G(07) 层门高度(mm)	2000(01);2100(02)
	H(08) 开门型式	中分式门(01);旁开式门(02);手动门(03)
	I(09) 开门宽度(mm)	600(01);700(02);800(03);900(04);1000(05)
	J(10) 轿厢门型式	单侧开门(01);前后开门(贯通门)(02)
	K(11) 供电电源	交流供电(01)
	L(12) 顶层高度(mm)	3600(01)
	M(13) 底坑深度(mm)	1400(01)
	N(14) 控制方式	集选(01)

续表

类别编码及名称	属性项	常用属性值
562111　液压驱动家用电梯	A(01) 额定速度(mm)	0.30(01);0.40(02)
	B(02) 额定载重量(kg)	250(01);320(02);400(03)
	C(03) 乘客人数(人)	3(01);4(02);5(03)
	D(04) 层站数	2/2(01);3/3(02);4/4(03);5/5(04)
	E(05) 最大提升高度(m)	不应超过12m(01)
	F(06) 轿厢高度(mm)	2200(01);2300(02);2400(03)
	G(07) 层门高度(mm)	2000(01);2100(02)
	H(08) 开门型式	中分式门(01);旁开式门(02);手动门(03)
	I(09) 开门宽度(mm)	600(01);700(02);800(03);900(04);1000(05)
	J(10) 轿厢门型式	前后开门(贯通门)(01);单侧开门(02)
	K(11) 供电电源	交流供电(01)
	L(12) 顶层高度(mm)	3600(01)
	M(13) 底坑深度(mm)	1400(01)
	N(14) 控制方式	集选(01)
	O(15) 顶升型式	间接作用式(侧顶式、背包式)(01);直接作用式(直顶式)(02)

类别编码及名称	属性项	常用属性值
5623　自动人行道		

类别编码及名称	属性项	常用属性值
562301　水平自动人行道	A(01) 额定速度(m/s)	0.50(01);0.65(02);0.75(03);0.90(04)
	B(02) 最大输送能力(人/h)	0.60m 宽:3600(01);4400(02);4900(03);0.80m 宽:4800(04);5900(05);6600(06);1.00m 宽:6000(07);7300(08);8200(09);其他以此类推(10)
	C(03) 倾斜角度(°)	0(01)
	D(04) 提升高度(m)	0(01)
	E(05) 梯级宽度(mm)	600(01);800(02);1000(03);1200(04);1400(05);1600(06)

类别编码及名称	属性项	常用属性值
562303　倾斜自动人行道	A(01) 额定速度(m/s)	0.50(01);0.65(02);0.75(03);0.90(04)
	B(02) 最大输送能力(人/h)	0.60m 宽:3600(01);4400(02);4900(03);0.80m 宽:4800(04);5900(05);6600(06);1.00m 宽:6000(07);7300(08);8200(09);其他以此类推(10)

续表

类别编码及名称	属性项	常用属性值
562303 倾斜自动人行道	C(03) 倾斜角度(°)	10(01);12(02)
	D(04) 提升高度(m)	依据制造商生产能力而定(01)
	E(05) 梯级宽度(mm)	600(01);800(02);1000(03);1200(04);1400(05);1600(06)

类别编码及名称	属性项	常用属性值
5625 其他电梯	A(01) 品种	
	B(02) 规格	

类别编码及名称	属性项	常用属性值
5701 入侵报警设备	A(01) 品种	入侵报警设备(01);报警终端电阻(02)
	B(02) 探测器类型	视频移动探测器(01);报警声音复合装置(02);被动红外线探测器(03);微波墙式探测器(04);针动探测器(05);磁开关探测器(门磁)H 型(06);地下金属探测器(07);驻波探测器(08);玻璃破碎探测器5125(09);无线报警探测器(10);烟雾感应式探测器(11);感应电缆报警(12);主动红外线探测器(13);激光探测器(14);红外幕帘探测器(15);红外微波双鉴探测器(16);微波探测器(17);防漏水探测器(18);玻璃破碎探测器5620(19);超声波探测器(20);泄漏电缆探测器(21);磁开关探测器(门磁)Z 型(22);磁开关探测器(门磁)D 型(23)

类别编码及名称	属性项	常用属性值
5703 出入口控制设备	A(01) 品种	出入口控制设备(01)
	B(02) 规格	

类别编码及名称	属性项	常用属性值
5705 安全检查设备	A(01) 品种	
	B(02) 规格	

类别编码及名称	属性项	常用属性值
5707 电视监控设备	A(01) 品种	多头多尾电视监控设备(01);单头单尾电视监控设备(02);多头单尾电视监控设备(03)
	B(02) 规格	

类别编码及名称	属性项	常用属性值
5709 终端显示设备	A(01) 品种	字符显示终端(01);汉字显示终端(02);图像显示终端(03);图形显示终端(04);监控模拟盘(05)
	B(02) 规格	
	C(03) 类型	

续表

类别编码及名称	属性项	常用属性值
5711 楼宇对讲系统	A(01) 品种	楼宇对讲系统(01)
	B(02) 规格	

类别编码及名称	属性项	常用属性值
5713 电子巡更系统	A(01) 品种	接触式巡更巡检系统(01);非接触式巡更巡检系统(也称感应式巡更巡检系统)(02);在线式电子巡更系统(03)
	B(02) 规格	

类别编码及名称	属性项	常用属性值
5715 其余安防设备	A(01) 品种	程控调度通信设备(01)
	B(02) 规格	

类别编码及名称	属性项	常用属性值
5717 停车场系统设备	A(01) 品种	包含云举例不停车 IC 卡系统(01);近距离结合 ID 卡系统(02);中距离 ID 卡系统(03);IC 卡免布线系统等(04)
	B(02) 规格	

类别编码及名称	属性项	常用属性值
5719 集团电话系统	A(01) 品种	
	B(02) 规格	

类别编码及名称	属性项	常用属性值
5721 楼宇多表远传系统	A(01) 品种	电力载波集中抄表系统(01);集中式远程总线抄表系统(02)
	B(02) 规格	

类别编码及名称	属性项	常用属性值
5723 楼宇自控系统	A(01) 品种	家庭防盗报警系统(01);水电煤气远程抄表计费系统(02);停车场自动化管理系统(03);公共机电设备集中控制系统(04);小区保安监控中心系统(05);有线电视系统(06);远程医疗保健服务系统(07);闭路电视监控系统(08);出入口管理控制系统(09);楼宇可视对讲系统(10);数据信息网络系统(11);小区物业管理中心系统(12);周边防盗报警系统(13);保安巡更签到系统(14);老幼病患远程看护系统(15);语音传真服务系统(16)
	B(02) 规格	

续表

类别编码及名称	属性项	常用属性值
5725　门禁系统	A(01) 品种	非接触 IC 卡(感应式 IC 卡)门禁系统(01);生物识别门禁系统(指纹)(02);虹膜(03);掌型(04);门禁电锁(05);门禁电源(06);密码门禁系统(07)
	B(02) 规格	
	C(03) 品牌	
类别编码及名称	属性项	常用属性值
5727　停车场管理系统	A(01) 品种	内部停车场管理系统(01);收费停车场管理系统(02);智能停车场管理系统(03);投币系统(04);月租(05);时租停车场管理系统(06);智能卡停车场管理系统(07);室外标准停车场管理系统(08);停车场系统设备(09)
	B(02) 规格	
类别编码及名称	属性项	常用属性值
5729　综合布线系统	A(01) 品种	开放式结构化综合布线系统(01);结构化布线系统(02)
	B(02) 规格	
类别编码及名称	属性项	常用属性值
5731　计算机网络设备	A(01) 品种	计算机网络广域网系统(01);网络操作系统(02);网络服务器设备(03);计算机网络局域网系统(04)
	B(02) 规格	
类别编码及名称	属性项	常用属性值
5733　有线电视、卫星电视系统	A(01) 品种	有线电视系统(01);卫星电视系统(02)
	B(02) 规格	
类别编码及名称	属性项	常用属性值
5735　扩声、背景音乐系统	A(01) 品种	卡拉 OK(01);歌舞厅的音响系统(02);多功能厅的扩声系统(03);广播(04);音响系统(05)
	B(02) 规格	
类别编码及名称	属性项	常用属性值
5737　微波无线接入设备	A(01) 品种	微波宽带无线接入系统用户站设备(01);微波窄带无线接入系统基站设备(02);微波窄带无线接入系统用户站设备(03);微波宽带无线接入系统基站设备(04)

续表

类别编码及名称	属性项	常用属性值
5737　微波无线接入设备	B(02) 规格	用户站主设备(01)；网管设备(02)；变频设备(03)；直流电源设备(04)；机柜(05)；基站主设备(06)；用户站室外单元(07)
	C(03) 回路数	数据接口单元：1路(01)；数据接口单元：4路(02)；话路接口单元：4路(03)；话路接口单元：8路(04)
	D(04) 用户站数量	10(01)；50(02)；100(03)
类别编码及名称	属性项	常用属性值
5739　电话会议设备	A(01) 品种	交互式电话会议(01)
	B(02) 类别	汇接机(01)；会议电话总机(02)；会议电话分机(03)
	C(03) 回路数	
	D(04) 用户站数量	
	E(05) 语音通道数	
类别编码及名称	属性项	常用属性值
5741　视频会议设备	A(01) 品种	视频会议设备(01)
	B(02) 规格	
类别编码及名称	属性项	常用属性值
5743　同声传译设备及器材	A(01) 品种	有线同声传译(01)；直接感应式同声传译(02)；无线同声传译(03)
	B(02) 规格	
类别编码及名称	属性项	常用属性值
5745　其他智能化设备	A(01) 品种	存储型(01)；电子订货系统(02)；电子公告系统(03)；条码(04)；图像处理及智能卡等(05)；电子数据交换(06)；电子邮件(07)；电子支付系统(08)；管理型办公系统(09)；决策性办公系统(10)；逻辑加密型(11)；事务型办公系统(12)；网络通信(13)；微处理卡(14)
	B(02) 规格	
	C(03) 类型	
类别编码及名称	属性项	常用属性值
5801　轨道综合监控系统 SCADSA	A(01) 系统组成	计算机联锁系统 CI(01)；计算机联锁系统 CI(02)；车载信息系统 PIS(03)；列车自动驾驶系统 ATO(04)；列车防护系统 ATP(05)；列车自动监控系统 ATS(06)；行车调度系统 ATC(07)；列车信号系统 SIG(08)；火灾报警系统 FAS(09)；电力监控系统 SCADA(10)

354

续表

类别编码及名称	属性项	常用属性值
5801　轨道综合监控系统 SCADSA	B(02) 模块配置描述	
	C(03) 参数要求	

类别编码及名称	属性项	常用属性值
5803　信号设备装置	A(01) 品种	信号机(01);信号机柜(02);锁闭器安装装置(03);轨道电容器(04);轨道电力装置(05)
	B(02) 规格	
	C(03) 材质	

类别编码及名称	属性项	常用属性值
5805　防雷设备装置	A(01) 品名	天线铁塔消雷器(01);针式消雷器(02);单项电源防雷箱(03);三项电源防雷箱(04)
	B(02) 型号	
	C(03) 接入方式	
	D(04) 工作电压	
	E(05) 最大雷电通流量	
	F(06) 雷击计数	
	G(07) 额定放电电流	

类别编码及名称	属性项	常用属性值
5807　自动售检票系统 AFC	A(01) 系统组成	售票机(01);检票机(02);票务机(03)
	B(02) 模块配置描述	
	C(03) 参数要求	

类别编码及名称	属性项	常用属性值
5809　行车智能化与控制系统	A(01) 系统组成	
	B(02) 模块配置描述	
	C(03) 参数要求	

类别编码及名称	属性项	常用属性值
5811　轨道线路检测设备	A(01) 品种	线路检测设备(01);轨道状态测量仪(02)
	B(02) 型号	

类别编码及名称	属性项	常用属性值
5813　线路养护设备	A(01) 品种	拔道钉设备(01);除雪设备(02);防溜脱轨机(03);钢轨涂油漆设备(04)
	B(02) 型号	

类别编码及名称	属性项	常用属性值
5815　环境监控系统	A(01) 系统组成	
	B(02) 模块配置描述	
	C(03) 参数要求	

类别编码及名称	属性项	常用属性值
5817 客运信息系统	A(01) 系统组成	那终端等传输网络(01);媒体转播(02);软硬件系统及信息显示(03)
	B(02) 模块配置描述	
	C(03) 参数要求	

类别编码及名称	属性项	常用属性值
5901 田径设施	A(01) 品种	撑杆跳高架(01);人造草坪(02);铅球推车(03);铁饼推车(04);跨栏推车(05);木制接力棒(06);铝合金接力棒(07);起跳板(08);橡皮泥起跳板(09);田径场推水器(10);铅球(11);铅球抵趾板(12);铝饼(13);链球护笼(14);跳高垫底座(15);铝合金跳高架(16);塑钢(17);铝合金道牙(18);撑杆跳插斗(19);撑杆跳高垫(20);塑胶跑道(21);比赛链球(22);篮球(23);排球塑胶铺装材料(24);铅球投掷圈(25);足球场铺装材料(26);简易跳高架(27);塑胶跑道起跑器(28);比赛跨栏架(29);训练跨栏架(30);铅球回送器(31);合金标枪(32);链球推车(33);标枪推车(34)
	B(02) 类型	植毛草皮(01);针织草皮(02);喷塑(03);重体海绵(04);铸铁底座(05);全塑型(06);混合型(07);复合型(08);无颗粒防滑(09);方管起跑器(10);连接式简易起跑器(11);标准(12)
	C(03) 型号	底管:0.05×0.05m(01);厚度 13mm(02);厚度 18mm(03);全方管:0.05×0.05m(04);双排(05);单排(06);3kg(07);4kg(08);5kg(09);6kg(10);7.26kg(11);8kg(12);10kg(13);600g(14);700g(15);800g(16);5×7×1m(17);5×7×0.2m(18);5×5×1m(19);2m(20)
	D(04) 材质	

类别编码及名称	属性项	常用属性值
5903 室内球馆设施	A(01) 品种	儿童篮球架(01);单臂拆装式篮球架(02);仿液压篮球架(03);手动液压移动篮球架(04);手动升降篮球架(05);固定篮球架(06);排球柱(07);篮球推车(08);篮球篮板(09);蜡线乒乓球网(10);尼龙乒乓球网(11);乒乓球台(12);尼龙排球网(13)

类别编码及名称	属性项	常用属性值
5903　室内球馆设施	B(02) 类型	移动式(01);钢化玻璃篮板(02);玻璃钢复合篮板(03);铝制篮板(04);木质篮板(05);高强钢化玻璃篮板(06);A 型乒乓球桌(07);D 型乒乓球台(08);双折乒乓球台 B 型(09);地插式(10)
	C(03) 规格	50×50mm 台腿(01);4 轮移动(02);9.50m×1.0m 网目:102mm×102mm(03);9.80m×0.92m 网目:102mm×102mm(04);篮圈高度:305cm(05);矩形(06);弧形(07);伸臂:1.5m(08);伸臂:1.8m(09);伸臂:2.25m(10);篮圈高度:270cm(11);篮圈高度:235cm(12);篮圈高度:205cm(13);1.78×0.152m(14);8 轮移动(15)
类别编码及名称	属性项	常用属性值
5905　室外球场设施	A(01) 品种	球场围栏网(01);冰球球杆(02);曲棍球球门(03);曲棍球球棍(04);蜡线足球网(05);尼龙足球网(06);5 人制与移动足球门(07);七人制足球门(08);足球门(09)
	B(02) 类型	铁丝网(01);木头(02);合成材料制成(03);无缝钢管(04);碳芯的(05);全木制(06)
	C(03) 规格	高度是 2.44m,宽度是 7.32m(01);宽 3.66m(02);高 2.14m(03);2×3m(04);杆长 147cm(05)
类别编码及名称	属性项	常用属性值
5907　游泳馆设施	A(01) 品种	婴儿游泳脖圈(01);婴儿泳池(02);游泳圈(03);游泳帽(04);游泳镜(05)
	B(02) 类型	充气(01);PV 夹网不锈钢架(02);陶瓷(03);钢架(04);雅克力(05);玻璃钢(06)
	C(03) 规格	
类别编码及名称	属性项	常用属性值
5909　水上游乐设施	A(01) 品种	安全浮标(01);充气船(02);冲浪滑板车(03);滑水绳(04);救生圈(05);碰碰船(06);水上蹦床(07);水上步行球(08);水上冲浪板(09);水上电动摩托艇(10);水上滑梯(11);水上平衡木(12);水上手摇船(13);手划船(14);水上陀螺(15);水上自行车(16);水行器(17);水上三轮车(18);跷跷板(19)
	B(02) 类型	单人型(01);双人形(02)
	C(03) 规格	长度×宽度×高:300×140×130(01);长度×宽度×高:300×250×130(02);直径 3m(03);直径 5m(04);直径 7m(05)

续表

类别编码及名称	属性项	常用属性值
5911　健身设施	A(01) 品种	下腰训练器(01)；三位漫步器(02)；三位扭腰器(03)；三位单杠(04)；三位弹振压腿器(05)；太极推手器(06)；臂力训练器(07)；落地漫步机(08)；健骑机(09)；跷跷板(10)；双柱四位蹬力训练器(11)；滑梯(12)；秋千(13)；双格肋木(14)；双杠(15)；天梯(16)；跑跳横木(17)；上肢牵引器(18)
	B(02) 类型	
	C(03) 规格(长×宽×高)	80×60×250cm(01)；110×60×127cm(02)；150×42×350cm(03)；150×150×130cm(04)；178×80×135cm(05)；210×48×70cm(06)；250×10×110cm(07)；270×35×115cm(08)；440×110×236cm(09)；550×20×260cm(10)；570×45×440cm(11)

类别编码及名称	属性项	常用属性值
5913　保龄球设施	A(01) 品种	球架(01)；球箱(02)；上油机(03)；自动化机械系统(04)；记分台(05)；保龄球瓶(06)；保龄球(07)；保龄球计分系统(08)；放瓶台(09)；后台板(10)；保龄球球道油(11)；保龄球球道(12)；助跑道(13)
	B(02) 类型	40～49kg10 磅(01)；50～54kg11 磅(02)；55～59kg12 磅(03)；60～64kg13 磅(04)；65～69kg14 磅(05)；70～74kg15 磅(06)；75kg 以上 16 磅(07)
	C(03) 规格	

类别编码及名称	属性项	常用属性值
5915　滑雪溜冰设施	A(01) 品种	越野冬季两项板(01)；溜冰鞋(轮滑鞋)(02)；旱冰鞋(03)；头盔(04)；护腕(05)；护膝(06)；滑雪船(07)；压雪机(08)；滑雪车(09)；雪地车(10)；雪橇车(11)；滑雪手套(12)；滑雪帽(13)；自曲镜(14)；越野镜(15)；跳台镜(16)；高山镜(17)；滑雪服(18)；滑雪杖(19)；双板固定器(20)；单板固定器(21)；单板鞋(靴)(22)；跳台鞋(靴)(23)；越野鞋(靴)(24)；高山鞋(靴)(25)；单板(26)；自由式板(27)；跳台板(28)；高山板(29)；冰球冰刀(30)；花样冰刀(31)；速滑冰刀(32)
	B(02) 类型	
	C(03) 规格	长度 160cm(01)；长度 165cm(02)；长度170cm(03)；长度 175cm(04)；长度 180cm(05)

类别编码及名称	属性项	常用属性值
5917　攀岩设施	A(01) 品种	滑车(01)；减速器(02)；钢丝锁紧销(03)；防滑粉袋(04)；快挂(05)；上升器(06)；扁带(07)；下降器(08)；主锁(09)；钢锁(10)；主绳(11)；安全带(12)；指力板(13)；攀岩架(14)；攀岩墙(15)
	B(02) 类型	
	C(03) 规格	
类别编码及名称	属性项	常用属性值
5919　其他体育休闲设施	A(01) 品种	钓鱼钩(01)；高尔夫球打击垫(02)；发球盒(03)；发球器(04)；浮标(05)；球钉(06)；钓鱼钩线(07)；钓鱼竿(08)；球包架(09)；拾球机(10)；洗球机(11)；提手鱼护(12)；渔轮(13)；打位分隔器(14)；高尔夫球(15)
	B(02) 类型	草坪保护垫(01)；铝制(02)；手竿(03)；不锈钢外壳和钢支架结构(04)；手推式十道(05)；钢铁(06)；不锈钢管＋帆布＋吊牌(07)；不锈钢管＋帆布＋凸面镜制造(08)；塑料外箱(09)；橡胶压注(10)；彩色练习球(11)；矶竿(12)；路亚竿(13)；船竿(14)；投竿(15)；编织线(16)；孔雀羽(17)；闪光球(18)；荧光球(19)；巴尔沙木(20)；浮水练习球(21)；单触式手柄铝线环(22)；涤纶(23)；两层(24)；夜光球(25)；溪流竿(26)；自动竿(27)；定位杆(28)；芦苇(29)；有倒刺(30)；无倒刺(31)；碳素线(32)；组钩(33)；三层(34)
	C(03) 规格	50M2.5♯(01)；尺寸：W160cm＊D64cm＊H90cm(02)；杆长：3.6m(03)；杆长：4.5m(04)；杆长：5.4m(05)；圈径ϕ35cm 长 1.5m(06)；圈径ϕ50cm 长 5.4m(07)；一圈卷绕长度 71cm(08)；一圈卷绕长度 75cm(09)；一圈卷绕长度 85cm(10)；一圈卷绕长度 86cm(11)；一圈卷绕长度 93cm(12)；装球量：600PCS(13)；装球量：350PCS(14)；硬度：70～80(15)；拾球宽度：86cm(16)；拾球宽度：43cm(17)；弹性：75(18)；长度×宽度：150cm＊75cm(19)；长度×宽度：150cm＊55cm(20)；表面孔型：440(21)；包装尺寸：52cm＊27cm＊34cm(22)；包装尺寸：130cm＊45cm＊36cm(23)；W198cm＊D52cm＊H81cm(24)；15mm 强韧尼龙草＋15mm 高弹吸震棉＋5mm 止滑垫结构(25)；15mm 强韧 PP 草＋15mm 高弹性吸震棉组成(26)；15mm 编织底强韧尼龙草与 15mm 泡棉缓冲垫紧密结合(27)；12mmPP 编织卷曲草与 2mm 硬橡胶板紧密结合(28)

续表

类别编码及名称	属性项	常用属性值
8001 水泥砂浆	A(01) 品种	耐碱水泥砂浆(01);膨胀水泥砂浆(02);防水水泥砂浆(03);白水泥砂浆(04);珠光灰水泥砂浆(05);耐热水泥砂浆(06);水泥基自流平砂浆(07)
	B(02) 强度等级	M1(01);M5.0(02);M25(03);M30(04);M40(05);M7.5(06);M20(07);M15(08);M12.5(09);M10(10);M5(11);M2.5(12)
	C(03) 用途	装饰(01);地面(02);抹灰(03);砌筑(04);粘结(05);接缝(06)
	D(04) 供应状态	工地现场搅拌(01);预拌湿砂浆(02);预拌干砂浆包装(03);预拌干砂浆散装(04)
	E(05) 砂种类	中砂(01);特细砂(02);细砂(03)
	F(06) 配合比	1:0.2:2.5(01);1:4(02);1:3.5(03);1:3(04);1:2.5(05);1:2(06);1:1(07)

类别编码及名称	属性项	常用属性值
8003 石灰砂浆	A(01) 品种	石灰砂浆(01);麻刀石灰砂浆(02);纸筋石灰砂浆(03);石灰黏土砂浆(04);石膏砂浆(05)
	B(02) 强度等级	M7.5(01);M1(02);M5(03);M10(04);M2.5(05)
	C(03) 用途	抹灰(01);地面(02);砌筑(03)
	D(04) 供应状态	预拌干砂浆散装(01);预拌干砂浆包装(02);预拌湿砂浆(03);工地现场搅拌(04)
	E(05) 砂种类	中砂(01);特细砂(02);细砂(03)
	F(06) 配合比	1:1.5(01);1:0.3(02);1:1(03);1:3.5(04);1:0.5(05);1:3(06);1:2.5(07);1:4(08);1:0.3:4(09);1:2(10)

类别编码及名称	属性项	常用属性值
8005 混合砂浆	A(01) 品种	水泥石灰麻刀浆(01);水泥纸筋石灰浆(02);水泥石膏砂浆(03);石油沥青砂浆(04);水泥石灰砂浆(05);水泥石英砂混合砂浆(06)
	B(02) 强度等级	M1(01);M25(02);M20(03);M15(04);M7.5(05);M2.5(06);M10(07);M5(08)
	C(03) 用途	砌筑(01);地面(02);抹灰(03)

类别编码及名称	属性项	常用属性值
8005 混合砂浆	D(04) 供应状态	预拌湿砂浆(01);工地现场搅拌(02);预拌干砂浆散装(03);预拌干砂浆包装(04)
	E(05) 砂种类	中砂(01);特细砂(02);细砂(03)
	F(06) 配合比	1:0.2:1.5(01);1:2:4(02);1:0.5:0.5(03);1:0.1:2.5(04);1:0.2:2(05);1:0.3:3(06);1:0.3:4(07);1:0.5:1(08);1:0.5:3(09);1:0.5:4(10);1:0.5:5(11);1:1:1(12);1:1:2(13);1:1:4(14);1:1:6(15);1:2:1(16);1:2:8(17);1:3:9(18);1:1:3(19)

类别编码及名称	属性项	常用属性值
8007 特种砂浆	A(01) 品种	耐酸水泥石英砂浆(01);水玻璃砂浆(02);防静电水泥砂浆(03);107胶水泥砂浆(04);沥青膨胀珍珠岩(05);TG胶水泥砂浆(06);石英耐酸砂浆(07);沥青耐酸砂浆(08);双酚A不饱和聚酯砂浆(09);二甲苯不饱和聚酯砂浆(10);环氧煤焦油砂浆(11);沥青珍珠岩(12);环氧呋喃树脂砂浆(13);防水水泥砂浆(14)
	B(02) 配合比	4(01);70:30:5:200:400(02);1:0.3:1.5:3.121(03);1:2:6(04);1:0.533:0.533:3.121(05);1:3:2.6:7.4(06);1:4:0.8(07);1:9:3.5(08);1:0.2:2(09);1:0.2:2.5(10);1:2.5:5(11);1:0.25:2.5:1(12);1:2(13);1:1(14);1:2.5(15);1:0.18:1.2:1.1(16);1:0.15:0.5:0.5(17);1:0.6:0.5:0.5(18);1:0.08:0.1:1(19)
	C(03) 供应状态	预拌干砂浆包装(01);工地现场搅拌(02);预拌湿砂浆(03);预拌干砂浆散装(04);环氧乳液(05)
	D(04) 用途	砌筑(01);地面(02);抹灰(03)

类别编码及名称	属性项	常用属性值
8009 其他砂浆	A(01) 品种	菱苦土砂浆(01);黏土砂浆(02);环氧砂浆(03)
	B(02) 配合比	1:0.07:2:4(01)

续表

类别编码及名称	属性项	常用属性值
8011　灰浆、水泥浆	A(01) 品种	素石膏浆(01)；石棉水泥(02)；聚合物水泥灰浆(03)；聚合物加固砂浆(04)；掺灰泥(05)；滑秸掺灰泥(06)；水泥珍珠岩浆(07)；月白灰(08)；红麻刀灰(09)；白麻刀灰(10)；麻刀灰(11)；月白麻刀灰(12)；纸筋灰(13)；白水泥浆(14)；水泥浆(15)；石膏纸筋浆(16)；素水泥浆(17)
	B(02) 配合比	4∶6(01)；1∶12(02)；1∶8(03)；1∶10(04)；2∶1(05)；3∶7(06)；5∶5(07)

类别编码及名称	属性项	常用属性值
8013　石子浆	A(01) 品种	水磨石渣浆(01)；水泥碎石子浆(02)；水刷石子浆(03)；水泥蛭石(04)；触变泥浆(05)；白水泥石子浆(06)；护壁泥浆(07)；青水泥石渣浆(08)；水磨石子浆(09)
	B(02) 配合比	1∶2.5(01)；1∶2(02)；1∶1.75(03)；1∶1.5(04)；1∶1(05)；1∶12(06)；1∶10(07)；1∶3(08)；1∶1.25(09)

类别编码及名称	属性项	常用属性值
8015　胶泥、脂、油	A(01) 品种	二甲苯不饱和聚酯胶泥(01)；沥青耐酸胶泥(02)；胶泥(03)；双酚 A 不饱和聚酯胶泥(04)；环氧烯胶泥(05)；石英耐酸胶泥(06)；耐酸沥青胶泥(07)；水玻璃稀胶泥(08)；水玻璃胶泥(09)；树脂胶泥(10)；辉绿岩耐酸胶泥(11)；沥青玛琋脂(12)；硫磺胶泥(13)；冷底子油(14)
	B(02) 配合比	1∶0.39∶0.058(01)；1∶0.06∶0.08∶1.8(02)；1♯(03)；2♯(04)；4♯(05)；0.7∶0.3∶0.06∶0.05∶1.7(06)；6∶4∶0.2(07)；1∶0.35∶0.6∶0.06(08)；1∶8(09)；1∶10(10)；1∶12(11)；3∶7(12)；30∶70(13)
	C(03) 用途	密封用(01)；导热用(02)；导电(03)；绝缘用胶(04)；隔热用(05)；减震用(06)；消音用(07)

类别编码及名称	属性项	常用属性值
8021　普通混凝土	A(01) 品种	半干硬性普通混凝土(01)；低流动性普通混凝土(02)；塑性普通混凝土(03)；防水(抗渗)混凝土水下混凝土(04)；自密实混凝土(05)；补偿收缩(微膨胀)混凝土(06)；抗冻混凝土(07)；普通混凝土(08)；预拌细石混凝土(09)；预拌水下混凝土(10)；预拌混凝土(11)；现浇混凝土(12)；喷射混凝土(13)

续表

类别编码及名称	属性项	常用属性值
8021 普通混凝土	B(02) 强度等级	C7.5(01);C10(02);C15(03);C20(04);C25(05);C30(06);C35(07);C40(08);C45(09);C50(10);C55(11);C60(12);C70(13);C80(14);C90(15);C100(16)
	C(03) 粗集料最大粒径	砾石 10mm(01);砾石 15mm(02);砾石 20mm(03);砾石 40mm(04);碎石 10(05);碎石 15mm(06);碎石 20mm(07);碎石 40mm(08);碎石 60mm(09);碎石 80mm(10);卵石 10(11);卵石 15(12);卵石 20(13);卵石 30(14);卵石 40(15);卵石 80(16)
	D(04) 砂子级配	特细砂(01);细沙(02);中砂(03);粗砂(04)
	E(05) 抗渗等级	P6(01);P8(02);P10(03);P12(04);P14(05);P16(06)
	F(06) 抗冻等级	F10(01);F15(02);F25(03);F50(04);F150(05);F200(06);F250(07);F300(08)
	G(07) 水泥强度	32.5(01);42.5(02)
	H(08) 坍落度(mm)	25(01);50(02);80(03);100(04);120(05);150(06);180(07)
	I(09) 供应方式	现场搅拌(01);预拌泵送(02);预拌(03)
类别编码及名称	属性项	常用属性值
8023 轻骨料混凝土	A(01) 品种	粉煤灰陶粒混凝土(01);黏土陶粒混凝土(02);页岩陶粒混凝土(03);膨胀珍珠岩混凝土(04);火山渣混凝土(05);炉(煤)渣混凝土(06);浮石混凝土(07);煤矸石混凝土(08);珊瑚岩混凝土(09);石灰质贝壳岩混凝土(10);泡沫混凝土(11);加气混凝土(12);石膏混凝土(13)
	B(02) 强度等级及配合比	CL5(01);CL7.5(02);CL10(03);CL15(04);CL20(05);CL25(06);CL30(07);CL35(08);CL40(09);CL45(10);CL50(11);1:1:1(12);1:1:1.5(13);1:1:2(14);1:2:2(15);1:2:2.5(16);1:2:3(17)
	C(03) 密度等级(kg/m)	
	D(04) 用途	保温(01);结构(02);结构保温(03)
	E(05) 供应方式	现场搅拌(01);预拌(02);预拌泵送(03)

续表

类别编码及名称	属性项	常用属性值
8025 沥青混凝土	A(01) 品种	普通沥青混凝土(01);乳化沥青混凝土(02);改性沥青混凝土(03);橡胶沥青混凝土(04);环氧沥青混凝土(05);普通沥青彩色混凝土(06);改性沥青彩色混凝土(07);多碎石沥青混凝土(08)
	B(02) 结合料种	石油(01);煤(02);天然(03)
	C(03) 粗集料规格	砂粒式(01);细粒式(02);中粒式(03);粗粒式(04)
	D(04) 规格	AC-16 I(01);AC-16 II(02);AC-20 I(03);AC-20 II(04);AC-25 I(05);AC-25 II(06);AC-30 I(07);AC-30 II(08)
	E(05) 性能	耐酸(01);耐碱(02);耐热(03);防腐(04)
类别编码及名称	属性项	常用属性值
8027 特种混凝土	A(01) 品种	有机纤维混凝土(01);钢纤维混凝土(02);水玻璃混凝土(03);防辐射混凝土(04);重晶石混凝土(05);硫磺混凝土(06);铁屑混凝土(07);聚合物混凝土(08)
	B(02) 强度等级及配合比	C7.5(01);C10(02);C15(03);C20(04);C25(05);C30(06);C35(07);C40(08);C45(09);C50(10);C55(11);C60(12)
	C(03) 粗集料成分	花岗岩(01);石灰石(02);玄武岩(03);铁矿石(04);重晶石(05);铅渣石(06);石英石(07)
	D(04) 性能	耐火(01);耐碱(02);耐油(03);耐酸(04);耐热(05);防射线(06)
	E(05) 供应方式	现场搅拌(01);预拌(02);预拌泵送(03)
类别编码及名称	属性项	常用属性值
8028 自密实混凝土	A(01) 品种	粉体型自密实混凝土(01);黏度剂型自密实混凝土(02);兼用型自密实混凝土(03)
	B(02) 强度等级	62.3MPa(01);37.5MPa(02);53.3MPa(03)
	C(03) 抗渗等级	P4(01);P6(02);P8(03);P10(04);P12(05)
	D(04) 自密实等级	中等轻度(01);低强度(02)
	E(05) 供应状态	预拌(01);现浇(02)
类别编码及名称	属性项	常用属性值
8031 灰土垫层	A(01) 品种	灰土(01)
	B(02) 配比	2:8(01);3:7(02)
	C(03) 垫层厚度	50mm(01);100mm(02);150mm(03)

续表

类别编码及名称	属性项	常用属性值
8033　多合土垫层	A(01) 品种	碎石三合土(01);碎石四合土(02);碎砖三合土(03);碎砖四合土(04);炉渣四合土(05);砾石三合土(06);石灰矿渣(07);炉渣三合土(08)
	B(02) 配比	1:1:4:8(01);1:1:6:10(02);1:1:6:12(03);1:1:8:14(04);1:3:6(05);1:4:8(06);1:3(07);1:4(08);1:6(09);1:8(10);1:1:10(11)
	C(03) 垫层厚度	

类别编码及名称	属性项	常用属性值
8035　其他垫层材料	A(01) 品种	水泥石灰焦渣(01);石灰焦渣(02);水泥焦渣(03);黏土垫层(04);石灰炉(矿)渣(05)
	B(02) 配比	1:8(01);3:7(02);1:1:8(03);1:1:10(04);1:6(05);1:0.4:1.6(06);1:4(07)
	C(03) 垫层厚度	20cm(01);30cm(02)

类别编码及名称	属性项	常用属性值
8701　自动化仪表及系统		

类别编码及名称	属性项	常用属性值
870101　温度仪表	A(01) 品种	数字温度计(01);专业温度表(02);接触式测温仪(J)(03);记忆式温度计(04);单通道温度仪(05);双通道测温仪(06);红外测温仪(07);红外热像仪(08);温度校验仪(09);CEM 专业红外摄温仪(10);红外非接触式测温仪(11);标准铂电阻温度计(12);温度自动检定系统(13);手持式高精度数字测温仪(14);附件(15)
	B(02) 量程	量程:−50～50℃(01);−200～1372℃(02);−250～1372℃(03);50～150℃(04);0～100℃(05);0～420℃(06);100～300℃(07);200～400℃(08);300～1205℃(09);−250～1767℃(10)
	C(03) 精度	根据实际规格选取(01)

类别编码及名称	属性项	常用属性值
870102　压力仪表	A(01) 品种	活塞式压力计(01);数字精密压力表(02);标准压力计(03);数字压力表(04);数字压力校准器(05);压力校验仪(06);压力模块(07);数字式气压计(08);液压校验仪(09);气压测试泵(10);便携式气压压力泵(11);手持式液压泵(12);高压油泵(13);仪表立柱(14);仪表接头(15);压力表弯管(16)

续表

类别编码及名称	属性项	常用属性值
870102 压力仪表	B(02) 承压范围	0.1～35MPa(01)；1～6MPa(02)；5～60MPa(03)；0～130kPa(04)；−90～2.5MP(05)；Y−100，0～1.6MPa(06)；0～1.6MPa(07)；0～2.5MPa(08)；25MPa(09)
	C(03) 精度	±0.4%(01)；±0.05%(02)

类别编码及名称	属性项	常用属性值
870103 流量仪表	A(01) 品种	差压模块(01)；数字压差计(02)；超声波流量计(03)
	B(02) 量程	0.01～30m/s(01)；0～20hpa(02)
	C(03) 精度	±1%(01)

类别编码及名称	属性项	常用属性值
870104 机械量仪表	A(01) 品种	转速表(01)；转速计(02)；超声波流量计(03)；测量表计(04)
	B(02) 量程	50～40000FPM(01)
	C(03) 精度	0.05%n+1d(01)

类别编码及名称	属性项	常用属性值
8706 电工仪器仪表		

类别编码及名称	属性项	常用属性值
870601 电度表	A(01) 品种	三相电度表(01)
	B(02) 计量范围	电压范围 0.7Un～1.3Un(01)；额定电压 100v～400v(02)

类别编码及名称	属性项	常用属性值
870602 实验室电工仪器	A(01) 品种	高压直流电表(01)；变压器欧姆表(02)；兆欧表(03)；万用表(04)；钳形表(05)；钳式漏电流测试仪(06)；漏电钳型电流表(07)；交流钳形表(08)；交/直流钳形表(09)；功率钳形表(10)；数字钳形表(11)；接地电阻测试仪(12)；电压表(13)；光纤多用表(14)
	B(02) 量程	量程:20mV～1000V，灵敏度:1μV(01)；−70～0dB(02)；量程:0.01Ω～20kΩ,0.1～600V(03)；10000 计数(04)；50000 计数(05)
	C(03) 精度	

类别编码及名称	属性项	常用属性值
870603　电阻测量仪器	A(01) 品种	交直流电桥(01);直流电阻电桥(02);直流电阻测试仪(03);导通测试仪(04);大型地网接地电阻测试仪(05);回路电阻测试仪(06);接地电阻测试仪(07);接地导通测试仪(08);接地电阻仪检定装置(09);数字接地电阻测量仪(10);静电测试仪(11);绝缘测试仪(12);耐压绝缘测试仪(13);绝缘电阻表(14);交/直流低电阻测试仪(15);直流电阻测量仪(16);直流电阻快速测试仪(17);线圈类匝间绝缘测试仪(18);漏泄电流测试仪(19);数字接地电阻测试仪(20);异频接地阻抗测试仪(21);支流电阻测试仪(22);智能接地引下线导通测试仪(23);高压绝缘电阻表(24);数字式绝缘电阻表(25);电阻箱(26);高压绝缘电阻测试仪(27)
	B(02) 量程	$0.05\sim50\Omega(01)$;$1\sim100m\Omega(02)$;$1\sim1999m\Omega(03)$;$0\sim4000\Omega(04)$;$0.001\Omega\sim299.9k\Omega(05)$;$1\sim1999\mu\Omega(06)$;$0.1\sim1200\Omega(07)$
	C(03) 精度	$\pm1\%(01)$;$\pm2\%(02)$

类别编码及名称	属性项	常用属性值
870604　记录电表、电磁示波器	A(01) 品种	存储记录仪(01);数据记录仪(02);单通道在线记录仪(03);双通道在线记录仪(04)
	B(02) 量程	

类别编码及名称	属性项	常用属性值
870605　其他电工仪器、仪表	A(01) 品种	PT二次回路压降测试仪(01);PT特性测试仪(02);变频串并联谐振试验装置(03);变频串联谐振开关(04);变频介质损耗测试仪(05);变压器变比测试仪(06);补偿电抗器(07);电抗器(08);差压变送器(09);成套高压试验变压器(10);充气式高压实验变压器(11);充气式实验变压器(12);串联谐振耐压设备(13);导频抗干扰介损测试仪(14);低压电动摇表(15);电力参数录波仪(16);多功能电度表校验仪(17);多倍频感应耐压试验器(18);伏安特性测试仪(19);直流耐压器(20);继电器试验仪(21);继电保护测试仪(22);对线仪(23);电缆测试仪(24);振荡器(25);高压试验变压器配套操作箱、调压器(26);数字电桥(27);压力校验仪(28);温度校验仪(29);取源部件(30)

续表

类别编码及名称	属性项	常用属性值
870605　其他电工仪器、仪表	B(02) 量程	10m～20km(01)；0～60kPa(02)；－0.1～70MPa(03)；－85kPa～1MPa(04)；－20～650℃(05)
	C(03) 精度	±0.02%(01)；±0.06%(02)

类别编码及名称	属性项	常用属性值
8711　光学仪器		

类别编码及名称	属性项	常用属性值
871101　显微镜	A(01) 品种	扫描电子显微镜(01)；生物显微镜(02)
	B(02) 技术性能	

类别编码及名称	属性项	常用属性值
871102　大地测量仪器	A(01) 品种	经纬仪(01)；电子经纬仪(02)；水准仪(03)；激光电子经纬仪(04)；光学经纬仪(05)；数字水准仪(06)；电子水准仪(07)；全站仪(08)；测距仪(09)；激光测距仪(10)；测距测高仪(11)；手持式激光测距仪(12)；钢钢尺(13)；铝镁水平尺(14)；悬挂调整尺(15)；电子对中仪(16)；无线电码分析仪(17)；全自动激光垂准仪(18)；红外线水平仪(19)；内径千分尺(20)；定位仪(21)
	B(02) 量程	
	C(03) 精度	

类别编码及名称	属性项	常用属性值
871103　光学计量仪器	A(01) 品种	干湿显微镜(01)
	B(02) 技术性能	

类别编码及名称	属性项	常用属性值
871104　光学测试仪器	A(01) 品种	光纤测试仪(01)；光栅分光光度计(02)；手持光损耗测试仪(03)；光损耗测试仪(04)；手持式光信号源(05)；光谱分析仪(06)；偏振模色散分析仪(07)；光时域反射计(08)；光时域反射仪(09)；智能光时域反射计(10)；紫外可见分光光度计(11)；光波长计(12)；光衰减器(13)；反射计(14)；手提式光纤多用表(15)；台式光万用表(16)
	B(02) 量程	860×20nm(01)
	C(03) 精度	

类别编码及名称	属性项	常用属性值
871105　光谱遥感仪器	A(01) 品种	微波辐射计(01)
	B(02) 量程	22～23.5GHz(01);30～35Hz(02)

类别编码及名称	属性项	常用属性值
8716　分析仪表		

类别编码及名称	属性项	常用属性值
871601　色谱仪	A(01) 品种	便携式电力变压器油色谱分析仪(01);油色谱分析仪(02)
	B(02) 技术性能	

类别编码及名称	属性项	常用属性值
871602　物理特性分析仪器及校准仪器	A(01) 品种	精密数字温湿度计(01);毛发高清湿度计(02)
	B(02) 量程	

类别编码及名称	属性项	常用属性值
871603　环境监测专用仪器及综合分析装置	A(01) 品种	多功能环境检测仪(01);便捷式污染检测仪(02);X、Y 辐射剂测量仪(03);粒子计数器(04);微电脑激光粉尘仪(05);激光尘埃粒子计数器(06);尘埃粒子计数器(07);四合一粒子计数器(08);辐射环境监测仪(09);便携式精密露点仪(10);噪声分析仪(11);噪声计(12);噪声仪(13);噪声系数测试仪(14);噪声测试仪(15);噪声频谱分析仪(16);精密噪声分析仪(17);杂音计(18);数字杂音计(19);照度计(20);数字照度计(21);数字式照度计(22);专业级照度计(23);ST-85 型自动量程照度计(24);彩色亮度计(25);成像亮度计(26);便捷式污染检测仪(27)
	B(02) 量程	
	C(03) 精度	

类别编码及名称	属性项	常用属性值
871604　其他分析仪器	A(01) 品种	多功能校准仪(01);多功能校验仪(02);多功能过程校准仪(03);多功能过程校验仪(04);高精度多功能过程校验仪(05);多功能信号校验仪(06);综合校验仪(07);电涡流探头校准仪(08);过程校准器(09);过程认证校准仪(10);过程仪表认证校准仪(11);过程仪表校验仪(12);过程校验仪(13);回路校验仪(14);手持式热工仪表校验仪(15);便携式综合校验仪(16)

续表

类别编码及名称	属性项	常用属性值
871604 其他分析仪器	B(02) 量程	
	C(03) 精度	

类别编码及名称	属性项	常用属性值
8721 试验机		

类别编码及名称	属性项	常用属性值
872101 测力仪器	A(01) 品种	标准测力仪(01)
	B(02) 量程	30kN(01);300kN(02)

类别编码及名称	属性项	常用属性值
872103 无损探伤机	A(01) 品种	探伤机(01);探伤仪(02);磁粉探伤仪(03);X射线探伤机(04);携带式变频充气X射线探伤机(05);超声波探伤仪(06);超声波仪器(07);γ射线探伤仪(Ir192)(08);γ射线探伤仪(Se75)(09);防腐蚀检测仪(10);激光轴对中仪(11);液压拉伸器(一分)(12)
	B(02) 量程	
	C(03) 精度	

类别编码及名称	属性项	常用属性值
8731 电子和通信测量仪器		

类别编码及名称	属性项	常用属性值
873101 信号发生器	A(01) 品种	低频信号发生器(01);高频信号发生器(02);标准信号发生器(03);微波信号发生器厘米波信号发生器(04);扫频信号发生器(05);合成扫频信号源(06);合成信号发生器(07);频率合成信号发生器(08);脉冲信号发生器(09);脉冲码型发生器(10);双脉冲信号发生器(11);数字脉冲信号发生器(12);射频信号发生器(13);函数信号发生器(14);噪声信号发生器(15);标准噪声发生器(16);电视信号发生器(17);电视图像信号发生器(18);电视测试信号发生器(19);卫星电视信号发生器(20);彩色信号发生器(21);数字彩色信号发生器(22);彩色图像信号发生器(23);任意波形发生器(24);数字信号发生器(25);视频信号源(26);音频信号发生器(27);三倍频电源发生器(28);直流高压发生器(29);超低频高压发生器(30);直流电压电流发生器(31);大电流发生器(32);手持式光信号源(33);轻型试验发生器标准差压发生器(34)

类别编码及名称	属性项	常用属性值
873101　信号发生器	B(02) 量程	输出：电压 300kV，电流：5mA(01)；范围：0～200kPa(02)
	C(03) 精度	
类别编码及名称	属性项	常用属性值
873102　电源	A(01) 品种	直流电源(01)；直流稳压电源(02)；直流稳压稳流电源(03)；三路直流电源(04)；双输出直流电源(05)；交直流可调试验电源(06)；交流稳压电源(07)；三相交流稳压电源(08)；三相交直流测试电源(09)；三相精密测试电源(10)；精密交直流稳压电源(11)；晶体管直流稳压电源(12)；净化交流稳压源(13)；不间断电源(14)；便携式试验电源(15)
	B(02) 规格	2kVA(01)；0～30V，0～30A(02)
	C(03) 类型	高精度净化式(01)；单路，双表头数显(02)
类别编码及名称	属性项	常用属性值
873103　数字仪表及装置	A(01) 品种	数字电压表(01)；数字万用表(02)；数字多用表(03)；数字高压表(04)；数字千伏表(05)；数字兆欧表(06)；过程多用表(07)；智能相位伏安表(08)；三相钳形相位伏安表(09)；三相钳形电力参数向量仪(10)
	B(02) 量程	
	C(03) 精度	
类别编码及名称	属性项	常用属性值
873104　功率计	A(01) 品种	小功率计(01)；中功率计(02)；大功率计(03)；功率计(04)；定向功率计(05)；同轴大功率计(06)；微波功率计(07)；微波大功率计(08)；通过式功率计(09)；高频功率计(10)；超高频大功率计(11)；同轴功率座(12)；波导型功率座(13)；波导功率座(14)；激光功率计(15)；功率能量计(16)
	B(02) 量程	
	C(03) 精度	
类别编码及名称	属性项	常用属性值
873105　参数测量仪	A(01) 品种	电容耦合测试仪(01)；交直流耐压测试仪(02)；直流电源特性综合测试系统(03)；发电机转子交流阻抗测试仪(04)；发电机特性综合测试系统(05)；充电机特性测试仪(06)；蓄电池组负载测试仪(07)；蓄电池内阻测试仪(08)；蓄电池放电仪(09)；蓄电池组容量监测放电设备(10)；蓄电池特性容量检测仪(11)；蓄电池活化仪(12)

续表

类别编码及名称	属性项	常用属性值
873105　参数测量仪	B(02) 量程	
	C(03) 精度	

类别编码及名称	属性项	常用属性值
873106　时间及频率测量仪器	A(01) 品种	频率计(01);数字频率计(02);通用计数器(03);频率计数器(04);微波频率计(05);微波频率计数器(06);同轴直读式频率计(07);波导直读式频率计(08);计时/计频器/校准器(09);多功能计数器(10);选频电平表(11);选频仪(12);扫频仪(13);宽带扫频仪(14);扫频图示仪(15);扫频幅度分析仪(16);低频率特性测试仪(17);数字式高频扫频仪(18);频率特性测试仪(19)
	B(02) 量程	
	C(03) 精度	

类别编码及名称	属性项	常用属性值
873107　网络特性测量仪	A(01) 品种	网络分析仪(01);网络测试仪(02);微波综合测试仪(03);微波网络分析仪(04);无线电综合测试仪(05);基站系统测试仪(06);电台综合测试仪(07);集群系统综合测试仪(08);协议分析仪(09)
	B(02) 量程	
	C(03) 精度	

类别编码及名称	属性项	常用属性值
873108　衰减器及滤波器	A(01) 品种	精密衰减器(01);标准衰减器(02);衰耗器(不平衡)(03);步进衰减器(04);同轴步进衰减器(05);可变式衰减器(06);光可变衰耗器(07);手持式光衰减器(08)
	B(02) 量程	
	C(03) 精度	

类别编码及名称	属性项	常用属性值
873109　场强仪	A(01) 品种	场强仪(01);场强计(02);场强测试仪(03);高频场强测试仪(04);便携式场强测试仪(05);噪声系数测试仪(06);自动噪声系数测试仪(07);噪声测量放大器(08);杂音计(09);杂音测试仪(10);噪声测试仪(11);微波串杂音测试仪(12)
	B(02) 量程	
	C(03) 精度	

类别编码及名称	属性项	常用属性值
873110　波形参数测量仪器	A(01) 品种	频谱分析仪(01);失真度仪(02);失真度测量仪(03);失真仪检定装置(04)
	B(02) 量程	
	C(03) 精度	

类别编码及名称	属性项	常用属性值
873111　电子示波器	A(01) 品种	示波器(01);数字荧光示波器(02);光电示波器(03);工业示波表(04);宽带示波器(05);取样示波器(06);数字储存示波器(07);四踪储存示波器(08);储存示波器(09);虚拟示波器(10);双综示波器(11);双踪多功能示波器(12);波形监视器(13)
	B(02) 量程	
	C(03) 精度	

类别编码及名称	属性项	常用属性值
873112　通讯、导航测试仪器	A(01) 品种	PCM 话路特性测试仪(01);PCM2Mb/s 测试仪(02);PCM 话路特性测试仪(03);PCM 通道测试仪(04);PCM 呼叫分析仪(05);PCM 数字通道分析仪(06);PCM 呼叫分析器(07);PCM 三次群传输分析仪(08);话路分析仪(09);话路特性分析仪(10);话路综合测试仪(11);模拟信令测试仪(12);数据接口特性测试仪(13);通程测试仪(14);通用规程测试仪(15);信令综合测试仪(16);分析仪(17);数据分析器(18);传输测试仪(19);数字传输分析仪(20);数字传输测试仪(21);数字性能分析仪(22);数字通信分析仪(23);通信性能分析仪(24);误码仪(25);2M 误码仪(26);群路误码仪(27);传输误码仪(28);误码分析仪(29);误码测试仪(30);误码率测试仪(31);手持式 2M 测试仪(32);专用误码测试仪(33);系统比特误码率及抖动测试仪(34);VFPCM 测量仪(35);电平传输测试仪(36);PDH/SDH 分析仪(37);电话分析仪(38);市话线路故障测量仪(39);便携式中继器检测仪(40);3cm 雷达综合测试仪(41);以太网测试仪(42);智能射频分析仪音频分析仪(43);频响分析仪(44)
	B(02) 量程	
	C(03) 精度	

续表

类别编码及名称	属性项	常用属性值
873113 有线电测量仪器	A(01) 品种	标准电平表(01);选频电平表(02);电平振荡器(03);电平震荡表(04);合成电平振荡器(05);高频毫伏表定度仪(06);低频电缆测试仪(07);电缆测试仪(08);电缆故障测试仪(09);电缆故障检测仪(10);电缆故障探测装置(11);电缆对地绝缘探测仪(12);电缆闪络测距仪(13);电力电缆故障测试仪(14);局域网电缆测试仪(15);通路测试仪(16);通信电缆测试仪(17);线材电测机(18);钳型多功能查线仪(19);电缆识别仪(20);电缆故障定位电源箱(21);电缆长度仪(22);地下管线探测仪(23);电缆探测仪(24);驻波比测试仪(25);电缆标牌打印机(26);CS2675CX 型泄漏电流测试仪(27);CS2672C 型耐压测试仪(28)
	B(02) 量程	
	C(03) 精度	
类别编码及名称	属性项	常用属性值
873114 声级计	A(01) 品种	声级计(01);数显声级计(02);积分声级计(03);精密积分声级计(04);精密声级计(05);脉冲声级计(06)
	B(02) 量程	
	C(03) 精度	
类别编码及名称	属性项	常用属性值
873115 声振测量仪	A(01) 品种	抖晃仪(01);数显抖晃仪(02);抖动调制振动器(03)
	B(02) 量程	
	C(03) 精度	
类别编码及名称	属性项	常用属性值
873116 数据仪器	A(01) 品种	逻辑分析仪(01)
	B(02) 量程	
类别编码及名称	属性项	常用属性值
873117 计算机用测量仪器	A(01) 品种	编程器(01);软件(02);双绞线测试仪(03);动态故障测试仪(04);存储器测试仪(05);标量网络分析仪(06);微处理器功能测试仪(07);微机故障诊断系统(08);微机保护综合测试仪(09);微机继电保护测试仪(10)
	B(02) 量程	

类别编码及名称	属性项	常用属性值
8746 专用仪器仪表		

类别编码及名称	属性项	常用属性值
874601　地质勘探钻采及地震仪器	A(01) 品种	SF_6 精密露点测量仪(01);SF_6 气体成分测试仪(02);SF_6 微水分析仪(03);SF_6 微量水分测量仪(04);SF_6 气体泄露检测仪(定量)(05);CO气体检测报警仪(06);H_2S 气体检测报警仪(07);H_2 气体检测报警仪(08);cl_2 气体检测报警仪(09);四合一气体检测报警仪(10);H_2S 检测报警器(11);O_2 检测报警器(12);气体分析仪(13);便携式气体分析仪(14);便携式多组气体分析仪(15);便携式可燃气体检漏仪(16);气体(17);粉尘(18);烟尘采样仪校验装置(19);烟气采样器(20);烟气分析仪(21);黑度计自动测试仪(22);界面张力测试仪(23);可燃气体检测报警器(24);烟尘浓度采样仪(25);加热烟气采样枪(26);离子浓度测试仪(27);钠离子分析仪(28);数字测氧记录仪(29);碳氢氮元素检测仪(30);同步热分析仪(31);微量滴定仪(32);氧量分析仪(33);亚临界自控反应釜(34);里氏硬度计(35)
	B(02) 量程	
	C(03) 额定电压	

类别编码及名称	属性项	常用属性值
874602　电站热工仪表	A(01) 品种	PH计(01);PH 测试仪(02);PH/MV 校准仪(03);台式 PH/ISE 测试仪(04);台式 PH/ISE 测试仪(05);酸度计(06);BOD 测试仪(07);智能化酸度计检定仪(08);PH滴定仪(09);SF_6 露点仪(10);数字测振仪(11);测振仪(12);便携式数字测振仪(13);热工仪表效验仪(14)
	B(02) 量程	
	C(03) 额定电压	

类别编码及名称	属性项	常用属性值
874603　气象仪器	A(01) 品种	热球式风速计(01);风速仪(02);风速计(03);风压风速风量仪(04);智能压力风速计(05);数字压力表(06);数字微压计(07)
	B(02) 量程	
	C(03) 额定电压	

续表

类别编码及名称	属性项	常用属性值
874604　建筑工程仪器	A(01) 品种	视频测试仪(01)；监控综合测试仪(02)；万能材料试验机(03)；压力试验机(04)；水泥试验压力机(05)；水泥压力机机(06)；水泥标准养护箱(07)；水泥胶砂搅拌机(08)；水泥净浆搅拌机(09)；水泥沸煮箱(10)；水泥抗折试验机(11)；水泥负压筛析仪(12)；水泥比表面积测定仪(13)；水泥胶砂流动度测定仪(14)；水泥胶砂振实台(15)；水细度负压筛析仪(16)；水泥电动抗折机(17)；水泥负压筛(18)；100kN 万能试验机(19)；300kN 压力试验机(20)；600kN 万能试验机(21)；1000kN 万能试验机(22)；2000kN 万能试验机(23)；WE 系列电液式万能试验(24)；电液式压力试验机(25)；电热恒温干燥箱(26)；电恒温鼓风干燥箱(27)；标准恒温养护箱(28)；标准恒温恒湿养护箱(29)；恒温水浴箱(30)；标准恒温油槽(31)；顶机式标准振筛机(32)；压力泌水仪(33)；含气量测定仪(34)；单卧轴强制式混凝土搅拌机(35)；预埋套管抗拔仪(36)；比表面积仪(37)；混凝土抗渗仪(38)；混凝土振动台(39)；混凝土震动台(40)；混凝土强制式搅拌机(41)；砂浆原位压力机(42)；混凝土单卧轴式搅拌机电动重型击实仪油毡油纸不透水仪液塑限联合测定仪钢筋保护层测定仪静态电阻应变仪(43)；台式工程钻芯机(44)；多功能电动击实仪(45)；胶砂试体成型振动台(46)；混凝土震动台(47)；锚杆拉力计(48)；光电液塑限测定仪(49)；电动勃式透气比表面积仪(50)；电动抗折试验机(51)；全自动养护室(52)；路面材料强度仪(53)；路面弯沉仪(54)；混凝土抗渗仪(55)；便携式气压泵(56)；智能数字压力校验仪(57)；高温热电偶校准炉(58)；热电偶检定炉(59)；冷端恒温箱(60)；数字点式环线专用调相测试仪(61)；数字点式环线专用解调器(62)；智能电桥测试仪(63)；移频参数在线测试仪(64)
	B(02) 量程	
	C(03) 额定电压	

类别编码及名称	属性项	常用属性值
8751　仪器仪表元器件及器材	A(01) 品种	电桥电桥(超高频导纳)(01);电桥(导纳)电桥(高频阻抗)(02);变压比电桥电压比测试仪(变比电桥)(03);精密万用电桥(04);数字万用电桥(05);数字电桥(06);直流电桥(07);直流电阻电桥(08);直流电桥检定仪(09);直流电阻测量仪(10);直流电子负载(11);LCR 电桥(12);LCR 数字电桥(13);LCR 电表(14);LCR 测试仪(15);LCR 数字自动测试仪(16);半导体图示仪(17);半导体管特性图示仪(18);半导体器件测试单元(19);半导体管自动测试仪(20);半导体综合测试仪(21);场效应管跨导测试仪(22);大功率管热阻测试仪(23);晶体管图示仪(24);晶体管特性图示仪(25);晶体频率分选器(26);晶体管高阻计(27);三极管开关测试仪(28);全自动 RCL 测试仪(29);可程控多功能标准源(30);伏安特性测试仪(31);串联谐振试验设备(32);断路器特性测试仪(33);断路器动特性分析仪(34);可控硅测试仪(35);电容测量仪(36);电解电容漏电测试仪(37);漏电流测试仪(38);漏泄电流测试仪(39);热继电器校验仪(40);避雷器放电计数器测试仪(41);智能接地引下线导通测试仪(42);氧化锌避雷器阻性电流分析仪(43);烟气分析仪(44);火灾探测器试验器(45);线号打印机(46);相位电压测试仪(47);全自动变比组别测试仪(48);遮挡式靠背管(49)
	B(02) 量程	K＝1～1000 (01);0～600V,0～100A (02);0.0μH～9999H,0～100MΩ,0.0PF～9999μF(03);20Hz～1MHz,8600 点(04)
	C(03) 规格	精度:±0.2%(01);精度:±0.05%(02)
类别编码及名称	属性项	常用属性值
9901　挖掘机械	A(01) 品种	履带式单斗挖掘机(01);轮胎式单斗挖掘机(02);汽车式单斗挖掘机(03);长臂挖掘机(04)
	B(02) 斗容量	0.6m³(01);1m³(02);1.25m³(03);1.5m³(04)
	C(03) 传动方式	

续表

类别编码及名称	属性项	常用属性值
9903 桩工、钻孔机械	A(01) 品种	走管式柴油打桩机(01);轨道式柴油打桩机(02);履带式柴油打桩机(03);钻盘式钻孔机(04);钻孔咬合桩机(05);振冲器(06);挤扩机(07);旋挖钻机(08);冲击成孔机(09);螺旋钻机(10);汽车式钻机(11);振动沉拔桩机(12);步履式电动打桩机(13);轻便钎探器(14);风动凿岩机(15)
	B(02) 承重力	
	C(03) 压力	
9905 混凝土及灰浆用机械	A(01) 品种	滚筒式电动混凝土搅拌机(01);滚筒式内燃混凝土搅拌机(02);涡浆式混凝土搅拌机(03);锣式破碎机(04);混凝土振捣器(05);混凝土切缝机(06);注浆泵(07);摩擦压力机(08);灰浆输送泵(09);干混砂浆罐式搅拌机(10);灰浆搅拌机(11);混凝土湿喷机(12);混凝土输送泵车(13);双锥反转出料混凝土搅拌机(14);泥浆拌合机(15);粉体输送设备(16);搅拌桩机(17);深层喷射搅拌机(18);高压注浆泵(19);喷浆钻机(20);旋喷机(21);注浆机(22);灌浆机(23);粉喷桩机(24)
	B(02) 容量	200L(01);400L(02);20000L(03);100～150L(04)
类别编码及名称	属性项	常用属性值
9907 铲土及水平运输机械	A(01) 品种	履带式推土机(01);湿地推土机(02);轮胎式推土机(03);自行式铲运机(04);载重汽车(05);自卸汽车(06);平板拖车组(07);机动翻斗车(08);长材运输(09);履带式拖拉机(10);拖式铲运机组(11);轮胎式装载机(12)
	B(02) 型号	1t(01);2t(02);3t(03);4t(04);5t(05);6t(06);7t(07);8t(08);10t(09);12t(10);15t(11);1m³(12);1.5m³(13);7m³(14)
	C(03) 规格	75kW(01);90kW(02);105kW(03)
类别编码及名称	属性项	常用属性值
9909 起重及垂直运输机械	A(01) 品种	汽车式起重机(01);叉式起重机(02);电动双梁起重机(03);龙门式起重机(04);桥式起重机(05);塔式起重机(06);履带式电动起重机(07);履带式起重机(08);轮胎式起重机(09);电动卷扬机(10);电动葫芦(11);平台作业升降车(12);平板拖车组(13);吊装机械(14)

类别编码及名称	属性项	常用属性值
9909　起重及垂直运输机械	B(02) 型号	3t(01);5t(02);8t(03);10t(04);12t(05);15t(06);16t(07);20t(08);25t(09);32t(10);40t(11);50t(12);60t(13);80t(14);125t(15);300t(16);1t 以内(17)
	C(03) 规格	5kN(01);10kN(02);50kN(03);9m(04)
类别编码及名称	属性项	常用属性值
9911　机动工业车辆	A(01) 品种	内燃平衡重式叉车(01);电动平衡重式叉车(02);前移式叉车(03);手动液压叉车(04)
	B(02) 型号	
	C(03) 规格	
类别编码及名称	属性项	常用属性值
9913　压实及路面机械	A(01) 品种	两光轮静碾压路机(01);三光轮静碾压路机(02);拖式光轮压路机(03);电动夯实机(04);钢轮内燃压路机(05);拖式双筒羊角碾(06)
	B(02) 型号	6t(01);10t(02);15t(03)
	C(03) 规格	20Nm(01);60Nm(02);250Nm(03)
类别编码及名称	属性项	常用属性值
9915　清洗筛选及装修机械	A(01) 品种	电动筛砂机(01);搅拌机(02);灰浆泵(03);喷涂机(04);喷涂器(05)
	B(02) 类型	高压无气(01)
	C(03) 规格	
	D(04) 型号	NKP(01)
类别编码及名称	属性项	常用属性值
9917　钢筋和预应力机械	A(01) 品种	钢筋冷拉机(01);钢筋冷拔机(02);冷轧带肋钢筋成型机(03);钢筋调直机(04);法兰卷圆机(05);钢筋拉伸机(06);钢筋弯曲机(07);钢筋切断机(08)
	B(02) 规格	14mm(01);40mm(02);650kN(03);L40×4(04)
	C(03) 型号	
	D(04) 类型	
类别编码及名称	属性项	常用属性值
9919　加工机械	A(01) 品种	车床(01);刨床(02);铣床(03);钻床(04);磨床(05);剪板机(06);卷板机(07);弯管机(08);油压机(09);管子切断机(10);筋切断机(11);砂轮切割机(12);坡口机(13);电动套丝机(14);煨弯机(15);型钢剪断机(16);滚槽机(17)

续表

类别编码及名称	属性项	常用属性值
9919　加工机械	B(02) 类型	电动(01);液压(02)
	C(03) 规格	25mm(01);39mm(02);50mm(03);60mm(04);108mm(05);150mm(06);159mm(07);250mm(08);500mm(09);630×2000(10)
	D(04) 型号	

类别编码及名称	属性项	常用属性值
9921　木工机械	A(01) 品种	木工圆剧机(01);木工带锯机(02);木工平刨床(03)
	B(02) 类型	
	C(03) 规格	
	D(04) 型号	

类别编码及名称	属性项	常用属性值
9923　切割及打磨机械设备	A(01) 品种	磨床(01);剪板机(02);卷板机(03);砂轮机(04);砂轮切割机(05)
	B(02) 类型	手提式(01);台式(02)
	C(03) 规格	$\phi100$(01);$\phi400$(02)
	D(04) 型号	

类别编码及名称	属性项	常用属性值
9925　焊接机械设备	A(01) 品种	电弧焊机(01);氩弧焊机(02);二氧化碳气体保护焊机(03);自动埋弧焊机(04);横向自动焊机(05);立缝自动焊机(06);点焊机(07);电渣焊机(08)
	B(02) 类型	
	C(03) 规格	20kVA(01);21kVA(02);32kVA(03);40kVA(04);75kVA(05);500A(06);1000A(07)
	D(04) 型号	

类别编码及名称	属性项	常用属性值
9927　冷却及热处理机械设备	A(01) 品种	自控热处理机(01);中频加热处理机(02);箱式加热炉(03);中频感应炉(04);混捏加热炉(05);电焊条恒温箱(06);电焊条烘干箱(07)
	B(02) 型号	$45×35×45cm^3$(01);$60×50×75cm^3$(02)

类别编码及名称	属性项	常用属性值
9929　无损探伤机械设备	A(01) 品种	X射线探伤机(01);γ射线探伤仪(02);超声波探伤机(03);磁粉探伤机(04);X光胶片脱水烘干机(05)

续表

类别编码及名称	属性项	常用属性值
9929 无损探伤机械设备	B(02) 类型	
	C(03) 规格	
	D(04) 型号	

类别编码及名称	属性项	常用属性值
9931 环卫机械	A(01) 品种	真空吸湿机(01);洒水车(02);引路车(03)
	B(02) 类型	
	C(03) 规格	4000L(01)
	D(04) 型号	

类别编码及名称	属性项	常用属性值
9933 破碎及凿岩机械	A(01) 品种	颚式破碎机(01);颚式移动破碎机(02);履带单头岩石破碎机(03);液压锤(04);履带式液压岩石破碎机(05)
	B(02) 类型	
	C(03) 规格	200mm(01);300mm(02);400mm(03)
	D(04) 型号	HM960(01)

类别编码及名称	属性项	常用属性值
9935 钻探及地下工程机械	A(01) 品种	刀盘式干出土压平衡盾构掘进机(01);刀盘式水力出土泥水平衡盾构掘进机(02);刀盘式土压平衡顶管掘进机(03);轻便钻机(04);回旋钻机(05)
	B(02) 类型	
	C(03) 规格	500mm(01);1000mm(02);1500mm(03);2000mm(04)
	D(04) 型号	XJ-100(01)

类别编码及名称	属性项	常用属性值
9937 园林和高空作业机械	A(01) 品种	除根机(01);松土机(02);高架车(03)
	B(02) 类型	
	C(03) 规格	
	D(04) 型号	

类别编码及名称	属性项	常用属性值
9939 电气线路机械	A(01) 品种	光纤熔接机(01);导线卷车(02)
	B(02) 类型	单模(01);多模(02)
	C(03) 规格	
	D(04) 型号	

续表

类别编码及名称	属性项	常用属性值
9941　潜水及水面作用机械	A(01) 品种	潜水减压仓(01);潜水设备(02);通井机(03);水钻(04)
	B(02) 类型	
	C(03) 规格	
	D(04) 型号	

类别编码及名称	属性项	常用属性值
9943　动力机械	A(01) 品种	液压柜(动力系统)(01);液压注浆机(02);立式油压千斤顶(03);空气过滤器(04);空气压缩机(05)
	B(02) 类型	内燃(01);电动(02)
	C(03) 规格	0.3m³/min(01);0.6m³/min(02);1m³/min(03);3m³/min(04);6m³/min(05);9m³/min(06);10m³/min(07);17m³/min(08);40m³/min(09);100t(10);200t(11)
	D(04) 型号	

类别编码及名称	属性项	常用属性值
9944　泵类机械	A(01) 品种	双液压注浆泵(01);超高压水泵(02);柱塞压浆泵(03);试压泵(04);真空泵(05);耐腐蚀泵(06);离心水泵(07);污水泵(08);高压油泵(09);射流井点泵(10);潜水泵(11);泥浆泵(12);电动多级离心清水泵(13);内燃单级离心清水泵(14);电动单级离心清水泵(15);大口径井点吸水器(16);泵管(17)
	B(02) 类型	
	C(03) 规格	2.5MPa(01);3MPa(02);10MPa(03);25MPa(04);35MPa(05);50MPa(06);80MPa(07);9.5m(08);15m(09);50m(10);100m(11);120m(12);150m(13);180m(14);200m(15);100mm～120m 以下(16);100mm～120m 以上(17);150mm～180m 以下(18)
	D(04) 型号	

类别编码及名称	属性项	常用属性值
9945　其他工程机械	A(01) 品种	轴流风机(01);通风机(02);鼓风机(03);吹风机(04);电焊条烘干箱(05);喷涂机筛砂机(06);压线机(07);光谱仪(08);里氏硬度计(09);看谱镜(10);医疗闸设备(11);真空吸盘(12);滤油机(13)

续表

类别编码及名称	属性项	常用属性值
9945 其他工程机械	B(02) 类型	
	C(03) 规格	$18m^3/min(01)$；$7.5kW(02)$
	D(04) 型号	LX100型(01)

类别编码及名称	属性项	常用属性值
9946 单独计算的机械费用	A(01) 品种	大型机械进出场及安拆费(01)